高等职业教育系列教材

PLC应用技术

第2版

主编　郭琼

机 械 工 业 出 版 社

“PLC 应用技术”是高职高专自动化类、机电类专业的主要课程之一。其内容包括 PLC 的基本结构、工作原理；PLC 的指令系统；PLC 控制系统的设计与实现（包括数字量、模拟量和通信系统的实现）以及 PLC 与触摸屏、变频器系统的应用。本书以培养应用型人才为出发点，从具体应用型实例着手，制定相应学习目标，在分析和解决实际问题的过程中，使学生能主动学习理论知识。学习内容也遵循由简到繁、循序渐进的方式，注重对学生动手能力的培养，通过实验环节来帮助学生完成知识的理解和吸收。

为配合教学，本书配有电子课件，读者可以登录机械工业出版社教材服务网 www.cmpedu.com 免费注册后下载，或联系编辑索取（QQ：1239258369，电话（010）88379739）。

图书在版编目(CIP)数据

PLC 应用技术/郭琼主编. —2 版. —北京:机械工业出版社,2014.3
(2020.7 重印)
高等职业教育系列教材
ISBN 978-7-111-46448-8

Ⅰ. ①P… Ⅱ. ①郭… Ⅲ. ①plc 技术-高等职业教育-教材
Ⅳ. ①TM571.6

中国版本图书馆 CIP 数据核字(2014)第 075038 号

机械工业出版社(北京市百万庄大街 22 号 邮政编码 100037)
责任编辑：李文轶
责任印制：常天培
固安县铭成印刷有限公司印刷

2020 年 7 月第 2 版 · 第 3 次印刷
184mm×260mm · 16.75 印张 · 410 千字
4201-5200 册
标准书号：ISBN 978-7-111-46448-8
定价：36.00 元

电话服务
客服电话：010-88361066
010-88379833
010-68326294

网络服务
机 工 官 网：www.cmpbook.com
机 工 官 博：weibo.com/cmp1952
金 书 网：www.golden-book.com
机工教育服务网：www.cmpedu.com

第 2 版前言

可编程序控制器（PLC）是一种以微型计算机为核心的通用工业控制器。从其产生到现在，其控制功能和应用领域不断拓展，实现了由单体设备的简单逻辑控制到运动控制、过程控制及集散控制等各种复杂任务的跨越。现在的 PLC 在模拟量处理、数字运算、人机接口和工业控制网络等各个方面的能力都已大幅提高，已成为现代工业控制领域的主流控制设备之一。

本书以培养应用型人才为出发点，从具体应用型实例着手，制定相应学习目标，使学生在分析和解决实际问题的过程中，提高知识的应用能力。

本书是根据国家示范性高等职业院校建设项目的需要进行编写的，是机械工业出版社组织出版的“高等职业教育系列教材”之一。全书分为 10 章，第 1 ~ 5 章为基础篇，以三菱产品为主线，介绍了 PLC 的基本工作原理、系统结构和指令系统，并对编程软件进行了介绍；第 6 ~ 9 章为应用篇，介绍了 PLC 系统设计和实现的方法，以及 PLC 模拟量控制、通信控制的基础和应用；第 10 章为拓展篇，简单介绍了西门子 S7 - 200 系列 PLC 硬件、基本指令及使用方法。

在重要知识点讲解后，配有“研讨与练习”环节，可帮助学生理解和掌握这些知识，各章节后还附有相应的实训指导和配套习题。

本书第 1 版于 2010 年 6 月出版，经过近 4 年的教学实践以及与教师、学生的交流，编者对教材的内容有了更深的认识和理解，结合 PLC 和自动化技术的发展，本书在内容上做了修改和充实，例如将三菱 PLC 的开发环境更换为功能更加强大、使用范围更广，且带有仿真功能的 GX Developer 软件；加强了对 PLC 功能指令的讲解和应用案例开发；拓展了 PLC 综合应用的范围和项目开发。改版后，本书的内容无论是在深度还是广度上都有较大的提高和改进，使得本书内容更加饱满和实用。

本书由无锡职业技术学院郭琼主编，姚晓宁和苏卫峰也参与了本书的编写。黄麟、李霞和栗晓宽等教师对本书的编写给予了大力的帮助和支持，在此谨表谢意。

由于编者水平有限，书中难免有不妥之处，敬请读者批评指正。

编　者

目　　录

第1章　PLC基础

1.1　PLC的产生与发展

在工业生产过程中，存在着大量的开关量顺序控制，它们按照逻辑条件进行顺序动作，并按照逻辑关系进行连锁保护动作等。传统上，这些功能是通过继电器-接触器控制系统来实现的。但由于继电器-接触器控制系统存在着比较明显的缺点，如体积大、可靠性差、动作速度慢、接线复杂、功能单一、难以实现比较复杂的控制，因此其通用性和灵活性相对较差。

1968年，美国最大的汽车制造商——通用汽车公司（GM公司）为了适应生产工艺不断更新的需要，提出要用一种新型的工业控制器取代继电器-接触器控制装置，并要求把计算机控制的优点（功能完备，灵活性、通用性好）和继电器-接触器控制的优点（简单易懂、使用方便、价格便宜）结合起来，设想将继电器-接触器控制的硬接线逻辑转变为计算机的软件逻辑编程，且要求编程简单，即使不熟悉计算机的人员也能很快掌握其使用技术。第二年，美国数字设备公司（DEC公司）研制出了第一台可编程序控制器，并在美国通用汽车公司的自动装配线上试用成功，取得了满意的效果，可编程序控制器自此诞生。

早期的可编程序控制器的英文名为Programmable Logic Controller（可编程序逻辑控制器），简称PLC，主要用于替代传统的继电器-接触器控制系统。随着PLC技术的不断发展，其功能日益丰富。1980年，美国电气制造商协会（NEMA）给了它一个新的名称“Programmable Controller”，简称PC。为了避免与个人计算机（Personal Computer，PC）的简写名称相混淆，故仍沿用早期的名称PLC表示可编程序控制器，但并不意味着PLC只具有逻辑功能。

PLC是以微处理器为基础，综合了计算机技术、自动控制技术和通信技术而发展起来的一种新型、通用的自动控制装置。它是“专为在工业环境下应用而设计”的计算机。这种工业计算机采用“面向用户的指令”，因此编程方便。它能完成逻辑运算、顺序控制、定时、计数和算术操作，还具有“数字量或模拟量的输入/输出控制”等能力。

PLC的定义有许多种，国际电工委员会（IEC）对PLC的定义是：可编程序控制器是一种专为在工业环境下应用而设计的数字运算操作的电子装置。它采用可编程序的存储器，用来在其内部存储执行逻辑运算、顺序控制、定时、计数和算术运算等操作的指令，并通过数字的或模拟的输入和输出，控制各种类型的机械或生产过程。可编程序控制器及其有关的外围设备都应按易于与工业控制系统形成一个整体、易于扩展其功能的原则而设计。

20世纪80年代至90年代中期是PLC发展最快的时期，其年增长率一直保持在30%～40%。这一时期，PLC在处理模拟量能力、数字运算能力、人机接口能力和网络能力等方面得到了大幅度提高，同时PLC逐渐进入过程控制领域，在某些方面逐步取代了在过程控制领域处于统治地位的集散控制系统（DCS）。目前，世界上有200多个厂家生产300多个品种的 PLC 产品，广泛应用在汽车、粮食加工、化学、制药、金属、矿山和造纸等许多行业。

PLC 具有通用性强、使用方便、适应面广、可靠性高、抗干扰能力强和编程简单等优点，已成为当前工业自动化领域使用量最多的控制设备，并跃居工业自动化三大支柱（PLC、机器人和 CAD/CAM）的首位。

1.2 PLC 的特点与应用领域

1.2.1 PLC 的特点

1. 抗干扰能力强、可靠性高

在工业现场存在着电磁干扰、电源波动、机械振动、温度和湿度的变化等因素，这些因素都会影响到计算机的正常工作。而 PLC 从硬件和软件两个方面都采取了一系列的抗干扰措施，使其能够安全可靠地工作在恶劣的工业环境中。

硬件方面，PLC 采用大规模和超大规模的集成电路，采用了隔离、滤波、屏蔽、接地等抗干扰措施，并采取了耐热、防潮、防尘、抗振等措施；软件上，PLC 采用周期扫描工作方式，减少了由于外界环境干扰引起的故障；系统程序中设有故障检测和自诊断程序，能对系统硬件电路等故障实现检测和判断；采用数字滤波等抗干扰和故障诊断措施。以上这些使 PLC 具有了较高的抗干扰能力和可靠性。

2. 控制系统结构简单、使用方便

在 PLC 控制系统中，只需在 PLC 的输入/输出端子上接入相应的信号线即可，不需要连接时间继电器、中间继电器之类的低压电器和大量复杂的硬件接线，大大简化了控制系统的结构。PLC 体积小、重量轻，安装与维护也极为方便。另外 PLC 的编程大多采用类似于继电器控制电路的梯形图形式，这种编程语言形象、直观、容易掌握，编程非常方便。

3. 功能强大、通用性好

PLC 内部有大量可供用户使用的编程元件，具有很强的功能，可以实现非常复杂的控制功能。另外 PLC 的产品已经标准化、系列化、模块化，配备有品种齐全的各种硬件装置供用户使用，用户能灵活方便地进行系统配置，组成不同功能、不同规模的控制系统。

1.2.2 PLC 的应用领域

随着 PLC 技术的发展，其应用领域已经从最初的单机、逻辑控制，发展到能够联网的、功能丰富的控制。目前，PLC 已广泛应用于钢铁、石油、化工、电力、建材、机械制造、汽车、轻纺、交通运输、环保及文化娱乐等各个行业。

1. 逻辑控制

通过“与”、“或”、“非”等逻辑指令的组合，代替继电器进行组合逻辑控制、定时控制与顺序逻辑控制，这是 PLC 最初能完成的基本功能，例如印刷机、注塑机、组合机床、电镀流水线和电梯控制等。

2. 运动控制

PLC 可以使用专用的运动控制模块，对步进电动机或伺服电动机的单轴或多轴的位置进行控制。PLC 把描述位置的数据送给模块，其输出移动一轴或数轴到目标位置。每个轴移动时，位置控制模块保持适当的速度和加速度，确保运动平滑。例如用于各种机械、机床、机器人和电梯等场合。

3. 过程控制

过程控制是指对温度、压力、流量等模拟量的控制。对于温度、压力、流量等模拟量，PLC 提供了配套的模数（A-D）和数模（D-A）转换模块，使 PLC 可以很方便地处理这些模拟量；PLC 还提供了 PID 功能指令，可以很方便地进行闭环控制，从而实现过程控制。过程控制在冶金、化工、热处理、锅炉控制等场合有着非常广泛的应用。

4. 工业控制网络分级系统

PLC 能与计算机、其他 PLC 及智能装置联成网络，使设备级的控制、生产线的控制、工厂管理层的控制连成一个整体，形成控制自动化与管理自动化的有机集成，从而创造更高的企业效益。

1.3 PLC 的分类与主要产品

1.3.1 PLC 的分类

PLC 的分类可以按以下两种方法来进行。

1. 按 PLC 的点数分类

根据 PLC 可扩展的输入、输出点数，可以将 PLC 分为小型、中型和大型 3 类。小型 PLC 的输入、输出点数在 256 点以下；中型 PLC 的输入、输出点数在 256~2048 个点；大型 PLC 的输入、输出点数在 2048 点以上。

2. 按 PLC 的结构分类

按 PLC 的结构，可分为整体式和模块式。整体式 PLC 将电源、CPU、存储器、I/O 系统都集中在一个小箱体内，小型 PLC 多为整体式 PLC，如图 1-1 所示；模块式 PLC 是按功能分成若干模块，如电源模块、CPU 模块、连接模块、输入模块、输出模块等，再根据系统要求，组合不同的模块，形成不同用途的 PLC，大、中型 PLC 多为模块式 PLC，如图 1-2 所示。

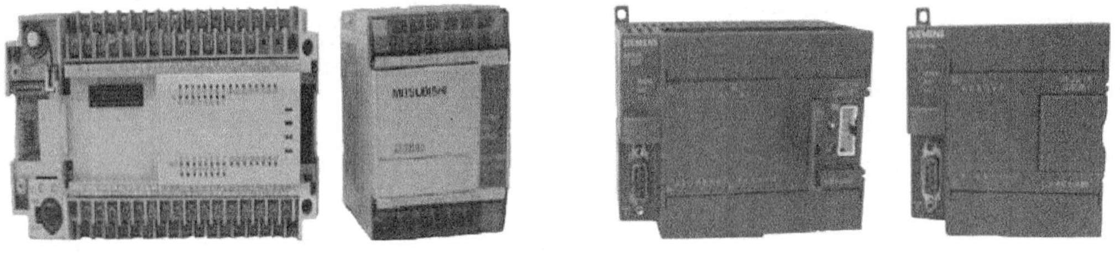

a)　　　　b)

图 1-1　整体式 PLC

a）三菱 FX_{2N}/FX_{1S} 系列　b）西门子 S7-200 系列

a)

b)

图 1-2　模块式 PLC

a）三菱 Q 系列　b）西门子 S7-300 系列

1.3.2　PLC 的主要产品

目前全球 PLC 生产厂家有 200 多家，比较著名的有美国的 AB 公司、通用（GE）公司；日本的三菱（MITSUBISHI）公司、欧姆龙（OMRON）公司、富士电机（FUJI）公司、松下电工公司；德国的西门子（SIEMENS）公司、法国的 TE（Telemecanique）公司、施耐德（SCHNEIDER）公司；韩国的三星（SUMSUNG）公司与 LG 公司等。

我国的 PLC 研制、生产和应用发展也很快。在 20 世纪 70 年代末和 80 年代初，我国引进了不少国外的 PLC 成套设备。此后，在传统设备改造和新设备设计中，PLC 的应用逐年增多，并取得了显著的经济效益。我国从 20 世纪 90 年代开始生产 PLC，也拥有较多的 PLC 品牌，如台湾地区的永宏、台达、盟立等；北京的和利时、凯迪恩（KDN）等；浙江的中控、中自；无锡的信捷；深圳的汇川等。目前应用较广的 PLC 生产厂家的主要产品见表 1-1。

表 1-1　部分 PLC 生产厂家及主要产品

国　家	公　司	产品型号
美国	GE FANUC	90^{TM}-30 系列，90^{TM}-70 系列，VersaMax 系列
日本	三菱（MITSUBISHI）	FX_{1S}、FX_{2N}、FX_{3U}系列，A 系列，Q 系列
德国	西门子（SIEMENS）	LOGO!，S7-200，S7-1200，S7-300，S7-400 系列
法国	施耐德（SCHNEIDER）	Twido，Micro，Premume，Compaq 系列
中国	无锡信捷	XC1、XC2、XC3、XC5 系列
中国	深圳汇川	H0U、H1U、H2U、H3U 系列

1.4　PLC 的基本结构及工作原理

1.4.1　PLC 的基本结构

各种 PLC 的组成结构基本相同，主要由 CPU、电源、存储器和输入/输出接口电路等组成。PLC 的基本结构如图 1-3 所示。

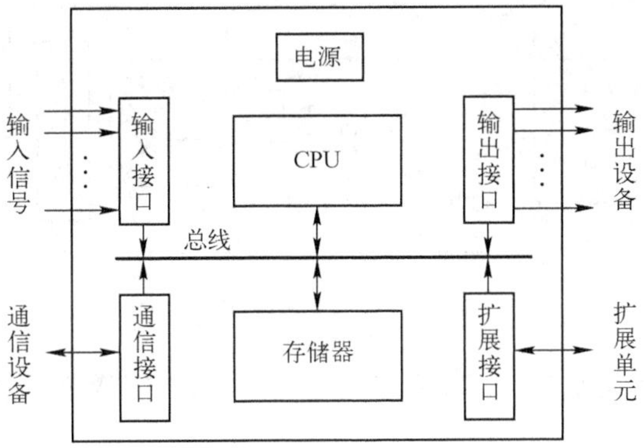

图 1-3　PLC 的基本结构

1. 中央处理器单元（CPU）

中央处理器单元（CPU）是 PLC 的核心部件，一般由控制器、运算器和寄存器组成。CPU 通过地址总线、数据总线、控制总线与存储单元、输入/输出接口、通信接口、扩展接口相连。它不断地采集输入信号，执行用户程序，刷新系统的输出。

2. 存储器

PLC 的存储器包括系统存储器和用户存储器两种。系统存储器用于存放 PLC 厂家编写的系统程序，用于开机自检、程序解释等功能，用户不能访问和修改，一般固化在只读存储器 ROM 中。用户存储器用于存放 PLC 的用户程序，设计和调试时需要不断修改，一般存放在读写存储器 RAM 中。当用户调试好的程序需要长期使用时，也可将其写入可电擦除的 E^2PROM存储卡中，长期保存。

3. 输入/输出接口（I/O）单元

PLC 的输入/输出接口单元是 CPU 与外部设备连接的桥梁。通过 I/O 接口，PLC 可实现对工业设备或生产过程的参数检测和过程控制。输入接口电路的作用是将按钮、行程开关或传感器等产生的信号送入 CPU；输出接口电路的作用是将 CPU 向外输出的信号转换成可以驱动外部执行元件的信号，以便控制接触器线圈、电磁阀、指示灯等外部电器的通、断电。PLC 的输入/输出接口电路一般采用光耦合隔离技术，可以有效地保护内部电路。

（1）输入接口电路

PLC 的输入接口电路可分为直流输入电路和交流输入电路。直流输入电路的延迟时间比较短，可以直接与接近开关、光电开关等电子输入装置连接；交流输入电路适用于油雾、粉尘等恶劣环境。

直流输入电路如图 1-4 所示，图中只画出了一路直流输入电路，方框内为 PLC 输入内部电路，方框外为外部信号输入电路。当外部开关接通时，输入信号为“1”，直流 24 V 经限流电阻、RC 滤波电路和光耦合电路后送给 PLC 内部。

交流输入电路与直流输入电路类似，外接的输入电源为 220 V 交流电源。

（2）输出接口电路

输出接口电路通常有 3 种类型：继电器输出型、晶体管输出型和晶闸管输出型。

继电器输出型的优点是电压范围宽、导通压降小、价格便宜，既可以控制直流负载也可以控制交流负载；缺点是触点寿命短、转换频率低。

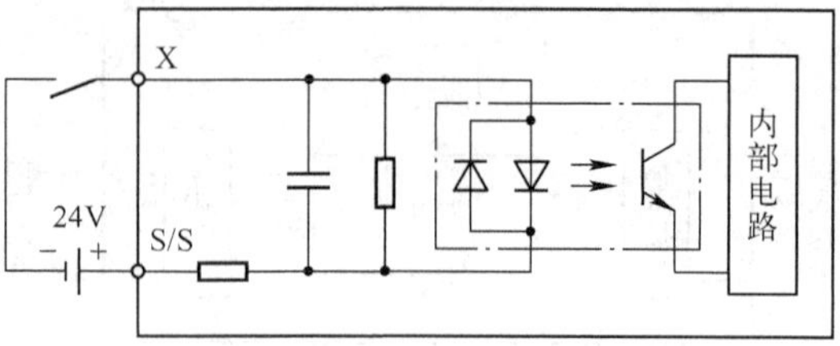

图 1–4　直流输入电路

晶体管输出型的优点是寿命长、无噪声、可靠性高、转换频率快、可驱动直流负载；缺点是价格高，过载能力较差。

晶闸管输出型的优点是寿命长、无噪声、可靠性高、可驱动交流负载；缺点是价格高、过载能力较差。

继电器输出电路如图 1–5 所示，图中只画出了一路继电器输出电路，方框内为 PLC 输出接口内部电路，方框外为外部负载控制电路。当输出为“1”时，接通内部继电器线圈，触点闭合，从而控制外部负载，使其动作。

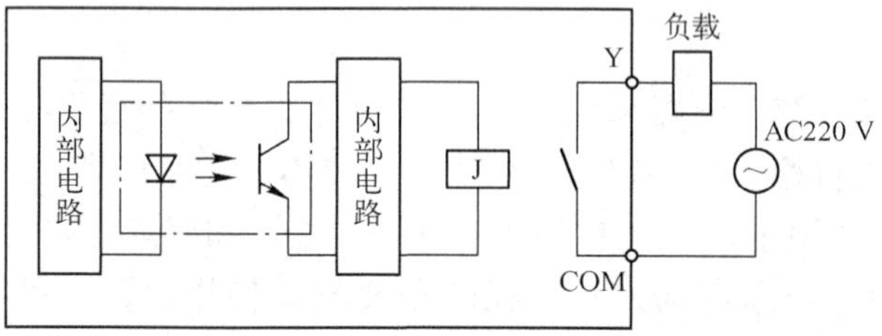

图 1–5　继电器输出电路

晶体管输出型、晶闸管输出型和继电器输出型的输出电路类似，只是用晶体管或晶闸管代替继电器来控制外部负载。

4. 扩展接口和通信接口

PLC 扩展接口的作用是将扩展单元和功能模块与基本单元相连，使 PLC 的配置更加灵活，控制功能更为丰富，以满足不同控制系统的需要；通信接口的功能是可以和监视器、打印机、其他的 PLC 或是计算机相连，从而实现“人 – 机”或“机 – 机”之间的对话。

5. 电源

PLC 一般使用 220 V 交流电源或 24 V 直流电源，内部的开关电源为 PLC 的中央处理器、存储器等电路提供 5 V、12 V、24 V 直流电源，使 PLC 能正常工作。

1.4.2　PLC 的基本工作原理

PLC 有两种工作方式，即 RUN（运行）方式和 STOP（停止）方式。只有在 RUN 方式下，CPU 才执行用户程序，并输出运算结果；在 STOP 方式下，CPU 不执行用户程序，但可将用户程序和硬件设置信息下载到 PLC 中去。

PLC 控制系统与继电器控制系统在运行方式上存在着本质的区别。继电器控制系统采用的是“并行运行”的方式，各条支路同时通电，当一个继电器的线圈通电或者断电时，该继电器的所有触点都会立即同时动作；而 PLC 采用“周期循环扫描”工作方式，CPU 通过逐行扫描并执行用户程序来实现，即如果一个逻辑线圈接通或断开，该线圈的所有触点并不会立即动作，必须等到扫描执行到该触点时才会动作。

一般来说，当PLC运行后，其工作过程可分为输入采样阶段、程序执行阶段和输出刷新阶段。完成上述3个阶段即称为一个扫描周期。

在整个运行期间，PLC的CPU以一定的扫描速度重复执行上述3个阶段。PLC的扫描工作过程如图1-6所示。图中，输入映像寄存器是指在PLC的存储器中设置一块用来存放输入信号的存储区域，而输出映像寄存器是用来存放输出信号的存储区域；元件映像存储器是包括输入和输出映像寄存器在内的所有PLC梯形图中的编程元件的映像存储区域的统称。

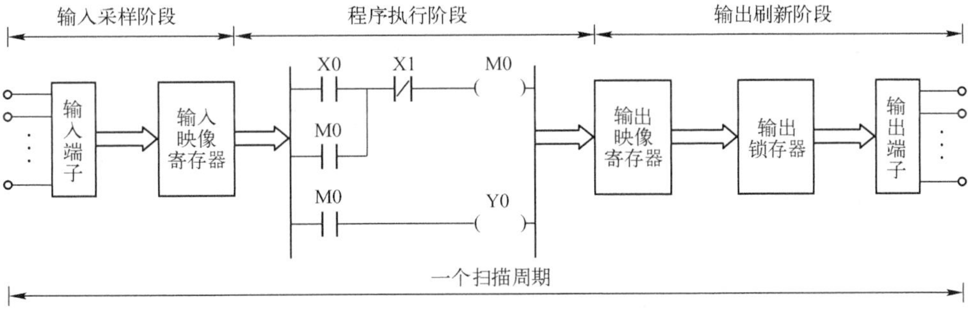

图1-6 PLC的扫描工作过程

1. 输入采样阶段

PLC将各输入状态存入对应的输入映像寄存器中，此时，输入映像寄存器被刷新，接着进入程序执行阶段。在程序执行阶段或输出刷新阶段，输入元件映像寄存器与外界隔绝，无论输入端子信号怎么变化，其内容保持不变，直到下一个扫描周期的输入采样阶段才将输入端子的新内容重新写入。

2. 程序执行阶段

PLC根据最新读入的输入信号，以先左后右、先上后下的顺序逐行扫描，执行一次程序，结果存入输出元件映像寄存器中。对于元件映像寄存器，每个元件（除输入映像寄存器之外）的状态会随着程序的执行而变化。

3. 输出刷新阶段

在所有指令执行完毕后，输出映像寄存器中所有输出继电器的状态（“1”或“0”）在输出刷新阶段统一转存到输出锁存器中，并通过一定的方式输出驱动外部负载。

1.5 PLC控制系统与继电器控制系统的比较

继电器-接触器控制是采用硬件和接线来实现的，它通过选用合适的分立元件（接触器、主令电器、各类继电器等），然后按照控制要求采用导线将触点相互连接，从而形成并实现既定的逻辑控制；如控制要求改变，硬件构成及接线都需做相应调整。

而PLC控制采用程序存储器控制，其控制逻辑是以程序方式存储在内存中的，系统要完成的控制任务是通过执行存放在存储器中的程序来实现的，如控制要求改变，硬件电路连接可不用调整或简单改动，主要通过改变程序即可实现，因此也称为“软接线”。

下面以电动机星形－三角形减压起动控制为例，分别采用继电器－接触器控制、PLC 控制方式实现，分析和总结两种控制方式的异同点。

继电器－接触器控制方式如图 1-7 所示，主电路、控制电路由导线相互连接分立元件的各端子构成，其控制逻辑包含于控制电路中，通过连线体现。

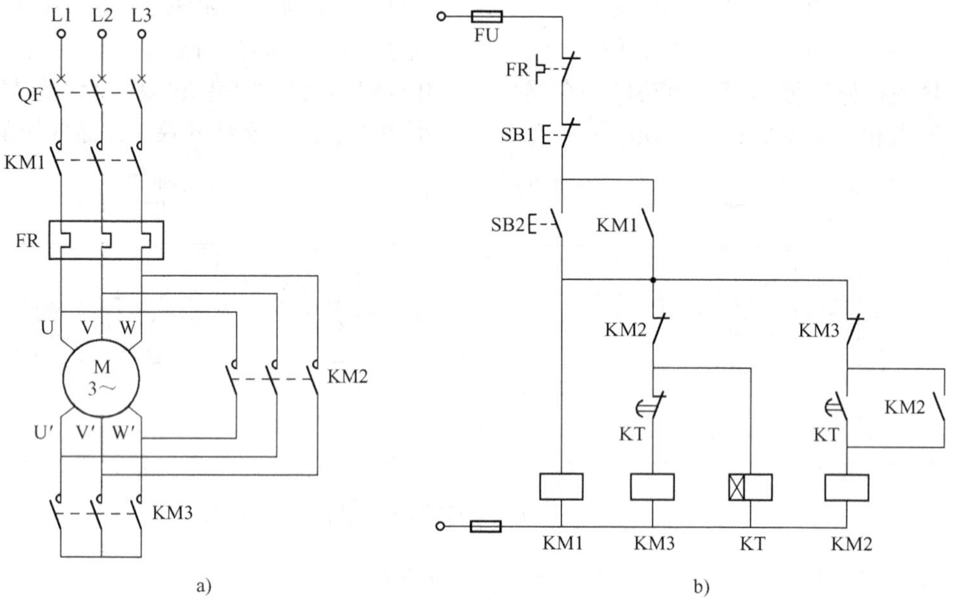

图 1-7　星形－三角形减压起动继电器－接触器控制方式

PLC 控制方式如图 1-8 所示，其主电路不变，控制电路由 PLC 接线图和程序两部分实现，而控制逻辑是通过软件，即编制相应程序实现的。

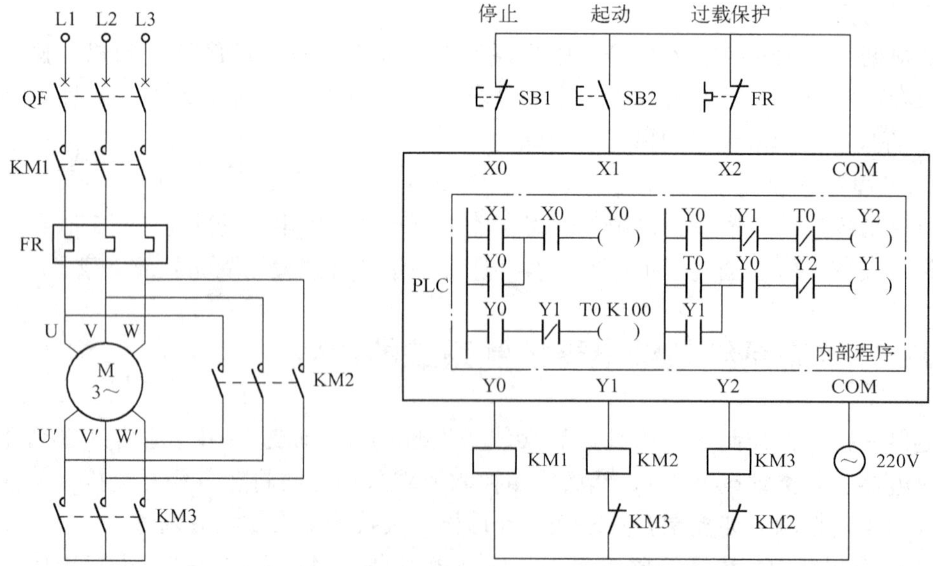

图 1-8　星形－三角形减压起动 PLC 控制方式

比较 PLC 控制与继电器 - 接触器控制两种控制方式。

1）PLC 控制系统与继电器 - 接触器控制系统的输入、输出部分基本相同，输入部分都是由按钮、开关、传感器等组成；输出部分都是由接触器、执行器、电磁阀等部件构成。

2）PLC 控制采用软件编程取代了继电器 - 接触器控制系统中大量的中间继电器、时间继电器、计数器等元件，使控制系统体积、安装、接线工作量大大减少，可以有效减少系统维修工作量和提高工作可靠性。如该例中，PLC 控制系统省去了时间继电器和部分接触器辅助触点，其功能由 PLC 编程实现。

3）PLC 控制系统不仅可以替代继电器 - 接触器控制系统，而且当生产工艺、控制要求发生简单调整时，不需要重新连线，只要相应修改程序或配合程序对硬件接线做很少的变动就可以了。

4）PLC 控制系统除了可以完成传统继电器 - 接触器控制系统所具有的功能外，还可以实现模拟量控制、高速计数、开环或闭环过程控制以及通信联网等功能。

习题

1.1　PLC 产生的原因是什么？它大致经历了哪几个发展阶段？

1.2　PLC 具有哪些特点？主要应用在哪些方面？

1.3　PLC 与工业 PC、分布式控制系统（DCS）的主要区别有哪些？

1.4　PLC 按 I/O 点数和结构形式可分为几类？

1.5　整体式 PLC 与模块式 PLC 各有什么特点？

1.6　三菱公司主要的 PLC 产品有哪些？西门子公司主要的 PLC 产品有哪些？

1.7　PLC 主要由________、________、________和________组成。

1.8　PLC 按硬件结构分为________和________两种。

1.9　PLC 输出接口电路一般有__________、__________和__________等几种类型，其中________既可驱动交流负载又可驱动直流负载。

1.10　PLC 常用的存储器有________、________、________，其中________和________是用来存放用户程序的，________是用来存放系统程序的。

1.11　简述 PLC 的扫描工作过程。

1.12　PLC 控制系统与继电器控制系统在运行方式上有何不同？

第 2 章　三菱 FX_{2N} 系列 PLC 的硬件与编程元件

2.1　三菱 FX_{2N} 系列 PLC 的硬件

FX 系列 PLC 的型号名称标识于产品右侧面，其名称定义如下。

FX □□－□□□□－□
　　①　　②　③ ④　⑤

① 子系列名称，如 1S，1N（C），2N（C），3G，3U（C）等。其中（C）代表紧凑型，适合于空间比较狭小的地方。如 FX_{2N} 是标准型，FX_{2NC} 是紧凑型。

② 输入、输出的总点数。

③ 单元类型：M 为基本单元，E 为输入/输出混合扩展单元与扩展模块，EX 为输入专用扩展模块，EY 为输出专用扩展模块。

④ 输出形式：R 为继电器输出，T 为晶体管输出，S 为双向晶闸管输出。

⑤ 其他定义：D 表示 DC 电源，DC 输入；UA1/UL 表示 AC 电源，AC 输入；无符号，则表示为 AC 电源、DC 输入。001 表示专为中国推出的产品。

例如型号为 FX_{2N}－48MR－D 的 PLC 表示该 PLC 属于 FX_{2N} 系列，是具有 48 个 I/O 点的基本单元，继电器输出型，使用 DC24 V 电源，DC24 V 输入。

FX_{2N} 系列 PLC 是三菱公司 FX 系列中性能优越的小型 PLC，除了具有基本的数字量输入/输出的控制功能外，还可以用于多个基本组件间的连接、运动控制、闭环控制等特殊用途，是一套可以满足广泛需要的、性价比很高的 PLC。

2.1.1　三菱 FX_{2N} 系列 PLC 的硬件结构

三菱 FX_{2N} 系列 PLC 的硬件结构可以分为基本单元、扩展单元、扩展模块、特殊功能模块和相关辅助设备。

1. 基本单元

基本单元即主机或本机。它包括电源、CPU、基本输入/输出点和存储器等，是 PLC 控制系统的基本组成部分。它实际上也是一个完整的控制系统，可以独立完成一定的控制任务。

FX_{2N} 基本单元有 6 种规格，分别具有 16/32/48/64/80/128 个 I/O 点，输入、输出点数对等分配，见表 2-1，其外形结构如图 2-1 所示。这些基本单元也可以通过采用扩展单元或扩展模块扩充到最多 256 个 I/O 点。

表 2-1　FX_{2N} 基本单元

AC 电源、DC 输入			输入点数	输出点数	输入、输出总点数
继电器输出	晶体管输出	晶闸管输出			
FX_{2N}－16MR－001	FX_{2N}－16MT－001	FX_{2N}－16MS－001	8	8	16

（续）

AC 电源、DC 输入			输入点数	输出点数	输入、输出总点数
继电器输出	晶体管输出	晶闸管输出			
FX_{2N} -32MR-001	FX_{2N} -32MT-001	FX_{2N} -32MS-001	16	16	32
FX_{2N} -48MR-001	FX_{2N} -48MT-001	FX_{2N} -48MS-001	24	24	48
FX_{2N} -64MR-001	FX_{2N} -64MT-001	FX_{2N} -64MS-001	32	32	64
FX_{2N} -80MR-001	FX_{2N} -80MT-001	FX_{2N} -80MS-001	40	40	80
FX_{2N} -128MR-001	FX_{2N} -128MT-001	—	64	64	128

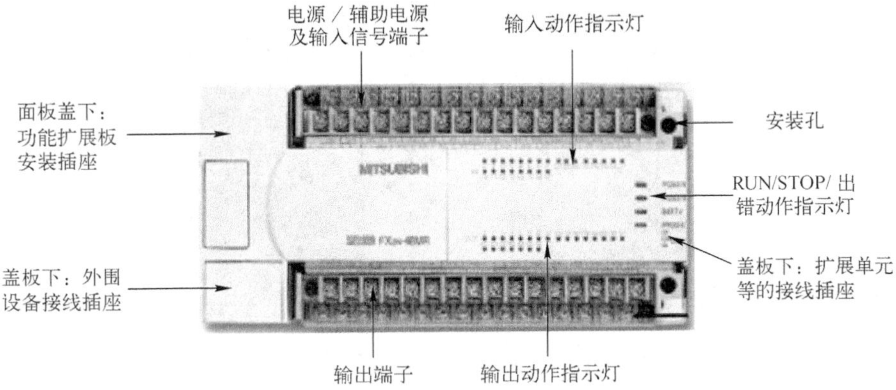

图 2-1　FX_{2N} -48MR 的外形图

FX 系列 PLC 的基本单元可独立工作，但在主机上 I/O 点数不能满足要求时，可通过连接扩展单元（独立电源+I/O）或扩展模块（I/O）来扩充 I/O 点数以满足系统要求。扩展单元、扩展模块只能与基本单元配合使用，不能单独构成系统。

2. 扩展单元

扩展单元由内部电源、内部输入/输出电路组成，需要和基本单元一起使用。扩展单元通过扩展电缆与基本单元相连。在基本单元的 I/O 点数不够时，可采用扩展单元来扩展 I/O 点数。FX_{2N}系列 PLC 的扩展单元见表 2-2，其外形结构如图 2-2 所示。

表 2-2　FX_{2N}系列 PLC 的扩展单元

型　号			输入点数	输出点数	输入、输出总点数
继电器输出	晶闸管输出	晶体管输出			
FX_{2N} -32ER	FX_{2N} -32ES	FX_{2N} -32ET	16	16	32
FX_{2N} -48ER	—	FX_{2N} -48ET	24	24	48

3. 扩展模块

扩展模块由内部输入/输出电路组成，其自身不带电源，需要和基本单元配合使用。扩展模块也需要通过扩展电缆与基本单元相连。在基本单元的 I/O 点数不够时，可采用扩展模块来扩展 I/O 点数。因扩展模块自身不带电源，需由基本单元或扩展单元供电，在使用时要注意验算电源供给能力。

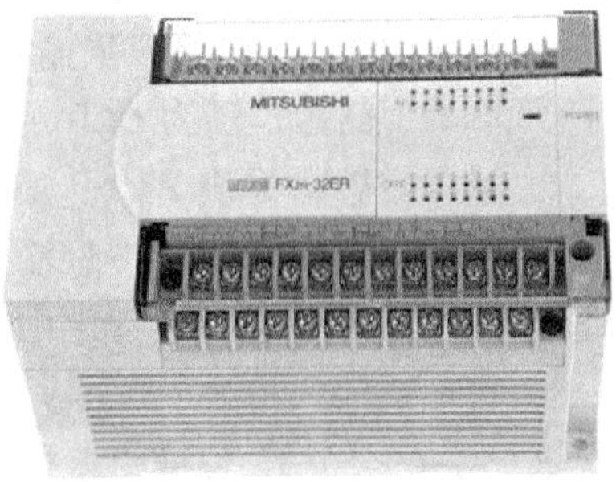

图 2-2　FX_{2N} -32ER 外形图

FX_{2N}系列 PLC 常用的扩展模块见表 2-3，其外形结构如图 2-3 所示。

表 2-3　FX_{2N}系列 PLC 常用的扩展模块

型号				输入点数	输出点数
输入模块	继电器输出模块	晶闸管输出模块	晶体管输出模块		
FX_{2N} - 16EX	—		—	16	—
—	FX_{2N} - 16EYR	FX_{2N} - 16EYS	FX_{2N} - 16EYT	—	16

图 2-3　FX_{2N} - 16EX/FX_{2N} - 16EYR 外形图

4. 特殊功能模块

FX_{2N}系列 PLC 提供了各种特殊功能模块，当需要完成某些特殊功能的控制任务时，就需要用到特殊功能模块，该类模块也需与基本单元配合使用。

（1）模拟量输入/输出模块

在工业控制中，需要经常处理模拟量输入信号（例如压力、温度、流量、转速等），且某些执行机构（例如电动调节阀和变频器等）又需要 PLC 输出模拟量信号进行控制。由于 PLC 只能处理数字量，因此在使用 PLC 处理模拟量时，需要采用相应的模拟量功能模块。

模拟量输入（A - D）模块采集传感器或变送器送来的标准的模拟量电流或电压信号，例如 DC4 ~ 20 mA，DC0 ~ 5 V，DC0 ~ 10 V 等标准信号，并将其转换为对应的数字量后再由 PLC 进行处理；模拟量输出（D - A）模块将 PLC 输出的数字量转换成标准模拟电压或电流信号，用以控制执行机构。以下简单介绍 FX_{2N}系列 PLC 的模拟量输入/输出模块。

1）模拟量输入/输出模块 FX_{2N} - 3A。

该模块有两个 8 位模拟量输入通道和一个 8 位模拟量输出通道，输入范围为 DC 0 ~ 10 V 和 4 ~ 20 mA，输出范围为 DC0 ~ 10 V、0 ~ 5 V 和 4 ~ 20 mA，在程序中占用 8 个 I/O 点。

2）模拟量输入模块 FX_{2N} - 2AD。

该模块有两个 12 位模拟量输入通道，输入范围为 DC 0 ~ 10 V、0 ~ 5 V 和 4 ~ 20 mA，转换速度为 2.5 ms/通道，在程序中占用 8 个 I/O 点。

3）模拟量输入模块 FX_{2N} - 4AD。

该模块有 4 个 12 位模拟量输入通道，输入范围为 DC - 10 ~ + 10 V 和 4 ~ 20 mA，转换速度为 15 ms/通道或 6 ms/通道，在程序中占用 8 个 I/O 点。

4）模拟量和温度传感器输入模块 FX_{2N} -8AD。

该模块有 8 个 16 位（包括符号位）的模拟量输入通道，输入为 DC -10 ~ +10 V 和 -20 ~ 20 mA，或 K、J 和 T 型热电偶。在 8 个通道中都是电压或电流输入时，通道的转换速度为 0.5 ms/通道。在 8 个通道中既有电压电流输入又有热电偶输入时，电压电流通道的转换速度为 1 ms/通道，热电偶通道的转换速度为 40 ms/通道，在程序中占用 8 个 I/O 点。

5）PT -100 型温度传感器用模拟量输入模块 FX_{2N} -4AD - PT。

该模块有 4 个 12 位模拟量输入通道，供三线式铂电阻 PT -100 使用。模块内有温度变送器和模拟量输入电路，对传感器的非线性进行了校正。测量单位可以用摄氏度或华氏度来表示，额定温度范围为 -100 ~ +600℃，输出数字量为 -1000 ~ +6000，转换速度为 15 ms/通道，在程序中占用 8 个 I/O 点。

6）热电偶温度传感器用模拟量输入模块 FX_{2N} -4AD - TC。

该模块有 4 个 12 位模拟量输入通道，与 K 型和 J 型热电偶配套使用。K 型的输入范围为 -100 ~ +1200℃，输出数字量为 -1000 ~ +12000；J 型的输入范围为 -100 ~ +600℃，输出数字量为 -1000 ~ +6000。它们的转换速度为 240 ms/通道，在程序中占用 8 个 I/O 点。

7）模拟量输出模块 FX_{2N} -2DA。

该模块有两个 12 位模拟量输出通道，输出范围为 DC0 ~ 10 V、0 ~ 5 V 和 4 ~ 20 mA，转换速度为 4 ms/通道，在程序中占用 8 个 I/O 点。

8）模拟量输出模块 FX_{2N} -4DA。

该模块有 4 个 12 位模拟量输出通道，输出范围为 DC -10 ~ +10 V 和 4 ~ 20 mA，转换速度为 2.1 ms/通道，在程序中占用 8 个 I/O 点。

9）温度调节模块 FX_{2N} -2LC。

该模块有两个温度输入通道和两个晶体管输出通道，提供自调整的 PID 控制、两位式控制和 PI 控制，可以使用多种热电偶和热敏电阻，有冷端温度补偿，在程序中占用 8 个 I/O 点。

（2）数据通信模块

FX_{2N}系列 PLC 具有很强的通信功能，其数据通信模块用来完成与其他 PLC、智能控制设备或计算机之间的通信。以下简单介绍 FX_{2N}系列 PLC 通信用功能扩展板、适配器、通信模块及网络通信接口模块。

1）RS -232C 通信用功能扩展板与通信模块。

FX_{2N} -232 - BD 是不带光电隔离的 RS -232C 通信用功能扩展板，FX_{2N} -232IF 是带光电隔离的 RS -232C 的通信接口模块，FX_{2N} -232DP 是 RS -232C 的网络适配器，FX_{2N} -232AWC/FX_{2N} -232AW 是带光电隔离的 RS -232C 和 RS -422 转换接口。

2）RS -422 通信用功能扩展模板。

FX_{2N} -422 - BD 用于 RS -422 通信，无光电隔离。

3）RS -485 通信用适配器与通信用功能扩展板。

FX_{2N} -485 - BD 是 RS -485 通信用功能扩展模板，FX_{1N} -485ADP 是带光电隔离的 RS -485 的通信适配器，FX -485PC - IF 是带光电隔离的 RS -232C 和 RS -485 的转换接口。

4）CC - Link 网络通信接口模块。

FX_{2N} -16CCL - M 接口模块可以使 FX_{2N}系列 PLC 作为主站连接到 CC - Link 网络中。FX_{2N} -32CCL 接口模块可以使 FX_{2N}系列 PLC 作为远程设备站连接到 CC - Link 网络中。

5）Profibus 网络通信接口模块。

FX_{0N} - 32NT - DP Profibus 接口模块可以将 FX_{2N}系列 PLC 作为从站连接到 Profibus - DP 网络中，FX_{2N} - 32DP - IF Profibus 接口模块可以将最多 8 个 FX_{2N}数字 I/O 特殊功能模块连接到 Profibus - DP 网络中。

6）DeviceNet 网络通信接口模块。

FX_{2N} - 64DNET 模块可以将 FX_{2N}系列 PLC 作为从站连接到 DeviceNet 网络中。

7）AS - i 网络通信接口模块。

FX_{2N} - 32ASI - M 接口模块是 AS - i 网络的主站模块。

（3）高速计数器模块

PLC 中的普通计数器由于受到扫描周期的限制，其最高工作频率不高，一般仅有几十赫［兹］，而在工业应用中有时会超过这个工作频率，但高速计数器可以满足这一要求，它可对几十千赫［兹］甚至上百千赫［兹］的脉冲计数。FX_{2N}系列 PLC 除了内部设有的高速计数器外，还配有 FX_{2N} - 1HC 高速计数器模块，它有一个高速计数器，用于单相/双相最高 50 kHz的高速计数器，通过外部输入信号或 PLC 程序，可以使计数器复位或起动计数过程。

（4）运动控制模块

在机械运行过程中工作的速度与精度往往存在矛盾，为提高效率而提高速度时，停车控制往往会出现问题，所以进行定位控制是十分必要的，而 PLC 的运动控制模块可以很好地解决这一问题。运动控制模块一般自带微处理器，用来控制运动物体的位置、速度和加速度，它们可以控制直线运动或旋转运动、单轴或多轴运动。下面介绍 FX_{2N}系列 PLC 的脉冲输出模块和定位控制模块。

1）FX_{2N} - 1PG - E 脉冲输出模块。

该模块控制一个轴，FX_{2N}系列 PLC 可以连接 8 个这样的模块，控制 8 个单独的轴。输出最高为 100 kHz 的脉冲串，可以选择输出加脉冲、减脉冲和有方向的脉冲，在程序中占用 8 个 I/O 点。

2）FX_{2N} - 10PG 脉冲输出模块。

该模块控制一个轴，FX_{2N}系列 PLC 可以连接 8 个这样的模块，控制 8 个单独的轴。输出最高为 1 MHz 的脉冲串，最小启动时间为 1 ms，在定位期间加强了最优速度控制，应用了近似 S 型加/减速控制，可以接收从外部脉冲发生器产生的最大 30 kHz 输入，在程序中占用 8 个 I/O 点。

3）FX_{2N} - 10GM 定位控制器。

FX_{2N} - 10GM 是为脉冲序列输出单元，单轴定位单元，不仅能处理单速定位和中断定位，而且能处理复杂的控制。FX_{2N}系列 PLC 可以连接 8 个这样的模块，最大输出脉冲为 200 kHz，在程序中占用 8 个 I/O 点。

4）FX_{2N} - 20GM 定位控制器。

FX_{2N} - 20GM 可控制两个轴，可执行直线插补、圆弧插补或独立的两轴定位控制，最大输出脉冲串为 200 kHz（在插补期间，最大为 100 kHz），在程序中占用 8 个 I/O 点。

5）可编程凸轮控制单元 FX_{2N} - 1RM - SET。

FX_{2N} - 1RM - SET 可用来取代机械凸轮开关实现高精度角度位置检测。其内部有 E^2PROM，无需电池，可储存 8 种不同的程序。FX_{2N} - 1RM - SET 可接在 FX_{2N}系列 PLC 上，也可单独使用，FX_{2N}系列 PLC 最多可连接 3 块这样的单元，在程序中占用 8 个 I/O 点。

5. 系统组建要求

以 FX 系列 PLC 基本单元为基础，配合扩展单元、扩展模块以及特殊功能模块，就可组成所需的 PLC 控制系统。在组建 FX_{2N}系列 PLC 控制系统时，须考虑以下几点：

1）系统输入、输出点数之和不应超过 256 点，连接特殊模块时，应从总点数扣除其占用的点数，且系统输入总点数或输出总点数不应超过 184 点。

2）扩展模块、特殊模块本身无电源，需通过基本单元或扩展单元供电，要保证所有扩展模块、特殊模块的耗电量在基本单元或扩展单元的电源供给能力之内。

3）FX_{2N}系列 PLC 基本单元可外接的特殊功能模块数量最多不超过 8 台。

6. 相关设备

（1）专用编程器

FX_{2N}系列 PLC 有自己专用的液晶手持式编程器 FX－10P－E 和 FX－20P－E。它们不能直接输入和编辑梯形图程序，只能输入和编辑指令表程序，可以监视用户程序的运行情况。如图 2-4 所示，FX－10P－E 为 2 行 LCD 显示，FX－20P－E 为 4 行 LCD 显示。

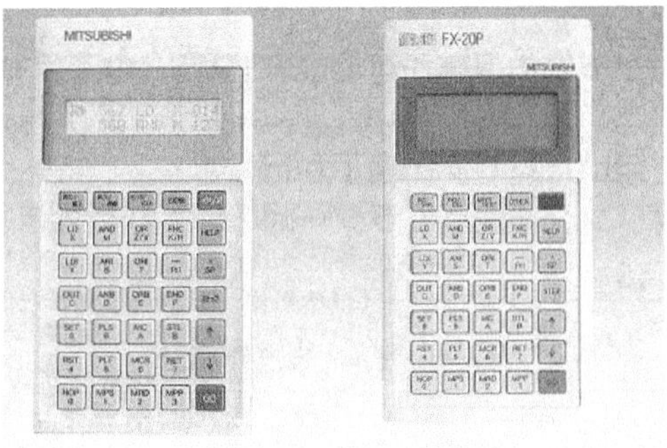

FX-10P-E　　FX-20P-E

图 2-4　手持式编程器

（2）编程软件

在开发和调试过程中，由于用专用编程器编程不方便，使用范围也有限，因此目前的发展趋势是在计算机上使用编程软件。目前常用的 FX_{2N}系列 PLC 的编程软件是 GX Developer、GX Works2、FX－FCS/WIN－E/－C 和 SWOPC－FXGP/WIN－C 编程软件，它们都有汉化版本，可以编辑梯形图和指令表，并可以在线监控用户程序的执行情况。

（3）显示模块

显示模块 FX－10DM－E 可以安装在控制屏的面板上，用电缆与 PLC 相连，有 5 个键和带背光的 LED 显示器，显示两行数据，每行 16 个字符，可用于各种型号的 FX 系列 PLC。它可以监视和修改定时器 T、计数器 C 的当前值和设定值，监视和修改数据寄存器 D 的数值。

（4）图形操作终端

GOT－900 系列图形操作终端是 FX_{2N}系列 PLC 人机操作界面中较常用的一种。它的电源电压为 DC24 V，用 RS－232C 或 RS－485 接口与 PLC 通信。它有 50 个触摸键，可以设置 500 个画面，用于监控或现场调试。

2.1.2 FX_{2N}系列 PLC 性能指标

在使用 PLC 的过程中，除了需要熟悉 PLC 的硬件结构，还应了解 PLC 的一些性能指标。

1. FX_{2N}的一般技术指标

FX_{2N}的一般技术指标见表 2-4。

表 2-4　FX_{2N}的一般技术指标

环境温度	使用时：0～55℃；储存时：-20～+70℃	
环境湿度	35%～85%RH（不结露）	
抗振	JISC0911 标准，10～55 Hz　0.55 mm（最大 2 g）3 轴方向各 2 次（但用 DIN 导轨安装时最大 0.5 g）	
抗冲击	JISC0912 标准，10 g，3 轴方向各 3 次	
抗噪声干扰	用噪声模拟器产生电压为 1000 V（峰-峰值）、脉宽 1 μs、30～100 Hz 的噪声，在此噪声干扰下 PLC 工作正常	
耐压	AC1500 V，1 min	所有端子与接地端之间
绝缘电阻	5 MΩ 以上（DC500 V 兆欧表测量）	
接地	单独接地；不能接地时，也可浮空	
使用环境	无腐蚀性气体，无尘埃	

注：g 为重力加速度，9.8 m/s^2。

2. FX_{2N}的电源指标

FX_{2N}的电源指标见表 2-5。

表 2-5　FX_{2N}的电源指标

项　目		FX_{2N}-16M	FX_{2N}-32M(E)	FX_{2N}-48M(E)	FX_{2N}-64M	FX_{2N}-80M	FX_{2N}-128M
电源电压		AC100～240 V　50/60 Hz					
允许瞬间断电时间		对于 10 ms 以下的瞬间断电，控制动作不受影响					
电源熔丝		250 V 3.15 A，ϕ5×20 mm		250 V　5 A，ϕ5×20 mm			
电力消耗/(VA)		35	40（35）	50（45）	60	70	100
传感器电源	无扩展部件	DC24 V　250 mA 以下		DC24 V 460 mA 以下			
	有扩展部件	DC5 V 基本单元 290 mA　扩展单元 690 mA					

3. FX_{2N}的输入技术指标

FX_{2N}的输入技术指标见表 2-6。

表 2-6　FX_{2N}的输入技术指标

输入电压	输入电流		输入 ON 电流		输入 OFF 电流		输入阻抗		输入隔离	输入响应时间
	X0～7	X10～	X0～7	X10～	X0～7	X10～	X0～7	X10～		
DC24 V	7 mA	5 mA	4.5 mA	3.5 mA	≤1.5 mA	≤1.5 mA	3.3 kΩ	4.3 kΩ	光耦合器隔离	0～60 ms 可变

4. FX_{2N}的输出技术指标

FX_{2N}的输出技术指标见表 2-7。

表 2-7　FX_{2N}的输出技术指标

项　目		继电器输出	晶闸管输出	晶体管输出
外部电源		AC250 V，DC30 V 以下	AC85 ~ 242 V	DC5 ~ 30 V
最大负载	电阻负载	2A/1 点；8A/4 点；8A/8 点	0.3A/1 点； 0.8A/4 点	0.5A/1 点； 0.8A/4 点
	感性负载	80 VA	15 VA/AC100 V 30 VA/AC200 V	12 W/DC24 V
	灯负载	100 W	30 W	1.5 W/DC24 V
开路漏电流		—	1 mA/AC100 V 2 mA/AC200 V	0.1 mA 以下/DC30 V
响应时间	OFF 到 ON	约 10 ms	1 ms 以下	0.2 ms 以下
	ON 到 OFF	约 10 ms	最大 10 ms	0.2 ms 以下
电路隔离		继电器隔离	光电晶闸管隔离	光耦合器隔离
动作显示		继电器通电时 LED 灯亮	光电晶闸管驱动时 LED 灯亮	光耦合器隔离驱动时 LED 灯亮

2.2　三菱 FX_{2N}系列 PLC 的外部接线

PLC 控制系统的设计中，虽然接线工作量与继电器控制系统相比要小，但接线工作是编程设计工作的基础，只有在正确无误的完成接线的前提下，才能确保编程设计工作的顺利进行。

2.2.1　端子排

以 FX_{2N} - 32MR - 001 型号的 PLC 为例讲解端子排的构成。该 PLC 是具有 32 个 I/O 点的基本单元，AC 电源、DC 输入，继电器输出型，其接线端子如图 2-5 所示。各端子分配如下。

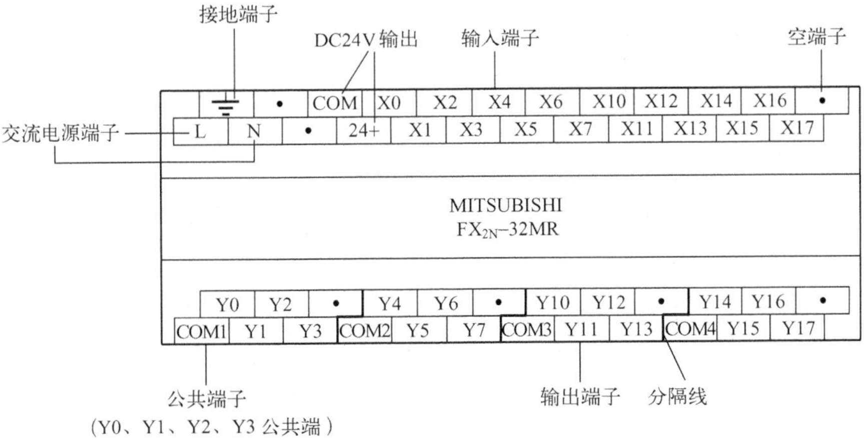

图 2-5　FX_{2N} - 32MR 的端子排列

1）电源端子：L、N 端是交流电源的输入端，一般直接使用工频交流电（AC100 ~ 240 V），L 端接交流电源相线，N 端接交流电源的中性线，⏚为接地端子，应选用 2 mm^2以上的导线可靠接地。

2）传感器电源输出端子：PLC 的 24 + 、COM 端子输出 24 V 直流电源，可为输入器件和扩展模块供电。注意不要将外部电源接至此端子，以防损伤设备。

3）输入端子：该 PLC 为 DC24 V 输入，其中 X0 ~ X17 为输入端子，COM 为输入端子的公共端，FX_{2N} - 32MR 的输入端子只有一个公共端子。DC 输入端子如连接交流电源将会损坏 PLC。

4）输出端子：Y0 ~ Y17 为输出端子，COM1 ~ COM4 为输出端子的公共端。PLC 的输出是分组输出，每组有一个对应的 COM 口，同组输出端子只能使用同一种电压等级；其中 Y0、Y1、Y2、Y3 的公共端子为 COM1，Y4、Y5、Y6、Y7 的公共端子为 COM2，中间用颜色较深的分隔线分开，其他公共端也一样。PLC 输出端子驱动负载能力有限，应注意相应的技术指标。

下面介绍其他常用型号的 FX_{2N}系列 PLC 的端子排列。

1. AC 电源，DC 输入类型

（1）FX_{2N} - 16M 的端子排列

FX_{2N} - 16M 的端子排列如图 2-6 所示。

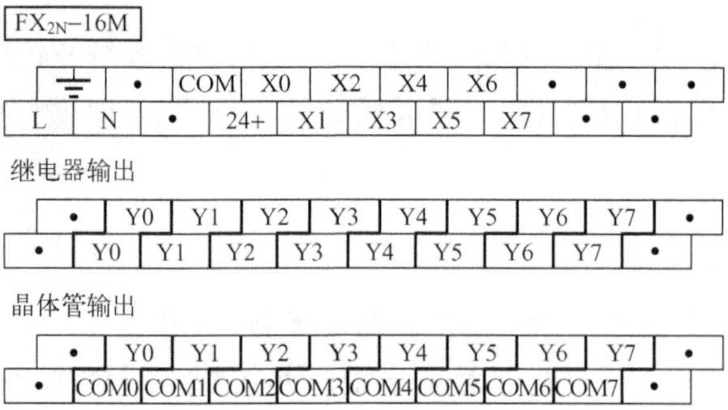

图 2-6　FX_{2N} - 16M 的端子排列

（2）FX_{2N} - 48M 的端子排列

FX_{2N} - 48M 的端子排列如图 2-7 所示。

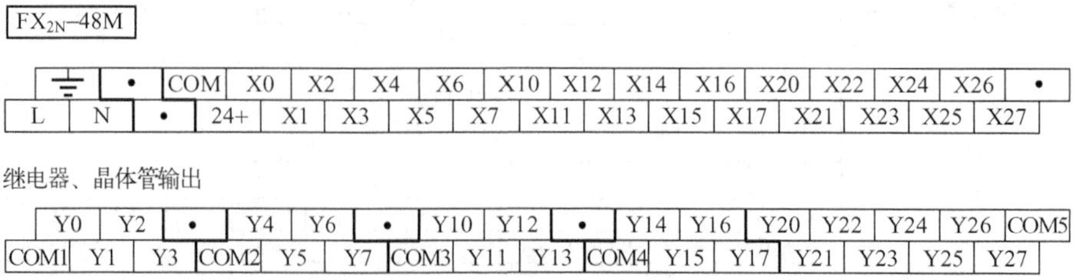

图 2-7　FX_{2N} - 48M 的端子排列

（3）FX_{2N} - 64M 的端子排列

FX_{2N} - 64M 的端子排列如图 2-8 所示。

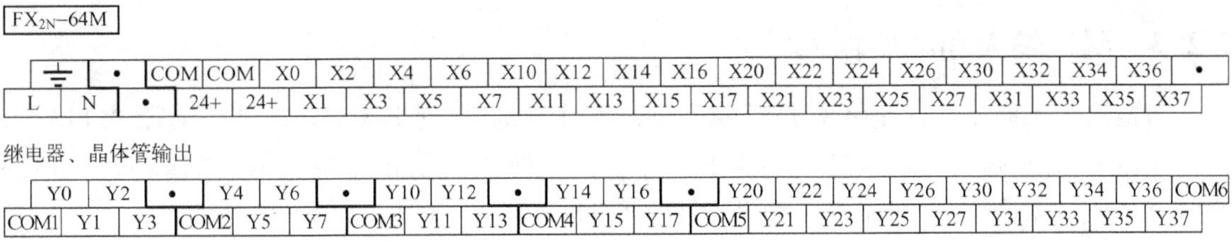

图 2-8　FX_{2N}-64M 的端子排列

（4）FX_{2N}-80M 的端子排列

FX_{2N}-80M 的端子排列如图 2-9 所示。

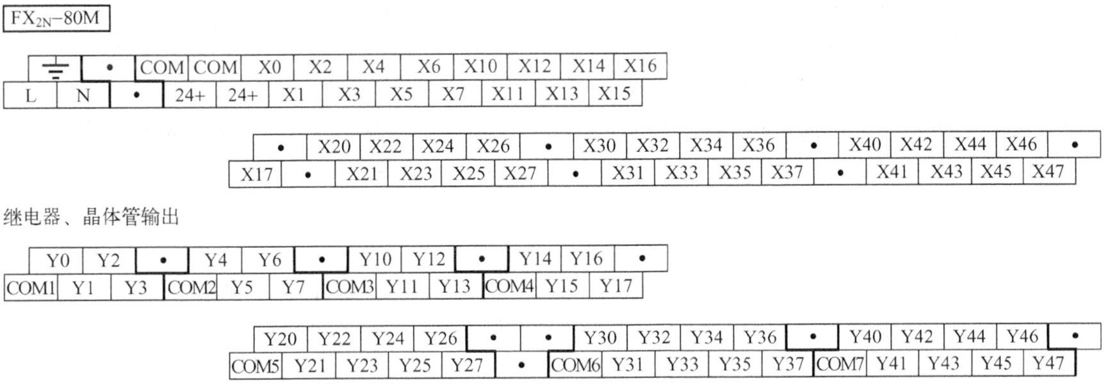

图 2-9　FX_{2N}-80M 的端子排列

（5）FX_{2N}-128M 的端子排列

FX_{2N}-128M 的端子排列如图 2-10 所示。

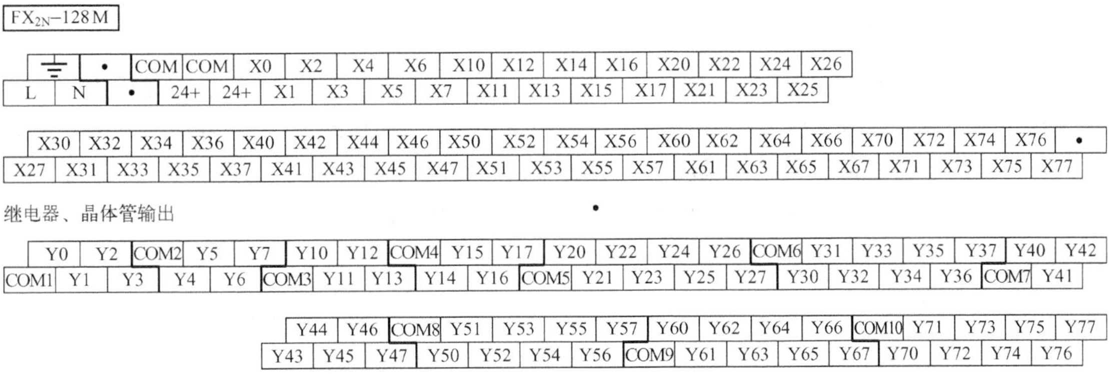

图 2-10　FX_{2N}-128M 的端子排列

2. DC 电源，DC 输入类型

DC 电源类型的 PLC 端子排列基本同上，只是 AC 电源端子 L，N 变为如图 2-11 所示的 DC 电源端子。

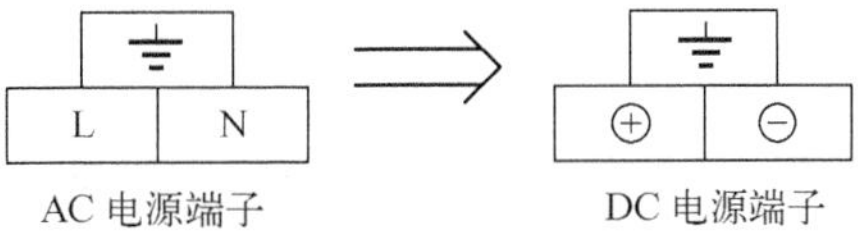

图 2-11　电源端子

2.2.2 漏型输入和源型输入

漏型输入和源型输入是针对直流输入的。对于 FX_{2N}系列 PLC 来说，DC 电流从 PLC 公共端（COM 端）流进，而从输入端流出，称为漏型输入（低电平有效）。而源型输入电路的电流是从 PLC 的输入端流进，而从公共端流出（高电平有效）。

三菱公司在中国销售的 FX_{2N}系列 PLC 只有漏型输入的型号。当输入是无电压触点输入时，如图 2-12 所示，电流经 24＋端子输出，经内部电路、X 输入端子和外部的触点，从 COM 端子流回 24 V 电源的负极。当输入是 2 线式接近传感器时，接线如图 2-13 所示，2 线式接近传感器应选择 NPN 型。当输入是 3 线式接近传感器时，接线如图 2-14 所示，3 线式接近传感器也应是 NPN 型。

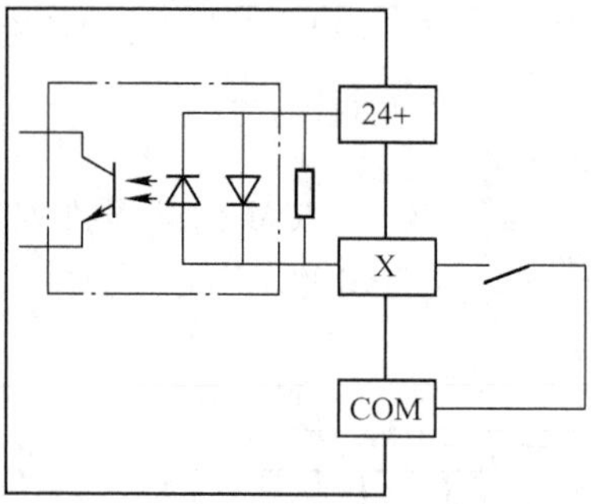

图 2-12　无电压触点输入接线图

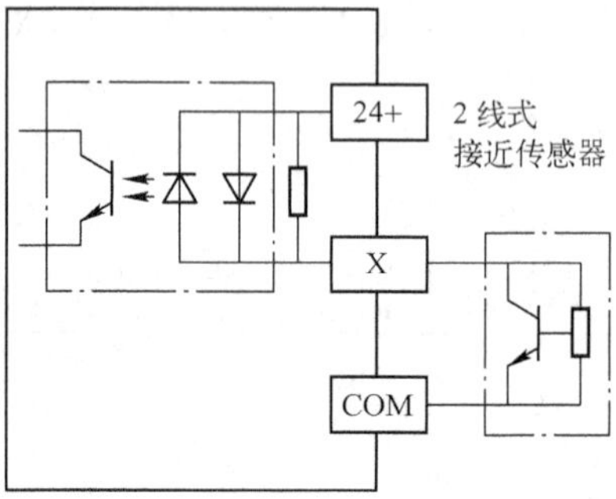

图 2-13　2 线式接近传感器输入接线图

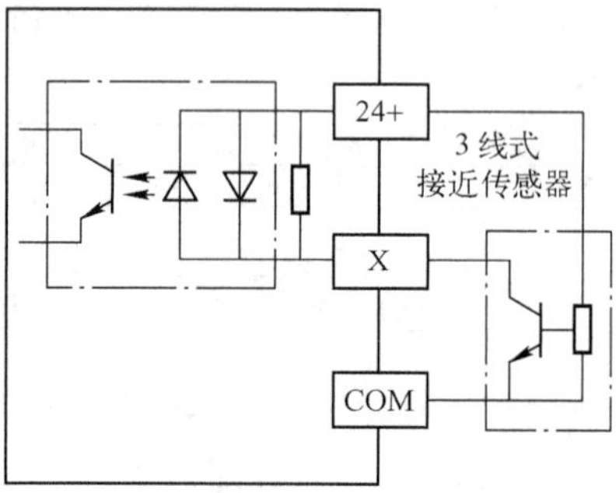

图 2-14　3 线式接近传感器输入接线图

2.2.3 漏型输出和源型输出

FX_{2N}系列的 PLC 输出有漏型输出和源型输出两种类型，也是针对直流负载而言的。漏型输出是指负载电流流入输出端子，再从公共端子流出。源型输出是指负载电流从输出端子中流出，而从公共端子流入。漏型输出接线图如图 2-15 所示，当输出继电器 Y 为 ON 时，电流从 Y 端流入，从公共端 COM 流出。源型输出接线图如图 2-16 所示，当梯形图中的输出继电器 Y 为 ON 时，电流从公共端 COM 流入，从 Y 端流出。

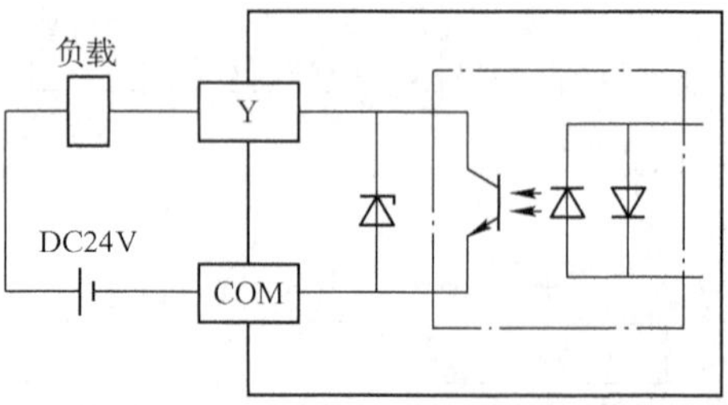

图 2-15　漏型输出接线图

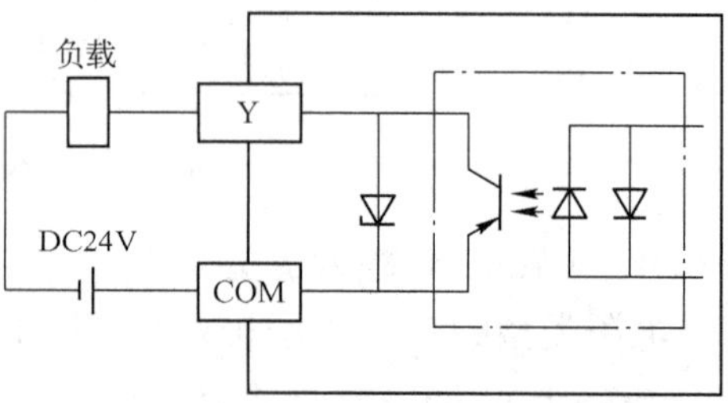

图 2-16　源型输出接线图

2.2.4 外部接线实例

以 FX_{2N} -32MR 型 PLC 为例，其外部接线图如图 2-17 所示。

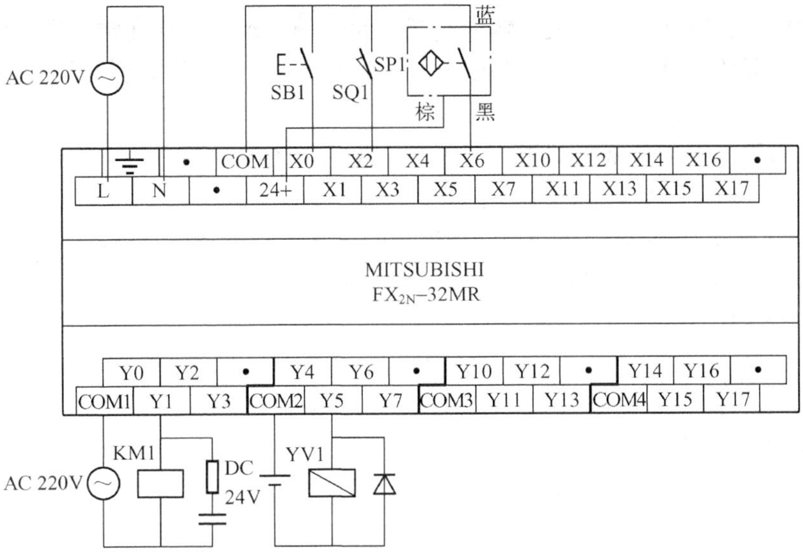

图 2-17 外部接线图

图中，FX_{2N} -32MR 型 PLC 为 AC 电源，DC 输入。L、N 端接 AC220V 电源，X0 输入点接 SB1 按钮，X2 输入点接 SQ1 限位开关，X6 输入点接 NPN 型 3 线式接近开关。在输出点中，Y1 接一个 220V 的交流接触器 KM1 的线圈，Y5 接一个电磁阀 YV1 的线圈。

图中的 KM1 和 YV1 均属于感性负载，具有储能作用。电路中的感性负载在切断时，可能产生高于电源电压数倍甚至数十倍的反电动势；而当触点闭合时，会因触点的抖动而产生电弧，它们都会对系统产生干扰。为此，在图中的直流电路中，在感性负载两端并联续流二极管，对于交流电路，在感性负载的两端并联阻容电路，以抑制电路断开时产生的高压或电弧对 PLC 的影响。

2.3 三菱 FX_{2N} 系列 PLC 的编程元件

PLC 的编程语言有 5 种，分别是顺序功能图、梯形图、功能块图、指令表和结构文本，其中应用最多的是梯形图，图 2-18 所示为 PLC 的梯形图举例。实际上 PLC 的梯形图编程沿用了继电器控制系统的一些设计思想，最为突出的是 PLC 的某些编程单元沿用了继电器这一名称，如输入继电器、输出继电器、内部辅助继电器等，但它们不是真实的物理继电器（即硬继电器），而是在软件中使用的编程单元，每一个编程单元与 PLC 的一个存储单元相对应，称为软继电器。这些软继电器就是 PLC 的编程元件，这些编程元件在 PLC 内部有自己唯一的地址。

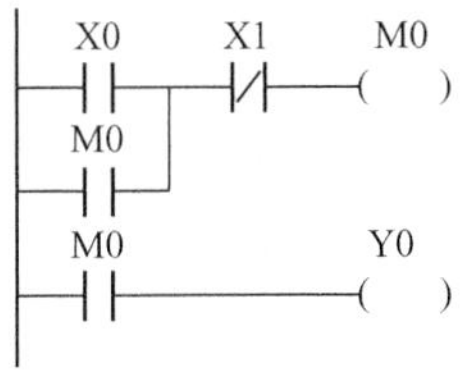

图 2-18 PLC 的梯形图

2.3.1　三菱 FX_{2N}系列 PLC 的编程元件

1. 输入继电器（X）

输入继电器一般都有一个 PLC 的输入端子与之对应，它是 PLC 用来连接工业现场各设备输入信号的接口，其状态仅取决于输入端开关元件的状态。当接在输入端子的开关元件闭合时，输入继电器的线圈得电，在程序中的常开触点闭合，常闭触点断开。这些触点可以在编程时任意使用，使用次数不受限制。

PLC 输入端子可连接外部的常开（NO）触点或常闭（NC）触点，输入端连接不同触点，其内部软元件对应的状态也相应不同。

如图 2-19 所示，输入端子 X0 外接常开触点 SA1 时，常态时 PLC 内部 X0 的常开触点┤├为 0（断开），常闭触点┤/├为 1（闭合）；SA1 触点闭合后，PLC 内部 X0 的常开触点┤├为 1（闭合），常闭触点┤/├为 0（断开）。

而输入端子 X1 外接常闭触点 SA2 时，逻辑关系相反，即常态时 X1 的常开触点┤├为 1（闭合），常闭触点┤/├为 0（断开）；动作后，常开触点┤├为 0（断开），常闭触点┤/├为 1（闭合），对应关系如图 2-19 所示。

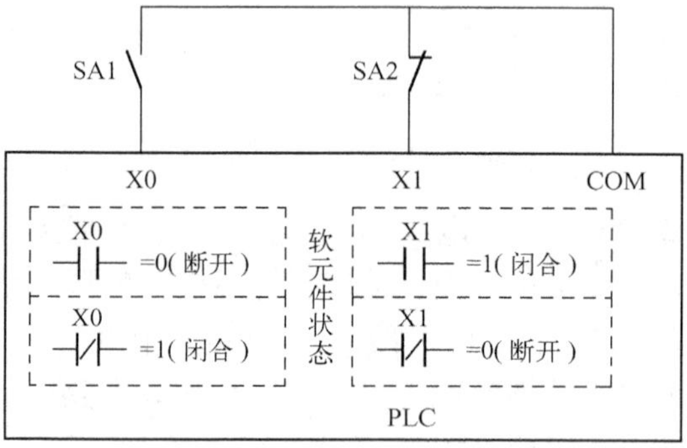

图 2-19　PLC 输入端子与内部软元件对应关系

编程时应注意的是，输入继电器的线圈只能由外部信号来驱动，不能在程序内用指令来驱动，因此在用于编制的梯形图中只能出现输入继电器的触点，而不应出现输入继电器的线圈，其触点也不能直接输出带动负载。

FX_{2N}系列 PLC 的输入继电器采用八进制地址编号，见表 2-8，表中的 FX_{2N} - 32M 这一基本单元中的 X0 ~ X17 表示从 X0 ~ X7 和 X10 ~ X17 共 16 个点，并最多可以扩展到 184 点（X0 ~ X267）。

表 2-8　FX_{2N}系列 PLC 的输入/输出继电器元件号

型号	FX_{2N} - 16M	FX_{2N} - 32M	FX_{2N} - 48M	FX_{2N} - 64M	FX_{2N} - 80M	FX_{2N} - 128M	扩展时
输入	X0 ~ X7 8 点	X0 ~ X17 16 点	X0 ~ X27 24 点	X0 ~ X37 32 点	X0 ~ X47 40 点	X0 ~ X77 64 点	X0 ~ X267 184 点
输出	Y0 ~ Y7 8 点	Y0 ~ Y17 16 点	Y0 ~ Y27 24 点	Y0 ~ Y37 32 点	Y0 ~ Y47 40 点	Y0 ~ Y77 64 点	Y0 ~ Y267 184 点

2. 输出继电器（Y）

输出继电器也有一个 PLC 的输出端子与之对应，它是用来将输出信号传送到负载的接口，用于驱动负载。当输出继电器的线圈得电时，对应的输出端子接通，负载电路开始工作。每一个输出继电器的常开触点和常闭触点编程时可不限次数使用。

编程时需要注意的是，外部信号无法直接驱动输出继电器，它只能在程序内部驱动。

输出继电器的地址编号也是八进制，见表 2-8，表中的 FX_{2N} -32M 这一基本单元中的 Y0 ~ Y17 表示从 Y0 ~ Y7 和 Y10 ~ Y17 共 16 个点，并最多可以扩展到 184 点（Y0 ~ Y267）。对于 FX_{2N} 系列 PLC 来说，除了输入、输出继电器是以八进制表示外，其他继电器都为十进制表示。

3. 辅助继电器（M）

FX_{2N} 系列 PLC 内部有很多辅助继电器，和输出继电器一样，只能由程序驱动，每个辅助继电器也有无数对常开、常闭触点供编程使用。辅助继电器的触点在 PLC 内部编程时可以任意使用，但它不能直接驱动负载，外部负载必须由输出继电器的触点来驱动。

在逻辑运算中经常需要一些辅助继电器作辅助运算用，这些元件往往用做状态暂存、移位等运算。另外一些辅助继电器还有一些特殊功能。以下介绍几种常用的辅助继电器。

（1）一般辅助继电器

一般辅助继电器的作用和继电器控制系统中的中间继电器相同，它用来保存控制继电器的中间操作状态。对于 FX_{2N} 系列 PLC 来说，一般辅助继电器又分为通用辅助继电器和电池后备/锁存辅助继电器。

通用辅助继电器没有断电保护功能，断电后辅助继电器所存储的信息消失，存取的地址范围是 M0 ~ M499，共 500 个点。

电池后备/锁存辅助继电器具有断电保护功能，断电后辅助继电器所存储的信息锁存保持不变，存取的地址范围是 M500 ~ M3071，共 2572 个点。

（2）特殊辅助继电器

特殊辅助继电器是用来存储系统的状态变量、有关的控制参数和信息的，具有特殊功能的辅助继电器。特殊辅助继电器的存取的地址范围是 M8000 ~ M8255，共 256 个点。常用的特殊辅助继电器元件见表 2-9。

表 2-9　FX_{2N} 系列 PLC 的常用特殊辅助继电器元件

编　号	功能描述
M8000	RUN 监控，PLC 为 RUN 时 ON
M8002	初始脉冲，RUN 后第 1 个扫描周期为 ON
M8011	10 ms 时钟脉冲
M8012	100 ms 时钟脉冲
M8013	1 s 时钟脉冲
M8014	1 min 时钟脉冲
M8020	零标志位；加减运算结果为零时置位
M8021	借位标志；减运算结果小于最小负数值时置位
M8022	进位标志；加运算有进位或结果溢出时置位
M8033	M8033 接通后，PLC 停止时输出保持
M8034	M8034 接通后，所有输出被禁止
M8039	M8039 接通后，PLC 以定时扫描的方式运行

通常可以将特殊辅助继电器分为两大类，一类是触点利用型，由 PLC 的系统程序来驱动触点利用型特殊辅助继电器的线圈，在用户程序中直接使用其触点，但是不能出现它们的线圈，如表 2-9 中的 M8000、M8002、M8011、M8012、M8013、M8014、M8020、M8021、M8022。另外一类是线圈驱动型，由用户程序去驱动其线圈，用户并不使用它们的触点，如表 2-9 中的 M8033、M8034、M8039。

4. 状态继电器（S）

状态继电器也称为顺序控制继电器，它常用于顺序控制或步进控制中，并与其指令一起使用，以实现顺序或步进控制功能流程图（SFC）的编程。通常状态继电器可以分为如下 5 个类型。

（1）初始状态继电器

地址范围从 S0 ~ S9，共 10 个点。

（2）回原点状态继电器

地址范围从 S10 ~ S19，共 10 个点。

（3）通用状态继电器

地址范围从 S20 ~ S499，共 480 个点。

（4）断电保持状态继电器

地址范围从 S500 ~ S899，共 400 个点。

（5）报警用状态继电器

地址范围从 S900 ~ S999，共 100 个点。

状态继电器的常开和常闭触点在 PLC 内可以自由使用，且使用次数不限。不用步进梯形图指令时，状态继电器 S 可作为辅助继电器在程序中使用。

5. 定时器（T）

PLC 提供的定时器相当于继电器控制系统中的时间继电器，是累计时间增量的编程元件，定时值由程序设置。每个定时器都对应一个 16 位的当前值寄存器，当定时器的输入条件满足时开始计时，当前值从 0 开始按一定的时间单位增加，当定时器的当前值等于程序中的设定值时，定时时间到，定时器的触点动作。每个定时器提供的常开触点和常闭触点有无数个。

FX_{2N}系列 PLC 的定时器的定时精度分别为 1 ms，10 ms 和 100 ms 三种，定时器的地址范围是 T0 ~ T255，它们的定时精度和定时范围互不相同，用户可以根据所要定时的时间来选择定时器，见表 2-10。

表 2-10　FX_{2N}系列 PLC 的定时器的定时精度和定时范围

100 ms 通用型 0.1 ~ 3276.7 s	10 ms 通用型 0.01 ~ 327.67 s	1 ms 累计型 0.001 ~ 32.767 s	100 ms 累计型 0.1 ~ 3276.7 s
T0 ~ T199 200 点	T200 ~ T245 46 点	T246 ~ T249 4 点	T250 ~ T255 6 点

6. 计数器（C）

计数器用于累计输入端接收到的由断开到接通的脉冲个数，其设定计数值由程序设置。计数器的当前值是 16 位或 32 位有符号整数，用于存储累计的脉冲个数，当计数器的当前值等于设定值时，计数器的触点动作。每个计数器提供的常开触点和常闭触点有无数个。计数器的地址范围是 C0 ~ C234，见表 2-11。

表 2-11　FX_{2N}系列 PLC 的计数器的计数范围和地址范围

16 位加计数器 0 ~ 32 767		32 加/减计数器 -2 147 483 648 ~ +2 147 483 647	
一般用	停电保持用	一般用	停电保持用
C0 ~ C99 100 个	C100 ~ C199 100 个	C200 ~ C219 20 个	C220 ~ C234 15 个

7. 高速计数器（HSC）

高速计数器的工作原理和普通计数器基本相同。不同的是普通计数器的计数频率受扫描周期的影响，因此计数的频率不能太高，而高速计数器用来累计比 CPU 扫描速率更快的高速脉冲。高速计数器的地址范围是 C235 ~ C255。

8. 数据寄存器（D）

在进行输入/输出处理、模拟量控制、位置控制时，需要涉及许多变量或数据，这些变量或数据由数据寄存器来存储。FX 系列 PLC 数据寄存器是 16 位的寄存器，可存放 16 位二进制数，最高位为符号位，也可以用两个数据寄存器合并起来存放 32 位数据，最高位仍为符号位。数据寄存器可分为以下 5 个类型。

（1）通用数据寄存器

其地址范围是 D0 ~ D199，共 200 点。一旦在数据寄存器中写入数据，只要不再写入其他数据，数据寄存器就不会变化。当 PLC 由运行到停止或断电时，该数据寄存器的数据被清零。但是当特殊辅助继电器 M8033 置 1，PLC 由运行转向停止时，其数据可以保持。

（2）电池后备/锁存数据寄存器

其地址范围是 D200 ~ D7999，共 7800 个点，具有断电保护功能。当 PLC 由运行到停止或断电时，电池后备/锁存数据寄存器的值保持不变。

（3）特殊寄存器

其地址范围是 D8000 ~ D8255，用来控制和监视 PLC 内部的各种工作方式和元件。其内容在电源接通时，写入初始值（先全部清零，然后由系统 ROM 安排写入初始值）。对于未定义的特殊数据寄存器，用户不能使用。

（4）文件寄存器

其地址范围是 D1000 ~ D7999，共 7000 个点。文件寄存器是以 500 点为一个单位，用于外部设备的存取。文件寄存器实际上是被设置为 PLC 的参数区。文件寄存器与电池后备/锁存数据寄存器是重叠的，可保证数据断电时不会丢失。

9. 变址寄存器（V/Z）

变址寄存器同普通的数据寄存器一样，也是用于数据读入、写出的 16 位数据寄存器。FX_{2N}系列 PLC 有 16 个变址寄存器，地址范围分别是 V0 ~ V7，Z0 ~ Z7，变址寄存器除了和通用的数据寄存器具有相同的使用方法外，还可以用来改变编程元件的元件号。当进行 32 位操作时，将 V、Z 合并使用，指定 Z 为低位，V 为高位。

10. 指针（P/I）

指针（P/I）包括分支和子程序用的指针（P）及中断用的指针（I）。分支和子程序用的指针为 P0 ~ P127，共 128 点。中断用的指针从 I0□□ ~ I8□□，分为输入中断、计数器中断、定时器中断 3 类，共 15 点。

11. 常数（K/H）

常数通常也作为编程元件对待，它在存储器中占有一定的空间，十进制数用 K 表示，如 20 用十进制来表示为 K20；十六进制常数用 H 表示，如 20 用十六进制来表示为 H14。

2.3.2 三菱 FX_{2N}系列 PLC 的寻址方式

FX_{2N}系列 PLC 将数据存于不同的存储单元（软继电器）中，每个存储单元都有自己唯一的地址，这就是寻址方式。PLC 有两种寻址方式，分别是直接寻址和间接寻址。直接寻址方式是指直接找到元件的名称进行存储，而间接寻址则不直接通过元件名称来存储。取代继电器控制的数字控制系统，一般只用直接寻址。

1. 直接寻址

（1）位寻址格式

对于 X、Y、M、S、T、C 按位寻址格式，就是直接指出存储器的类型和编号。例如 X10、M123，字母表示存储器类型，数字为存储器编号。

（2）字寻址和双字寻址

字寻址在字元件（数据存储器 D）存储时使用，如 D1000，字母表示存储器类型，数字为存储器编号。在双字寻址指令中，操作数地址的编号（低位）一般用偶数表示，地址加 1 编号（高位）的存数单元同时被占用。双字寻址时存储单元为 32 位，如（D11，D10）表示为 32 位存储单元，D11 为高 16 位，D10 为低 16 位。

（3）位组合寻址

为了使位元件（X、Y、M、S）联合起来存储数字，PLC 提供了位组合寻址方式，4 个连续的位为一组，用 KnP 来表示。P 为位元件的首地址，n 为组数（1 ~ 8）。例如，K2Y0 表示由 Y0 ~ Y7 组成的 2 组 8 位存储单元。

2. 间接寻址

FX_{2N}系列 PLC 利用变址寄存器 V0 ~ V7 和 Z0 ~ Z7 来进行间接寻址。例如，传送指令 MOV D5V0，D10Z0，当 V0 = 5，Z0 = 6 时，其意义是将存储单元 D10 中的数据送到 D16 中去。

2.3.3 三菱 FX_{2N}系列 PLC 的数据格式

在 PLC 内部，数据是以二进制补码的形式进行存储与运算，二进制补码的最高位为符号位，正数的符号位为 0，负数的符号位为 1。例如，十进制数 1047，在 PLC 内部的存储形式为二进制数 0000 0100 0001 0111（十六进制数 0417）；十进制数 - 1047，在 PLC 内部的存储形式为二进制数 1111 1011 1110 1001（十六进制数 FBE9）。由于二进制数表达过于复杂，因此在 PLC 中整数数据可以用十进制、十六进制、BCD 码来表示。

在 PLC 中，如需要进行精确的数值运算，则采用浮点数运算。浮点数常用的数据格式有科学计数法、二进制浮点数。

1. 十进制数

十进制数更符合人们的使用习惯，PLC 中在数值前加 K 表示十进制数，主要用于定时器、计数器的设定值；辅助继电器、定时器、计数器、状态继电器等的编号；在应用指令使用时用于指定操作数的数值与指令动作（K 常数）。

2. 十六进制数

在 PLC 中，只有二进制数是可以被直接处理的，但是二进制数表达过于繁杂，此时用十六进制数可以更方便和直接地表达二进制数。十六进制数有 16 个数字符号，即 0 ~ 9 和 A ~ F，A ~ F 分别对应十进制数 10 ~ 15，十六进制数采用逢 16 进 1 的运算规则。4 位二进制数可转换成 1 位 16 进制数，例如，二进制数 0001 1100 0001 0101 可以转换成十六进制数 H1C15。

在数值前加 H 表示十六进制数，十六进制数主要用于在应用指令使用时指定操作数的数值与指令动作（H 常数）。

3. 八进制数

在 PLC 中，八进制数主要用于对输入继电器、输出继电器的软元件进行编号。

4. BCD 码

BCD 码是按二进制编码的十进制数。每位十进制数用 4 位二进制数来表示，0 ~ 9 对应的二进制数为 0000 ~ 1001，例如十进制数 1234 对应的 BCD 码为 0001 0010 0011 0100。16 位 BCD 码对应 4 位二进制数，范围是 0 000 ~ 9 999。从 PLC 外部的数字拨码开关输入的数据一般都是 BCD 码，PLC 送给外部的 7 段显示器的数据一般也是 BCD 码，通常 PLC 在进行数据处理时必须先将 BCD 码转换成二进制数。

5. 科学计数法

科学计数法即十进制浮点数，可以用来表示整数和小数，在科学计数法中，数据为 32 位，占用相邻的两个数据寄存器（例如 D10 和 D11），数据格式为尾数 $\times 10^{指数}$，D10（低位）中存放的是尾数，D11（高位）中存放的是指数，其尾数是 4 位 BCD 码，尾数 = ±(1000 ~ 9999)或 0，指数的范围为 −41 ~ +35。十进制浮点数可处理的数值范围为 $|1175\times10^{-41}|$ ~ $|3402\times10^{35}|$。

例如小数 1.234 用十进制浮点数表示为 1234×10^{-3}。科学计数法只能用于数据的显示，不能直接参与运算。在 PLC 的内部，尾数和指数都是以二进制补码处理，最高位为符号位。

6. 二进制浮点数

二进制浮点数为 32 位，占用连续的两个数据寄存器（例如 D11 和 D10）来表达；在 32 位中，尾数占低 23 位（即 b0 ~ b22 位，b0 为最低位），指数占 8 位（b23 ~ b30 位），最高位（b31 位）为符号位。其表示方法与计算方法如下。

D11(b16 ~ b31)											D10(b0 ~ b15)					
0 正 1 负	2^7	2^6	2^5		2^1	2^0	2^{-1}	2^{-2}		2^{-7}	2^{-8}	2^{-9}		2^{-21}	2^{-22}	2^{-23}
S	E7	E6	E5	≀≀	E1	E0	A22	A21	≀≀	A16	A15	A14	≀≀	A2	A1	A0
b31	b30	b29	b28		b24	b23	b22	b21		b16	b15	b14		b2	b1	b0
符号位	指数段 8 位						尾数段 23 位									

则二进制浮点数值 = $\pm(2^0 + A22\times2^{-1} + A21\times2^{-2} + \cdots + A0\times2^{-23})\times2^{(E7\times2^7+E6\times2^6+\cdots E0\times2^0)}/2^{127}$

二进制浮点数与十进制浮点数相比，运算精度更高，所以 PLC 内部进行实数运算时均采用二进制浮点数；但二进制浮点数难以直观地判断数值大小，PLC 一般会将其转换为十进制浮点数表示。

习题

2.1 说明 FX_{2N} - 64MT 型号中 64、M、T 的意义，并说出它的输入、输出点数。

2.2 为什么 PLC 中软继电器的触点可无数次使用？

2.3 FX_{2N} - 48MR 型 PLC 的输入端接入一个按钮、一个限位开关，还有一个接近开关；输出为一个 220 V 的交流接触器和一个电磁阀，请画出它的外部接线图。

2.4 FX_{2N}系列 PLC 有几种基本编程元件？输入继电器和输出继电器各有什么特点？

2.5 输入继电器的状态唯一地取决于对应的________的通断状态，因此在梯形图中不能出现输入继电器的________。

2.6 特殊辅助继电器中“运行监视”是________，“初始化脉冲”是________。

2.7 IEC 的 PLC 编程语言标准（IEC61131 - 3）中有哪 5 种编程语言？

2.8 什么是位软元件？什么是字软元件？有什么区别？

2.9 FX_{2N}系列 PLC 用 KnP 表示连续的位元件组，K4Y0 表示由________组成的________个位元件组。

2.10 FX_{2N}系列 PLC 有哪几种寻址方式？各有什么特点？

第 3 章　三菱 FX_{2N} 系列 PLC 的基本指令

三菱 FX_{2N} 系列 PLC 的指令系统按功能可以分为基本指令和应用指令。PLC 的编程语言目前运用最广的是梯形图和指令表，本章将结合梯形图和指令表对三菱 FX_{2N} 系列 PLC 的指令系统进行介绍。

FX_{2N} 系列 PLC 共有 27 条基本指令，包含逻辑运算指令，如取、与、或等指令；输出指令，如置位、复位、输出等指令；逻辑处理指令，如电路块指令、主控指令、堆栈、边沿处理指令等；其他指令，如空指令、结束指令。

3.1　三菱 FX_{2N} 系列 PLC 的基本指令

3.1.1　常用指令

1. 标准触点指令

在语句表中，分别用 LD、AND、OR 指令表示开始、串联和并联的常开触点；分别用 LDI、ANI、ORI 指令表示开始、串联和并联的常闭触点；用 OUT 指令表示线圈的输出指令。各指令的功能、梯形图表示方法及可使用的软元件列表见表 3-1。

表 3-1　各指令功能、梯形图表示方法及可使用的软元件

助记符	名　称	功　能	梯形图表示	可使用的软元件
LD	取	常开触点运算开始	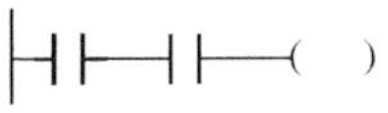	X、Y、M、S、T、C
LDI	取反	常闭触点运算开始	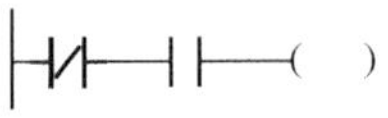	X、Y、M、S、T、C
OUT	输出	驱动输出线圈	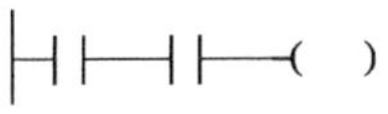	Y、M、S、T、C
AND	与	常开触点串联连接	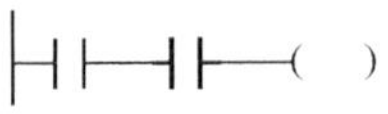	X、Y、M、S、T、C
ANI	与非	常闭触点串联连接	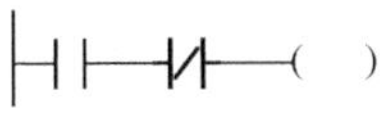	X、Y、M、S、T、C
OR	或	常开触点并联连接	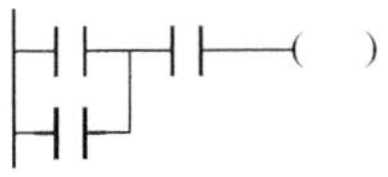	X、Y、M、S、T、C
ORI	或非	常闭触点并联连接	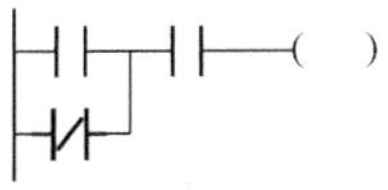	X、Y、M、S、T、C

使用时，LD、LDI 指令用于将触点直接连接到左母线，但当使用块操作指令 ANB、ORB 时，也可用于分支起点。

AND、ANI 指令用于将一个触点与左侧电路串联连接，进行逻辑“与”运算。该指令可多次连续使用，数量不受限制。

OR、ORI 指令用于将一个触点与前面电路并联连接，进行逻辑“或”运算。该指令也可多次连续使用，数量不受限制。

需要注意的是，串、并联指令只是用于将单个触点与其他电路进行串、并联连接，而当电路关系较复杂时，如要表达串联一个并联电路或并联一个串联电路时，则不能直接使用该指令，需配合后续的块操作指令 ANB、ORB 来表示。

OUT 指令用于驱动输出线圈，使用时可用于位软元件 Y、M、T、C、S，但不可用于输入继电器 X。它只能位于梯形图的最右侧，与右母线相连。当 OUT 指令前的逻辑关系为 1 时，输出线圈被驱动，逻辑关系为 0 时，输出线圈立即复位。

标准触点指令示例如图 3-1 所示，触点符号中的“/”表示常闭。

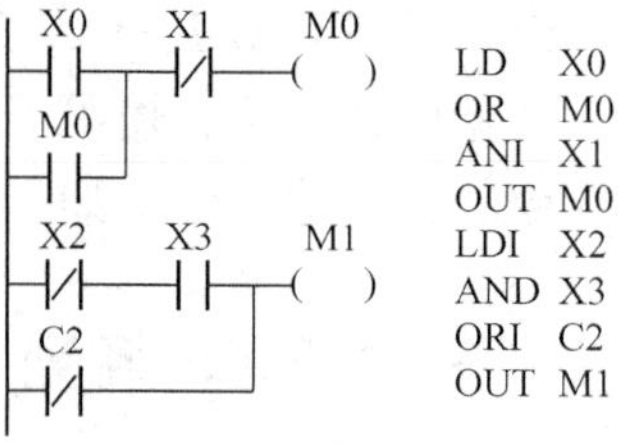

图 3-1　标准触点指令

[研讨与练习]

1）指令使用练习。

如表 3-2 所示，在编程软件中输入如下指令，观察对应梯形图显示，掌握指令使用方法。

表 3-2　输入指令示例

示例一		示例二	
指令表	梯形图	指令表	梯形图
LD X0 OR M0 ANI T1 OR Y2 OUT Y1	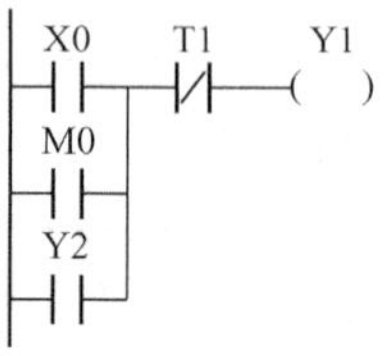	LDI X2 AND Y1 ORI C0 OUT M10 AND T0 OUT Y2	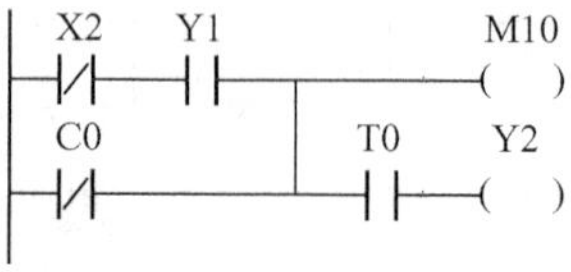

2）试画出图 3-2a 中 Y1 的动作时序图。

a)　　b)

图 3-2　梯形图及时序图

a）梯形图　b）时序图

分析：在第一个扫描周期，由于 Y1 的初始状态为 OFF，Y1 的常闭触点接通，因此 Y1 线圈得电，输出状态为“1”；在第二个扫描周期，由于 Y1 的状态为 ON，Y1 的常闭触点断开，因此 Y1 线圈失电，输出状态为“0”；以后将重复上述转换过程，其动作时序图如图 3-2b所示。

2. 逻辑电路块的连接指令

电路块连接指令有 2 个，分别是 ORB 和 ANB。ORB 是指将两个及两个以上触点串联形成的电路块并联起来；ANB 是指将两条及两条以上支路并联形成的电路块串联起来。指令释义见表 3-3。

表 3-3　ORB 和 ANB 指令释义

助记符	名　称	功　能	梯形图表示	可使用的软元件
ORB	块或	串联回路块的并联连接	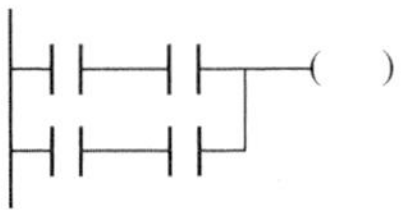	无
ANB	块与	并联回路块的串联连接	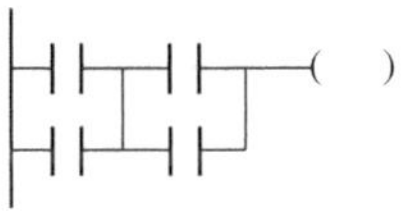	无

需要将串联回路块与前面的回路并联连接时，使用 ORB 指令；将并联回路块与前面回路串联连接时，使用 ANB 指令；分支回路的起点，采用 LD、LDI 指令开始。ORB、ANB 指令是独立指令，使用时不带软元件号。电路块连接指令如图 3-3 所示。

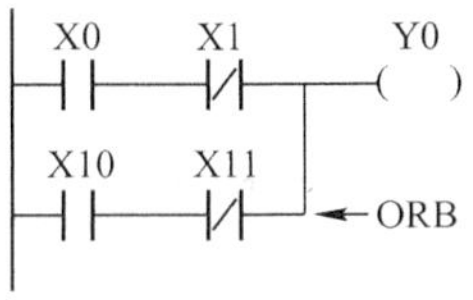

LD	X0
ANI	ANI
LD	X10
ANI	X11
ORB	
OUT	Y0

a)

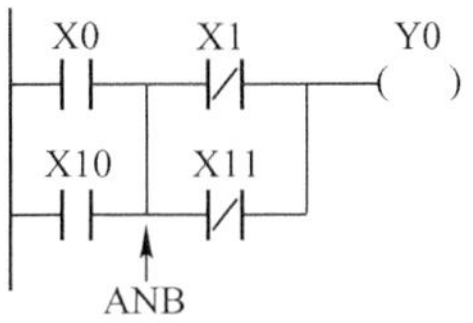

LD	X0
OR	X10
LDI	X1
ORI	X11
ANB	
OUT	Y0

b)

图 3-3　电路块连接指令
a）或块连接示例　b）与块连接示例

［研讨与练习］

1）根据梯形图写出其指令表。

分析：指令表如图 3-4b 所示。第一种方法是在要并联的每个串联电路块后加 ORB 指令；第二种方法是集中使用 ORB 指令。两种使用 ORB 指令的方法都可以，但集中使用 ORB 指令时，电路块并联的个数不能超过 8 个，而第一种方法不受并联电路块个数的限制，所以推荐使用第一种方法。同样，ANB 指令也适用于此。

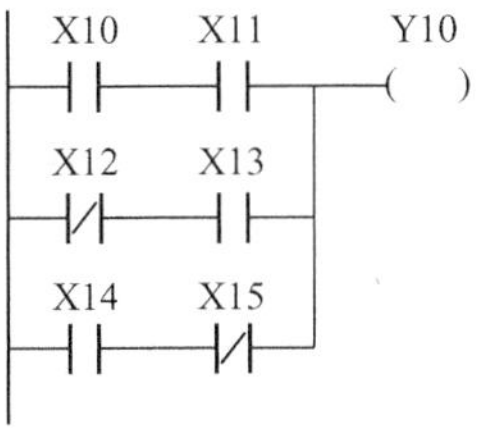

a)

方法一：

LD	X10
AND	X11
LDI	X12
AND	X13
ORB	
LD	X14
ANI	X15
ORB	
OUT	Y10

方法二：

LD	X10
AND	X11
LDI	X12
AND	X13
LD	X14
ANI	X15
ORB	
ORB	
OUT	Y10

b)

图 3-4　根据梯形图写出指令表（一）
a）梯形图　b）指令表

2）根据梯形图写出指令表。

分析：指令表如图 3-5b 所示。注意 X16 与 X17 不能用 ORB 指令。

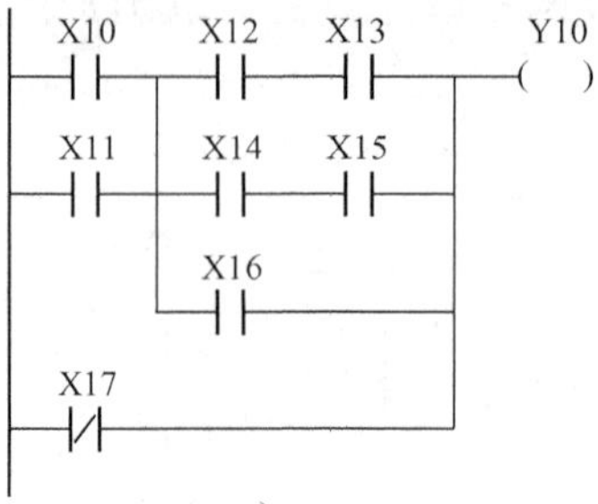

a)

```
LD    X10
OR    X11
LD    X12
AND   X13
LD    X14
AND   X15
ORB
OR    X16
ANB
ORI   X17
OUT   Y10
```

b)

图 3-5　根据梯形图写出指令表（二）

a）梯形图　b）指令表

3. 堆栈操作指令

FX_{2N}系列 PLC 有一个 11 位的堆栈存储器，用于存储运算的中间结果。堆栈按“先进后出，后进先出”的原则存取，即先入的数据放在栈下方，后进的数据放在栈上方，出栈时上方的数据（后进的数据）先出去，下方的数据（先进的数据）后出去。栈顶用来存储当前回路点逻辑运算的结果，与堆栈有关的指令有 3 个（见表 3-4）。

表 3-4　堆栈相关指令释义

助记符	名称	功　能	梯形图表示	可使用的软元件
MPS	入栈	当前的逻辑运算结果入栈顶	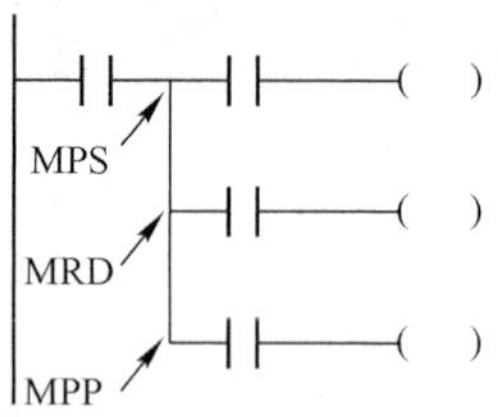	无
MRD	读栈	读取栈顶的数据		
MPP	出栈	取出栈顶的数据		

入栈指令（MPS）：将当前的逻辑运算结果压入栈顶，堆栈中原来的数据依次向下一层推移。

读栈指令（MRD）：读取存储在栈顶的数据，读出数据后堆栈内的数据不会上下移动。

出栈指令（MPP）：弹出栈顶的数据，使栈中各层的数据向上移动一层，第 2 层的数据成为堆栈的新的栈顶值，原栈顶值被推出丢失。

上述 3 种堆栈操作指令如图 3-6 所示，其中 MPS 和 MPP 必须成对使用，主要用在多重分支输出回路。

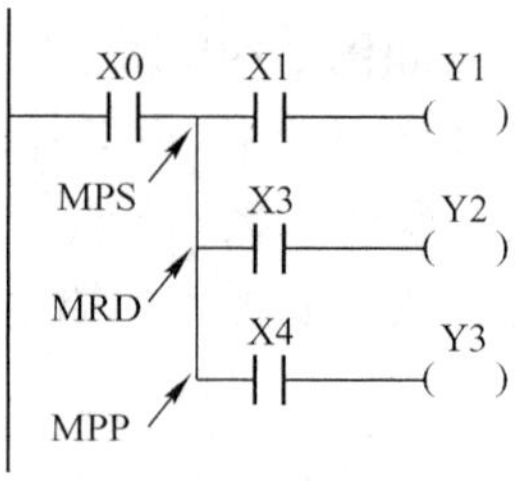


```
LD    X0
MPS
AND   X1
OUT   Y1
MRD
AND   X3
OUT   Y2
MPP
AND   X4
OUT   Y3
```

图 3-6　3 种堆栈操作指令

[研讨与练习]

1）根据梯形图写出指令表。

分析：指令表如图 3-7b 所示，对于只有一个分支的梯形图，只能使用 MPP，而不能使用 MRD 指令。

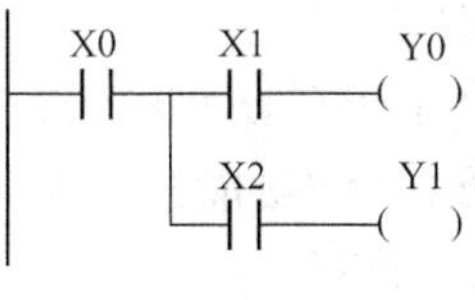

a)

LD	X0
MPS	
AND	X1
OUT	Y0
MPP	
AND	X2
OUT	Y1

b)

图 3-7　根据梯形图写出指令表（三）

a）梯形图　b）指令表

2）根据梯形图写出指令表。

分析：如图 3-8a 所示的梯形图分支电路上又有分支存在，为两层堆栈，栈指令 MPS、MPP 要求成对出现，使用几次进栈指令就需要应用几次出栈指令，其指令表如图 3-8b 所示。

3）根据梯形图写出指令表。

分析：图 3-9a 所示的梯形图是一个三层堆栈，其指令表如图 3-9b 所示。若将梯形图改成如图 3-10a 所示的形式，则实现的逻辑功能一样，但编程更简单，其指令表如图 3-10b，不必采用 MPS/MPP 指令，可以节省存储器空间和缩短运行周期。

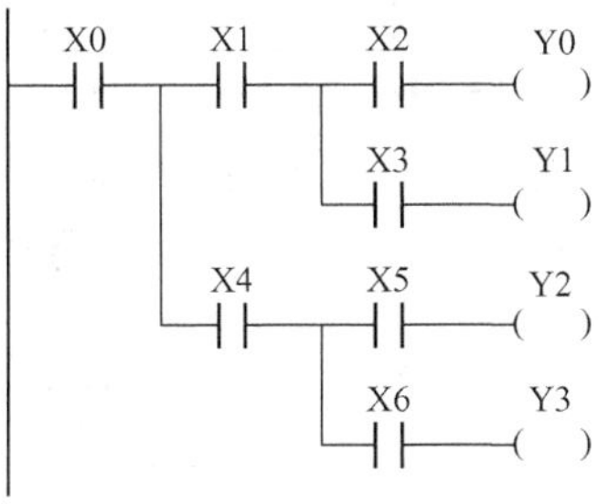

a)

LD	X0	MPP	
MPS		AND	X4
AND	X1	MPS	
MPS		AND	X5
AND	X2	OUT	Y2
OUT	Y0	MPP	
MPP		AND	X6
AND	X3	OUT	Y3
OUT	Y1		

b)

图 3-8　根据梯形图写出指令表（四）

a）梯形图　b）指令表

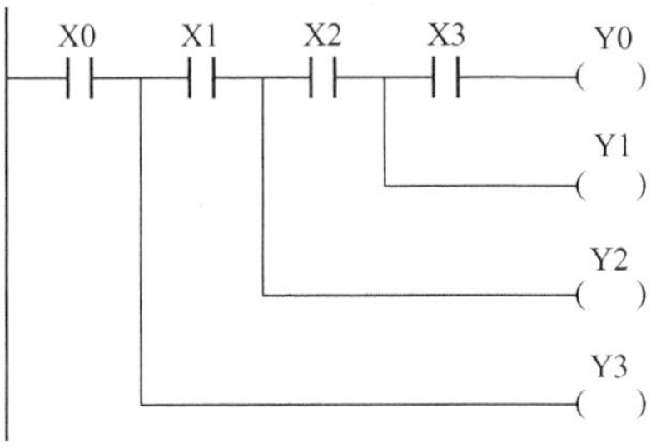

a)

LD	X0	OUT	Y0
MPS		MPP	
AND	X1	OUT	Y1
MPS		MPP	
AND	X2	OUT	Y2
MPS		MPP	
AND	X3	OUT	Y3

b)

图 3-9　根据梯形图写出指令表（五）

a）梯形图　b）指令表

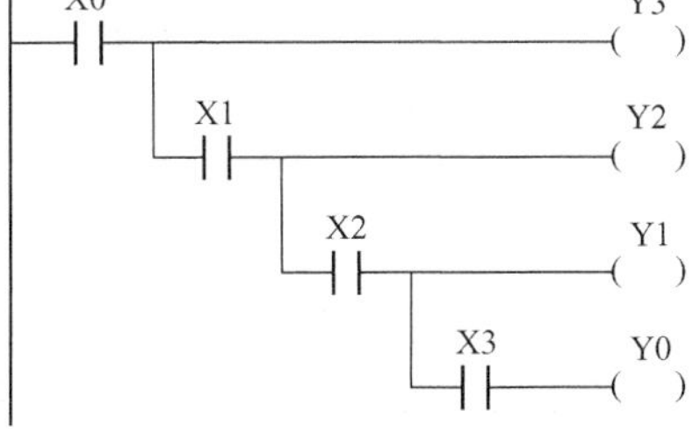

a)

LD	X0
OUT	Y3
AND	X1
OUT	Y2
AND	X2
OUT	Y1
AND	X3
OUT	Y0

b)

图 3-10　根据梯形图写出指令表（六）

a）梯形图　b）指令表

4. 置位、复位指令

置位、复位指令用于对软元件进行强制操作。置位指令（SET）的功能是将某个存储器置1；复位指令（RST）的功能是将某个存储器清零。SET指令用于位元件Y、M和S，RST指令可以用于复位位元件Y、M、S、T和C，也可以将字元件D、V和Z清零。表3-5所示为置位、复位指令释义。

表3-5　SET、RST指令释义

助记符	名称	功　能	梯形图表示	可使用的软元件
SET	置位	输出动作保持为1	SET Y0	Y、M、S
RST	复位	输出动作复位或数据存储器清零	RST M0	Y、M、S、T、C、D、V、Z

如图3-11所示，当X0变为ON时，将Y0置1，此后即使X0变为OFF，Y0仍然保持为1状态；当X1为ON时，将Y0置0，此后即使X1变为OFF，Y0仍然保持为0状态。

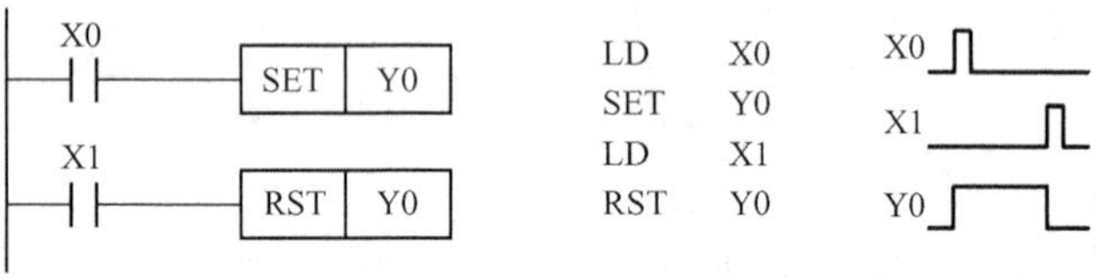

图3-11　置位、复位指令

[研讨与练习]

分析梯形图3-12a实现的功能，并画出对应的时序图。

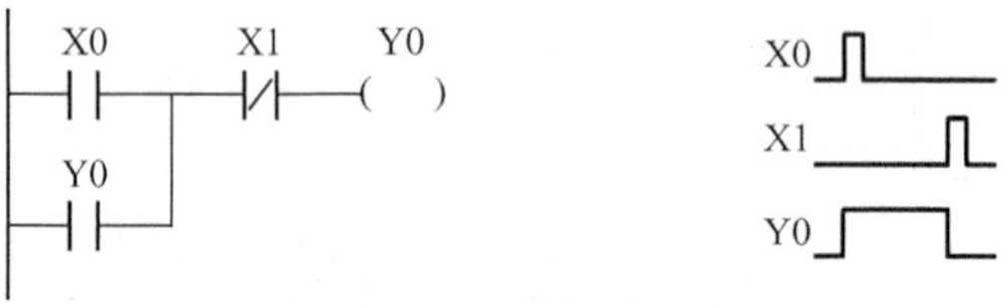

a)　　b)

图3-12　梯形图分析

分析：图3-12a中的起动信号X0和停止信号X1持续为ON的时间一般都很短，这种信号称为短信号，那么如何使线圈Y0保持接通状态呢？这里可以利用其自身的常开触点使线圈保持通电即“ON”状态，这种功能称为自锁或自保持功能，自保持控制电路常用于按钮等无机械锁定开关的起停控制。

当起动信号X0变为ON时，X0的常开触点接通，如果这时X1为OFF状态，则X1的常闭触点接通，Y0的线圈通电，其常开触点接通；放开起动按钮，X0变为OFF，其常开触点断开，“能流”从左母线经Y0的常开触点、X1的常闭触点流过Y0的线圈，此时Y0仍为ON。

当X1为ON时，它的常闭触点断开，停止条件满足，Y0线圈失电，其常开触点断开，即使放开停止按钮使 X1 的常闭触点恢复接通状态，Y0 的线圈仍然断电，对应的时序图如图 3-12b 所示。这种自保持的功能与图 3-11 用 SET/RST 指令实现的功能一样，它们的输入、输出信号有相似的时序图。

5. 触点检测指令

触点检测指令包括上升沿检测的触点指令和下降沿检测的触点指令，其特点在于仅维持一个扫描周期。上升沿检测的触点指令有 LDP、ANDP、ORP，触点中间有一个向上的箭头，对应的触点仅在指定位元件的上升沿时才接通一个扫描周期；下降沿检测的触点指令有 LDF、ANDF、ORF，触点中间有一个向下的箭头，对应的触点仅在指定位元件的下降沿时才接通一个扫描周期。触点检测指令可以用于位元件 X、Y、M、T、C 和 S，其释义见表 3-6。

表 3-6　触点检测指令释义

助记符	名称	功　能	梯形图表示	可使用的软元件
LDP	取脉冲上升沿	上升沿时开始	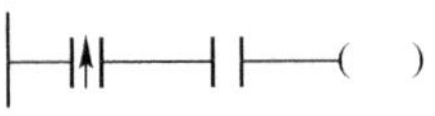	X、Y、M、T、C、S
ANDP	与脉冲上升沿	上升沿时串联		X、Y、M、T、C、S
ORP	或脉冲上升沿	上升沿时并联	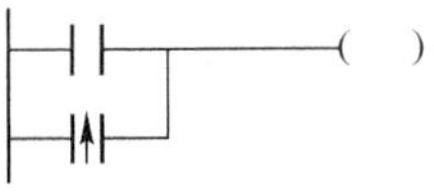	X、Y、M、T、C、S
LDF	取脉冲下降沿	下降沿时开始	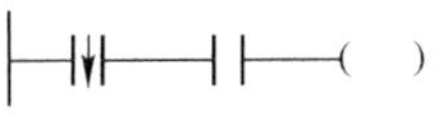	X、Y、M、T、C、S
ANDF	与脉冲下降沿	下降沿时串联	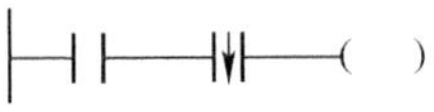	X、Y、M、T、C、S
ORF	或脉冲下降沿	下降沿时并联	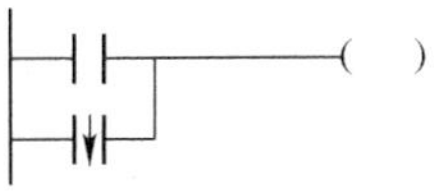	X、Y、M、T、C、S

触点检测指令属于脉冲型指令，它只在满足相应条件时，才导通一个扫描周期，在其后的扫描周期恢复为断开状态。这种指令可以将 PLC 中的长信号（如开关信号）、短信号（如按钮信号）转换为脉冲信号，程序设计时灵活应用可提高编程效率。触点检测指令只适用于位元件 X、Y、M、T、C 和 S。如图 3-13 所示，在 X1 的上升沿，Y0 导通一个扫描周期；在 X2 的下降沿，Y0 导通一个扫描周期。

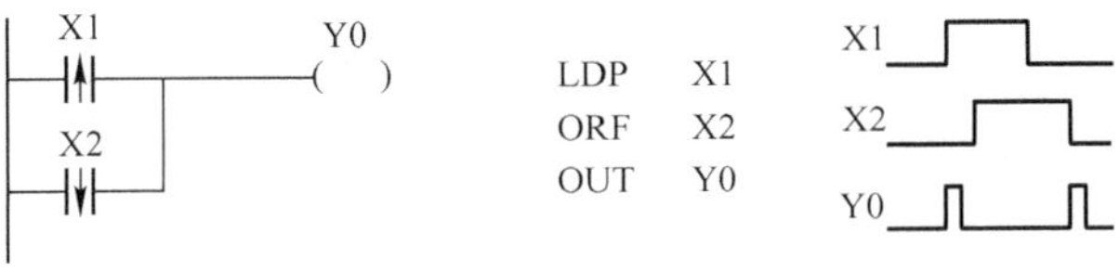

图 3-13　触点检测指令

[研讨与练习]

分析图 3-14a 所示的梯形图功能并写出对应的指令表。

分析：图 3-14a 所示梯形图中，X1 是一个串联连接上升沿检测指令，需要使用 ANDP 指令；当 X0 闭合时，元件 Y0 仅在 X1 的上升沿导通一个扫描周期。梯形图中 X3 是一个串联连接下降沿检测指令，使用 ANDF 指令；当 X2 闭合时，元件 Y1 仅在 X3 的下降沿导通一个扫描周期。其对应的指令表如图 3-14b 所示。

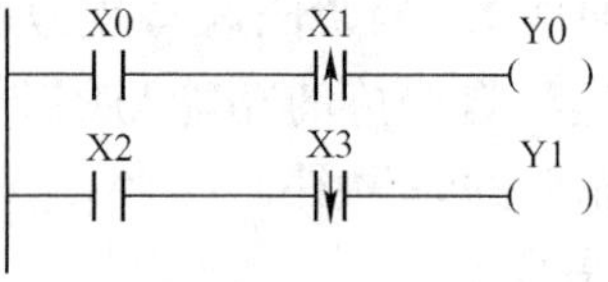

a)

LD	X0
ANDP	X1
OUT	Y0
LD	X2
ANDF	X3
OUT	Y1

b)

图 3-14　触点检测指令练习

a）梯形图　b）指令表

6. 微分输出指令

微分输出指令包括上升沿微分输出指令（PLS）和下降沿微分输出指令（PLF），它们同样仅维持一个扫描周期。PLS 指令和 PLF 指令只能用于 Y 和 M（不包括特殊辅助继电器），其释义见表 3-7。

表 3-7　微分输出指令释义

助记符	名称	功　能	梯形图表示	可使用的软元件
PLS	上升沿微分输出	上升沿时开始	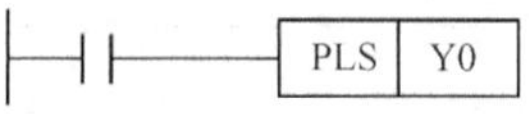	Y、M（特殊 M 除外）
PLF	下降沿微分输出	上升沿时串联	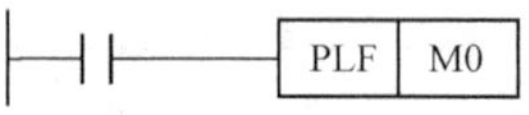	Y、M（特殊 M 除外）

微分输出指令 PLS、PLF 也是脉冲指令。当条件满足时，其驱动的元件导通一个扫描周期，如图 3-15 所示，M10 仅在 X3 接通的上升沿时导通一个扫描周期，M11 仅在 X3 的下降沿时导通一个扫描周期。

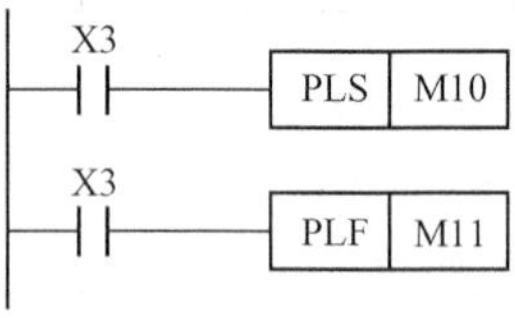

LD	X3
PLS	M10
LD	X3
PLF	M11

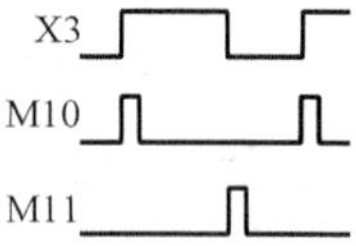

图 3-15　微分输出指令

7. 主控指令与主控复位指令

在继电器-接触器控制电路中，经常会遇到多条电气支路共用一个触点的情况，这种触点称为主控触点。PLC 程序设计中，同样会出现这种情况，这时可采用主控指令进行处理。主控指令有两条，MC 是主控开始指令，MCR 用于主控复位，表 3-8 为主控指令释义。

表 3-8　主控指令释义

助记符	名称	功　能	梯形图表示	可使用的软元件
MC	主控	公共串联触点连接开始	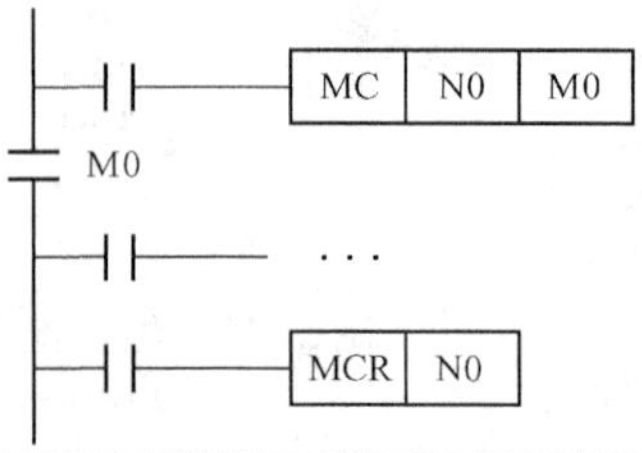	Y、M（特殊 M 除外）
MCR	主控复位	公共串联触点连接解除		无

主控指令只能用于 Y 和 M（不包括特殊辅助继电器），在多条回路共用一个触点时，采用主控指令可以简化程序的编写。主控指令可嵌套使用，但最多不超过 8 级。

如图 3-16 所示，M10 为主控触点，N0 为嵌套等级，执行 MC 指令后，母线向主控触点 M10 后移动，即与主控触点 M10 相连的触点必须用 LD 或 LDI 指令。当 X10 的常开触点闭合时，执行从 MC 到 MCR 之间的指令，当 X10 断开时，不执行上述的区间指令，其中的积算定时器、计数器、用复位/置位指令驱动的元件保持当时的状态，其余的元件被复位，非积算定时器和用 OUT 指令驱动的元件变为 OFF。图中的 Y1，当 X10 由 ON 变为 OFF 后，保持为 ON 的状态；而图中的 Y2，当 X10 由 ON 变为 OFF 后，Y2 变为 OFF。

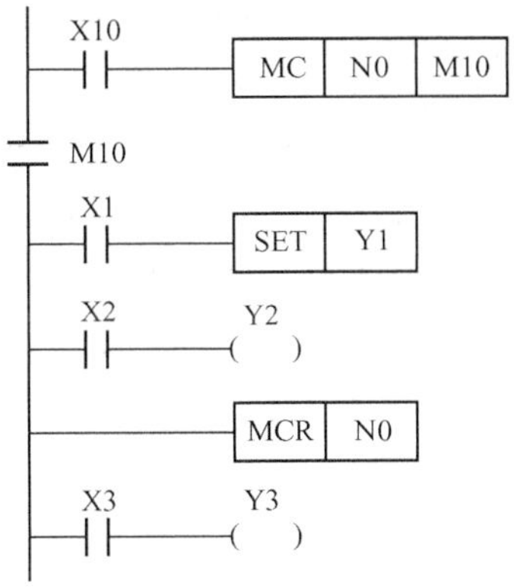

LD	X10	
MC	N0	M10
LD	X1	
SET	Y1	
LD	X2	
OUT	Y2	
MCR	N0	
LD	X3	
OUT	Y3	

图 3-16　主控复位指令

在 MC 指令内再采用 MC 指令时称为嵌套，嵌套级 N 的编号按顺序增大（N0→N1→N2→N3→N4→N5→N6→N7），N0 为最高级，N7 为最低级。在将该指令返回时，采用 MCR 指令从大的嵌套级开始消除（N7→N6→N5→N4→N3→N2→N1→N0）。如图 3-17 所示，当 X10 为 ON 时，M10 主控触点闭合，当 X10 和 X11 都为 ON 时，M11 主控触点闭合，执行 MCR 指令时先返回 N1 级，再返回 N0 级。

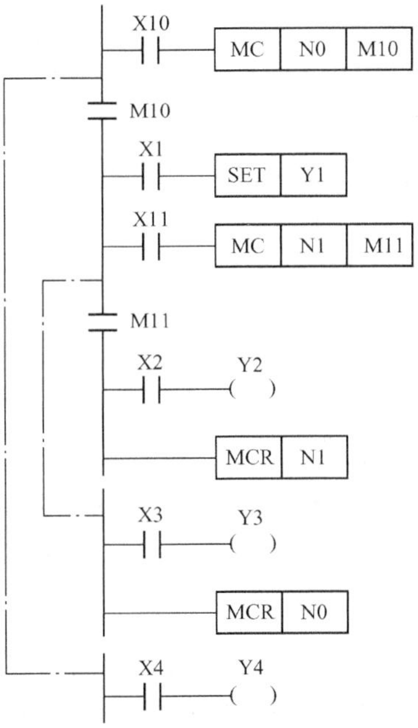

LD	X10	
MC	N0	M10
LD	X1	
SET	Y1	
LD	X11	
MC	N1	M11
LD	X2	
OUT	Y2	
MCR	N1	
LD	X3	
OUT	Y3	
MCR	N0	
LD	X4	
OUT	Y4	

图 3-17　主控复位指令的嵌套

8. 取反指令

取反指令 INV 在梯形图中用一条 45°短斜线表示。INV 指令将该指令之前的运算结果取反，如果运算结果为 1，则将它变为 0，如果运算结果为 0，则将它变为 1。表 3-9 为 INV 指令释义。

表 3-9　INV 取反指令释义

助记符	名称	功　能	梯形图表示	可使用的软元件
INV	取反	对指令前的运算结果取反	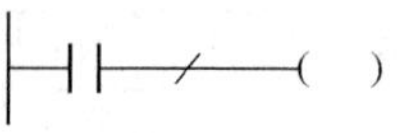	无

如图 3-18 所示，先将 X10 的常开触点和 X11 的常闭触点相与，然后 INV 指令将它们相与的结果取反，最后再送给 Y10 输出。需要注意的是，INV 指令不能与母线直接相连。

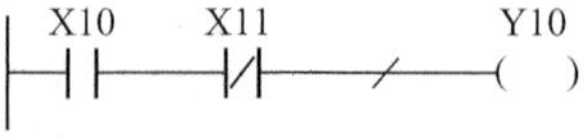


```
LD    X10
ANI   X11
INV
OUT   Y10
```

图 3-18　取反指令

9. 空操作指令

空操作指令 NOP 使该步序空操作，而不影响程序的执行。在程序全部清除时，全部指令变成 NOP。需要注意的是，在程序调试时，若将已写好的指令用 NOP 替换，则可能会使程序发生改变，导致错误。表 3-10 为空操作指令释义。

表 3-10　空操作指令释义

助记符	名称	功　能	梯形图表示	可使用的软元件
NOP	空操作	无动作	NOP	无

10. 程序结束指令

程序结束指令 END 表示程序结束，即结束当前的程序扫描执行过程，进入输出结果刷新阶段。表 3-11 为程序结束指令的释义。

表 3-11　程序结束指令释义。

助记符	名称	功　能	梯形图表示	可使用的软元件
END	程序结束	输出处理并返回 0 步	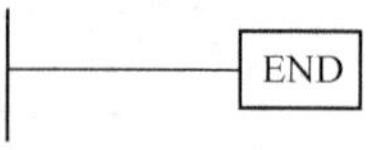 END	无

PLC 反复进行输入处理、程序执行和输出刷新，若不写 END 指令，将从用户程序存储器的第一步执行到最后一步，然后返回第 0 步重复执行。如果原来 PLC 用户程序存储器中有程序，并且比新写入的程序要长，那么在下载新的程序时，原有的程序不能被完全覆盖，在执行程序的过程中，执行完新的程序后接下去将执行原来的未被覆盖的程序，而导致出错。将 END 指令放在程序结束处，只执行第 1 步到 END 之间的程序，可以避免上述问题的产生，并且可以缩短扫描周期。

在调试程序的时候也可以将 END 指令插在各段程序之后，一段一段地调试，调试好后的程序再将 END 指令去掉。

FX 系列 PLC 编程时，必须写入 END 指令，否则程序不运行。

[研讨与练习]

根据图 3-19 所示梯形图写出指令表。

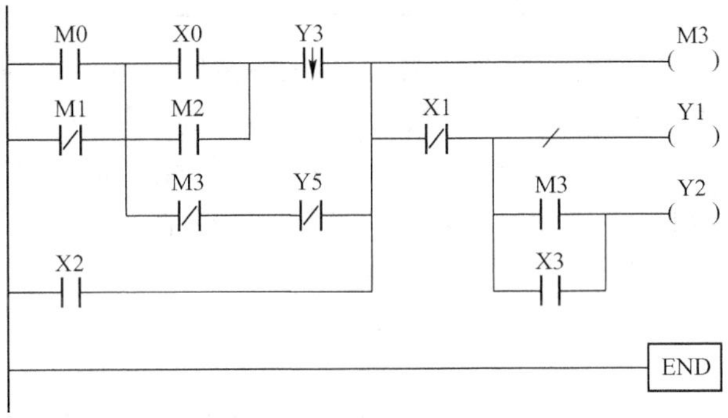

图 3-19　根据梯形图写出指令表（七）

分析：编写指令表如图 3-20 所示。方法一使用了 MPS/MPP 指令，而在方法二中巧妙地运用了 INV 指令，实现了与方法一相同的逻辑功能。

LD	M0	LD	M0
ORI	M1	ORI	M1
LD	X0	LD	X0
OR	M2	OR	M2
ANDF	Y3	ANDF	Y3
LDI	M3	LDI	M3
ANI	Y5	ANI	Y5
ORB		ORB	
ANB		ANB	
OR	X2	OR	X2
OUT	M3	OUT	M3
ANI	X1	ANI	X1
MPS		INV	
INV		OUT	Y1
OUT	Y1	INV	
MPP		LD	M3
LD	M3	OR	X3
OR	X3	ANB	
ANB		OUT	Y2
OUT	Y2	END	
END			
a)		b)	

图 3-20　编写指令表

a）方法一　b）方法二

3.1.2　定时器指令

PLC 中的定时器相当于继电器控制系统中的时间继电器，用于定时。FX_{2N}系列 PLC 的定时器共有 2 种类型：通用定时器和积算定时器。定时器有 1ms、10ms、100ms 三种分辨率，分辨率取决于定时器号，如表 3-12 所示，可用常数 K 或数据寄存器（D）的内容来设置定时值。

表 3-12　FX_{2N}系列 PLC 的定时器

类　型	分 辨 率	定时范围	定时器号
通用定时器	100 ms	3276. 7 s	T0 ~ T199（200 个）
	10 ms	327. 67 s	T200 ~ T245（46 个）
积算定时器	1 ms	32. 767 s	T246 ~ T249（4 个）
	100 ms	3276. 7 s	T250 ~ T255（6 个）

FX_{2N}系列 PLC 的定时器共有 256 个，均为 16 位数据定时器，16 位数据中首位一般用做符号位，所以可设定数据范围为 1 ~ 32 767；为配合不同的分辨率，单个定时器可定时最短 1 ms，最长 3276. 7 s（约 54. 6 min）。使用定时器还需注意的是，每个定时器号可以表示多种含义，如定时器 T0，既可以表示设定的数值、当前的计时值（数据格式），也可以表示计时时间到后的触点通断状态（逻辑位）。

空闲的定时器编号不做定时器时，也可以作为数据存储器使用。

1. 通用定时器

当通用定时器的线圈通电时，定时器开始定时，当定时时间到时，它的常开触点闭合，常闭触点断开。通用定时器没有断电保持功能，在输入电路断开或停电时被复位。

通用定时器的工作过程如图 3-21 所示。当 X1 为 ON 时，定时器 T0 开始定时（T0 当前值寄存器每隔 100 ms 加 1），如 T0 当前值未计到 50（计时没到 5 s）时，X1 变为 OFF，则 T0 的当前值恢复为 0；当 X1 再次为 ON 时，定时器 T0 重新开始计时，计时到 5 s 时，定时器的常开触点 T0 闭合，Y0 输出为 ON；当 X1 变为 OFF 时，定时器 T0 线圈失电，定时器的常开触点 T0 断开，Y0 输出变为 OFF。

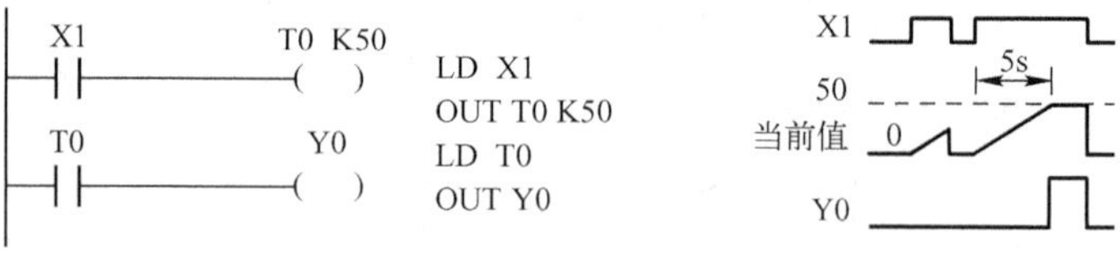

图 3-21　通用定时器指令

2. 积算定时器

积算定时器也称为断电保持定时器，其在输入电路接通时开始计时，当输入电路断开或停电时，当前值保持不变，需要用复位指令 RST 对其进行复位。积算定时器的工作过程如图 3-22 所示，当 X1 为 ON 时，定时器 T250 开始定时，定时的时间由 D10 中的值决定，设 D10 中的值为 1000，则累计时间（t1 + t2）为 100 s 时，T250 的常开触点闭合，Y0 得电。

因为积算定时器的线圈在断电时不会复位，所以要通过 X2 的常开触点接通 RST 指令使定时器 T250 复位。

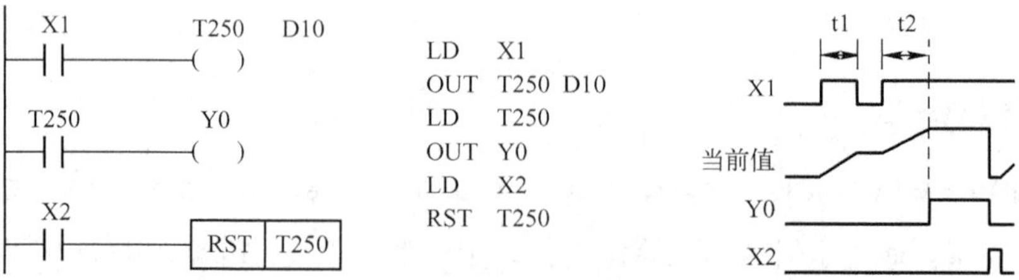

图 3-22　积算定时器指令

3.1.3 计数器指令

FX_{2N}系列 PLC 的计数器共 256 个，可分为普通计数器和高速计数器，下面分别介绍。

1. 普通计数器

FX_{2N}系列 PLC 的计数器是在执行扫描周期时对内部器件（如 X、Y、M、S、T 和 C）的信号计数，计数脉冲为 ON 或 OFF 的持续时间应该比扫描周期长。FX_{2N}系列 PLC 的普通计数器共 235 个，如表 3-13 所示。计数器的设定值可通过常数 K 设定或通过数据寄存器（D）来设定。

表 3-13 FX_{2N}系列 PLC 的计数器

16 位通用计数器	C0～C99（100 个）
16 位电池后备/锁存计数器	C100～C199（100 个）
32 位通用双向计数器	C200～C219（20 个）
32 位电池后备/锁存双向计数器	C220～C234（15 个）

（1）16 位加计数器

16 位加计数器为单向递增计数，其设定值范围为 1～32 767。加计数器的工作过程如图 3-23 所示。当 X10 接通时，C1 被复位。X11 为 C1 提供脉冲输入信号；当 X10 断开时，C1 开始对 X11 提供的脉冲信号进行计数，在接收到 5 个计数脉冲后，C1 的当前值等于设定值 5，对应的 C1 常开触点闭合，Y1 得电；再来脉冲时当前值不变，直到 X10 再接通时，计数器的当前值和对应的触点被复位。

16 位通用计数器没有断电保持功能，断电后会自动复位，恢复供电后将重新开始计数。

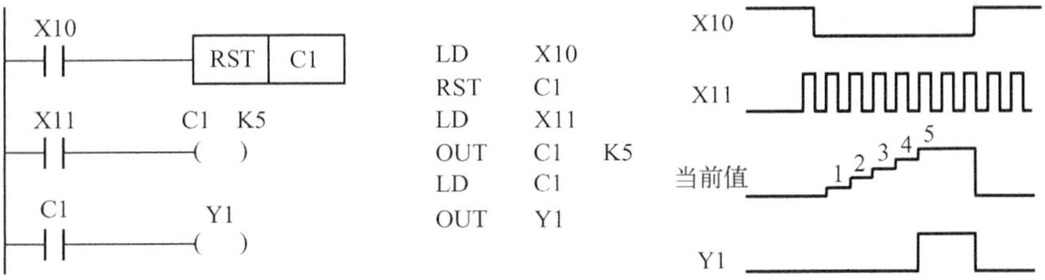

图 3-23 16 位加计数器指令

（2）32 位双向计数器

32 位双向计数器可选择计数方向。选择加计数时，可由 0 递增计数；选择减计数时，可由当前值递减计数，设定值范围为 -2 147 483 648 ～ +2 147 483 647。其加/减计数方向由计数器号 C200～C234 对应的特殊辅助继电器 M8200～M8234 设定，当对应的辅助继电器为 ON 时，为减计数器，反之为加计数器。

如图 3-24 所示，X10 用来设置 C200 的计数方向，M8200 为 ON 时是减计数方式，为 OFF 时是加计数方式。X11 为复位信号，当 X11 为 ON 时，C200 复位。X12 为计数输入端，C200 的设定值为 4，设 C200 为加计数方式（M8200 为 OFF），当 X12 计数输入累加到 4 时，C200 的常开触点闭合，Y1 得电。如计数到 6 时，X10 闭合，M8200 为 ON 开始减计数，当 C200 当前值由 4 到 3 时，C200 的常开触点复位，Y1 失电复位。期间，如输入端 X11 变为 ON 时，C200 也将复位，Y1 失电。

32 位双向计数器的计数方式与 16 位加计数器不同，其当前值的增减仅取决于计数端的脉冲，即使对应触点已经动作，但只要有脉冲，仍会继续计数。

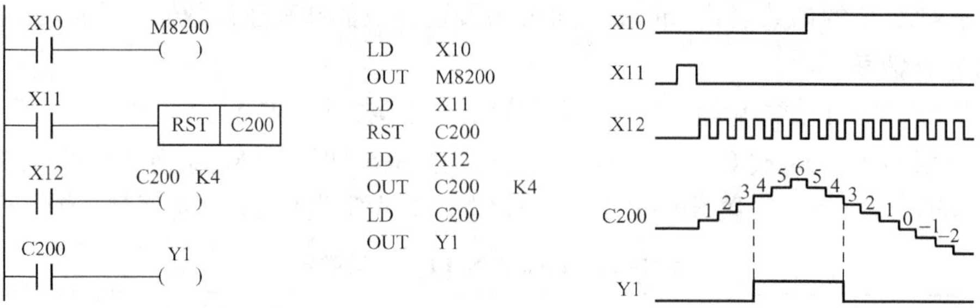

图 3-24　32 位双向计数器指令

（3）电池后备/锁存双向计数器

电池后备/锁存功能的计数器为断电保持型计数器，这类计数器在电源断电时可以保持其状态信息，重新通电后立即按断电时的状态恢复工作，其他工作方式与 16 位加计数器和 32 位双向计数器类似。

2. 高速计数器

FX_{2N}系列 PLC 共有 21 点高速计数器（C235 ~ C255），相对于普通计数器，高速计数器用于频率高于机内扫描频率的机外脉冲计数。由于计数信号频率高，计数器以中断的方式工作，计数器的起动、复位、或计数的方向的变化也多使用机外信号。高速计数器可分为单相单计数输入高速计数器、单相双计数输入高速计数器和 A－B 相双计数输入高速计数器，这些高速计数器都是 32 位断电保持型计数器。21 点高速计数器共用 PLC 的 8 个高速计数器端 X0 ~ X7，某一输入端只能供一个高速计数器使用。

（1）单相单计数输入高速计数器

单相单计数输入高速计数器见表 3-14，X000 ~ X007 为高速计数器对应的输入端子的元件号，U、D 分别为加、减计数输入，R 为复位输入，S 为启动输入。C235 ~ C245 为单相单计数输入高速计数器，其中 C235 ~ C240 为单相单计数器输入无起动/复位端的高速计数器，C241 ~ C245 为单相单计数器输入带起动/复位端的高速计数器，C235 ~ C240 只能用 RST 指令来复位，C241 ~ C245 可以用 RST 来复位，也可以用它本身的复位端来复位。可以用特殊辅助继电器 M8235 ~ M8245 来设置 C235 ~ C245 的计数方向，对应的特殊辅助继电器为 ON 时为减计数器，为 OFF 时为加计数器。

表 3-14　单相单计数输入高速计数器

中断输入	单相单计数输入高速计数器										
	C235	C236	C237	C238	C239	C240	C241	C242	C243	C244	C245
X000	U/D						U/D			U/D	
X001		U/D					R			R	
X002			U/D					U/D			U/D
X003				U/D				R			R
X004					U/D				U/D		
X005						U/D			R		
X006										S	
X007											S

单相单计数输入高速计数器的工作过程如图 3-25 所示，当 X11 为 ON 时，M8235 得电，选择高速计数器 C235 为减计数方式，由表 3-14 可知 C235 的计数输入端为 X0，但它并不在程序中出现，计数信号不是由 X13 提供的。当 X13 为 ON 时，C235 对 X0 端输入的脉冲信号进行计数，计数设定值为 -5。当 X12 为 ON 时，对 C235 进行复位。

当 X14 为 OFF 时，M8244 失电，选择高速计数器 C244 为加计数方式，由表 3-14 可知 C244 的计数输入端为 X0，当 X16 为 ON 时，一旦 X6 也为 ON，C244 对 X0 端输入的脉冲信号进行计数，计数设定值由数据寄存器 D0 指定。当 X6 变为 OFF 时，C244 立即停止计数，复位方式可以用梯形图中的 X15 进行复位，也可以用复位端 X1 来进行复位。因为 C235 和 C244 的计数输入端子都是 X0，所以 C235 和 C244 不能同时使用。

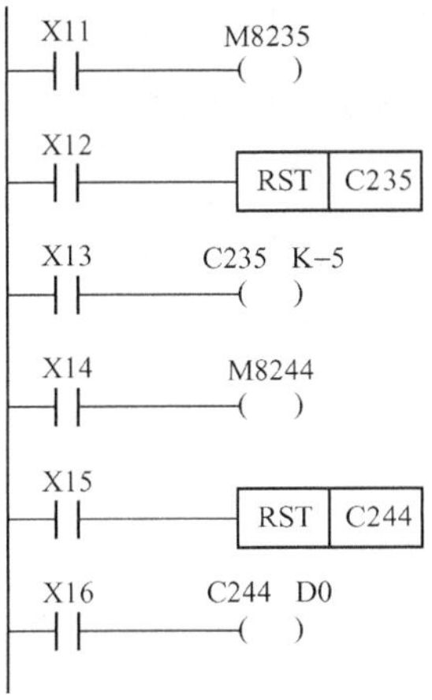


```
LD    X11
OUT   M8235
LD    X12
RST   C235
LD    X13
OUT   C235    K-5
LD    X14
OUT   M8244
LD    X15
RST   C244
LD    X16
OUT   C244    D0
```

图 3-25　单相单计数输入高速计数器指令

（2）单相双计数输入高速计数器

单相双计数输入高速计数器（C246～C250）见表 3-15，每个计数器都对应有一个加计数输入端和一个减计数输入端，计数过程中还可以通过 M8246～M8250 的 ON/OFF 状态来监控加/减计数的动作情况。

表 3-15　单相双计数输入高速计数器

中断输入	单相双计数输入高速计数器				
	C246	C247	C248	C249	C250
X000	U	U		U	
X001	D	D		D	
X002		R		R	
X003			U		U
X004			D		D
X005			R		R
X006				S	
X007					S

单相双计数输入高速计数器的工作过程如图 3-26 所示，C249 的加、减计数输入端分别是 X0 和 X1，当 X13 为 ON 时，一旦 X6 为 ON，在 X0 的上升沿，C249 的当前值加 1，在 X1 的上升沿，计数器的当前值减 1。当 X6 变为 OFF 时，C249 立即停止计数，可以通过 X2 复位端来复位，也可以通过梯形图中的 X12 来复位。通过 M8249 可以监视 C249 的加/减计数

的状态，加计数时 M8249 为 OFF，减计数时 M8249 为 ON。

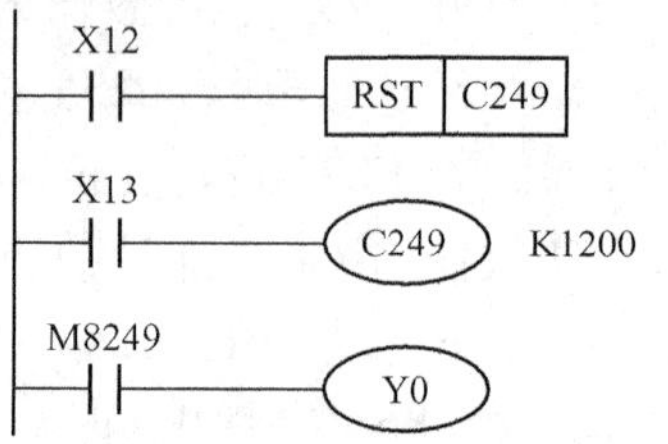


```
LD    X12
RST   C249
LD    X13
OUT   C249    K1200
LD    M8249
OUT   Y0
```

图 3-26　单相双计数输入高速计数器指令

（3）A－B 相双计数输入高速计数器

A－B 相双计数输入高速计数器（C251～C255）见表 3-16，有两个计数器输入端。

表 3-16　A－B 相双计数输入高速计数器

中断输入	A－B 相双计数输入高速计数器				
	C251	C252	C253	C254	C255
X000	A	A		A	
X001	B	B		B	
X002		R		R	
X003			A		A
X004			B		B
X005			R		R
X006				S	
X007					S

A－B 相双计数输入高速计数器的梯形图如图 3-27a 所示。当 X12 为 ON 时，C251 对 X0 输入的 A 相信号和 X1 输入的 B 相信号的动作计数。当计数值大于等于设定值时，Y6 的线圈通电。A－B 相输入不仅提供计数信号，还提供了计数的方向，通过 A－B 两相输入信号成 90°的相位差且它们的关系决定加/减计数的方向。如图 3-27b 所示，当 A 相输入为 ON 时，若 B 相输入由 OFF 变为 ON，则为加计数；A 相为 ON 时，若 B 相由 ON 变为 OFF，则为减计数。X12 变为 OFF 时，C251 立即停止计数，X11 为 ON 时 C251 被复位。通过 M8251 可以监视 C251 的加/减计数的状态，加计数时 M8251 为 OFF，减计数时 M8251 为 ON。

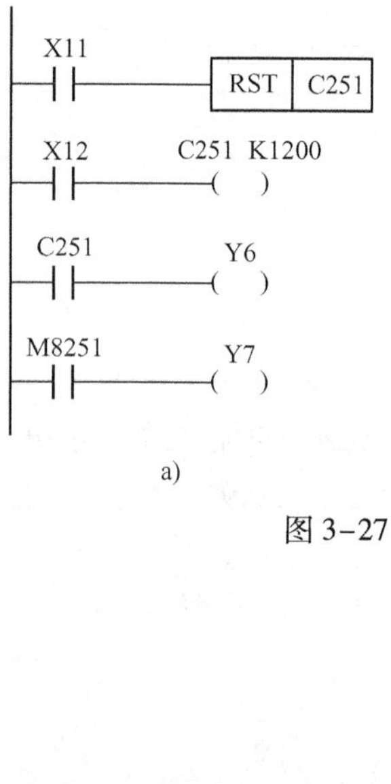


```
LD  X11
RST C251
LD  X12
OUT C251 K1200
LD  C251
OUT Y6
LD  M8251
OUT Y7
```

a)

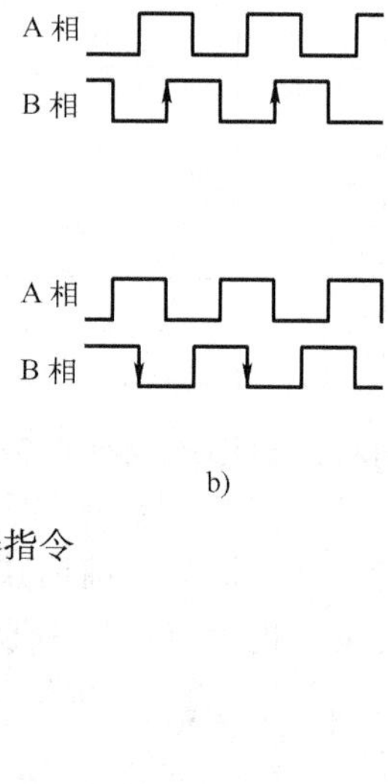

b)

图 3-27　A－B 相型双计数输入高速计数器指令

a）梯形图和指令表　b）时序图

3.1.4 梯形图编程规则

PLC 的几种编程方法中，梯形图编程是使用最多的一种图形编程语言，这是由于梯形图类似于继电器控制系统中的电路图，结构清晰，直观易懂，容易上手，且特别适合开关量逻辑控制的设计。因此在程序设计和编制过程中，须认真掌握梯形图的特点、编程方法和相关规则。

1. 梯形图的特点

1）梯形图是一种图形语言，其沿用传统电气图中的继电器触点、线圈、串/并联等术语和一些图形符号，左右的竖线称为左右母线。

2）梯形图中的触点只有常开和常闭，触点可以是 PLC 输入点接的开关信号也可以是 PLC 内部继电器的触点或内部寄存器、计数器等的状态，并且各软元件的常开、常闭触点在编程时都可以无限次使用。

3）梯形图按照自上而下、从左到右的顺序排列，每一行程序都是从左边母线开始，终止于右母线；输出类指令（OUT、SET、RST、PLS、PLF、MC 和部分应用指令）必须由触点驱动后与右母线相连，不能直接连到左母线上；部分指令（END、MCR、RET 等）无需驱动，直接连在左右母线之间即可。

4）输入继电器 X 的状态只取决于外部输入信号，梯形图中不能出现输入继电器 X 的线圈，外部负载则只能由输出继电器 Y 来驱动。

5）梯形图表示的并不是一个实际电路，而是一个控制程序，触点间的连线表达的是逻辑关系，输出元件也并非真实的继电器线圈等元件，而是内部的存储单元，或称为软继电器。程序的运行是一个逻辑运算过程，每条支路的线圈状态可通过支路上的触点状态和连接关系表达出来。

2. 梯形图的编程规则与技巧

1）当串联电路并联时，应将触点较多的回路放在梯形图最上面。这样可以优化触点结构，并简化程序。如图 3-28 所示，图 3-28b 较图 3-28a 更合理。

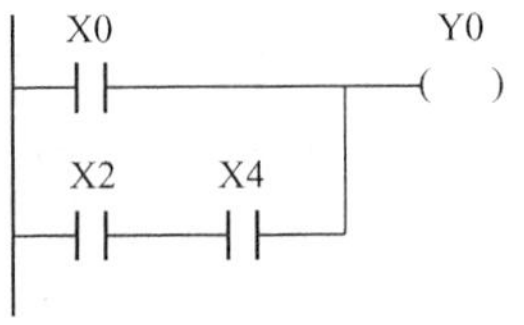

LD X0
LD X2
AND X4
ORB
OUT Y0

a)

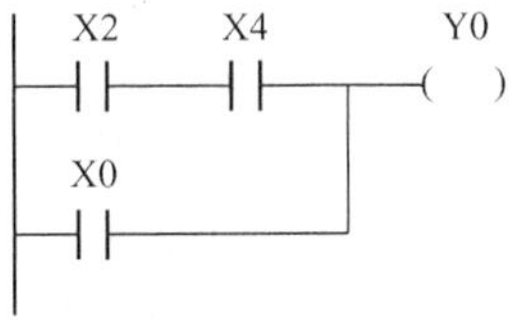

LD X2
LD X4
OR X0
OUT Y0

b)

图 3-28 串联触点多的回路放在最上面

2）当并联电路串联时，应将触点较多的并联回路放在梯形图的最左边。如图 3-29 所示，图 3-29b 比图 3-29a 的程序步更少。

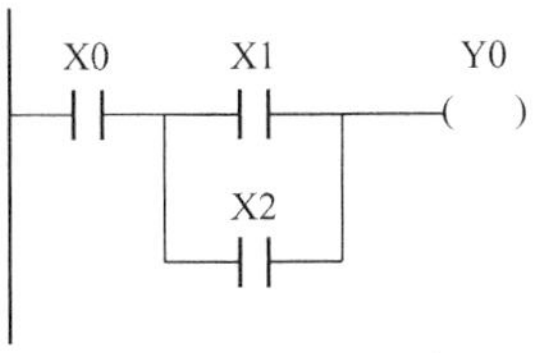

LD X0
LD X1
OR X2
ANB
OUT Y0

a)

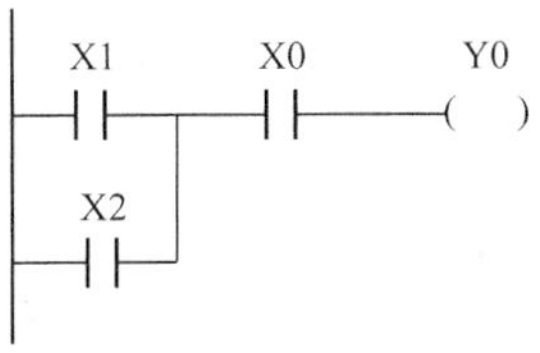

LD X1
OR X2
AND X0
OUT Y0

b)

图 3-29 并联触点多的回路放在最左边

3）并联线圈回路中，从分支点到线圈之间无触点的，线圈应放在上方。如图 3-30 所示，图 3-30b 可以不使用 MPS 和 MPP 指令，节省了存储器空间并缩短了运算周期。

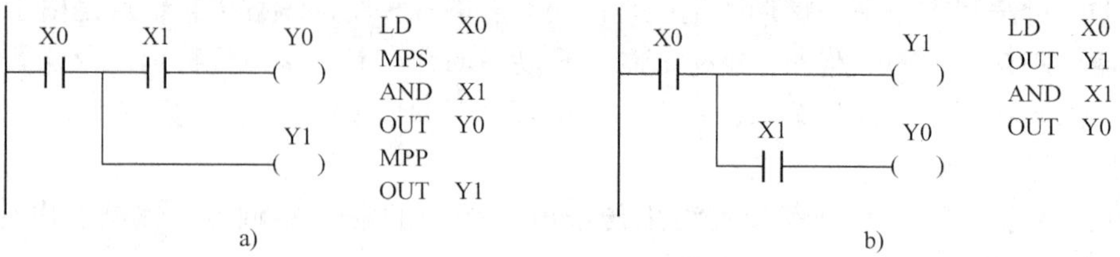

图 3-30　无触点的线圈应放在上方

4）梯形图必须符合顺序执行的原则，即从左至右，从上到下地执行。触点只能水平布置，“能流”只能单向流动。如不符合顺序执行的电路则不能直接编程。如图 3-31 所示，图 3-31a 中的桥式回路不能直接编程，必须等效为图 3-31b 的形式方可编程。等效的原则是逻辑关系不变。

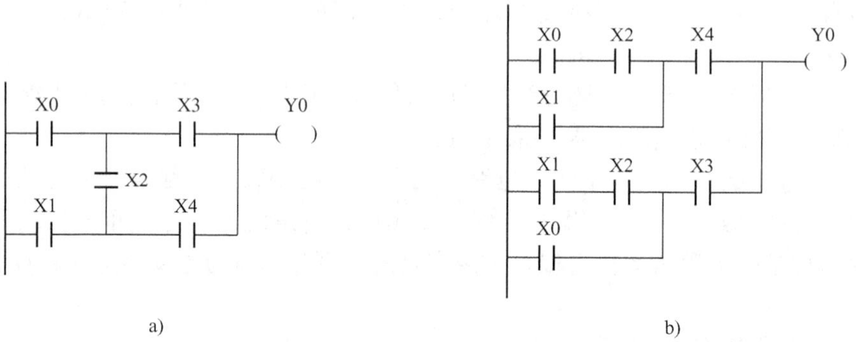

图 3-31　桥式电路的编程

5）避免双线圈输出。同一编号的线圈在一个程序中使用两次称为双线圈输出，双线圈输出容易引起误操作，因此编程时应避免线圈重复使用。

如图 3-32a 所示，Y1 为双线圈输出。在第一行中，当 X0 = 1 时，Y1 = 1；在第二行中，由于 Y1 得电，其常开触点闭合，故 Y2 = 1；在第三行中，X2 = 0，将 Y1 状态改写为 0，所以经过一个扫描周期输出为 Y1 = 0、Y2 = 1。在同一个扫描周期中，两个线圈的逻辑运算结果刚好相反，即 Y1 的线圈一个“通电”、一个“断电”，由于程序执行完后才将 Y1 的状态送到输出模块，所以对于 Y1 控制的外部负载来说，真正起作用的是最后一个 Y1 的状态。实际编程可以将图 3-32a 改成图 3-32b 的形式。

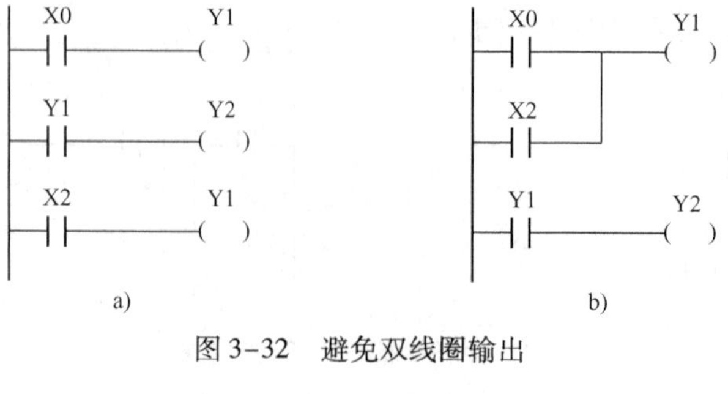

图 3-32　避免双线圈输出

6）输入信号中常闭信号的处理。继电器 - 接触器控制电路中，从安全角度考虑，一般将设备由静止状态转为运动状态时（如起动按钮），常连接常开触点；将设备由运动状态转为静止状态时（如停止按钮），常连接常闭触点。PLC 系统设计时，同样如此，使用时尽量将停止按钮、热继电器触点等采用常闭触点形式连接至 PLC，这在程序设计时需要注意。

3.2　三菱 FX_{2N} 系列 PLC 的常用电路

在使用 PLC 基本指令进行编程时，经常会用到一些常用电路，也称为基本编程环节。熟悉并掌握这些常用电路，可以极大地提高编程效率。

3.2.1　用标准触点指令实现一个脉冲输出电路

在三菱 FX_{2N} 系列 PLC 中，要实现一个脉冲宽度为一个扫描周期的脉冲，除了可以应用触点检测指令和微分输出指令以外，还可以应用标准触点指令来实现，如图 3-33 所示。当 X0 闭合时，在第一个扫描周期 M0 为 ON，而在第二个扫描周期由于 M1 为 ON，所以 M0 变为 OFF，以后 M0 都为 OFF，因此 Y0 的输出为一个脉冲输出，脉冲宽度为一个扫描周期。

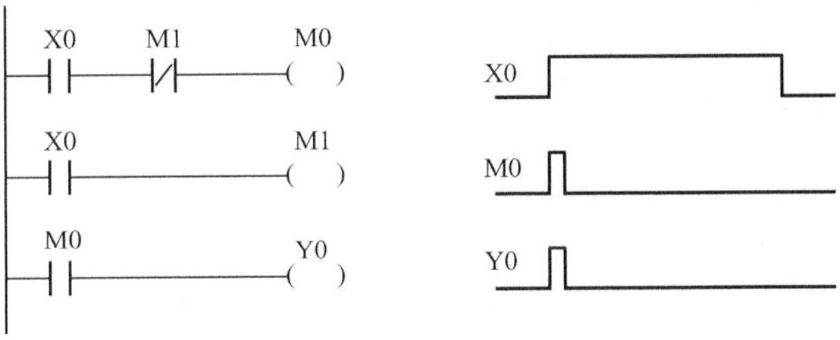

图 3-33　脉冲输出电路

3.2.2　用一个按钮产生起动和停止信号电路

在 PLC 的编程中，可能在硬件上由于输入点数的限制，需要用一个输入点来实现起动和停止两个信号。如图 3-34 所示，当按钮 X0 第一次按下时，M1 为 ON，X0 为起动信号；当按钮第二次按下时，M1 为 OFF，X0 为停止信号。

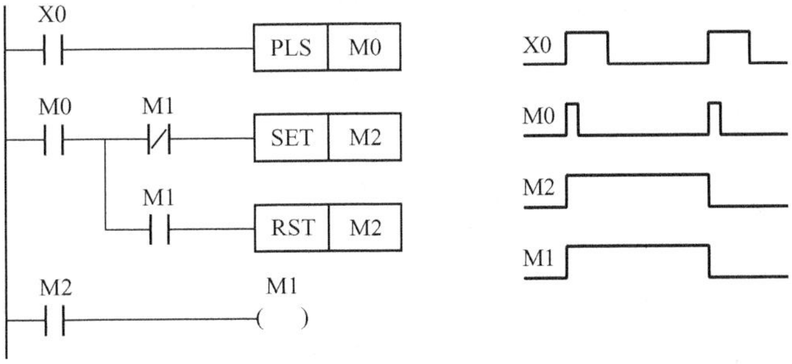

图 3-34　用一个按钮产生起动和停止信号电路

练习：也可以采用计数器实现上述要求和功能，试编写相应的梯形图。

3.2.3 分频电路

在许多控制场合，需要对控制信号进行分频。以二分频为例，要求输出脉冲是输入信号脉冲的二分频。如图 3-35 所示，当 X0 由 OFF 变为 ON 时，M0 产生一个脉冲，在扫描程序至第三行时，由于 Y0 为 OFF，因此 M2 不会得电，扫描程序至第四行时，Y0 为 ON 并自锁。此后的多个扫描周期中，由于 M0 只导通一个扫描周期，因此，M2 不会为 ON。当 X0 再次由 OFF 变为 ON 时，M0 再次产生一个脉冲，此时，因为之前 Y0 为 ON，所以 M2 也变为 ON，Y0 变为 OFF。此后的多个扫描周期中，由于 M0 只导通一个扫描周期，Y0 一直为 OFF。到下一次 X0 由 OFF 变为 ON 时，Y0 再为 ON，如此循环，得到的输出 Y0 刚好是输入信号 X0 的二分频。

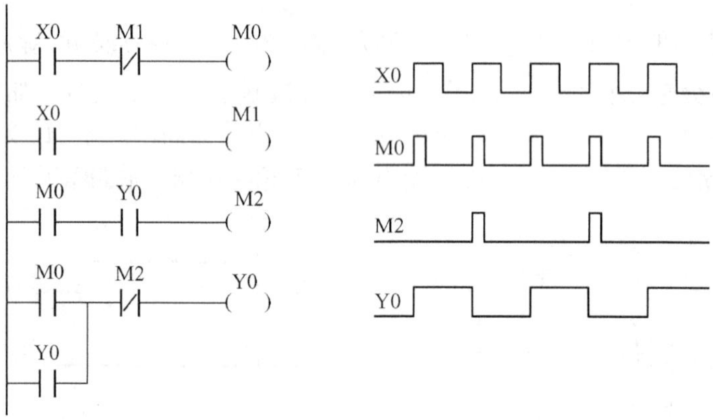

图 3-35　二分频电路

3.2.4 单稳态电路

单稳态电路只有一个稳态，如图 3-36 所示为上升沿触发的单稳态电路，在 X0 从 OFF 变为 ON 的上升沿开始，Y0 输出一个宽度为 3 s 的脉冲，3 s 后 Y0 自动变为 OFF。X0 为 ON 的时间可以大于 3 s，也可以小于 3 s。

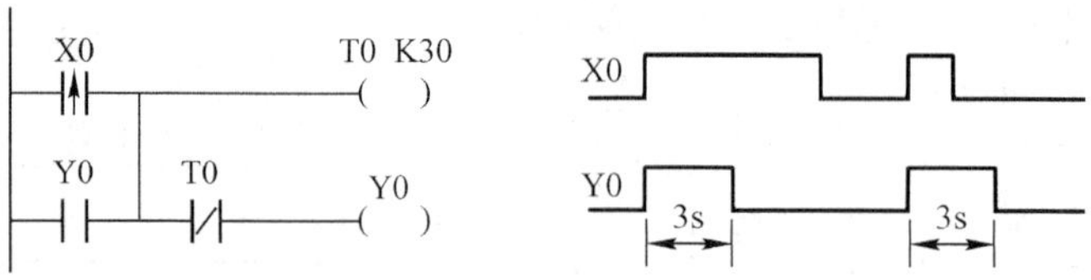

图 3-36　单稳态电路

3.2.5 延时电路

1. 瞬时接通/延时断开

瞬时接通/延时断开电路要求在输入信号有效时，立刻输出，而输入信号无效后，输出信号延时一段时间才停止。如图 3-37 所示，当 X10 为 ON 时，Y7 输出为 ON，当 X10 变为

OFF 时，定时器开始定时，10 s 后，Y7 变为 OFF。

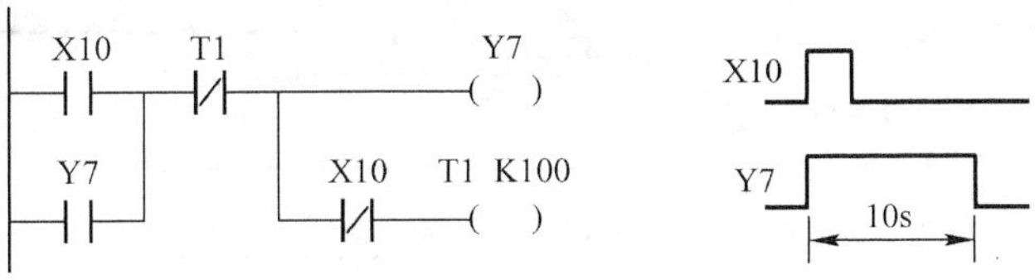

图 3-37　瞬时接通/延时断开电路

2. 延时接通/延时断开

延时接通/延时断开电路要求在输入信号为 ON 后，停一段时间输出信号才为 ON；输入信号为 OFF 后，输出信号延时一段时间才变为 OFF。如图 3-38 所示，当 X1 变为 ON 时，T1 开始定时，6 s 后 T1 的常开触点闭合，使 Y0 变为 ON。当 X1 为 ON 时，其常闭触点断开，T2 被复位，X1 变为 OFF 时，T2 开始定时，7 s 后 T2 的常闭触点断开，使 Y0 变为 OFF。

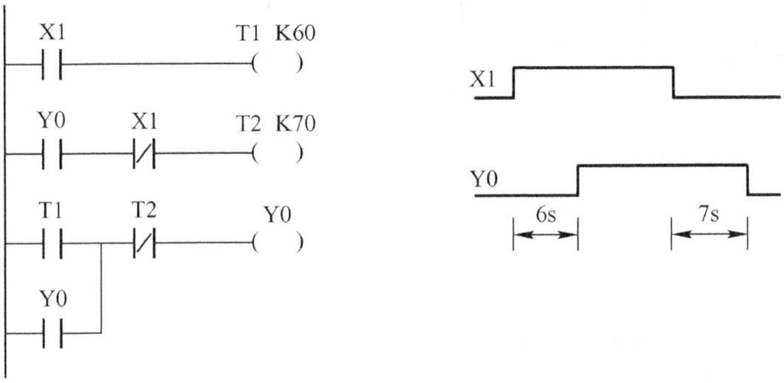

图 3-38　延时接通/延时断开电路

3.2.6　定时范围的扩展电路

FX_{2N}系列 PLC 的定时器最长定时时间为 3 276.7 s，如果要得到更长时间的延时，则可以采用如下的方法来实现。

1. 定时器接力

采用定时器接力的方式可以实现定时器范围的扩展。所谓定时器接力即先起动一个定时器定时，定时时间到，用第一个的常开触点启动第二个定时器，第二个定时器定时时间到后，再用第二个定时器的常开触点启动第三个定时器，依次类推，直到所有定时器的设定值之和等于系统要求的定时时间为止。设各个定时器的设定值分别为 Kt1、Kt2、Kt3……Ktn，则对于 100 ms 定时器，总的设定时间为：$T=0.1\times(Kt1+Kt2+Kt3+\cdots+Ktn)$。如图 3-39 所示，当 X1 为 ON 时，定时器 T1 开始定时，定时 3 200 s 后，T1 的常开触点为 ON，T2 定时器接着开始定时，2 000 s 后 T2 的常开触点为 ON，T3 定时器接着开始定时，2 000 s 后 T3 的常开触点变为 ON，使 Y0 变为 ON。从 X1 为 ON 开始到 Y0 为 ON，这段时间总共是 7 200 s，实现了 2 h 的延时。

2. 定时器和计数器配合

采用定时器和计数器配合的方式也可以实现定时器定时范围的扩展。设定时器和计数器

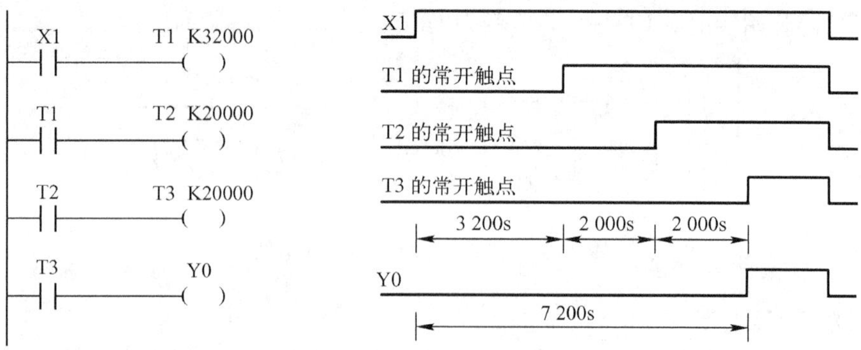

图 3-39　定时器接力定时电路

的设定值分别是 Kt 和 Kc，则对于 100 ms 定时器，总的设定时间为：T = 0. 1 × Kt × Kc。如图 3-40 所示，当 X1 为 OFF 时，T1 和 C1 不能工作。当 X1 为 ON 时，T1 开始定时，600 s 后 T1 的常开触点闭合，常闭触点断开。T1 的常闭触点的断开导致自身复位，使它自己又重新开始定时，这样定时器 T1 每隔设定的时间（这里为 600 s）复位一次。T1 的常开触点每 600 s 接通一个扫描周期，使计数器 C1 计一个数，当计到 C1 的设定值（这里为 12）时，C1 的常开触点闭合，Y0 变为 ON。从 X1 接通到 Y0 为 ON，这段时间总共是 0. 1 × 6000 × 12 = 7200 s，从而实现了 2 h 的延时。

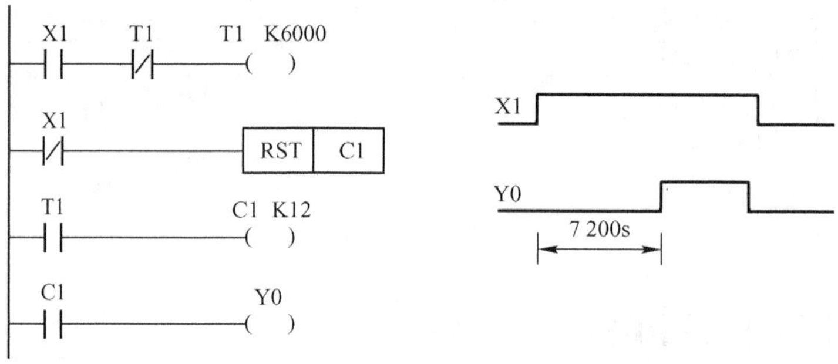

图 3-40　定时器和计数器配合定时电路

3. 2. 7　计数器范围的扩展电路

在使用计数器时，若单个计数器的计数范围不能满足要求，可以将几个计数器组合起来使用，扩大计数器范围。

1. 加法扩充法

设有 n 个计数器，则系统总计数值 = 计数器 1 的设定值 + 计数器 2 的设定值 + 计数器 3 的设定值 + … + 计数器 n 的设定值 -（n - 1）。

如图 3-41 所示，M8013 为 1s 时钟脉冲，作为计数器的脉冲源，计数器 C1 和 C2 的复位由 M8002 的常开触点和 X0 的常闭触点并联控制，分别负责通电时和停止计数时对计数器复位。X0 为 ON 时，计数器 C1 开始计数，当计数达到其设定值 3 时，C1 常开触点闭合，此后若没有复位 C1，即使再有计数脉冲，计数器 C1 的状态也保持不变。自 C1 常开触点闭合时刻开始，在当前一个 M8013 时钟脉冲下，C2 开始计数，当计数达到设定值 5 时，C2 的常开触点闭合，Y0 输出为 ON。在这期间总计数值为 3 +5 -（2 -1）=7。

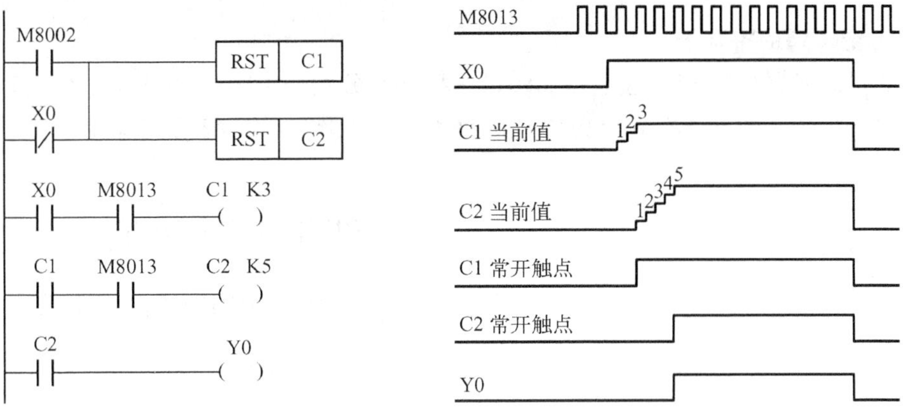

图 3-41　加法扩充法计数电路

2. 乘法扩充法

设有 n 个计数器，则系统总计数值 = 计数器 1 的设定值 × 计数器 2 的设定值 ×⋯ × 计数器 n 的设定值。

如图 3-42 所示，当 X0 为 ON 时，计数器 C1 开始计数，当计数达到设定值 3 时，C1 常开触点闭合一个扫描周期，计数器 C2 计一个数，同时 C1 常开触点闭合也导致 C1 自身复位，C1 计数值清 0，重新开始计数。如此重复，当 C2 计数达到设定值 4 时，C2 常开触点闭合，Y0 为 ON。这期间总计数值为 3 ×4 =12。

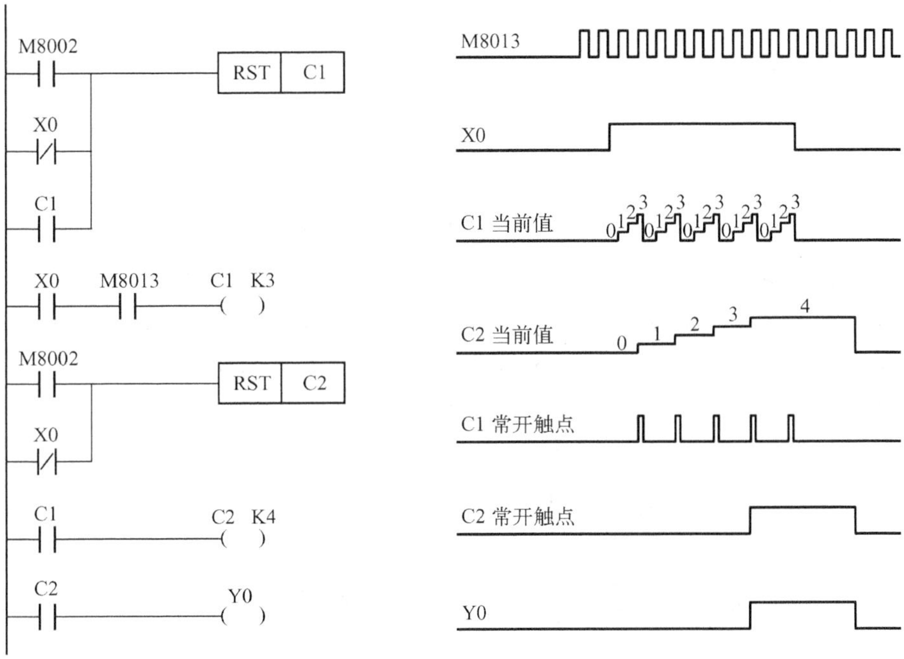

图 3-42　乘法扩充法计数电路

3.2.8　闪烁电路

1. 使用特殊辅助寄存器

FX_{2N}系列 PLC 的特殊辅助继电器 M8011～M8014 分别是 10 ms、100 ms、1 s、1 min 时钟脉冲，利用这些特殊辅助寄存器可以实现闪烁电路。如图 3-43 所示，当 X1 为 ON 时，Y1 输出周期为 1 s 的脉冲。

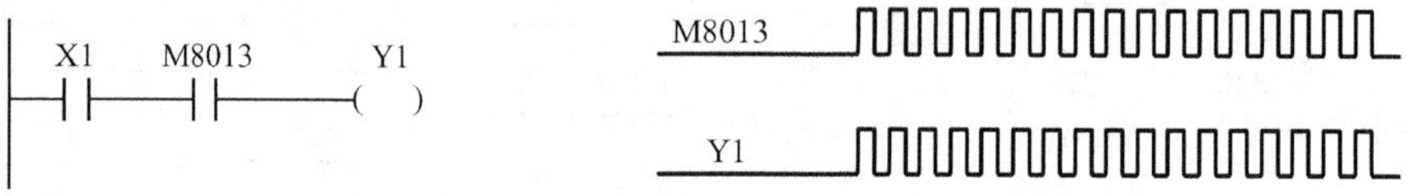

图 3-43　使用特殊辅助寄存器的闪烁电路

2. 使用定时器

使用特殊辅助继电器实现闪烁电路的缺点是无法调整输出脉冲的周期和脉冲的宽度，而利用定时器可以克服这一缺点。如图 3-44 所示，当 X1 为 ON 时，定时器 T1 开始定时，2 s后 Y2 变为 ON，同时定时器 T2 开始定时，3 s 后 T2 的常闭触点断开，T1 被复位，T2 也被复位，Y2 变为 OFF，同时 T2 的常闭触点又闭合，T1 又开始定时，如此重复。通过调整 T1 和 T2 定时的时间，可以改变 Y2 输出 ON 和 OFF 的时间，以此来调整脉冲输出的宽度和周期。

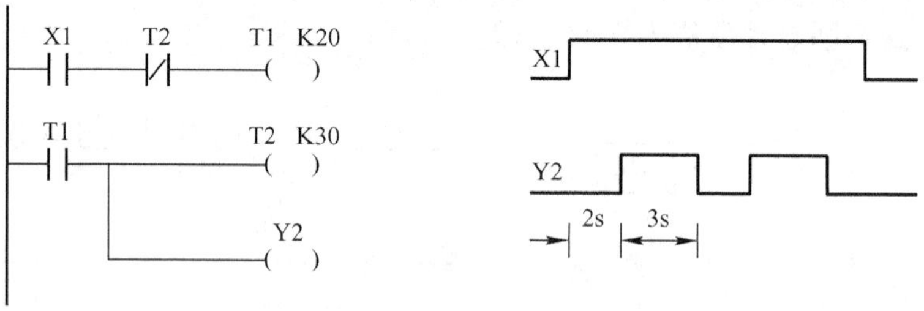

图 3-44　使用定时器的闪烁电路

3. 使用 PWM 指令

使用脉宽调制指令（PWM）也可以实现闪烁电路，但是它的输出只能用于晶体管输出型 PLC 的 Y0 和 Y1。如图 3-45 所示，当 X10 为 ON 时，将常数 20 送入 D20 中，通过 PWM 指令从 Y1 送出周期为 50 ms，脉宽为 20 ms 的脉冲。

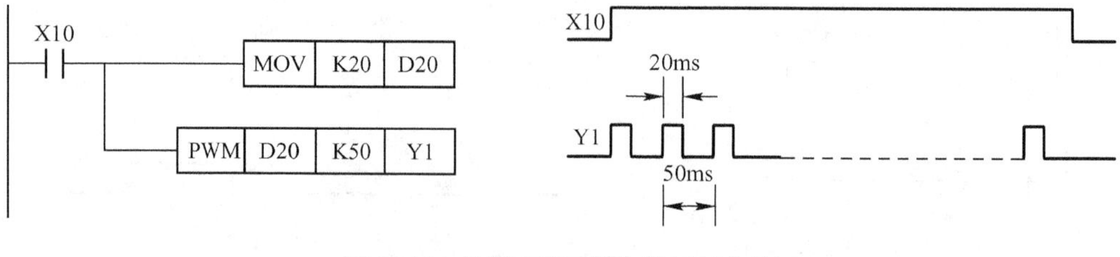

图 3-45　使用 PWM 指令的闪烁电路

3.2.9　时序控制电路

可以用多个定时器接力方式来控制时序控制电路中输出继电器的工作。当按下启动按钮X1后，要求Y0和Y1按图3-46的波形图工作，M10为ON时，T0定时器开始定时，5 s后T0的常开触点闭合，使T1定时器开始定时，6 s后T1的常开触点闭合，使T2定时器开始定时，5 s后T2的常闭触点断开，T0被复位，T0的常开触点断开，又使T1复位，T1的常开触点断开，从而T2也被复位，系统回到初始状态。

从波形图可以看出，Y0的波形图和T0的波形图相同，所以可以用T0的常开触点来控制Y0的线圈。Y1的波形图可以用T1常开触点的波形取反后，再与M10的波形相与而得到，所以Y1用M10的常开触点和T1的常闭触点组成的串联电路来控制。

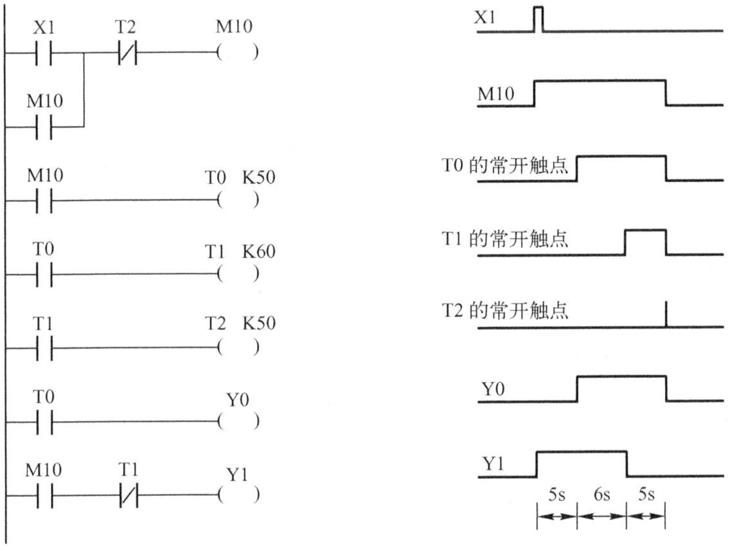

图3-46　使用多个定时器接力定时的时序电路

[研讨与练习]

用两只按钮控制3台电动机的起停，为了避免3台电动机同时起动，造成起动电流过大导致电网电压降低，要求每隔10 s起动一台电动机，试用一只定时器元件完成控制要求。

分析：若用一只定时器来重复计时，考虑采用产生定时脉冲电路。3台电动机要顺序起动，可以考虑用第一台电动机的信号接通第二台电动机，用第二台电动机的信号接通第三台电动机。若X0代表起动信号，X1代表停止信号，Y1代表第一台电动机运行的信号，Y2代表第二台电动机运行的信号，Y3代表第三台电动机运行的信号，则实现的逻辑功能如图3-47所示。

从梯形图中可以看到，只用一个定时器控制3台电动机的顺序起动，在编程顺序上除了第一台电动机先编程外，先起动的电动机应该后编程。

思考：若把第二行和第三行的梯形图位置互换，结果会怎样？

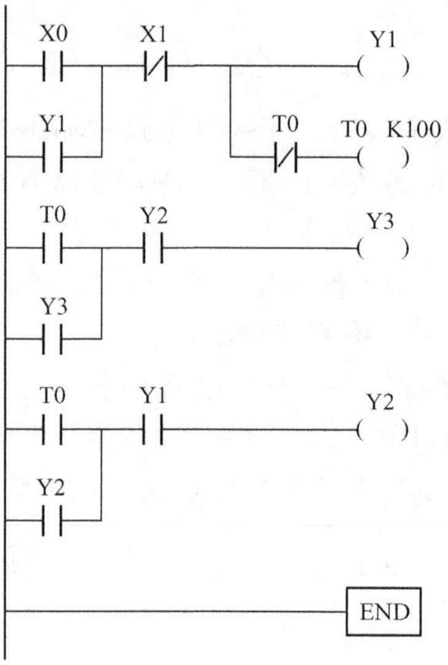

图 3-47　3 台电动机顺序起动

3.3　上机操作练习

3.3.1　基本指令的编程实验

1. 实验目的

1）熟悉三菱编程软件的用法及功能。

2）掌握常用基本指令的使用方法。

2. 实验内容

如图 3-48 ~ 图 3-50 所示，将梯形图输入到编程软件，并对照指令表，进一步掌握指令表和梯形图的相互转换。分别将 PLC 的输入端开关置为 ON 或 OFF，观察 PLC 的输出结果。

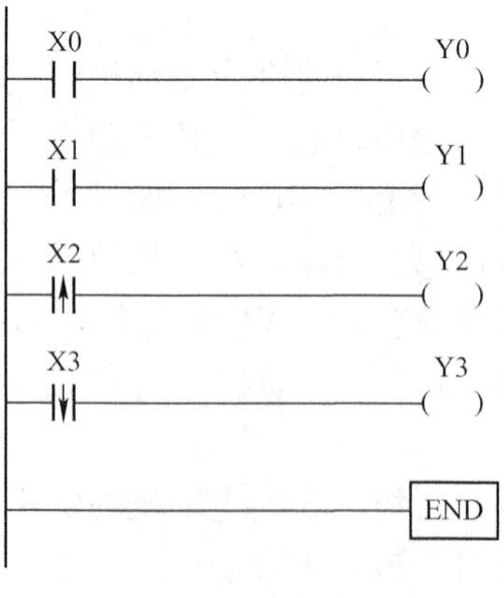

LD	X0
OUT	Y0
LD	X1
OUT	Y1
LDP	X2
OUT	Y2
LDF	X3
OUT	Y3
END	

图 3-48　常用指令程序

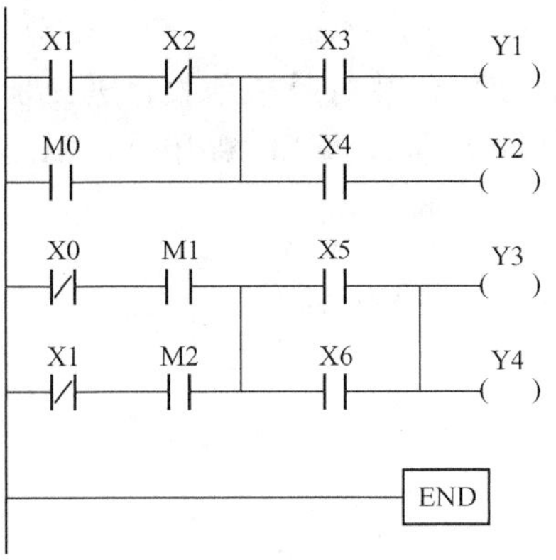


```
LD    X1
ANI   X2
OR    M0
MPS
AND   X3
OUT   Y1
MPP
AND   X4
OUT   Y2
LDI   X0
ANI   M1
LDI   X1
AND   M2
ORB
LD    X5
OR    X6
ANB
OUT   Y3
OUT   Y4
END
```

图 3-49　电路块连接指令和堆栈操作指令程序

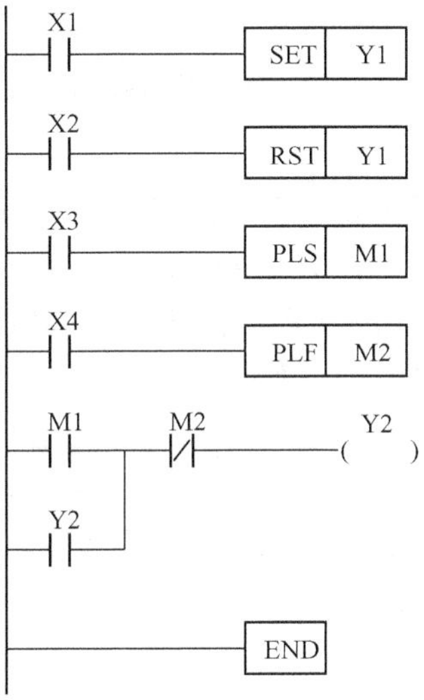


```
LD    X1
SET   Y1
LD    X2
RST   Y1
LD    X3
PLS   M1
LD    X4
PLF   M2
LD    M1
OR    Y2
ANI   M2
OUT   Y2
END
```

图 3-50　置位、复位和微分输出指令程序

3. 实验报告要求

1）分析总结实验中遇见的问题及解决办法。

2）写出调试中观察到的现象及调试步骤。

3.3.2　定时器/计数器的认识

1. 实验目的

1）掌握定时器指令的格式、功能和使用方法。

2）掌握计数器指令的格式、功能和使用方法。

2. 实验内容

（1）定时器指令实验

如图 3-51 所示，将梯形图输入到编程软件，并对照指令表，进一步掌握指令表和梯形图的相互转换。当 X0 闭合时，定时器 T0 开始定时，经过 5 s 后 Y0 有输出，观察 PLC 的输出结果。

(2) 计数器指令实验

如图 3-52 所示，将梯形图输入到编程软件，并对照指令表，进一步掌握指令表和梯形图的相互转换。当 X0 闭合时，将计数器 C1 复位，当 X0 断开时，X1 通断 5 次，Y1 有输出，观察 PLC 的输出结果。

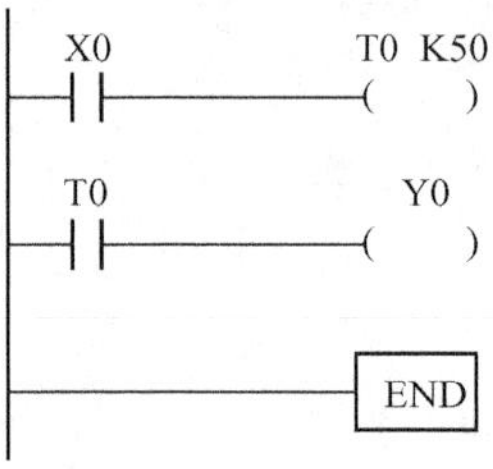


```
LD X0
OUT T0 K50
LD T0
OUT Y0
END
```

图 3-51　定时器指令程序

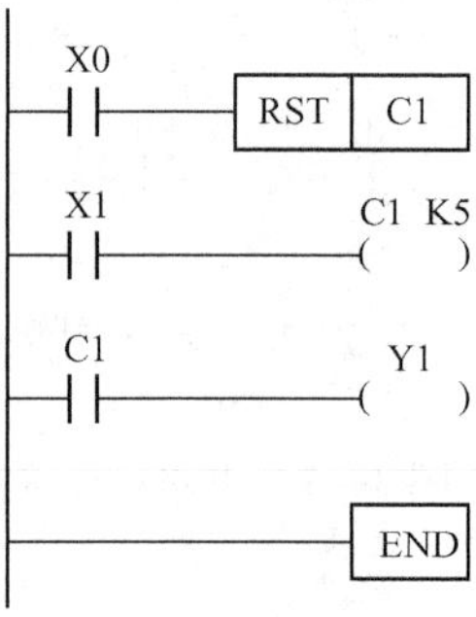


```
LD   X0
RST  C1
LD   X1
OUT  C1  K5
LD   C1
OUT  Y1
END
```

图 3-52　计数器指令程序

(3) 定时器/计数器的综合实验

如图 3-53 所示，将梯形图输入到编程软件，并对照指令表，进一步掌握指令表和梯形图的相互转换。当 PLC 从 OFF 变为 ON 时，计数器 C0 复位，当 X0 闭合时，定时器开始计时，经过 10 s 后，T0 的常开触点闭合，C0 的计数器加 1，同时 T0 的常闭触点断开，T0 定时器被复位，在下一个扫描周期时，T0 又重新开始计时。这样 T0 的触点每隔 10 s 钟接通一次，每次接通时间为一个扫描周期。C0 对 T0 触点提供的脉冲信号进行计数，当计数到 10 时，C0 常开触点闭合，使 Y0 线圈有输出，当 X1 为 ON 时计数器 C0 被复位。从 X0 到 Y0 有输出，时间为 $(100\times0.1\ \text{s})\times10=100\ \text{s}$。观察 PLC 的输出结果。

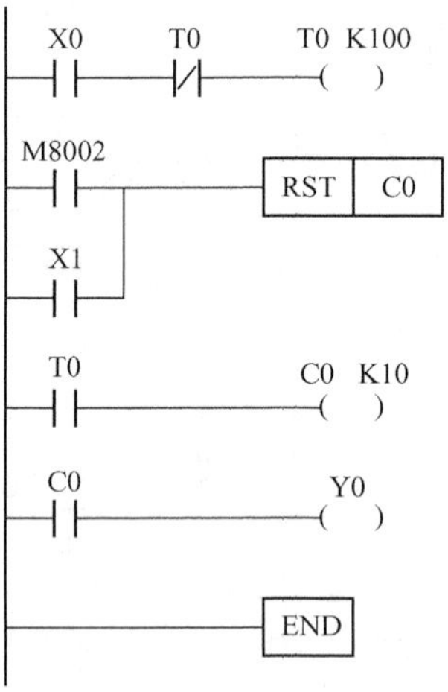


```
LD   X0
ANI  T0
OUT  T0  K100
LD   M8002
OR   X1
RST  C0
LD   T0
OUT  C0  K10
LD   C0
OUT  Y0
END
```

图 3-53　定时器/计数器指令程序

3. 实验报告要求

1) 分析总结实验中遇见的问题及解决办法。

2) 写出调试中观察到的现象及调试步骤。

习题

3.1 LDI、ANI、ORI 等指令中的“I”表示________功能，其执行时从实际输入点得到相关的状态值。

3.2 根据下列指令表画出对应的梯形图。

```
LD    X1
AND   X2
OR    X3
ANI   X4
OR    M1
LD    X5
AND   X6
OR    M2
ANB
ORI   M3
OUT   Y2
```

3.3 请写出以下指令表对应的梯形图。

```
LD    X000
MPS
LD    X001
OR    X002
ANB
OUT   Y000
MRD
LDI   X003
AND   X004
LD    X005
ANI   X006
ORB
ANB
OUT   Y001
MPP
AND   X007
OUT   Y002
LD    X010
ORI   X011
ANB
OUT   Y003
```

3.4 写出图 3-54 所示梯形图对应的指令表程序。

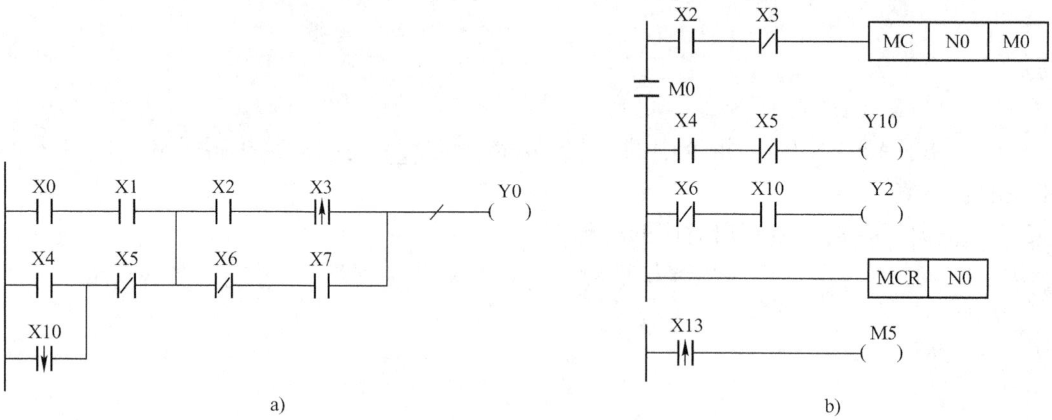

图 3-54　习题 3.4 图

3.5　试编制实现下述控制要求的梯形图，用一个开关 X0 控制 3 盏灯 Y0、Y1、Y2 的亮灭。X0 闭合一次 Y0 亮；第二次闭合 Y1 亮；第三次闭合 Y2 亮；第四次闭合 3 盏灯全灭，此过程不断循环执行。

3.6　已知梯形图和输入波形，如图 3-55 所示，画出其输出波形。

3.7　在按下按钮 X10 后，Y10 变为“1”状态并保持，X11 输入 3 个脉冲后（用 C0 计数），T1 开始定时，5 s 后 Y10 变为“0”状态，C0 被复位，在 PLC 运行的第一个扫描周期，C0 也被复位，画出梯形图。

3.8　根据图 3-56 所示信号灯控制系统的时序图设计出梯形图。

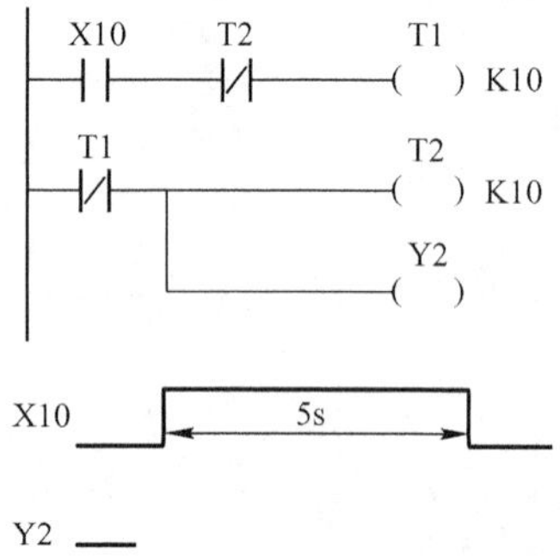

图 3-55　习题 3.6 图

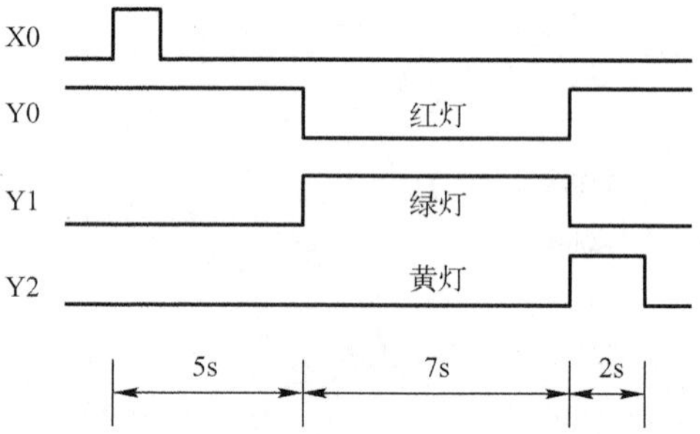

图 3-56　习题 3.8 图

3.9　试用定时器设计一个延时 30 min 的延时电路。

3.10　设计一个计数器，其计数次数为 1 万次，并画出梯形图。

3.11　用基本指令编写一个 3 地控制同一电动机起停的控制电路。

3.12　用 PLS 指令设计出使 M0 在 X7 的上升沿导通一个扫描周期的梯形图。

第 4 章　三菱 FX_{2N} 系列 PLC 的应用指令

三菱 FX_{2N} PLC 的基本指令主要用于逻辑功能控制。随着 PLC 的发展，产生了许多基于数据运算、处理和其他方面的特殊要求，为满足这些要求，PLC 逐渐发展和引入了应用指令来解决相应问题，从而使 PLC 的控制功能、应用范围和领域不断地扩大。

PLC 的应用指令实际上是具有特定功能的子程序，也称为功能指令。使用时，只要按照应用指令的格式要求，填入相应的内容，通过程序驱动，就可调用相应的子程序，从而完成特定的操作。

FX_{2N}系列 PLC 目前共有一百多条应用指令，可分为程序流程控制、传送与比较、数学运算、高速处理、时钟运算等类别。

4.1　应用指令的基本规则

FX_{2N}系列 PLC 在梯形图中采用功能框表示应用指令。各应用指令按功能号（FNC00 ~ FNC246）编排，或按助记符区分。

如图 4-1 所示，X0 的常开触点是应用指令的执行条件，其后的方框即为功能框。在功能框中可表示指令的名称（助记符）、相关数据或存储地址。

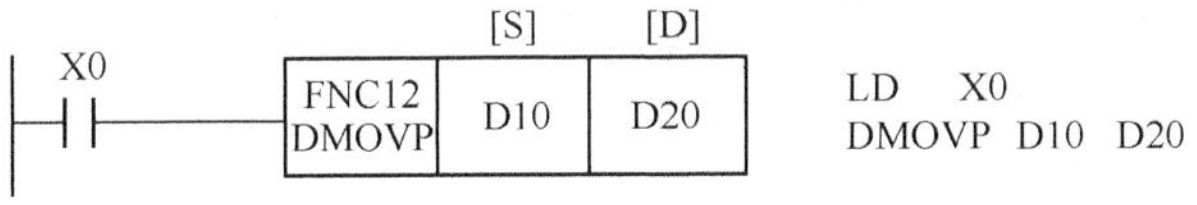

图 4-1　应用指令格式

1. 应用指令的名称

应用指令的名称用功能号或助记符的形式表示。功能号（FNC00 ~ FNC246）用数字区别各指令，一般在手持式编程器编程时使用。而助记符采用该指令的英文缩写词，便于记忆和使用。如图 4-1 中的传送指令“MOVE”可以缩写为“MOV”。采用助记符容易明白指令的含义，一般在编程软件编程中使用。

2. 数据长度

应用指令按处理数据的长度分为 16 位指令和 32 位指令。其中 32 位指令在助记符前加“D”。如图 4-1 中的“MOV”之前加上“D”，表示 DMOV 为 32 位数据传送指令，即将（D11，D10）的数据传送至（D21，D20）中。

3. 应用指令的操作数

操作数是应用指令涉及或产生的数据。大多数应用指令有 1 ~ 4 个操作数，但也有的应用指令没有操作数。操作数分为源操作数、目标操作数和其他操作数。

源操作数是指令执行后不改变其内容的操作数，用[S]表示。

目标操作数是指令执行后将改变其内容的操作数，用[D]表示。

当源操作数或目标操作数不止一个时，可以表示为[S1]、[S2]、[D1]、[D2]等。

n 或 m 表示其他操作数，常用来表示常数，或源操作数和目标操作数的补充说明。其他操作数较多时，可以表示为 n1、n2、m1、m2 等。

如图 4-1 所示，因为是 32 位传送指令，所以（D11，D10）为源操作数，（D21、D20）为目标操作数。

4. 应用指令的执行形式

应用指令的执行形式分为连续执行型和脉冲执行型。

连续执行型指令在程序执行的每个扫描周期都会执行，而脉冲执行型指令仅在条件满足时执行一个扫描周期，这对数据处理有着很重要的意义。脉冲执行型指令通过在助记符后加“P”表示，如图 4-1 所示在“DMOV”后加上“P”，表示仅在 X0 由 OFF 变为 ON 的第一个扫描周期执行传送指令，其他时间并不执行该指令。

4.2 FX_{2N}系列 PLC 常用的应用指令

4.2.1 程序流程控制指令

1. 条件跳转指令

条件跳转指令 CJ 用于跳过顺序执行的某一部分程序，可以缩短运算周期，同时可避免使用双线圈。CJ 指令的目标元件是指针（P）编号，FX_{2N}系列 PLC 指针范围为 P0 ~ P127，其中 P63 表示向 END 跳转，编程时不能标记。

如图 4-2 所示，当 X10 为 ON 时，程序跳到标号 P10 处，不执行中间的程序。当 X10 为 OFF 时，则不跳转，顺序执行下面的程序。

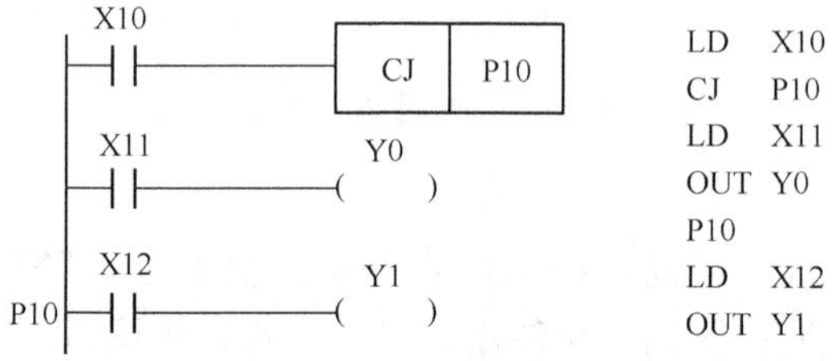

图 4-2　条件跳转指令

2. 子程序调用指令

子程序调用指令包括子程序调用 CALL 指令和子程序返回 SRET 指令。CALL 指令的目标元件也是指针编号（P63 除外）。指令使用时，应将子程序放在主程序结束指令 FEND 之后，同时子程序也必须以子程序返回指令 SRET 作为结束指令。

主程序结束 FEND 指令表示主程序的结束，与 END 指令一样，当执行该指令时，结束当前的程序扫描执行过程，进入输出结果刷新阶段。

如图 4-3 所示，当 X0 为 ON 时，调用 P10 子程序，在子程序中执行到 SRET 指令后程序返回到 CALL 指令的下一条指令处执行。CALL 指令必须和 FEND、SRET 指令一起使用。

子程序中，定时器应采用子程序和中断程序专用的 T192 ~ T199 或 T246 ~ T249 定时器。

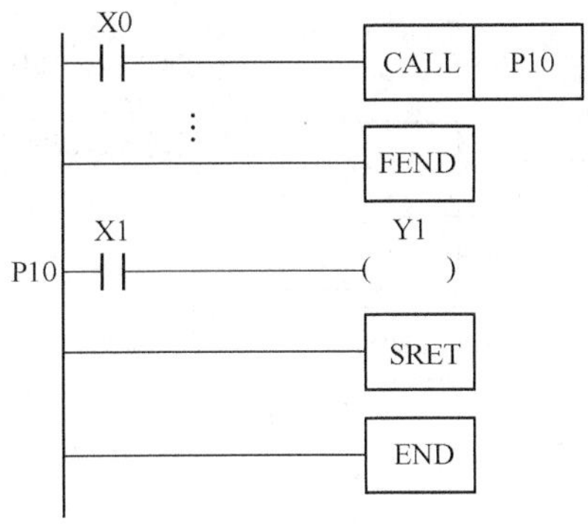


```
LD    X0
CALL  P10
…
FEND
P10
LD    X1
OUT   Y1
SRET
END
```

图 4-3　子程序指令

[研讨与练习]

1. 如图 4-4 所示，分析程序执行情况。

分析：当计数器 C0 的复位条件 X10 不满足时，C0 对 X11 端的脉冲进行计数。若 C0 当前值计数未满 5，则不执行跳转指令，当 X0 为 ON 时，Y0 为 ON；X1 为 ON 时，T0 开始计时；X2 为 ON 时，Y1 置位。若 C0 计数到预定值 5 时，其对应的常开触点 C0 闭合，程序跳到指针 P1 处，跳转期间，Y0、Y1 保持跳转前的状态（即使 X0、X1 为 OFF），T0 如果正在工作则被冻结，停止计时。结束程序跳转后，定时器继续工作。

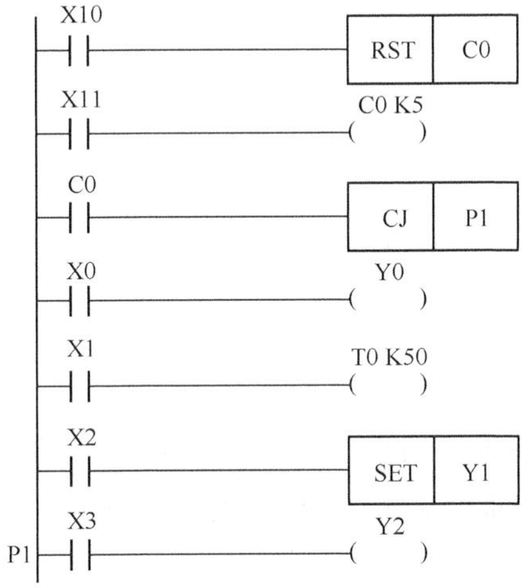


```
LD   X10
RST  C0
LD   X11
OUT  C0 K5
LD   C0
CJ   P1
LD   X0
OUT  Y0
LD   X1
OUT  T0 K50
LD   X2
SET  Y1
P1
LD   X3
OUT  Y2
```

图 4-4　跳转指令的应用

2. 如图 4-5 所示，分析程序执行情况。

分析：当 X0 为 ON 时，定时器 T0 开始计时。X1 为 ON 时，Y1 置位。计时 5 s 后，对应的常开触点 T0 为 ON，调用子程序 P2；若 X2 为 ON，则 Y1 复位为 0。

3. 采用子程序调用指令设计程序：用 X0、X1 控制 Y0 输出，当 X0、X1 = 0 0 时，Y0 为 OFF；X0、X1 = 1 0 时，Y0 以 10 s 为周期闪烁；X0、X1 = 0 1 时，Y0 为以 1 s 为周期闪烁；X0、X1 = 1 1 时，Y0 为 ON。

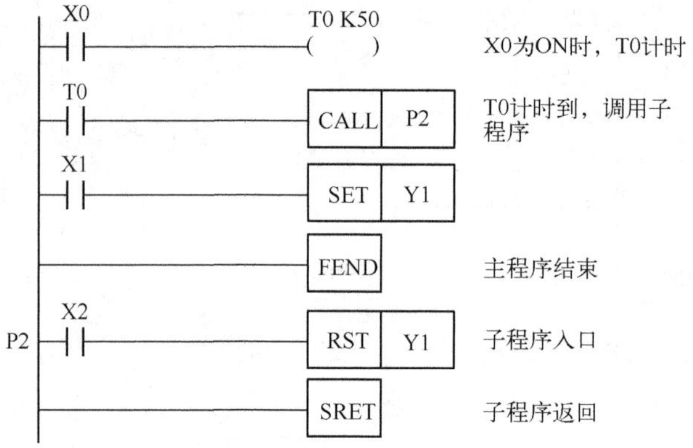

图 4-5　子程序调用程序

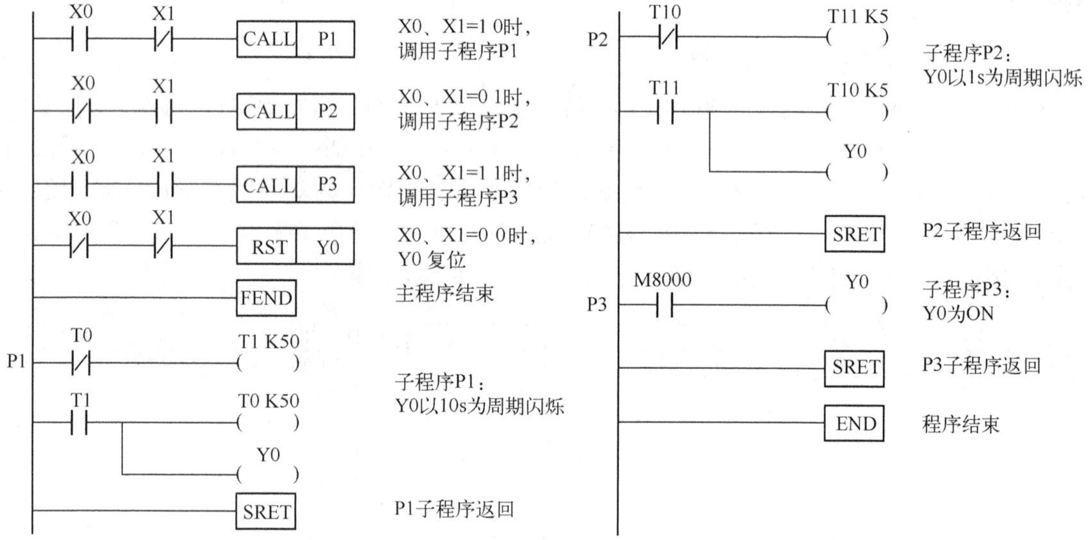

图 4-6　子程序调用指令应用

3. 中断指令

FX_{2N}系列 PLC 的中断事件包括输入中断、定时中断和高速计数器中断。发生中断事件时，CPU 停止执行当前的工作，立即去相应的中断子程序。这一过程不受 PLC 扫描工作方式的影响，因此 PLC 能迅速响应中断事件。

（1）用于中断的指针

中断子程序的入口地址可以用中断的指针来指明，包括输入中断，定时器中断，计数器中断。

FX_{2N}系列 PLC 有 6 点输入中断，中断指针如图 4-7a 所示，最高位与 X0 ~ X5 的元件号相对应，最低位为 0 时表示下降沿中断，最低位为 1 时表示为上升沿中断。例如中断指针 I000 所指向的中断程序在 X0 的下降沿时执行。同一个输入中断源只能使用上升沿中断或下降沿中断，例如在程序中不能同时使用中断指针 I000 和 I001，另外已经用于高速计数器的输入点就不能再用于中断的输入点。

FX_{2N}系列 PLC 有 3 点定时器中断，中断指针如图 4-7b 所示，最高位表示定时器中断号

(6～8)，低两位表示以 ms 为单位的定时时间（范围是 10～99 ms）。例如 I610 表示定时器中断，中断号为 6，每隔 10 ms 执行一次中断程序。

FX_{2N}系列 PLC 有 6 点计数器中断，中断指针如图 4-7c 所示，中间一位表示计数器中断号（1～6），计数器中断与高速计数器比较置位指令配合使用，根据高速计数器的计数当前值与计数设定值的关系来确定是否执行相应的中断程序。

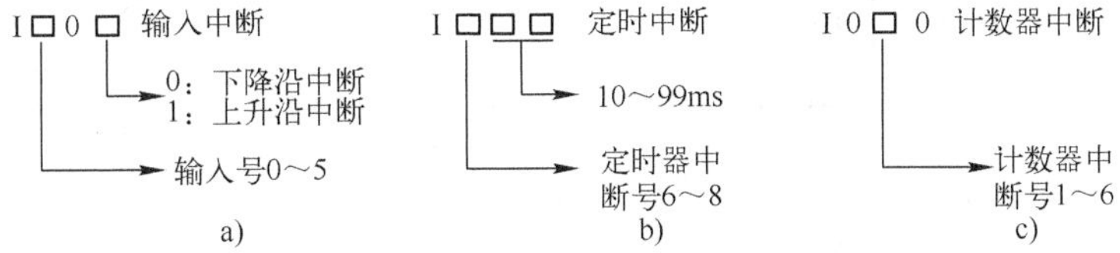

图 4-7　中断的指针

特殊辅助继电器 M805△为 ON 时（△＝0～8），可禁止执行相应的中断 I△□□（△＝0～8，□□是与中断有关的数字）。M8059 为 ON 时，禁止所有的计数器中断。

（2）与中断有关的指令

中断指令包括中断返回指令 IRET、允许中断指令 EI 和禁止中断指令 DI。

中断指令使用时，中断子程序必须写在 FEND 的后面，同时中断子程序也必须以中断返回指令 IRET 作为结束指令。

如图 4-8 所示，FX_{2N}系列 PLC 通常处于禁止中断的状态，指令 EI 和 DI 之间的程序段为允许中断的区间，当 X10 为 OFF 时对应的中断 I000 被允许执行。当程序执行到允许中断区间时，如果中断源（出现 X0 的下降沿）产生中断，CPU 将停止执行当前的程序，转而去执行中断子程序，执行到中断子程序中的 IRET 指令时，返回原来的断点，继续执行原来的程序。

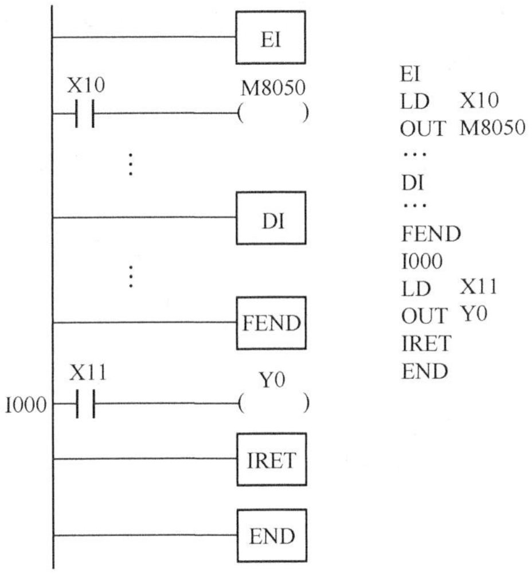

图 4-8　中断指令

［研讨与练习］

1. 如图 4-9 所示，分析程序执行情况。

分析：I301 中断为在输入口 X3 送入上升沿信号时执行，在 EI 和 DI 之间的程序是允许中断的区间。当程序执行到该区间时，如果中断源 X3 产生中断，CPU 将停止执行当前的程序，转到指针 I301 指向的程序，当 X14 和 X15 为 ON 时，使 Y4 和 Y5 为 ON，当执行到 IRET 指令时，返回原断点，上升沿信号出现一次，该中断执行一次。

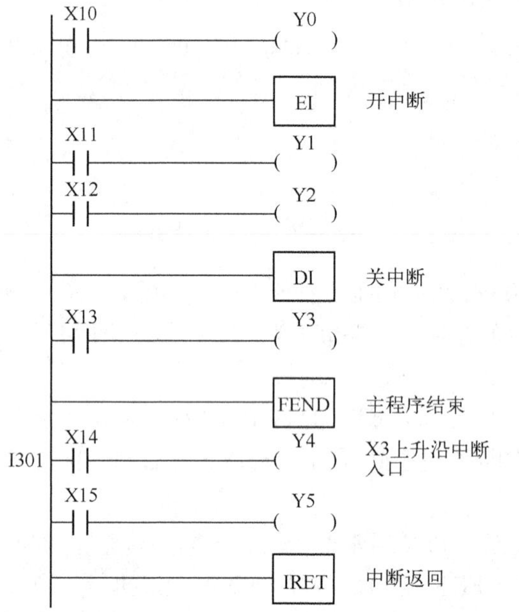

图 4-9　输入中断指令的应用

2. 如图 4-10 所示，利用定时中断，实现 M10 置位 10 s 后复位，分析程序执行情况。触点比较指令的使用见 4. 2. 2 传送比较指令。

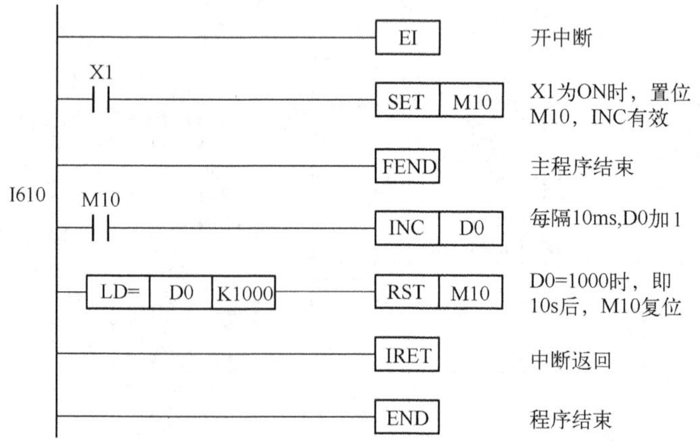

图 4-10　定时中断指令的应用

3. 高速计数器中断配合高速计数器比较置位指令，实现当计数脉冲达到 1000 时，执行中断程序。

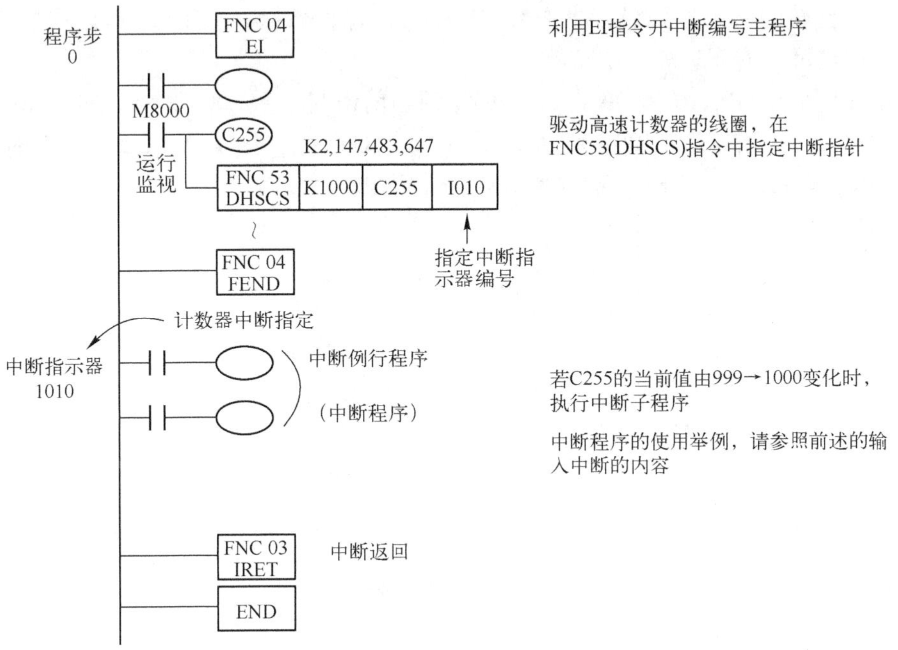

图 4-11　高速计数器中断指令的应用

4.2.2　传送比较指令

1. 比较指令

(1) 比较指令

比较指令（CMP）用于比较源操作数[S1]和[S2]，比较结果用目标操作数[D]的状态来表示。源操作数[S1]和[S2]可以取所有字元件，目标操作数[D]可以取位元件 Y、M、S。

如图 4-12 所示，当 X0 为 ON 时，将十进制常数 100 与计数器 C20 的当前值比较，将比较结果送到 M10～M12。即当 100 > C20 时，M10 为 ON，Y0 得电；当 100 = C20 时，M11 为 ON，Y1 得电；当 100 < C20 时，M12 为 ON，Y2 得电。

指令不执行时，要清除比较结果，需采用复位指令。

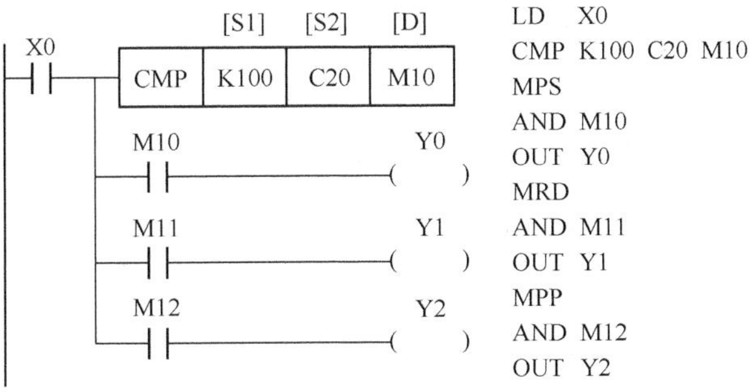

图 4-12　比较指令

(2) 区间比较指令

区间比较指令（ZCP）是将一个源数据[S]和两个源操作数[S1]和[S2]之间的数据进行

代数比较，将比较的结果送到目标操作数[D]中。源操作数[S1]和[S2]可以取所有字元件，目标操作数[D]可以取Y、M、S。

如图4-13所示，当X0为ON时，将C20的当前值与常数100和150进行比较，比较结果送到M10~M12。当C20<100时，M10为ON，Y0得电；当100≤C20≤150时，M11为ON，Y1得电；当C20>150时，M12为ON，Y2得电。

指令不执行时，要清除比较结果，需采用复位指令。

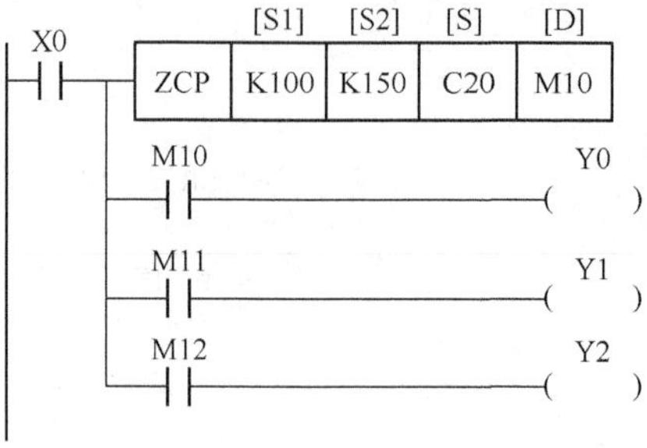


```
LD   X0
ZCP  K100 K150 C20  M10
MPS
AND M10
OUT Y0
MRD
AND M11
OUT Y1
MPP
AND M12
OUT Y2
```

图4-13　区间比较指令

(3) 触点型比较指令

触点型比较指令相当于一个触点，执行时比较源操作数[S1]和[S2]，满足比较条件则触点闭合，源操作数可以取所有的数据类型。各种触点型比较指令见表4-1。

表4-1　触点型比较指令

指　　令	指令功能	指　　令	指令功能
LD =	(S1) = (S2)时运算开始的触点接通	AND < >	(S1) ≠ (S2)时串联触点接通
LD >	(S1) > (S2)时运算开始的触点接通	AND≤	(S1) ≤ (S2)时串联触点接通
LD <	(S1) < (S2)时运算开始的触点接通	AND≥	(S1) ≥ (S2)时串联触点接通
LD < >	(S1) ≠ (S2)时运算开始的触点接通	OR =	(S1) = (S2)时并联触点接通
LD≤	(S1) ≤ (S2)时运算开始的触点接通	OR >	(S1) > (S2)时并联触点接通
LD≥	(S1) ≥ (S2)时运算开始的触点接通	OR <	(S1) < (S2)时并联触点接通
AND =	(S1) = (S2)时串联触点接通	OR < >	(S1) ≠ (S2)时并联触点接通
AND >	(S1) > (S2)时串联触点接通	OR≤	(S1) ≤ (S2)时并联触点接通
AND <	(S1) < (S2)时串联触点接通	OR≥	(S1) ≥ (S2)时并联触点接通

如图4-14所示，当20 = C10或10 > C20时，Y0为ON。

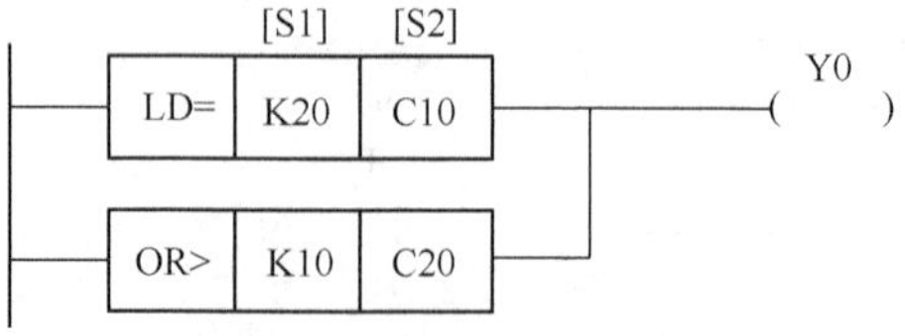


```
LD=  K20  C10
OR>  K10  C20
OUT  Y0
```

图4-14　触点型比较指令

(4) 区间复位指令

区间复位指令（ZRST）是将[D1]~[D2]指定的元件号范围内的同类元件成批复位或

清零。目标操作数[D1]和[D2]可以取 T、C、D 或 Y、M、S，[D1]和[D2]应为同一类元件，[D1]的元件号应小于[D2]的元件号。如图 4-15 所示，当 X1 为 ON 时，将 M10 ~ M12 进行复位。

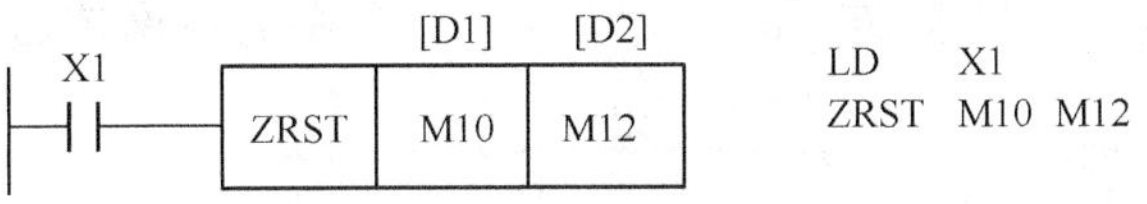

图 4-15　区间复位指令

2. 传送指令

（1）传送指令

传送指令（MOV）将源数据[S]传送到指定目标操作数[D]中，[S]可以取所有数据类型，[D]可以是 KnY、KnM、KnS、T、C、D、V 和 Z。

如图 4-16 所示，当 X0 为 ON 时将常数 20 自动转换为 BIN 码（二进制），并送到数据寄存器 D10 中去。

（2）移位传送指令

移位传送指令（SMOV）将二进制源数据[S]自动转换为 4 位十进制数后，再把指定位数的数据传送到 4 位十进制目标操作数[D]中指定的位置。指令中的常数 m1、m2 和 n 的取值范围为 1 ~ 4，分别对应个位 ~ 千位。

如图 4-16 所示，X1 为 ON 时，将 D1 中转换后的 BCD 码右起第 4 位（m1 = 4）开始的 2 位（m2 = 2）移到目标操作数 D2 的右起第 3 位（n = 3）和第 2 位，然后 D2 中的 BCD 码自动转换为二进制码。

当特殊辅助继电器 M8168 为 ON 时，SMOV 指令的源数据和目标数据不进行 BCD 码转换，照样以 4 位为单位进行移动。

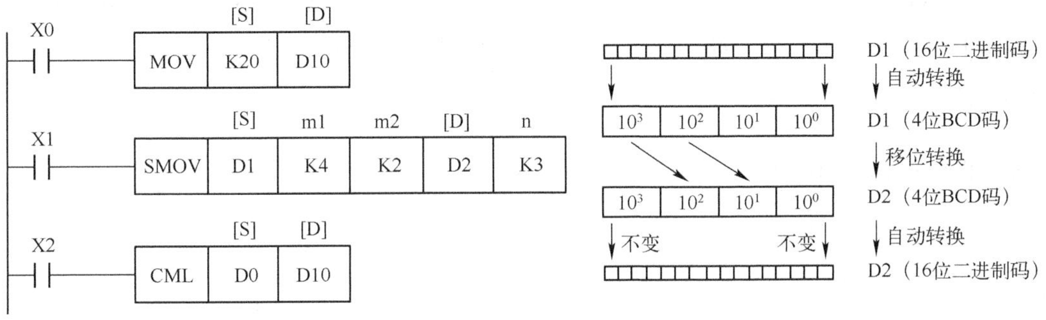

图 4-16　传送指令

（3）取反传送指令

取反传送指令（CML）将源操作数[S]中的数据逐位取反，并传送到指定目标操作数[D]中。源操作数[S]可以取所有的数据类型，目标操作数[D]可以取 KnY、KnM、KnS、T、C、D、V 和 Z。

如图 4-16 所示，当 X2 为 ON 时，将 D0 中的数据取反后送到 D10 中。

（4）成批传送指令

成批传送指令（BMOV）将源操作数[S]指定的元件开始的 n 个数据组成的数据组传送

到指定的目标操作数[D]中。源操作数[S]可以取 KnX、KnY、KnM、KnS、T、C、D 和文件寄存器，目标操作数[D]可以取 KnY、KnM、KnS、T、C、D 和文件寄存器。

如图 4-17 所示，当 X0 为 ON 时，将 D10、D11、D12 中的数据传送到 D6、D7、D8 中。当 M8024 为 ON 时，传送方向反转，即将 D6、D7、D8 中的数据传送到 D10、D11、D12 中。

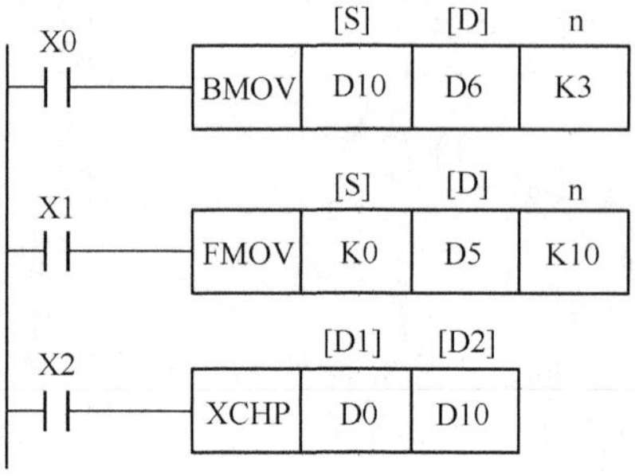


```
LD    X0
BMOV  D10 D6  K3
LD    X1
FMOV  K0  D5  K10
LD    X2
XCHP  D0  D10
```

图 4-17　传送指令

（5）多点传送指令

多点传送指令（FMOV）将单个单元[S]中的数据传送到指定目标地址[D]开始的 n 个元件中，传送后 n 个元件中的数据完全相同。源操作数[S]可以取所有的数据类型，目标操作数[D]可以取 KnY、KnM、KnS、T、C、D、V 和 Z，n 为常数，n≤512。

如图 4-17 所示，当 X1 为 ON 时，将 0 传送到 D5 ~ D14 这 10 个（n = 10）数据寄存器中。

（6）数据交换指令

数据交换指令（XCH）是将两个目标操作数[D1]和[D2]中的内容相互交换。目标操作数[D1]和[D2]可以取 KnY、KnM、KnS、T、C、D、V 和 Z。

如图 4-17 所示，在 X2 上升沿将 D0 和 D10 中的数据进行相互交换。当 M8160 为 ON 且[D1]和[D2]是同一元件时，将目标元件的高 8 位与低 8 位进行交换。

[研讨与练习]

1. 如图 4-18 所示，分析程序的执行情况。

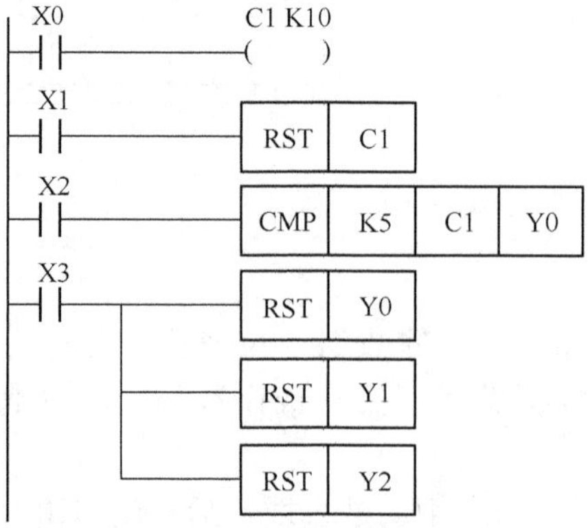


```
LD    X0
OUT   C1  K10
LD    X1
RST   C1
LD    X2
CMP   K5  C1  Y0
LD    X3
RST   Y0
RST   Y1
RST   Y2
```

图 4-18　比较指令的应用

分析：当 X0 为 ON 时，C1 开始计数。当 C1 的当前值小于 5 时，Y0 为 ON，当 C1 的当前值等于 5 时，Y1 为 ON，当 C1 的当前值大于 5 时，Y2 为 ON。当 X3 为 ON 时，将 Y0～Y2 复位。

练习：也可使用触点型比较指令实现上述功能，试编写相应的梯形图。

2. 以 10s 为周期，循环点亮 3 盏信号灯；即按下按钮 X0，Y0 点亮 3 s→Y1 点亮 4 s→Y2 点亮 3 s→Y0 再次点亮……，不断循环。按下按钮 X1，信号灯熄灭。分析图 4-19、图 4-20 所示的两种实现方式。

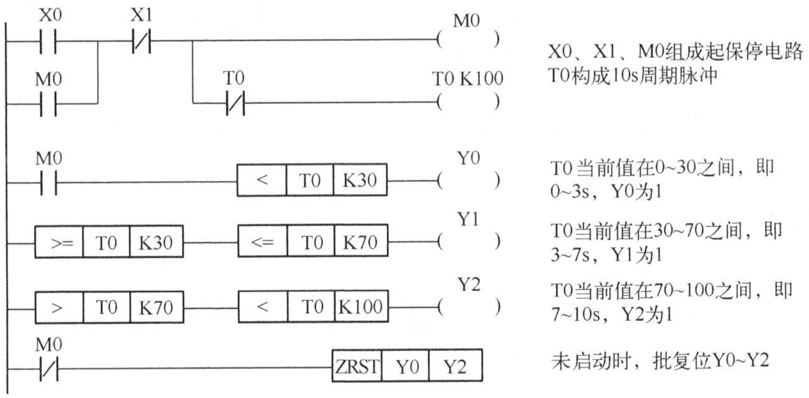

图 4-19　信号灯循环点亮程序（一）

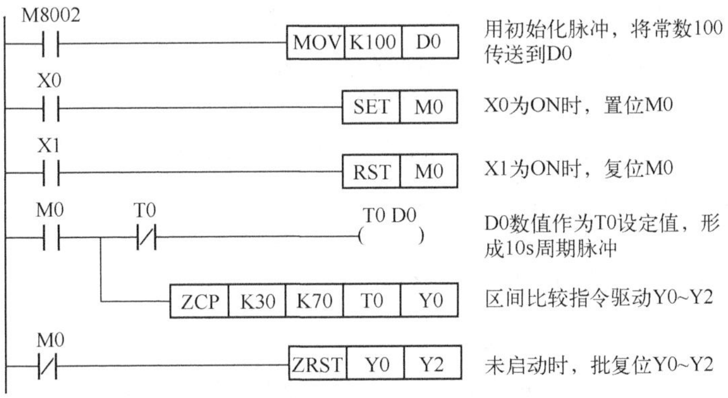

图 4-20　信号灯循环点亮程序（二）

3. 使用区间比较指令（ZCP）实现任意时间段的时序控制。

时序控制电路一般只有一个启动命令信号，各输出量的 ON/OFF 状态根据预定的时间自动的发生变化，最后回到初始状态。

如图 4-21 所示，以图中的第一条 ZCP 指令为例，将 T1 的当前值与常数 10 和 80 相比较。当 T1 的当前值小于 10 时，M10 为 ON；当 T1 的当前值大于等于 10 且小于等于 80 时，M11 为 ON；当 T1 的当前值大于 80 时，M12 为 ON。从 Y0 的波形图可知，Y0 在 1～8 s 和 15～20 s 之内为 ON，在 1～8 s 区间内第一条 ZCP 指令使 M11 为 ON，在 15～20 s 区间内第二条 ZCP 指令使 M14 为 ON。需要注意的是，T1 的设定值应大于 20 s，以保证 M14 能被正常的复位。对于 Y1 的波形来说，Y1 在 4～12 s 之内为 ON，在这个区间内第三条 ZCP 指令使

M17 为 ON。

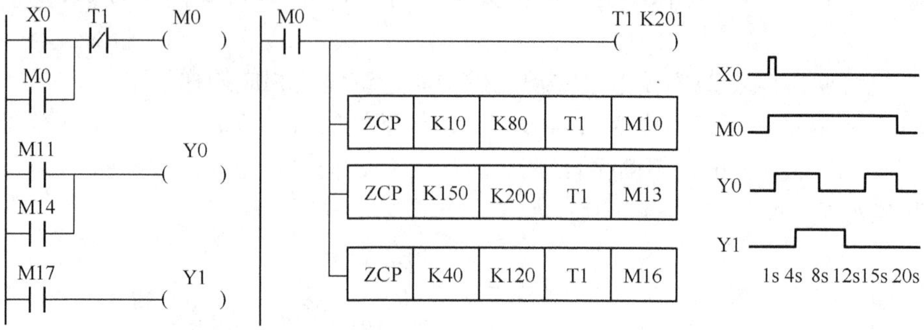

图 4-21 使用定时器和区间比较指令的时序电路

4.2.3 算术运算指令

1. 算术运算指令

算术运算指令包括 ADD、SUB、MUL、DIV（二进制加、减、乘、除）指令，源操作数［S］可以取所有数据类型，目标操作数［D］可以取 KnY、KnM、KnS、T、C、D、V 和 Z，32 位乘除指令中的 V 和 Z 不能作为目标操作数。

如图 4-22 所示，当 X0 由 OFF 变为 ON 时，将 D0 中的数据和 D2 中的数据相加，结果放在 D4 中，该指令为脉冲执行型，仅运行一个扫描周期。

当 X1 为 ON 时，将（D41、D40）的数据减去（D43、D42）中的数据，结果放在（D45、D44）中，该指令为 32 位连续执行型指令。

当 X2 由 OFF 变为 ON 时，将 D0 中的数据和 D2 中的数据相乘结果，放在（D5，D4）中，该指令为脉冲执行型，仅运行一个扫描周期。

当 X3 为 ON 时，将 D2 中的数据除以 D4 中的数据，并将商放在 D6 中，余数放在 D7 中，该指令为连续执行型，每个扫描周期都会执行。

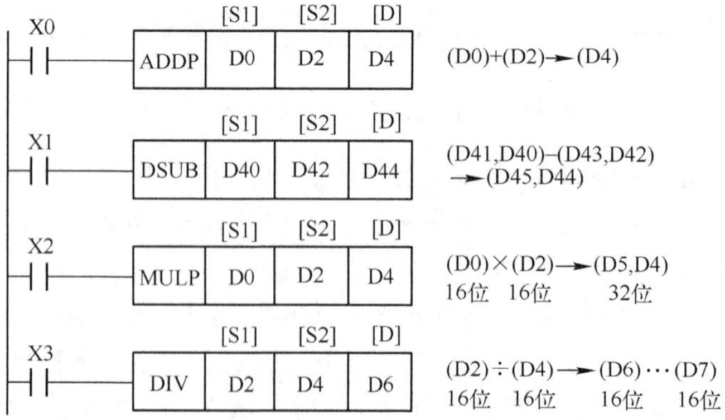

图 4-22 算术运算指令

2. 二进制数加 1、减 1 指令

二进制数加 1 指令（INC）和二进制数减 1 指令（DEC）不影响零标志、借位标志和进位标志。它们的目标操作数[D]可以取 KnY、KnM、KnS、T、C、D、V 和 Z。

如图 4-23 所示，在 X0 的上升沿，将 D10 中的数据加 1，结果放回 D10 中；在 X1 的上升沿，将 D11 中的数据减 1，结果放回 D11 中。

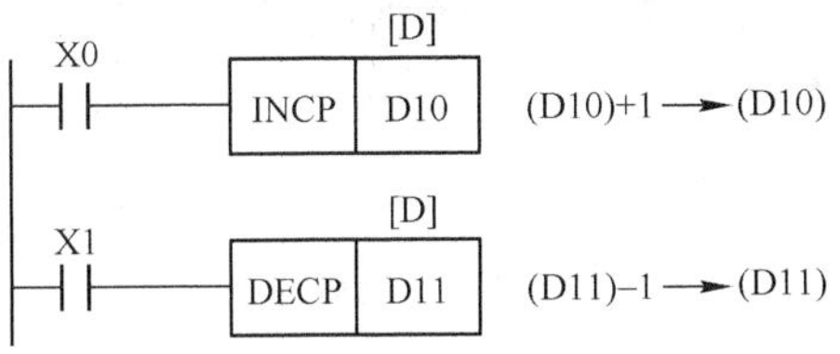

图 4-23　二进制数加 1、减 1 指令

算术运算指令在使用时，应注意应用指令的执行形式。因为连续执行型指令在程序执行的每个扫描周期都会被执行一次，计算内容也会相应改写，将会使程序出错。此时可选用脉冲执行型指令，该指令仅在条件满足时执行一个扫描周期，这对数据处理有着很重要的意义。

3. 字逻辑运算指令

字逻辑运算包括 WAND（字逻辑与）、WOR（字逻辑或）、WXOR（字逻辑异或）和 NEG（求补）指令，它们的源操作数[S1]和[S2]可以取所有数据类型，目标操作数[D]可以取 KnY、KnM、KnS、T、C、D、V 和 Z。这些指令均以位为单位进行相应的运算。

如图 4-24 所示，当 X0 为 ON 时，将 D10 中的数据和 D12 中的数据相与，结果放在 D14 中。

在 X1 的上升沿，对 D0 中的数据逐位取反后加 1（求补码），结果放回 D0 中。在二进制中，最高位为 1，表示负数，可使用补码指令求取绝对值。

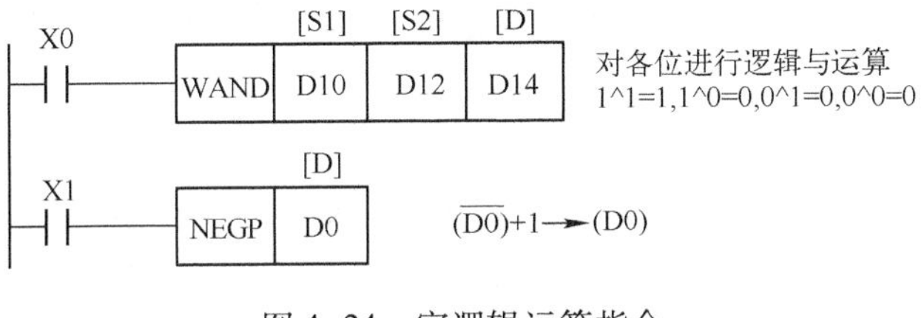

图 4-24　字逻辑运算指令

4. 数据转换指令

数据转换指令包括 BCD 指令（二进制数转换成 BCD 码并传送）和 BIN 指令（BCD 码转换为二进制数并传送）。它们的源操作数[S]可以取 KnX、KnY、KnM、KnS、T、C、D、V 和 Z，目标操作数[D]可以取 KnY、KnM、KnS、T、C、D、V 和 Z。

如图 4-25 所示，当 X0 为 ON 时，将 D10 中的二进制数转换成 BCD 码并送入 D9 中。如果执行的结果超出 0 ~ 9999 的范围，或双字的执行结果超出 0 ~ 9 999 9 999 的范围，将会出错。BCD 指令常用于将 PLC 中的二进制数据转换成 BCD 码输出到 LED 显示器。图中当 X1 为 ON 时，将 K2X0 输入的 BCD 码转换成二进制数送到目标元件 D13 中。BIN 指令常用于将 BCD 数字开关的设定值输入到 PLC 中。

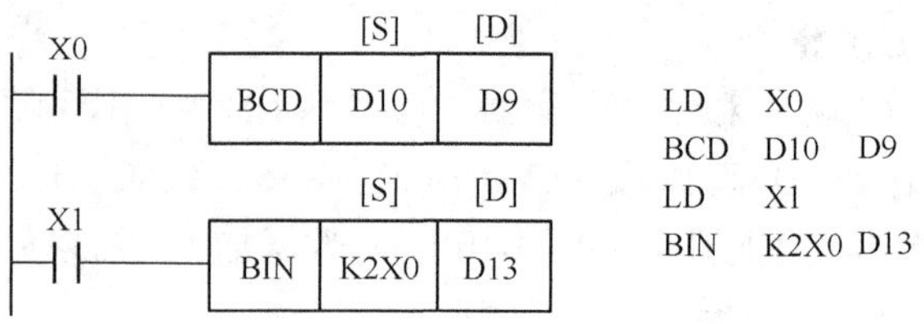

图 4-25　数据转换指令

[研讨与练习]

1. 求（D1）、（D2）、（D3）三个数据的平均值。

分析：实现方法如图 4-26a 所示，当 X0 为 ON 时，先将 D1 和 D2 中的数据相加放在 D10 中，再将 D10 中的数据加上 D3 中的数据存放在 D11 中，然后将 D11 中的数据除以 3，最后结果放在 D20 中。

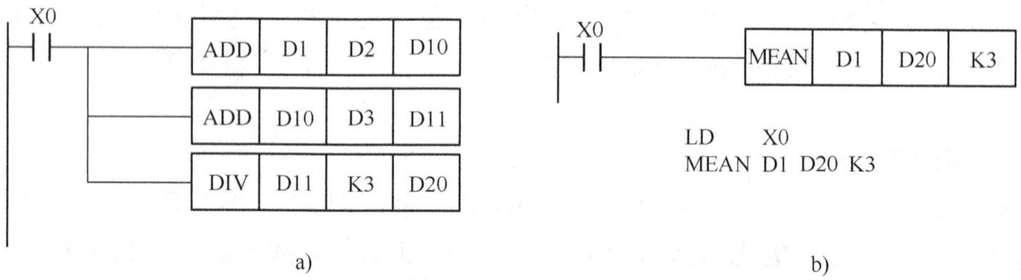

图 4-26　梯形图分析

也可以通过平均值指令 MEAN 直接进行 3 个源操作数的平均值计算，实现的梯形图如图 4-26b 所示。

2. 比较图 4-27 中 3 条指令的执行情况。

分析：当 X0 接通 1 次时，D10 的数据加 1；当 X1 接通时，每一个扫描周期 D11 中的数据都要加 1，所以当 X1 接通 1 次时，D11 中的数据将多次加 1；当 X2 接通在其上升沿时，D12 中的数据加 1。

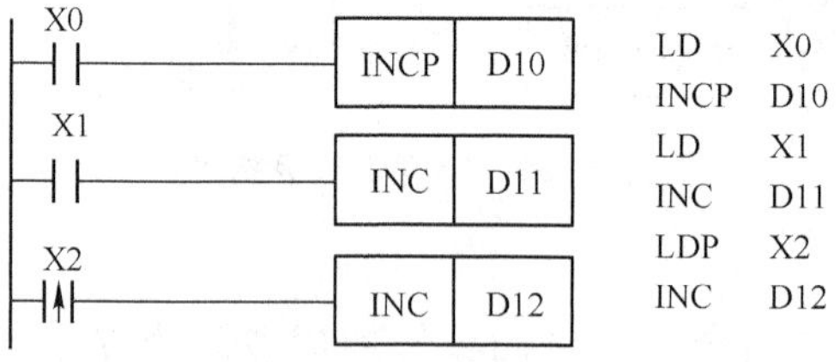

图 4-27　梯形图分析

3. 根据梯形图求出（D10）、（D11）及（D20）中的数据。

分析：梯形图如图 4-28 所示。当 X0 为 ON 时，先执行字逻辑或指令，将 D0 和 D1 中的数据相或放在 D10 中，数据为 255（H00FF）；再执行字逻辑异或指令，将 D2 和 D3 中的指令相异或放在 D11 中，数据为 85（H0055）；然后再执行字逻辑与指令，将 D10 和 D11 中的数据相与，结果放在 D20 中，数据为 85（H0055）。

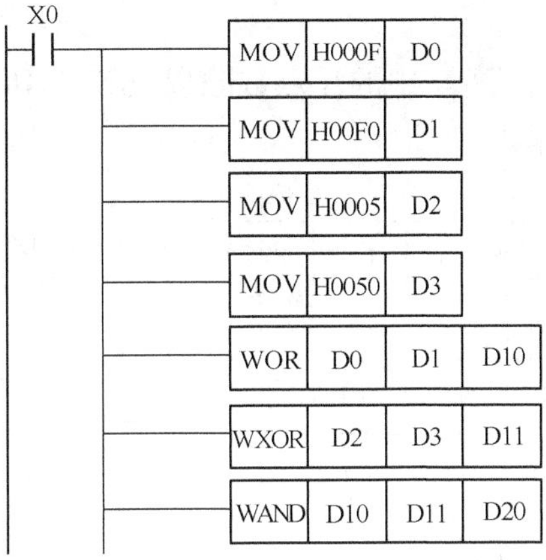

图 4-28　梯形图分析

4. 如图 4-29 所示，Y0 ~ Y17 的值各是多少？

分析：当 X1 为 ON 时，将 K36 送到 D0 中，当 X2 为 ON 时，将 D0 中的二进制数据转换成 BCD 数据，并传送到 Y0 ~ Y7 显示。显示方式如下：K36 转换成 BCD 码形式为 0011 0110，对应的 Y5、Y4、Y2、Y1 为 ON；当 X3 为 ON 时，将 K2Y0 送入的 BCD 值转换成二进制值，并传送到 Y10 ~ Y17 显示。显示方式如下：BCD 码 0011 0110（ = K36 = H24）转换成二进制形式为 0010 0100，对应的 Y15、Y12 为 ON。

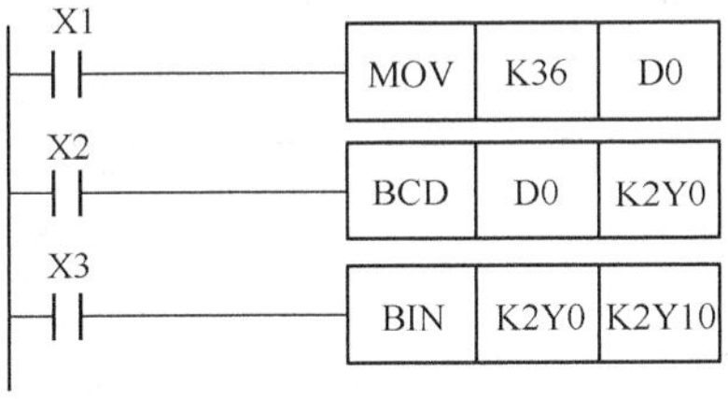


```
LD    X1
MOV  K36   D0
LD    X2
BCD  D0     K2Y0
LD    X3
BIN   K2Y0 K2Y10
```

图 4-29　梯形图分析

4.2.4　浮点数运算指令

1. 浮点数运算指令

浮点数四则运算指令包括了浮点数的加法（DEADD）、减法（DESUB）、乘法（DEMUL）和除法（DEDIV）指令。浮点数运算指令的源操作数[S1]和[S2]可以取 K、H 和 D，目标操作数[D]为数据寄存器 D，浮点数运算为 32 位运算。

源操作数和目标操作数均为二进制浮点数。当常数参与运算时，将自动转换为二进制浮点数。运算结果为 0 时 M8020（零标志）为 ON，超过浮点数的上下限时，M8022（进位标志）和 M8021（借位标志）分别为 ON，运算结果分别被置为最大值或最小值。

如图 4-30 所示，当 X0 为 ON 时，将（D1，D0）中的浮点数和（D3，D2）中的浮点数相加，最终结果放在（D5，D4）中；

当 X1 为 ON 时，将（D41，D40）中的浮点数减去（D43，D42）中的浮点数，最终结果放在（D45，D44）中；

当 X2 为 ON 时，将（D11，D10）中的浮点数和（D13，D12）中的浮点数相乘，最终结果放在（D15，D14）中；

当X3为ON时，将（D7，D6）中的浮点数除以（D9，D8）中的浮点数，最终结果放在（D11，D10）中。

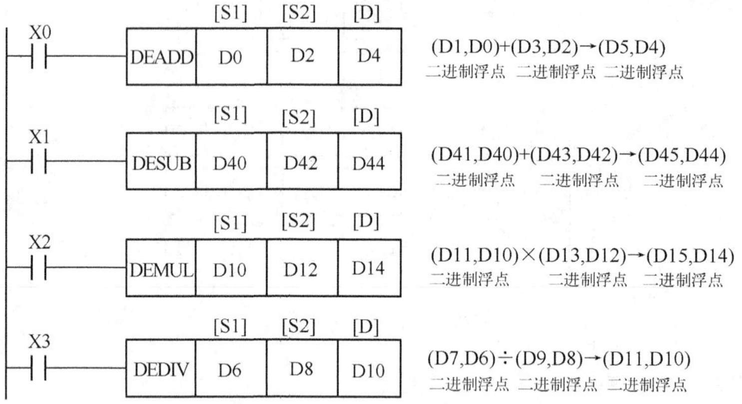

图4-30　浮点数的四则运算指令

2. 浮点数开平方指令

浮点数开平方指令DESQR用于将源操作数[S]指定的浮点数开平方，结果存入目标操作数[D]中。源操作数[S]可以取K、H、D，目标操作数[D]可以取数据寄存器D。源操作数应为正数，若为负数则出错，运算错误标志M8067为ON，不执行指令。源操作数为常数时，自动转换为二进制浮点数。

如图4-31所示，当X1为ON时，将（D21、D20）中的数据开平方之后并将结果存入（D23、D22）中。

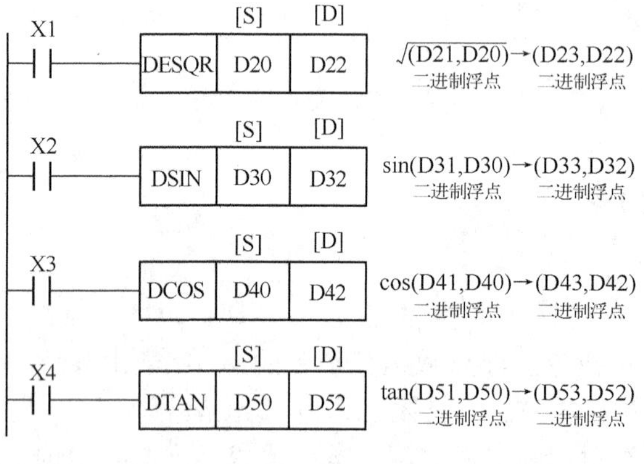

图4-31　浮点数开平方指令和浮点数三角运算指令

3. 浮点数三角运算指令

浮点数三角运算指令包括DSIN（正弦）、DCOS（余弦）和DTAN（正切）指令，源操作数[S]和目标操作数[D]均为数据寄存器D，这些指令用来求出源操作数[S]指定的浮点数的三角函数，角度单位为弧度，结果也为浮点数，并存入目标操作数[D]指定的单元，源操作数应满足0≤弧度值≤2π，弧度值=π×角度值/180°。

如图4-31所示，当X2为ON时，将（D31，D30）中的数据求正弦并将结果放入

（D33，D32）中。

当 X3 为 ON 时，将（D41，D40）中的数据求余弦并将结果放入（D43，D42）中。

当 X4 为 ON 时，将（D51，D50）中的数据求正切并将结果放入（D53，D52）中。

4. 浮点数比较指令

浮点数比较指令（DECMP）用于比较源操作数[S1]和[S2]，比较的结果用目标操作数[D]的状态来表示，源操作数[S1]和[S2]可以取 K、H 和 D，目标操作数[D]可以取 Y、M 和 S，只有 32 位运算。

如图 4-32 所示，当 X0 为 ON 时，将（D11，D10）中的浮点数与（D21，D20）中的浮点数比较，比较结果送到 M0 ~ M2。当（D11，D10）中的浮点数 >（D21，D20）中的浮点数时，仅 M0 为 ON，Y0 线圈得电；当（D11，D10）中的浮点数 =（D21，D20）中的浮点数时，仅 M1 为 ON，Y1 线圈得电；当（D11，D10）中的浮点数 <（D21，D20）中的浮点数时，仅 M2 为 ON，Y2 线圈得电。

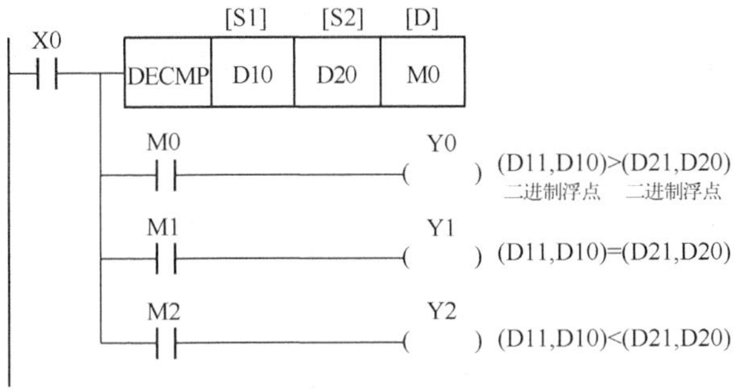

图 4-32　浮点数比较指令

5. 浮点数区间比较指令

浮点数区间比较指令（DEZCP）将源操作数[S3]指定的浮点数与提供比较范围的源操作数[S1]和[S2]相比较，比较结果用目标操作数[D]指定的元件的状态来表示，参与比较的常数被自动转换为浮点数，只有 32 位运算。

如图 4-33 所示，当 X0 为 ON 时，将（D1，D0）中的浮点数与（D11，D10）和（D21、D20）中的浮点数比较，比较结果送到 M0 ~ M2。当（D1，D0）中的浮点数 <（D11，D10）中的浮点数时，仅 M0 为 ON，Y0 线圈得电；当（D11，D10）中的浮点数≤（D1，D0）中的浮点数≤（D21、D20）中的浮点数，仅 M1 为 ON，Y1 线圈得电；当（D1，D0）中的浮点数 >（D21，D20）中的浮点数时，仅 M2 为 ON，Y2 线圈得电。

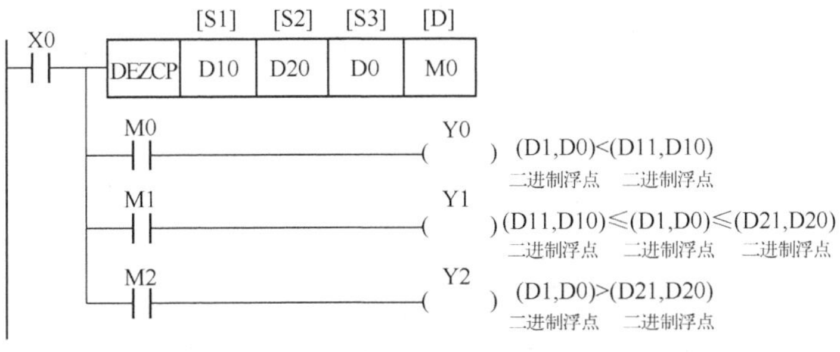

图 4-33　浮点数区间比较指令

6. 浮点数转换指令

浮点数转换指令包括 DEBCD（将浮点数转换为科学计数法格式的数）、DEBIN（将科学计数法格式的数转换成浮点数）、INT（将浮点数转换为二进制数）和 FLT（将二进制整数转换为浮点数）指令，它们的源操作数[S]和目标操作数[D]均为数据寄存器 D。浮点数和科学计数法格式的数都为 32 位数据。PLC 实数运算时均采用浮点数。

如图 4-34 所示，当 X0 为 ON 时，DEBCD 指令将（D31、D30）中的二进制浮点数转换成科学计数法的格式并存入 D50（尾数）和 D51（指数）。为了保证转换的精度，尾数的范围可以为 0、1 000 ~9 999 或 -9 999 ~ -1 000 之间，例如设 $S=1.234\times10^{-5}$，转换后 D50 =1 234，D51 = -8。

当 X1 为 ON 时，DEBIN 指令将（D41、D40）中的科学计数法格式的数转换成二进制浮点数，并保存在（D71、D70）中。

当 X2 为 ON 时，将（D61、D60）中的浮点数舍去小数部分后转换为二进制整数，并存入 D80 中。

当 X3 为 ON 时，将 D10 中的二进制整数转换成二进制浮点数，并保存在（D21、D20）中。

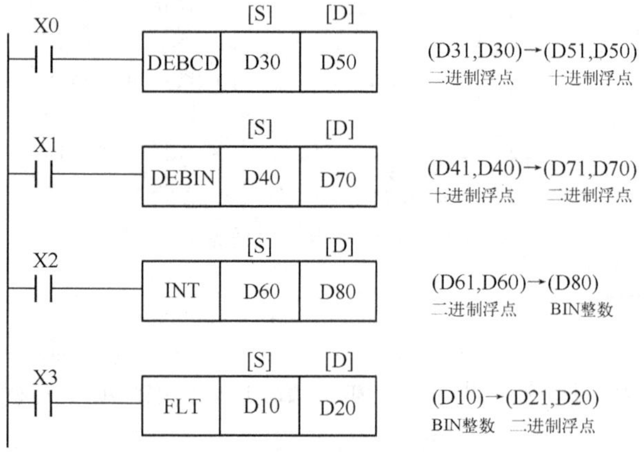

图 4-34　浮点数转换指令

[研讨与练习]

1. 如图 4-35 所示，分析程序的功能。

分析：当 X0 为 ON 时将 2. 158 以科学计数法的格式存放在（D1，D0）中。通过 DEBIN 指令将（D1，D0）中的科学计数法的小数转换成浮点数存放在（D21，D20）中。

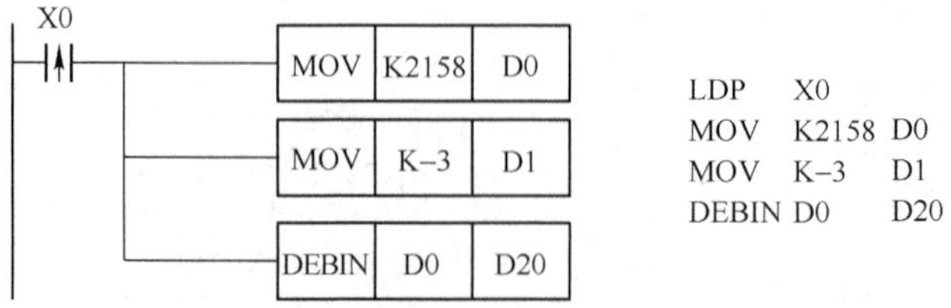

图 4-35　科学计数法转换成二进制浮点数

2. 用 PLC 计算 sin25°，cos50°，tan76°，并分别存放到数据寄存器（D1，D0），（D3，D2），（D5，D4）中。

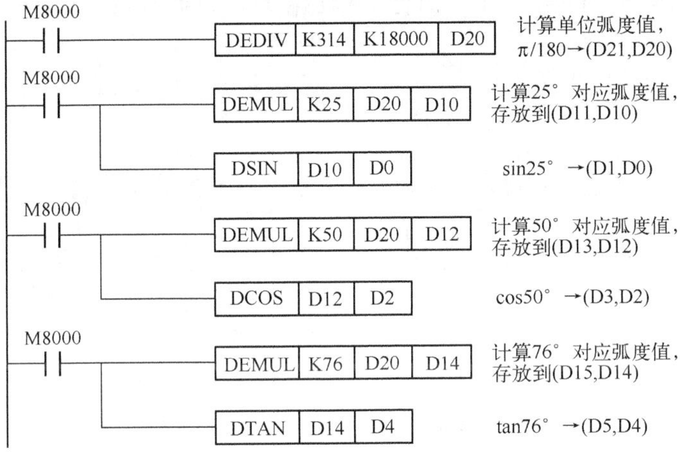

图 4-36　浮点数三角运算指令示例

3. 结合上例，计算 20 × tan76°，并将结果转换为 16 位整数。

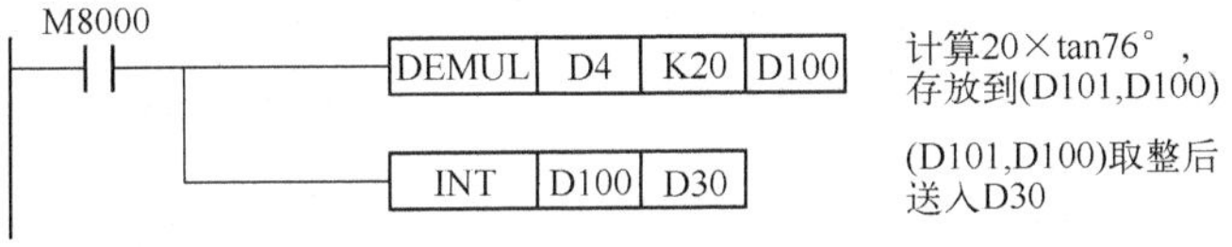

图 4-37　浮点数转换指令示例

4.2.5　循环移位指令

1. 循环指令

循环移位指令包括右循环移位指令（ROR）、左循环移位指令（ROL）、带进位的右循环移位指令（RCR）、带进位的左循环移位指令（RCL）。指令中目标操作数[D]可以取 KnY、KnM、KnS、T、C、D、V 和 Z（16 位或 32 位数值），n 为循环移位的个数。

右循环移位指令如图 4-38a 所示。在 X0 的上升沿，设 D0 中原来的数据为 HFF00，则在执行完右循环移位指令后右移 4 位变为 H0FF0，进位标志 M8022 存储最后一次从目标元件中移出的状态 0。左循环移位指令（ROL）除循环方向不同外，用法基本一致。

带进位的循环指令将进位标志 M8022 也并入循环圈内，如图 4-38b 所示，在 X1 的上升沿，设 D1 中原来的数据为 HFF00，进位标志 M8022 为 0，则在执行完带进位的循环移位指令后（左移 4 位）变为 HF007，M8022 存储最后一次从目标元件中移出的状态 1。带进位的右循环移位指令（RCR）使用方法基本相同。

注意：循环指令应选择脉冲执行型指令；如选用连续执行型将出错。

2. 移位指令

移位指令包括位右移（SFTR）、位左移（SFTL）、字右移（WSFR）、字左移（WSFL）、移位寄存器写入指令（SFWR）和移位寄存器读出指令（SFRD）。

位右移与位左移指令使位元件中的状态成组地向右或向左移动，源操作数[S]可以取

X、Y、M 和 S，目标操作数[D]可以取 Y、M 和 S。

字右移与字左移指令是使字元件中的状态成组地向右或向左移动，源操作数[S]可以取 KnX、KnY、KnM、KnS、T、C 和 D，目标操作数[D]可以取 KnY、KnM、KnS、T、C 和 D。

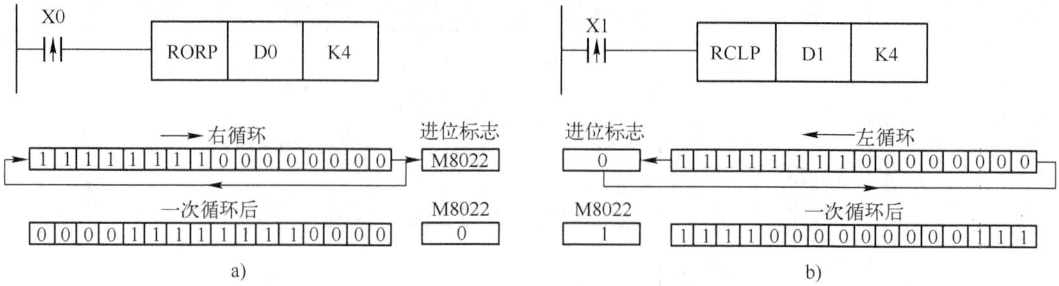

图 4-38　循环移位指令

a）右循环移位指令　b）带进位的左循环移位指令

如图 4-39a 所示，在 X10 的上升沿，位右移指令开始执行，其中 n1 为指定位元件的长度，n2 为指定移位的位数，位右移指令的执行顺序为：M2 ~ M0 中的数溢出，M5 ~ M3 中的数移到 M2 ~ M0，M8 ~ M6 中的数移到 M5 ~ M3，X2 ~ X0 中的数移到 M8 ~ M6。

如图 4-39b 所示，在 X11 的上升沿，字左移指令开始执行，其中 n1 为指定字元件的长度，n2 为指定移位的字数，字左移指令的执行顺序为：D8 ~ D6 中的数溢出，D5 ~ D3 中的数据移到 D8 ~ D6，D2 ~ D0 中的数据移到 D5 ~ D3，T2 ~ T0 中的数据移到 D2 ~ D0。

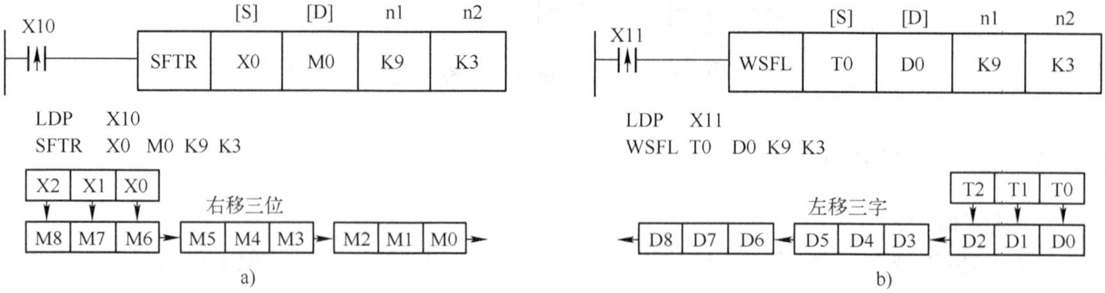

图 4-39　移位指令

a）位右移　b）字左移

移位寄存器写入指令（SFWR）和移位寄存器读出指令（SFRD）是对移位寄存器（又称为 FIFO 堆栈，即先入先出堆栈）的读写。移位寄存器写入指令的源操作数[S]可以取所有的数据类型，目标操作数[D]可以取 KnY、KnM、KnS、T、C 和 D；移位寄存器读出指令的源操作数[S]可以取 KnY、KnM、KnS、T、C 和 D，目标操作数[D]可以取 KnY、KnM、KnS、T、C、D、V 和 Z。

如图 4-40a 所示，对于移位寄存器写入指令，目标元件 D1 是移位寄存器的首地址，也是 FIFO 堆栈的指针，移位寄存器未装入数据时应将 D1 清零。即在条件满足时，源操作数 D0 的数值写入 D1 指针指定的地址，然后 D1 加 1。

当第一次 X10 由 OFF 变为 ON 时，源操作数 D0 中的数据写入 D2，指针 D1 由 0 变为 1；X10 第二次由 OFF 变为 ON，D1 中的数据再加 1 后为 2，D0 中的数据写入 D3，依次类推，当 D1 中的数据达到 n − 1（n 为 FIFO 堆栈的长度）后，不再执行上述操作，进位标志

M8022 置 1。

对于移位寄存器读出指令，如图 4-40b 所示，在 X11 由 OFF 变为 ON 时，D2 中的数据送到 D20，同时指针 D1 的值减 1，D3 到 D9 的数据右移一个字。数据总是从 D2 读出，指针 D1 为 0 时，移位寄存器被读空，不再执行上述操作，零标志位 M8020 置为 1。

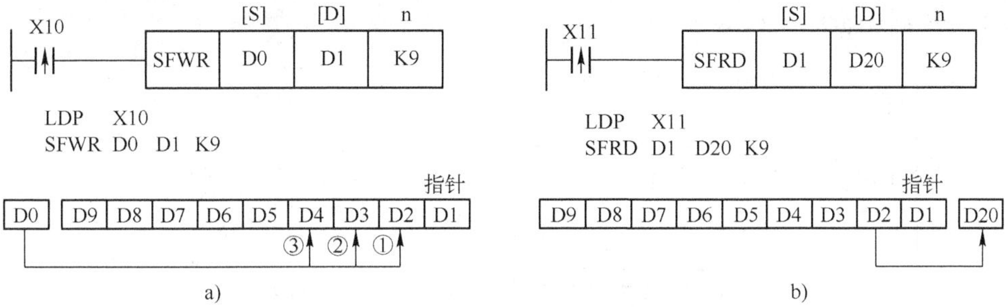

图 4-40 移位寄存器指令

a）移位寄存器写入指令 b）移位寄存器读出指令

注意：移位指令也应选择脉冲执行型，仅在条件满足后执行一次

[研讨与练习]

1. 移位彩灯控制程序如图 4-41 所示，试分析其实现的功能。

分析：在图 4-41a 所示程序中，当 X20 得电，将 16 个彩灯的初值赋给输出 K4Y0；定时器 T0 用于产生彩灯的移位脉冲序列，彩灯移位的时间间隔为 1 s；X21 用于选择彩灯循环移动的方向，若循环右移则 X21 不得电，若循环左移则 X21 得电。

在图 4-41b 中，初始化脉冲 M8002 在 PLC 由 STOP 状态变为 ON 状态时导通一个扫描周期，将 X0 ~ X17 的开关状态传给 Y0 ~ Y17，改变移位彩灯的初值，从而完成开机时通过输入端赋初值的作用。

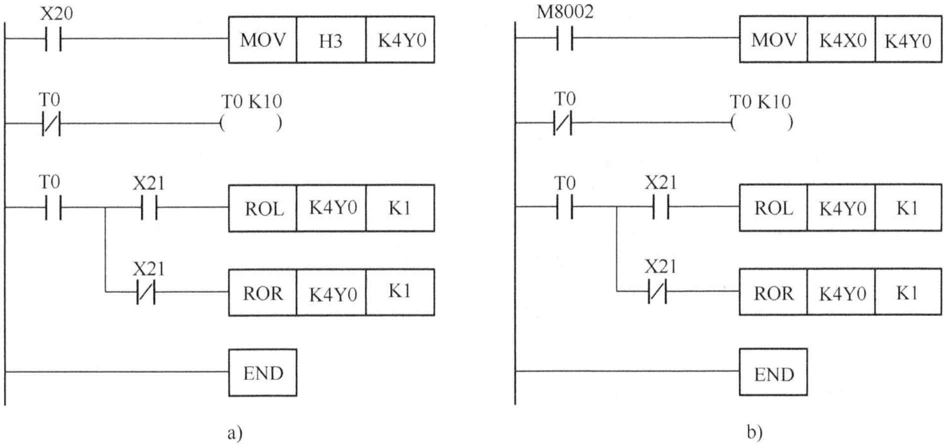

图 4-41 移位彩灯控制程序

练习：以上两个程序都存在不能在线改变初值的问题。若要在 PLC 运行中随意改变初值，程序应如何修改？

2. 如图 4-42 所示，试分析程序运行情况。

分析：当 X0 为 ON 时，将 M0 置位为 1；当 X1 为 ON 时，分别将 1 ~ 4 送到 D1 ~ D4 中；当 X2 为 ON 时，执行位左移指令 SFTL，将 M0 的状态移入到 Y0 中，Y0 的值移入到 Y1 中，依次类推，Y6 的值移入到 Y7 中，Y7 原来的值溢出；在 X3 的上升沿，执行字右移指令 WSFR，将 D1 ~ D4 的数据移到 D22 ~ D25 中，D10 ~ D13 的数据溢出。（注意指令的执行形式：连续执行型和脉冲执行型）

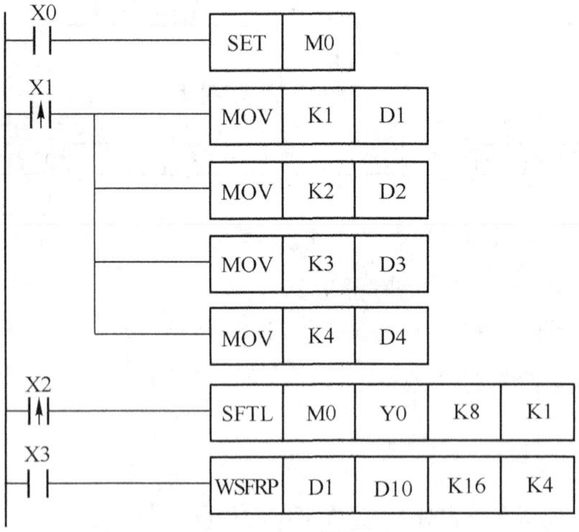


```
LD      X0
SET     M0
LDP     X1
MOV     K1 D1
MOV     K2 D2
MOV     K3 D3
MOV     K4 D4
LDP     X2
SFTL    M0 Y0 K8 K1
LD      X3
WSFRP D1 D10 K16 K4
```

图 4-42　移位指令练习

3. 如图 4-43 所示，观察 D20 中的数据变化。

分析：FIFO 堆栈的长度为 5，在 X1 的上升沿，执行 INC 指令，将 D0 中的数据加 1。在 X2 的上升沿，将 D0 中的数据放入 D11 中，同时指针 D10 的数据加 1，依次类推，存入从 D11 到 D14 共 4 个字元件组成的堆栈中，D10 中的数据为 4；在 X3 的上升沿，D10 指针后开始的 4 个字元件组成的堆栈中先取出先进的数据，即将 D11 中的数据送至 D20 中，依次类推，最后入栈的 D14 中的数据最后送至 D20 中，同时 D10 指针为 0。

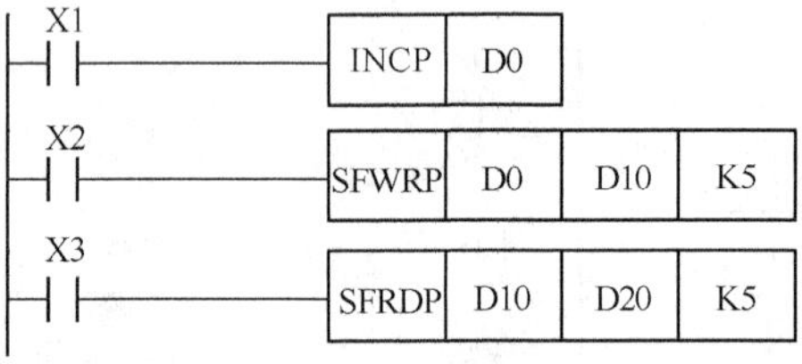


```
LD      X1
INCP    D0
LD      X2
SFWRP D0  D10  K5
LD      X3
SFRDP D10 D20  K5
```

图 4-43　移位寄存器写入、读出指令

4.2.6　高速处理指令

1. 高速计数器指令

（1）高速计数器比较置位指令

DHSCS 是高速计数器比较置位指令，源操作数[S1]可以取所有的数据类型，[S2]可以取 C235 ~ C255，目标操作数[D]可以取 Y、M 和 S。在[S2]指定的高速计数器的当前值达到[S1]指定的设定值时，目标操作数[D]指定的输出用中断方式立即动作。

如图 4-44 所示，C255 的设定值为 600（[S1]=600），其当前值由 599 变为 600 或由 601 变为 600 时，Y10 立即置 1，不受扫描周期的影响。如果当前值是被强制变为 600 的，则 Y10 不会置 1。DHSCS 指令的目标操作数[D]也可以指定为中断 I0□0（□=1~6），则在[S2]指定的高速计数器的当前值等于[S1]指定的设定值时，执行[D]指定的标号为 I0□0 的中断程序。

（2）高速计数器比较复位指令

DHSCR 是高速计数器比较复位指令，源操作数[S1]可以取所有的数据类型，[S2]可以取 C235~C255，目标操作数[D]可以取 Y、M 和 S。

如图 4-44 所示，C254 的设定值为 800（[S1]=800），其当前值由 799 变为 800 或由 801 变为 800 时，Y20 立即复位。如果当前值是被强制变为 800 的，则 Y20 不会 OFF。

（3）高速计数器区间比较指令

高速计数器区间比较指令（DHSZ）有 3 种工作模式：标准模式、多段比较模式和频率控制模式。源操作数[S1]和[S2]可以取所有的数据类型，[S]可以取 C235~C255，目标操作数[D]可以取 Y、M 和 S，为 3 个连续的元件。

如图 4-44 所示，当 C235 的当前值<2000 时，Y10~Y12 中仅 Y10 为 ON；当 2000≤C235 的当前值≤3200 时，仅 Y11 为 ON；当 C235 的当前值>3200 时，仅 Y12 为 ON。

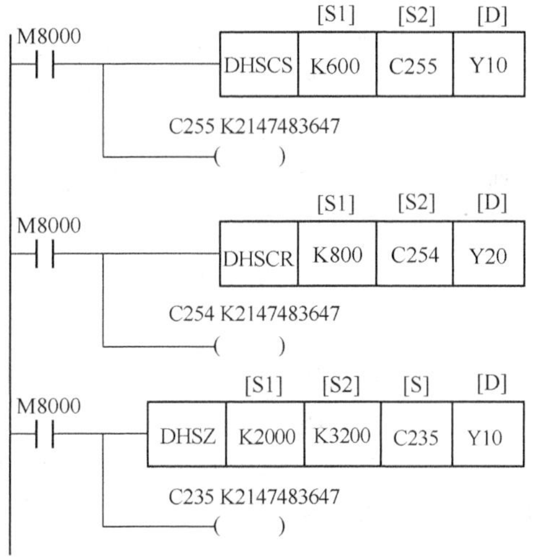


```
LD      M8000
DHSCS K600   C255   Y10
OUT     C255   K2147483647
LD      M8000
DHSCR K800   C254   Y20
OUT     C254   K2147483647
LD      M8000
DHSZ    K2000 K3200 C235 Y10
OUT     C235   K2147483647
```

图 4-44　高速计数器指令

2. 速度检测与脉冲输出指令

（1）速度检测指令

速度检测指令（SPD）用来检测给定时间内从编码器输入的脉冲个数，并计算出速度。速度检测指令 SPD 的源操作数[S1]为 X0~X5，[S2]可以取所有的数据类型，用来指定计数时间（以 ms 为单位），[D]用来指定计数结果的存放处，占用 3 个字元件，可以取 T、C、D、V 和 Z。

如图 4-45 所示，用 D1 对 X0 输入的脉冲个数计数，100 ms 后计数结果送到 D0，D1 中的当前值复位，重新开始对脉冲计数。计数结束后 D2 用来测量剩余时间。转速 n(r/min)可用下式来计算：

$$n = 60 \times (D0) \times 10^3 / Nt \qquad (r/min)$$

式中，n 为转速，(D0) 为指定时间计得的脉冲数，t 为[S2]指定的计数时间（ms)，N 为每转的脉冲数。

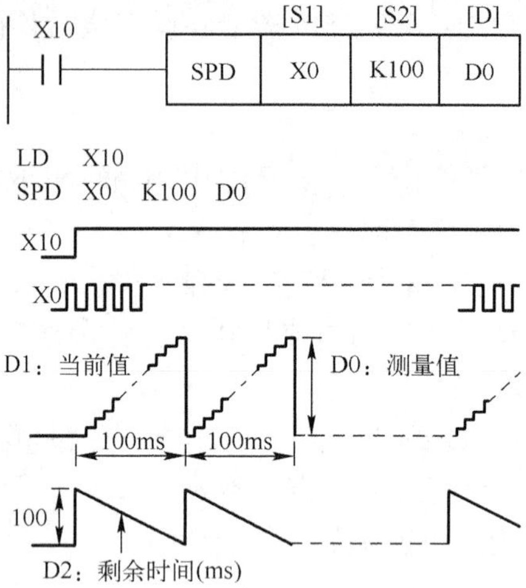

图 4-45　速度检测指令

（2）脉冲输出指令

脉冲输出指令（PLSY）用于产生指定数量和频率的脉冲，源操作数[S1]、[S2]可以取所有的数据类型，[D]为 Y0 和 Y1，该指令只能使用一次。[S1]指定脉冲频率（2～20 000 Hz)。[S2]指定脉冲的个数，16 位指令的脉冲数范围为 1～32 767，32 位指令的脉冲数范围为 1～2 147 483 647。若指定脉冲数为 0，则持续产生脉冲。[D]用来指定脉冲输出元件，只能用晶体管输出型 PLC 的 Y0 或 Y1，使用电压范围是 5～24 V，使用电流范围是 10～100 mA。输出频率最高为 20 kHz，脉冲的占空比为 50%，以中断方式输出。指定脉冲数输出完成后，指令执行完成标志 M8029 置 1。

如图 4-46 所示，为 X10 变为 ON 时，开始输出脉冲，当指定的脉冲发送完毕后，M8029 置 1；当 X10 由 ON 变为 OFF 时，M8029 复位，脉冲输出停止。在发出脉冲串期间若 X10 变为 OFF，Y0 也变为 OFF。Y0 或 Y1 输出的脉冲的个数可以分别通过 D8141、D8140 或 D8143、D8142 监视，脉冲输出的总数可以用 D8137 和 D8136 监视。

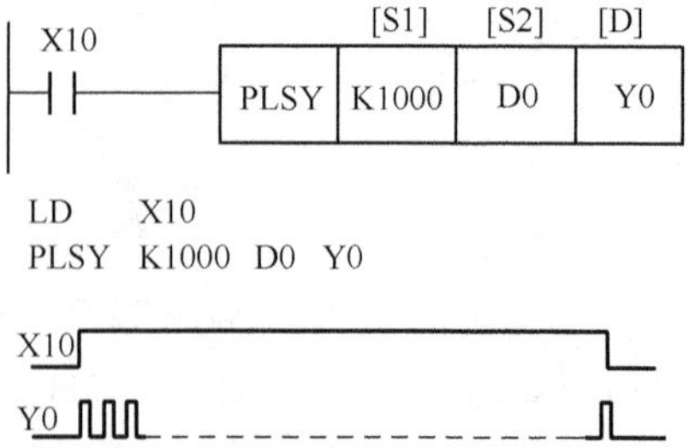

图 4-46　脉冲输出指令

（3）脉宽调制指令

脉宽调制指令（PWM）的源操作数和目标操作数的类型与 PLSY 指令相同，只能用于晶体管输出型 PLC 的 Y0 或 Y1，该指令只能用一次。

PWM 指令用于产生指定脉冲宽度和周期的脉冲串。[S1]用来指定脉冲宽度（t = 1 ~ 32 767 ms），[S2]用来指定脉冲周期（T = 1 ~ 32 767 ms），[S1]必须小于[S2]，[D]用来指定输出脉冲的元件号（Y0 或 Y1）。如图 4-47 所示，当 X10 为 ON 时，Y0 输出的脉冲的占空比为 10%；当 X10 为 OFF 时，Y0 也为 OFF。

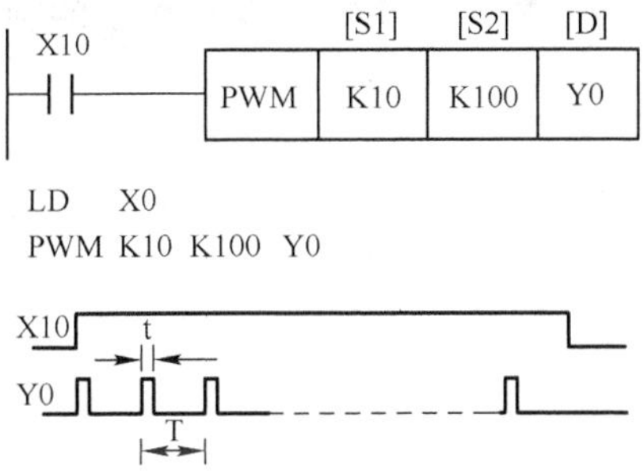

图 4-47　脉宽调制指令

（4）带加减速功能的脉冲输出指令

带加减速功能的脉冲指令 PLSR 的源操作数和目标操作数的类型与 PLSY 指令相同，只能用于晶体管输出型 PLC 的 Y0 或 Y1，该指令只能使用一次。

[S1]用来指定最高频率（10 ~ 20 000 Hz），应为 10 的整数倍。[S2]用来指定总的输出脉冲，16 位指令的脉冲数范围为 110 ~ 32 767，32 位指令的脉冲数范围为 110 ~ 2 147 483 647，如果设定值小于 110，则脉冲不能正常输出。[S3]用来设定加减速时间（0 ~ 5 000 ms），其值应大于 PLC 扫描周期的最大值（D8012）的 10 倍，且应满足如下条件：(90000 × 5)/[S1] ≤ [S3] ≤ ([S2] × 818)/[S1]。

加减速的变速次数固定为 10 次。[D] 用来指定脉冲输出的元件号（Y0 或 Y1），如图 4-48所示，当 X10 为 ON 时，脉冲从 Y0 开始输出；当 X10 为 OFF 时，输出中断，又变为 ON 时，从初始值开始输出。

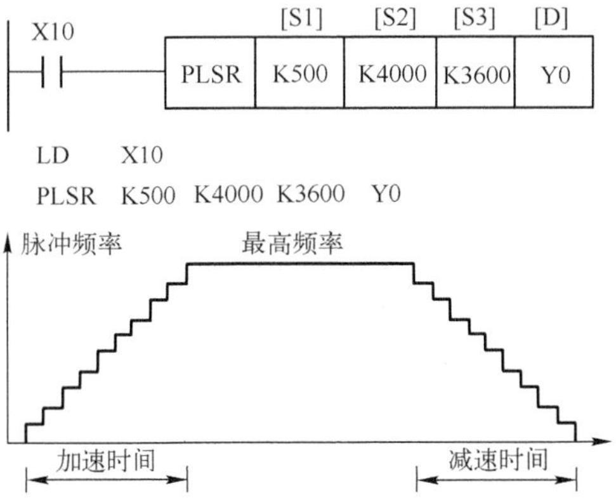

图 4-48　带加减速功能的脉冲输出指令

（5）输入输出刷新指令

当 PLC 正常工作时，采用周期扫描方式，在一个周期执行完毕、下一个周期程序执行前，统一对输入、输出信号进行批次刷新。但是在 PLC 运算过程中，有时需要在程序执行过程中立即修改输入值或输出运算结果，此时可使用输入输出刷新指令 REF。

该指令中，[D]用来指定刷新元件，可以取位元件 X、Y，n 表示连续刷新元件个数，应设为 8 的倍数。

如图 4-49a 所示，当 X0 变为 ON 时，多个输入中，立即刷新 X10 ~ X17 的 8 点；当 X1 为 ON 时，多个输出中，Y0 ~ Y7，Y10 ~ Y17 的 16 点被立即刷新。

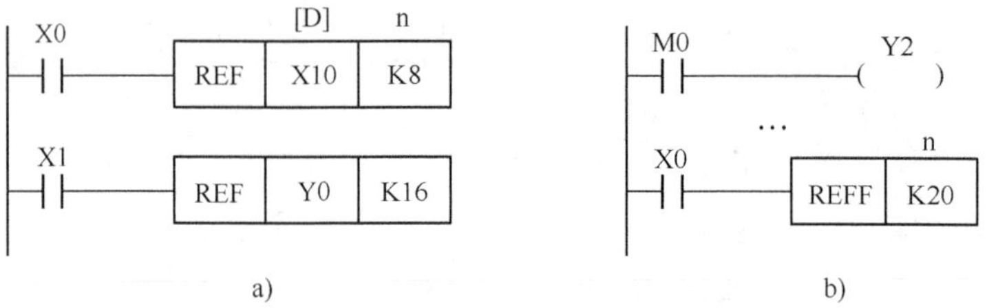

图 4-49　刷新指令、滤波调整指令
a）输入输出刷新指令　b）滤波调整指令

（6）滤波调整指令

滤波调整指令（REFF）用于调整输入信号的滤波时间，该指令只对 X0 ~ X7、X10 ~ X17 这 16 个输入点有效。当 PLC 正常工作时，为防止输入接点的振动或噪声，设置了 10 ms 的 R - C 滤波时间。该指令中，n 用来设置 X0 ~ X17 这 16 个输入点的滤波时间，范围为 0 ~ 60 ms。

如图 4-49b 所示，X0 为 ON 时，将该指令以下程序中输入信号滤波时间调整为 20 ms，而从 0 步到该指令前的程序仍执行 10 ms 滤波。

改变输入滤波也可以采用 MOV 指令去修改 D8020 的数值。当使用高速计数器、输入中断、脉冲捕捉时，输入滤波会自行调整，无需使用 REFF 指令。

[研讨与练习]

1. 如图 4-50 所示，分析程序执行情况。

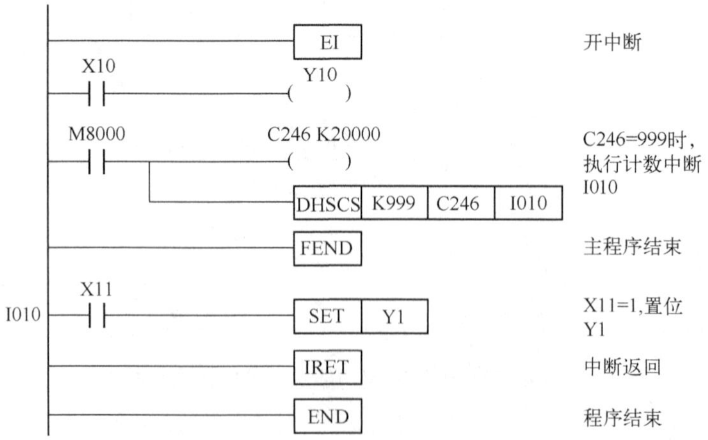

图 4-50　高速计数中断指令的应用

分析：本段程序利用高速计数器的比较置位指令进行中断处理。如图 4-50 所示，程序运行时（M8 000 为 0N），高速计数器 C246 对 X0、X1 端口的高速脉冲信号进行加、减计数，当 C246 的当前值由 998 加至设定值 999 时，或当前值由 1 000 减至设定值 999 时，立即转去执行标号 I010 的中断程序。

2. 步进电动机的转动依靠所得的电脉冲，每来一个脉冲电动机就转动一下，设电动机转动 1 圈需要 1 000 个脉冲。若 Y2 = 1 电动机正转，且要求按下起动按钮 X1，电动机正转 6 圈停止，试设计相关的程序。

分析：如图 4-51 所示，电动机转动 1 圈需要 1 000 个脉冲，转动 6 圈则需要 6 000 个脉冲，所以输出的脉冲数 D0 的值设为常数 K6 000。在 PLSY 指令中，设输出的指定频率为 2 000，则输出 6 000 个脉冲需要 3 s 完成，为了程序能重复动作，所以可以设置大于 3 s 的时间去复位辅助继电器 M1。

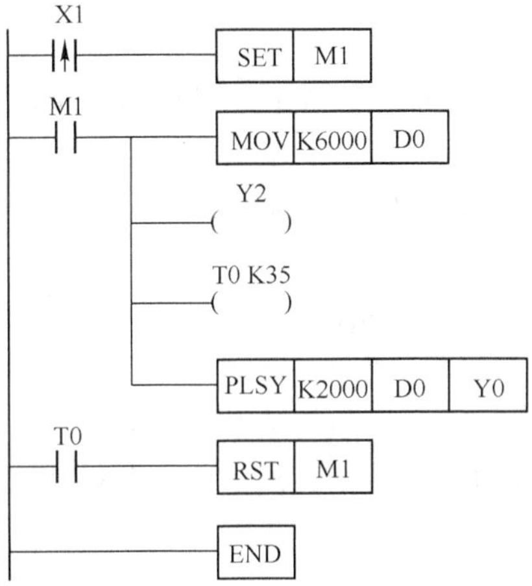

图 4-51　步进电动机控制程序

3. 如图 4-52 所示，利用速度检测指令 SPD 检测给定时间内从编码器输入的脉冲个数，由 X0 端输入的快速脉冲在 6 000 ms 后停止，电动机每转 1 周，X0 接收到 4 个脉冲，计算出电动机的速度，并将结果放入 D4 中。

分析：将 6 000 ms 内所计的脉冲数放在 D0 中，由于一般电动机的转速都以 r/min 为单位，因此根据电动机转速的公式：

$$n = 60 \times (D0) \times 10^3 / Nt = [(60 \times (D0) \times 10^3) / (4 \times 6000)]\ r/min = 10 \times (D0) / 4 (r/min)$$

即该电动机每分钟的转速为 D0 先乘以 10 再除以 4，结果存放在 D4 中。

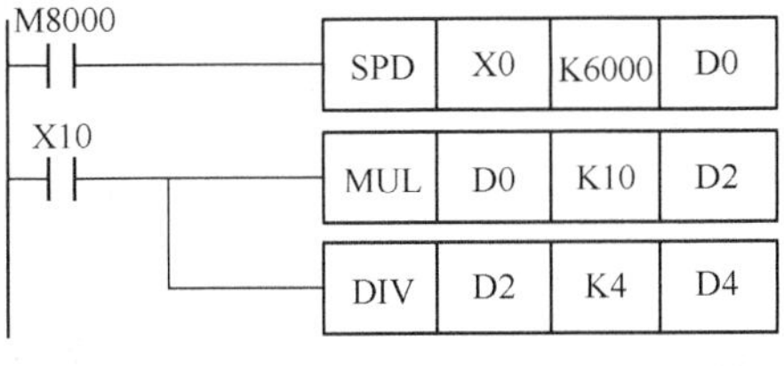


```
LD   M8000
SPD  X0 K6000 D0
LD   X10
MUL  D0 K10 D2
DIV  D2 K4 D4
```

图 4-52　速度检测指令应用

4.2.7 时钟运算指令

FX_{2N}系列 PLC 内的时钟的年、月、日、时、分和秒分别存放在 D8018 ~ D8013 中，星期存放在 D8019 中，见表 4-2。

表 4-2 时钟指令使用的寄存器

地 址 号	名 称	设 定 范 围
D8013	秒	0 ~ 59
D8014	分	0 ~ 59
D8015	时	0 ~ 23
D8016	日	0 ~ 31
D8017	月	0 ~ 12
D8018	年	0 ~ 99（后两位）
D8019	星期	0 ~ 6（对应星期日 ~ 星期六）

时钟指令可使用下述的辅助继电器。

M8015（时钟设置）：为 ON 时时钟停止，可以在它的下降沿（由 ON→OFF）写入时间。

M8016（时钟锁存）：为 ON 时 D8013 ~ D8019 中的时钟数据被冻结，以便显示出来，但时钟将继续运行。

M8017（±30 s 校正）：在它的下降沿（由 ON→OFF）时如果是 0 ~ 29 s，则修正为 0 s，如果是 30 ~ 59 s，则将秒变为 0，向分进一位。

M8018（时钟标志）：为 ON 时表示 PLC 安装有时钟。

M8019（设置错误）：设置的时钟数据超出了允许的范围。

1. 时钟数据写入指令

时钟数据写入指令（TWR）的源操作数[S]可以取 T、C 和 D，只有 16 位运算。该指令用来将时间设置写入内置的时钟，写入的数据预先放在[S]开始的连续 7 个单元内。执行该指令时，内置的时钟的时间立即更改，改为使用新的时间。

如图 4-53 所示，D10 ~ D15 分别放年、月、日、时、分和秒，D16 存放星期，当 X1 为 ON 时，D10 ~ D15 中的预置值分别写入 D8018 ~ D8013，D16 中的数写入 D8019。

2. 时钟数据读出指令

时钟数据读出指令（TRD）的目标操作数[D]可以取 T、C 和 D，只有 16 位运算。该指令用来读出内置的时钟的数据，并存放在[D]开始的 7 个字内。

如图 4-53 所示，当 X0 为 ON 时，D8018 ~ D8013 中存放的年、月、日、时、分和秒分别读入 D0 ~ D5，D8019 中的星期读入 D6。

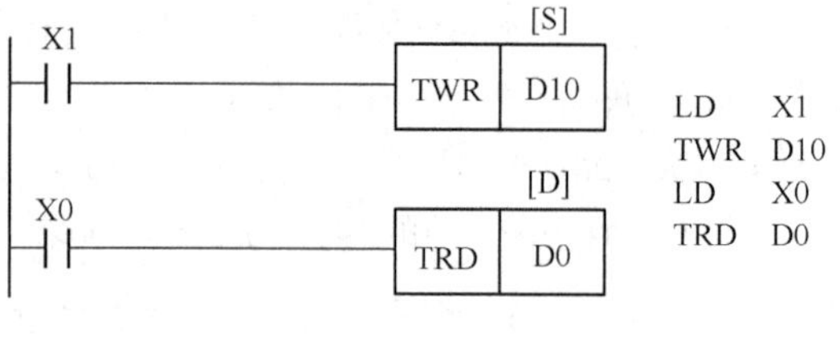

图 4-53 时钟数据写入指令和时钟数据读出指令

3. 时钟数据比较指令

时钟数据比较指令（TCMP）的源操作数[S1]、[S2]和[S3]用来存放指定时间的时、分、秒，可以取任意的数据类型，[S]可以取数据元件 T、C 和 D，目标操作数[D]为位元件 Y、M、S（占用3 个连续的元件）。该指令用来比较指定时间与时钟数据的大小。时钟数据的时间存放在[S]~[S]+2 中，比较的结果用来控制[D]~[D]+2 的状态。

如图 4-54 所示，当 X0 从 OFF 变为 ON 时，将 D0~D2 中存放的时钟数据和指定的时刻 10：30：50 相比较，如果（D0~D2）<10：30：50，则 M0 为 ON，Y0 导通；如果（D0~D2）=10：30：50，则 M1 为 ON，Y1 导通；如果（D0~D2）>10：30：50，则 M2 为 ON，Y2 导通。X0 变为 OFF 后，M0~M2 的 ON/OFF 状态仍保持不变，需要用复位电路复位。

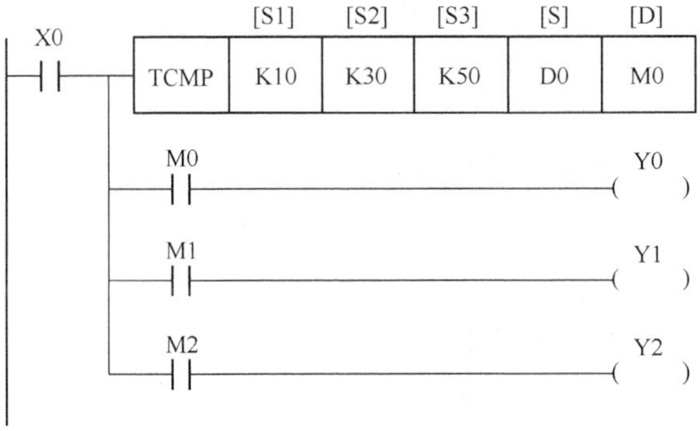


```
LD    X0
TCMP  K10  K30  K50  D0  M0
MPS
AND   M0
OUT   Y0
MRD
AND   M1
OUT   Y1
MPP
AND   M2
OUT   Y2
```

图 4-54　时钟数据比较指令

4. 时钟数据区间比较指令

时钟数据区间比较指令（TZCP）的源操作数[S1]、[S2]和[S]可以取 T、C、D，要求[S1]≤[S2]，目标操作数[D]为 Y、M、和 S（占用 3 个连续的元件），只有 16 位运算。

TZCP 指令将[S]中的时间与[S1]，[S2]指定的时间区间相比较，比较的结果用来控制[D]~[D]+2 的状态。[S1]、[S2]和[S]分别占用 3 个数据寄存器。

如图 4-55 所示，D0~D2、D20~D22 和 D30~D32 中都分别存放时、分、秒。当 X0 为 ON 时，如果（D0~D2）中的数据<(D20~D22)中的数据，则 M3 为 ON，Y3 导通；如果(D20~D22）中的数据≤(D0~D2）中的数据≤(D30~D32）中的数据，则 M4 为 ON，Y4 导通；如果（D0~D2）中的数据>(D30~D32）中的数据，则 M5 为 ON，Y5 导通。X0 变为 OFF 后，M3~M5 的 ON/OFF 状态仍保持不变，需要用复位电路复位。

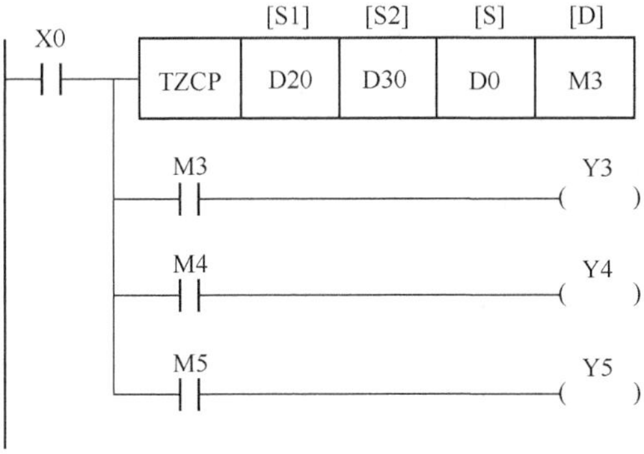


```
LD    X0
TZCP  D20  D30  D0  M3
MPS
AND   M3
OUT   Y3
MRD
AND   M4
OUT   Y4
MPP
AND   M5
OUT   Y5
```

图 4-55　时钟数据区间比较指令

5. 时钟数据加法指令

时钟数据加法指令（TADD）的源操作数[S1]、[S2]和目标操作数[D]均可以取 T、C、D，[S1]、[S2]和[D]中存放的是时间数据（时、分、秒）。

如图 4-56 所示，当 X0 为 ON 时，TADD 指令将 D10 ~ D12 和 D20 ~ D22 中的时钟数据相加后存入 D30 ~ D32 中。若运算结果超过 24 h，则进位标志 M8022 置为 1，将其和减去 24 h后存入目标地址。

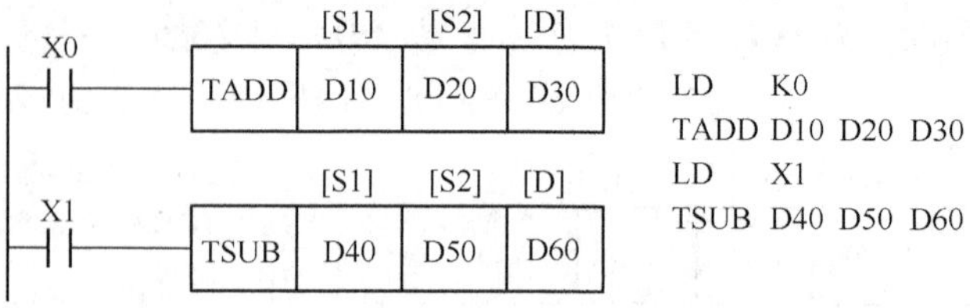

图 4-56　时钟数据加法和减法指令

6. 时钟数据减法指令

时钟数据减法指令（TSUB）的用法类似于时钟数据加法指令。

如图 4-56 所示，当 X1 为 ON 时，将 D40 ~ D42 和 D50 ~ D52 中的时钟数据相减后存入 D60 ~ D62 中。如果运算结果小于零，则借位标志 M8021 置为 1，将其差值加上 24 h 后存入目标地址。

[研讨与练习]

1. 将 PLC 的时钟设置为 2012 年 12 月 21 日（星期五）10 时 20 分 00 秒。

分析：进行 PLC 时钟设置，先分别将年、月、日、时、分、秒、星期，存放到 D0 开始的连续 7 个数据寄存器中，再通过时钟数据写入指令 TWR 写入 PLC，实现的程序如图 4-57 所示。

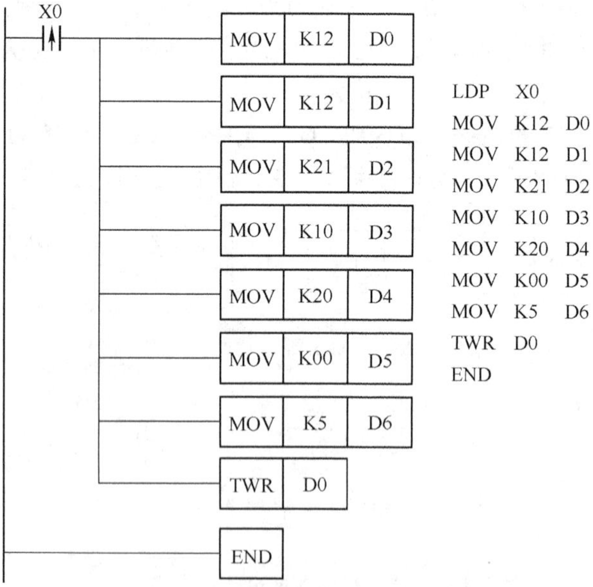

图 4-57　时钟数据写入指令

2. 采用 PLC 内部时钟实现上下班铃声控制（Y0）。每天上午 8：00 上班铃响，4 h 后午休打铃，每次铃声持续 30 s，实现的程序如图 4-58 所示。

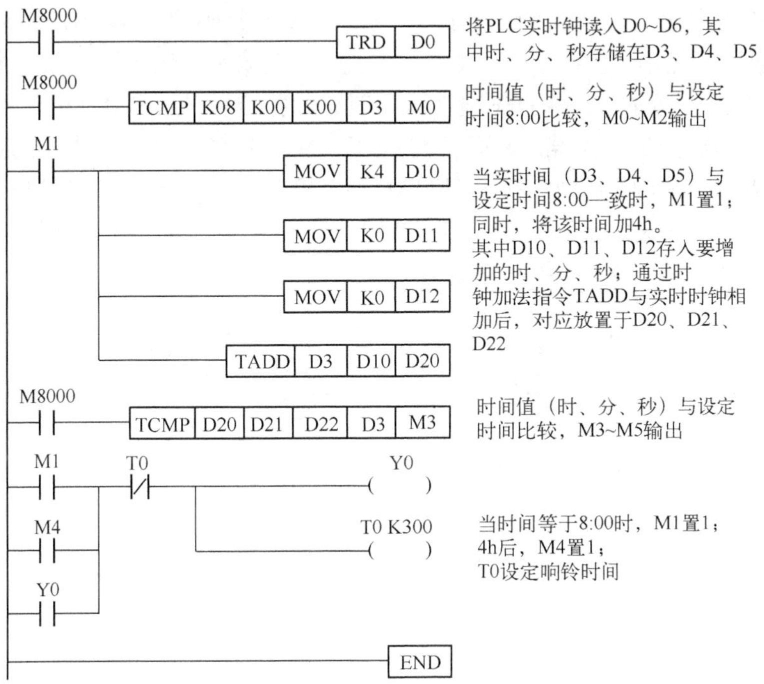

图 4-58　上下班铃声控制

4.2.8　其他常用指令

1. 交替输出指令

交替输出指令（ALT）属于方便指令，其目标操作数[D]可以取位元件 Y、M、S，当输入信号由 OFF 变为 ON 时，其输出就会向相反方向变化。

如图 4-59 所示，输入 X0 由 OFF 变为 ON 时，Y0 的状态就改变一次。使用时需要注意指令执行方式，若不用脉冲执行方式，每个扫描周期 Y0 的状态都要改变一次。ALT 指令具有分频器的效果，使用 ALT 指令，用 1 只按钮 X0 就可以控制 Y0 对应的外部负载的起停。

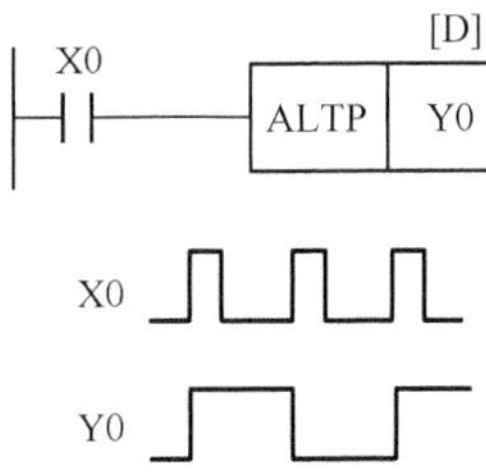

图 4-59　交替输出指令

2. 七段码译码指令

七段码译码指令（SEGD）是用来驱动七段数码显示管的指令，可以显示一位 16 进制数据 0 ~ F。该指令的源操作数[S]可以取任意的数值类型，目标操作数[D]可以取 KnY、KnM、KnS、T、C、D。

如图 4-60 所示，七段数码管各段依次编号为 b0 ~ b6，数点（dot）编号为 b7，使用时将 PLC 的 8 个输出点按由低到高的编号顺序依次连接到数码管的 b0 ~ b7，就可通过 SEGD 指令驱动七段数码管显示。

如图 4-60 所示，输入 X0 由 OFF 变为 ON 时，将指定数值元件 D0 的低 4 位十六进制数（0 ~ F）译码后送给七段显示器，译码信号存于[D]指定的元件中，输出要占 7 个输出点（不显示数点位时）。本例中，如 D0 为 H0000，K2Y0 输出二进制数 00111111，数码管显示 0；D0 为 H0001，K2Y0 输出二进制数 00000110，数码管显示 1；依此类推，D0 为 H000F，K2Y0 输出二进制数 01110001，数码管显示 F。

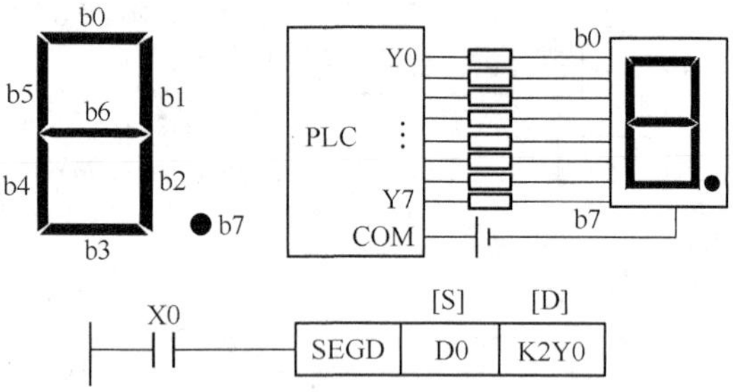

图 4-60　七段码译码指令

3. 解码与编码指令

解码指令（DECO）与编码指令（ENCO）用来实现二进制数与对应位排序的转化。

如图 4-61 所示，当 X10 为 ON 时，解码指令（DECO）将源操作数[S]X0 起始的 3 位（n = 3，可取 1 ~ 8）二进制数如 101（X0 ~ X2），即十进制的 5，转化为由目标操作数[D]M0 起始的 8 位数位排序号（$2^3=8$），即只有 M5 置 1，其他位为 0。

当 X1 为 ON 时，编码指令（ENCO）将源操作数[S]M0 起始的 $2^3=8$ 位中置 1 的位序号（M3 = 1），转化为由目标操作数[D]D0 的低 3 位（b0 ~ b2）表示的二进制数，即 011（十进制 3）。

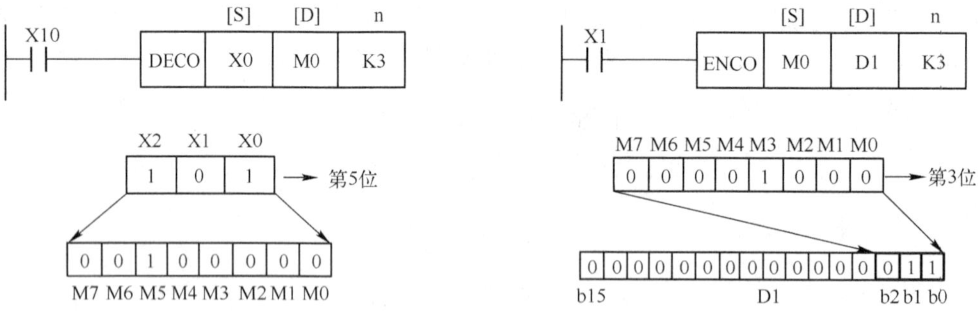

图 4-61　解码与编码指令

4. 置 ON 位数与置 ON 位判断指令

置 ON 位数指令（SUM）用于统计源操作数[S]中为 ON 的位的个数，并将其送入目标操作数[D]。置 ON 位判断指令 BON 用于判断源操作数[S]中第 n 位是否置 ON（16 位指令，n = 0 ~ 15；32 位指令，n = 0 ~ 31），若为 ON，则目标操作数[D]为 1。

如图 4-62 所示，当 X0 为 ON 时，置 ON 位数指令统计 D0 中为 ON 的位的个数为 7，转换为二进制数送入 D2。

当 X1 为 ON 时，置 ON 位判断指令（BON）判别 D5 中第 15 位，若为 1，则 M0 置 ON，若为 0，则 M0 为 OFF。

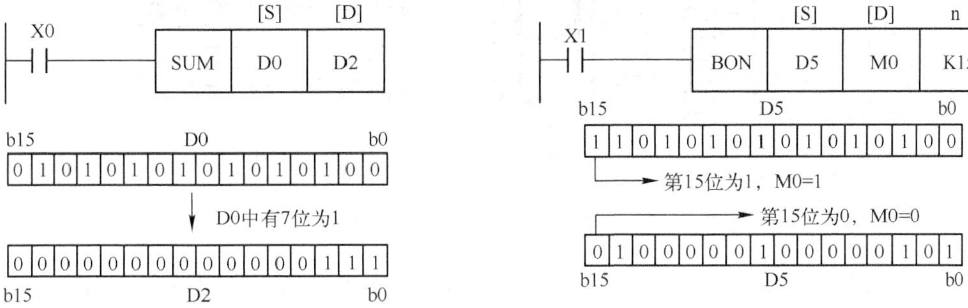

图 4-62　置 ON 位数与置 ON 位判断指令

5. 示教定时器与特殊定时器指令

示教定时器指令（TTMR）可以通过按钮按下的时间长短来调整定时器的设定值。

如图 4-63a 所示，当 X10 接通，数据寄存器 D301 记录 X10 从接通到断开的时间（单位为秒），然后将 D301 乘以 10^n（$n=0\sim2$）后转存到目标操作数[D]D300 中，作为定时器的预设值。

特殊定时器指令（STMR）是用来制作延时定时器、单触发定时器、闪烁定时器的简便指令。该指令源操作数[S]可选择 100 ms 定时器 T0 ~ T199，m 为其设定值，目标操作数[D]可选位元件 Y、M、S，占用连续 4 位。

如图 4-63b 所示，当 X11 接通，源操作数[S]为定时器 T10（设定时间 10 s，$m=100$），目标操作数[D]选择 M0，其连续的 4 个位元件 M0 ~ M3 分别产生不同的定时脉冲信号。其中 M0 产生断电延时定时器信号；M1 产生以 X11 下降沿为触发的单脉冲定时信号，脉宽 10 s；M2 产生通电延时型定时信号。M3 产生滞后 10 s 的脉冲定时信号。具体波形如图 4-63b 所示。

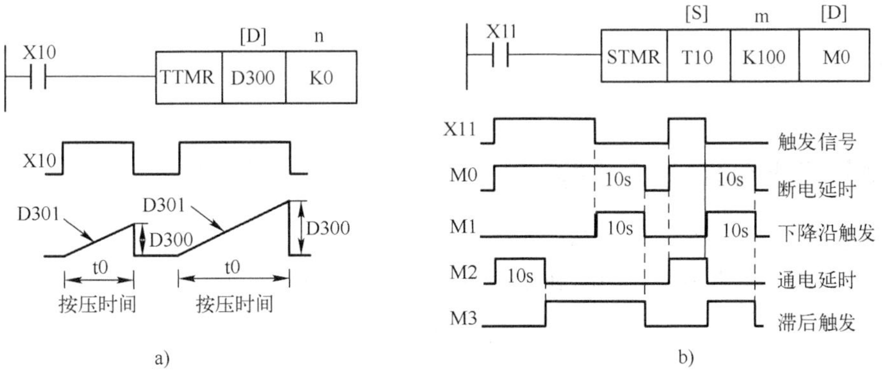

图 4-63　示教定时器与特殊定时器指令

a）示教定时器指令　b）特殊定时器指令

[研讨与练习]

1. 按动按钮，数码管依次显示数字 0 ~ F。其程序如图 4-64 所示。

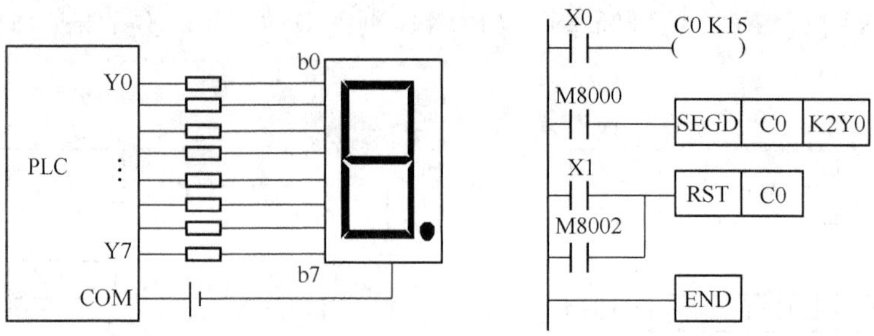

图 4-64　数码管依次显示程序

分析：系统启动时，计数器 C0 清零；通过 Y0 ~ Y7 连接的七段数码管显示 0，以后每闭合一次 X0，计数器 C0 加 1，控制 LED 数码管顺序显示数字 0 ~ F。X1 用做复位，闭合后计数器 C0 清零，LED 数码管显示数字“0”。

2. 分析特殊定时器指令 STMR 程序 X1 接通后，M1、M2 的波形，如图 4-65 所示。

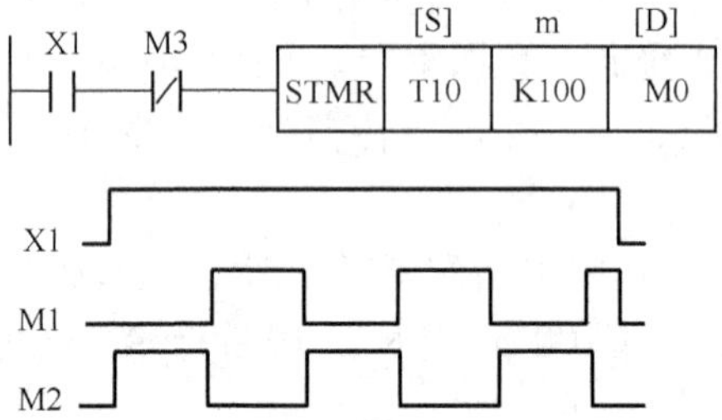

图 4-65　特殊定时器指令构成闪烁电路

分析：当 X1 接通后，M3 会产生滞后 10 s 的脉冲定时信号，即接通后延时 10 s 为 ON，则常闭触点断开，触发信号消失；信号消失后延时 10 s，M3 为 OFF，则常闭触点接通，周期性动作。此时，M1、M2 会产生周期为 20 s 的闪烁信号。

4.3　上机操作练习

4.3.1　比较指令/移位指令实验

1. 实验目的

1）掌握比较指令的格式、功能和使用方法。

2）掌握移位指令的格式、功能和使用方法。

2. 实验内容

1）如图 4-66 所示，将梯形图输入到编程软件，并对照指令表，进一步掌握指令表和梯形图的相互转换。

操作 X1 或 X2，观察 D10 中的数据变化，当 D10 中的数据等于 10 时，M1 为 ON，Y1 输出为 ON，观察 PLC 的输出。

2）如图 4-67 所示，将梯形图输入到编程软件，并对照指令表，进一步掌握指令表和梯形图的相互转换。PLC 由 OFF 变为 ON 时，用 X0 ~ X17 来设置 Y0 ~ Y17 的值。当 X20 为

ON 时，每隔 1 s，Y0 ~ Y17 左循环移 1 位；当 X20 为 OFF 时，每隔 1 s，Y0 ~ Y17 右循环移位 1 位。T0 用来产生周期为 1s 的移位脉冲序列，观察 PLC 的输出。

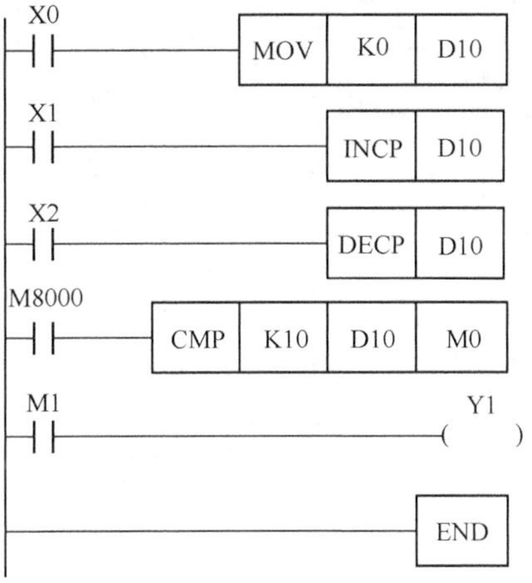


```
LD    X0
MOV   K0  D10
LD    X1
INCP  D10
LD    X2
DECP  D10
LD    M8000
CMP   K10 D10  M0
LD    M1
OUT   Y1
END
```

图 4-66　比较指令程序

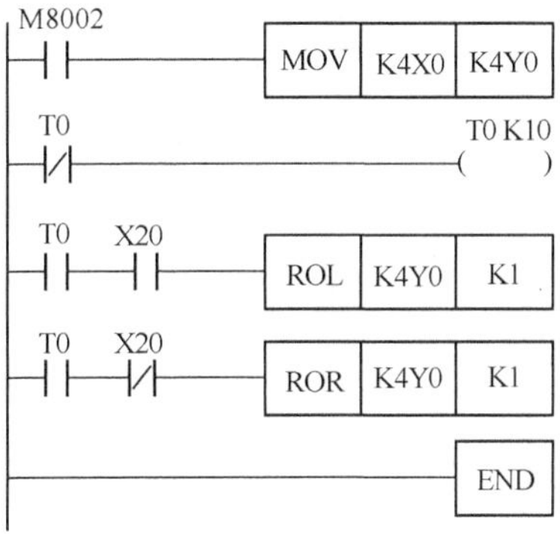


```
LD    M8002
MOV   K4X0 K4Y0
LDI   T0
OUT   T0 K10
LD    T0
AND   X20
ROL   K4Y0 K1
LD    T0
ANI   X20
ROR   K4Y0 K1
END
```

图 4-67　移位指令

3. 实验报告要求

1）分析总结实验中遇见的问题及解决办法。

2）写出调试中观察到的现象及调试步骤。

4.3.2　时钟运算指令实验

1. 实验目的

掌握时钟指令的格式、功能和使用方法。

2. 实验内容

如图 4-68 所示，将梯形图输入到编程软件，并对照指令表，进一步掌握指令表和梯形图的相互转换。在 X0 的上升沿，将 PLC 的时钟的初值设置为 2013 年 9 月 1 日（星期日）00 时 00 分 00 秒。在 20 时 00 分 00 秒时，Y0 为 ON，在 06 时 00 分 00 秒时，Y0 为 OFF，观察 PLC 的输出。

3. 实验报告要求

1）分析总结实验中遇见的问题及解决办法。

2）写出调试中观察到的现象及调试步骤。

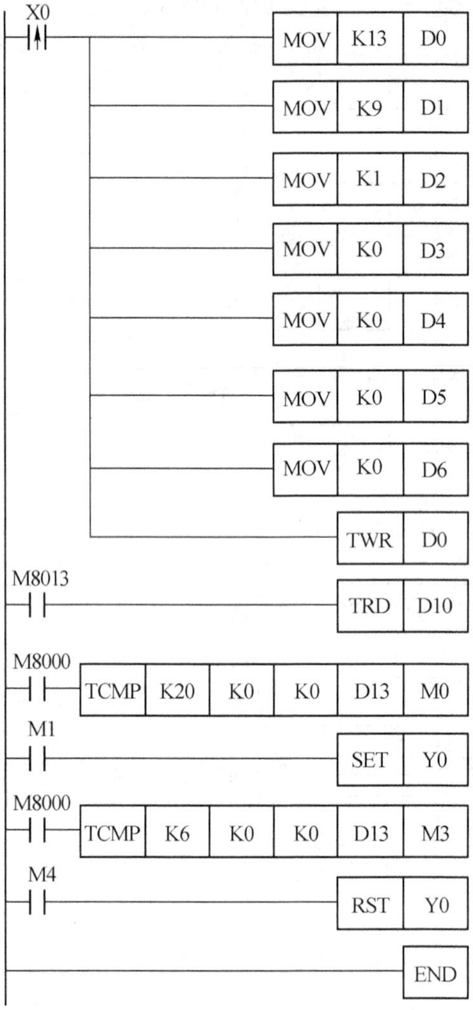


```
LDP   X0
MOV   K13 D0
MOV   K9 D1
MOV   K1 D2
MOV   K0 D3
MOV   K0 D4
MOV   K0 D5
MOV   K0 D6
TWR   D0
LD    M8013
TRD   D10
LD    M8000
TCMP  K20 K0 K0 D13 M0
LD    M1
SET   Y0
LD    M8000
TCMP  K6 K0 K0 D13 M3
LD    M4
RST   Y0
END
```

图 4-68　时钟运算指令程序

习题

4.1　功能指令由哪些要素组成？它们的使用意义是什么？

4.2　功能指令有哪两种执行方式？

4.3　应用指令如图 4-69 所示，表示在 X1 ________时，将________中的________位数据加 1。

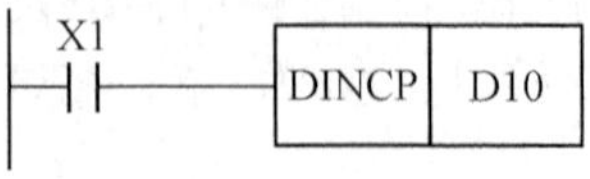

图 4-69　习题 4.3 图

4.4　执行“CALL P5”指令的条件________时，将执行该指令和________之间的指令。

4.5　试比较中断子程序和普通子程序的异同点。

4.6　编写一段程序计算(40+60)×2÷7的值。

4.7　编写一段程序计算 sin50°+cos70°×tan40°的值。

4.8　用 X1 控制接在 Y0～Y17 上的 16 个彩灯是否移位，每秒移 1 位；用 X2 控制左移或右移，用 MOV 指令将彩灯的初始值设定为十六进制数 H0001（仅 Y0 为 1），设计出梯形图程序。

4.9　设计一台计时精确到秒的闹钟，每天早上 6 点提醒你按时起床。

4.10　用 CMP 指令实现功能如下：X10 为脉冲输入，当脉冲数大于 10 时，Y11 为 ON；反之，Y10 为 ON，设计梯形图程序。

4.11　假设有一个汽车停车场，最多能停 100 辆车，为了表示停车场是否有空位，试用 PLC 控制系统实现该功能。

4.12　采用应用指令完成如下控制：5 台电动机顺序起动、逆序停止，按下起动按钮，动电机按照 M1～M5 的顺序，每隔 5 s 起动一台，直至全部起动；按下停止按钮，电动机按照 M5～M1 的顺序，每隔 10s 停止一台，直至全部停止。

4.13　设计一个自动灌溉系统，花园内有 A、B 两种植物，A 植物要求每天上午 6：00～6：05、晚上 23：00～23：05 进行灌溉；B 植物要求每隔一天的晚上 21：00 开始灌溉，持续 10 min。

第 5 章　三菱 GX Developer 编程软件的使用

三菱 FX_{2N} 系列 PLC 在编程时，可选择的编程软件有小型机 FX 系列专用的 FX - FCS/WIN - E/ - C 和 SWOPC - FXGP/WIN - C 编程软件，以及适用于大型机（Q 系列）、中型机（A 系列）和小型机（FX 系列）的 GX Developer、GX Works2 编程软件。

GX Developer 编程软件，适用于三菱 Q、QnA、A、FX 等全系列 PLC。该编程软件支持梯形图（LAD）、指令表（STL）、顺序功能图（SFC）、功能块图（FBD）和结构化文本（ST）等多种语言程序编写，可进行程序的线上修改、监控及调试，具有异地读写 PLC 程序的功能。

该编程软件简单易学、易于掌握，具有丰富的工具箱和可视化界面，既可联机操作也可脱机编程，可以保证设计者进行 PLC 程序的初步开发工作。

5.1　GX Developer 编程软件简介

5.1.1　GX Developer 编程软件的特点

1. 软件的共通化

GX Developer 编程软件能够适用于三菱 Q 系列、QnA 系列、A 系列、FX 系列 PLC，并可将程序转化成 GPPQ、GPPA 格式的文档。此外，对于 FX 系列 PLC，还能转化成 FXGP（DOS）、FXGP（WIN）格式的文档。

2. 程序的标准化

可采用标号编程、功能块、宏等方式，制作标准程序，使编程更为灵活。同时能够将 Excel、Word 等编辑的说明数据通过复制、粘贴有效利用，大大提高了该软件的操作性能。

3. 能够简单、方便地设定和其他站点的链接

在 GX Developer 编程软件中，由于连接对象的指定被图形化，因而即使在构筑复杂的控制系统时，也能够简单地设定和其他站点的链接。

4. 支持多种方法和 PLC 连接

可选择经由串行通信口、USB、MELSECENT/10（H）计算机插板、MELSECENT（II）计算机插板、CC - LINK 计算机插板、Ethernet 计算机插板、CPU 计算机插板、AF 计算机插板与 PLC 连接。

5. 丰富的调试功能

由于运用了梯形图逻辑测试功能，能够更加简单地进行调试作业。在“帮助”菜单中有 CPU 错误、特殊继电器/特殊寄存器的说明，使得在线发生错误时，或程序制作时可及时进行查阅。若数据制作发生错误，则软件会显示错误原因或消息，大幅度地缩短了制作时间。

5.1.2 GX Developer 编程软件安装

1）安装通用环境。进入三菱 GX Developer 编程软件安装目录，找到 GX Developer /EnvMEL 文件夹，进入后单击“SETUP. EXE”，安装通用环境。

2）GX Developer 编程软件安装。返回 GX Developer 编程软件安装目录，在根目录下单击“SETUP. EXE”，根据安装向导的指引，输入相关信息和序列号即可完成编程软件的安装。

5.2 GX Developer 编程软件的使用

5.2.1 工程建立与程序编辑

软件安装完成后，单击运行 GX Developer 编程软件，其启动界面如图 5-1 所示。

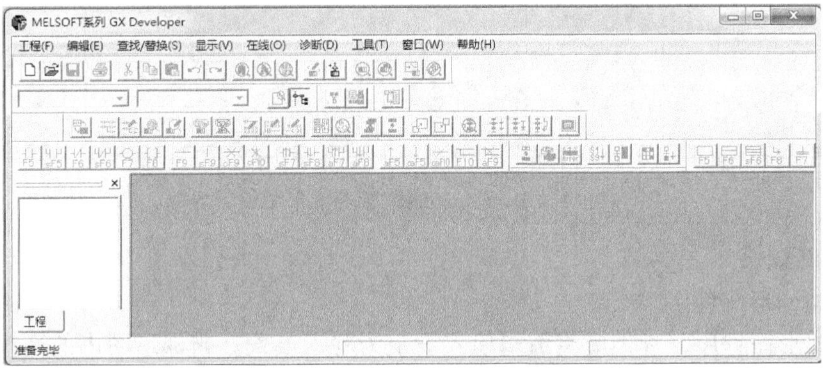

图 5-1 GX Developer 编程软件的启动界面

1. 创建新工程

选择菜单栏中“工程”→“创建新工程”命令，或直接单击工具栏中的“新建” 图标，可以创建一个新工程。随后按照以下步骤进行操作：选择 PLC 系列、类型、程序类型，设置文件名称和保存路径后，即可进入编程界面，如图 5-2 所示。注意选择的 PLC 系列和类型必须与实际使用的 PLC 一致，否则程序可能无法下载。程序类型选择梯形图，文件名称和保存路径可自行设置。

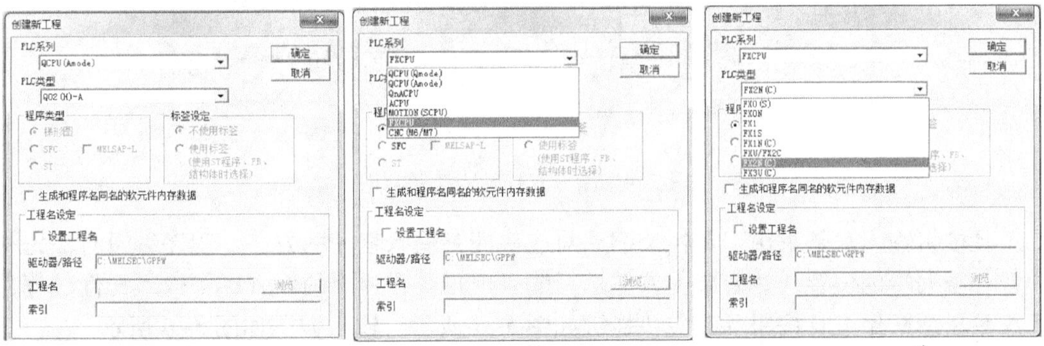

a) b) c)

图 5-2 采用 GX Developer 编程软件创建新工程

a）建立新工程 b）选择 PLC 系列 c）选择 PLC 类型

2. 梯形图编界面

新工程设置完成后，单击“确认”按钮，出现 GX Developer 编程软件梯形图编辑界面。编辑界面主要由标题栏、菜单栏、工具栏、工程数据列表、编程区、状态条构成，如图 5-3 所示。

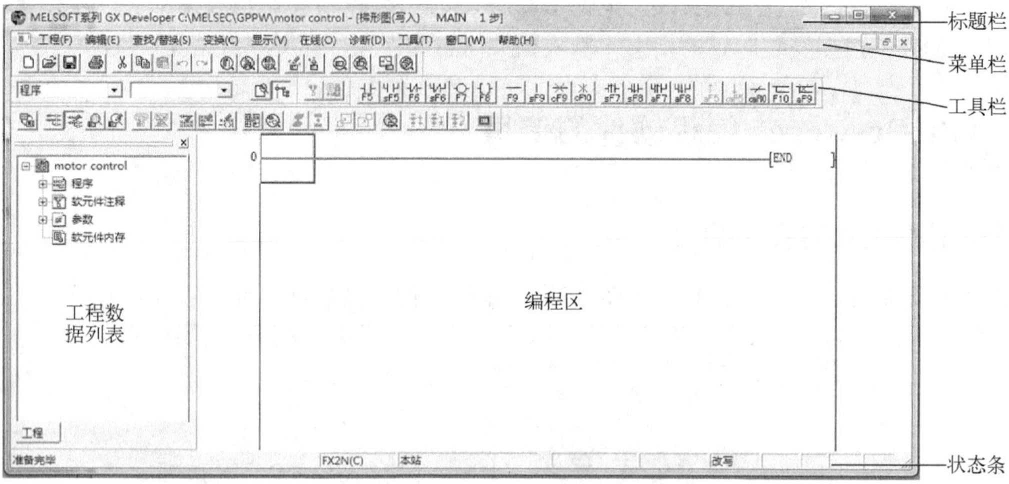

图 5-3　GX Developer 编程软件梯形图编辑界面

3. 梯形图编辑

（1）创建梯形图程序

要创建梯形图程序，首先应将编辑模式设定为写入模式。当梯形图内的光标为蓝边空心框时即为写入模式，可以进行梯形图的编辑，当光标为蓝边实心框时，为读出模式，只能进行读取、查找等操作，可以通过选择“编辑”中的“读出模式”或“写入模式”进行切换，或用快捷键操作。

梯形图程序可采用指令直接输入法或工具按钮（快捷键）输入法。

指令直接输入法即是将光标放置在需要编辑的位置，然后直接输入指令，则会弹出输入窗口，按此法依次输入需编辑的程序。输入方法如图 5-4 所示。

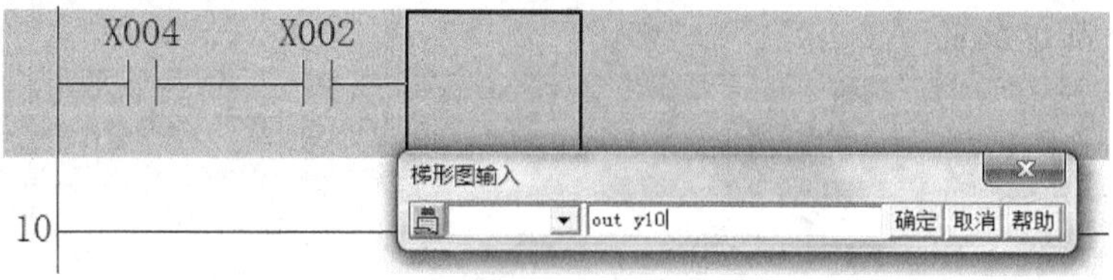

图 5-4　指令直接输入法示意图

工具按钮输入法是采用工具栏按钮或对应快捷键输入程序的方法。程序编辑时，先将光标放置在需编辑的位置，然后单击按钮选择输入项目，在弹出的输入栏中输入元件号等，完成程序编辑。常用工具按钮及对应快捷键如图 5-5 所示。输入方法如图 5-6 所示。

（2）转换已创建的梯形图程序

已创建的梯形图程序需要经过转换处理才能保存和下载。单击菜单栏中的“变换”或工具栏中的按钮，也可以直接按快捷键〈F4〉进行变换。变换后可看到编程内容由灰色变为白色显示，如转换中有错误，出错区域将继续保持灰色，请检查程序并修改正确后再次转换。

图 5-5　常用工具按钮及对应快捷键

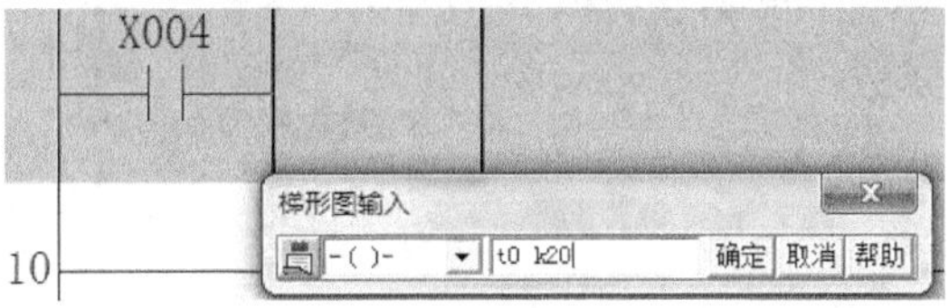

图 5-6　工具按钮输入法示意图

（3）梯形图的修改

GX Developer 编程软件提供了多种梯形图修改工具，用户可根据需要合理使用。主要包括插入、改写功能，剪切复制功能及画线和画线删除功能等。

对梯形图的插入或改写，可使用软件的插入、改写功能，该功能显示在软件界面的右下角，通过按键盘上的〈Insert〉键进行调整；利用剪切复制功能，可删除或移动部分程序；画线和画线删除功能可调整程序结构和各元件的连接关系。

4. 梯形图编程实例介绍

下面以顺序起动程序为例，介绍梯形图程序编制步骤。待编辑梯形图如图 5-7 所示。

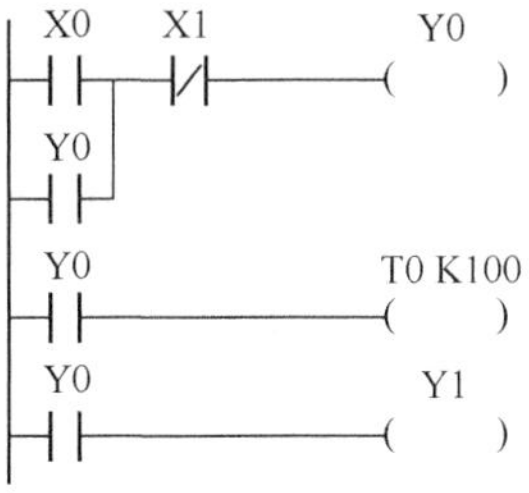

图 5-7　待编辑梯形图

1）打开 GX Developer 编程软件，创建一个新工程。注意 PLC 类型选择 FX2N（C）系列，程序类型选择梯形图。

2）选择“编辑”→“写入模式”，将光标放置在编程区的程序起始位置，输入 ld x0（梯形图输入窗口同时打开），如图 5-8a 所示，按〈Enter〉键或单击“确定”按钮；则 X0 常开触点以灰色状态显示。

3）将光标移到 X0 触点的正下方，输入 or y0，如图 5-8b 所示，出现与 X0 触点并联的 Y0 常开触点。

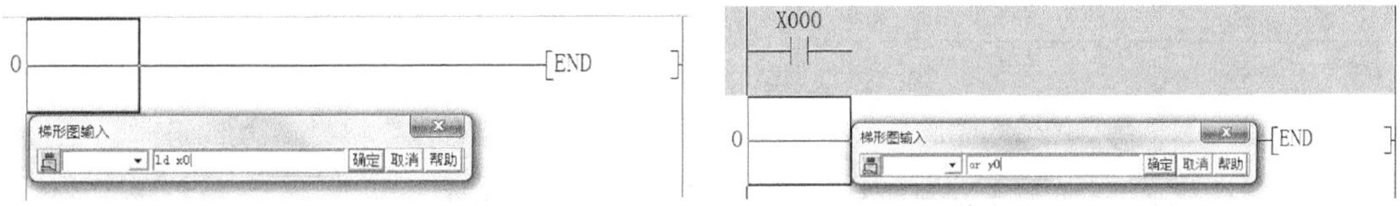

a)　　　　　　　　　　b)

图 5-8　梯形图编制步骤

4）移动光标至 X0 触点右侧，输入 ani x1，按〈Enter〉键，出现 X1 常闭触点，如图 5-9a所示。

5）输入 out y0，如图 5-9b 所示，按〈Enter〉键，出现 Y0 输出线圈，首行程序输入完毕。

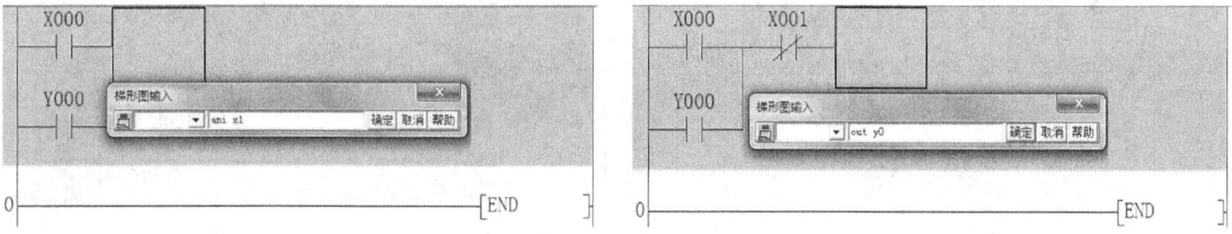

a)　　　　b)

图 5-9　梯形图编制步骤

6）将光标移到新一行，输入 ld y0，按〈Enter〉键，如图 5-10a 所示输入 out t0 k100，按〈Enter〉键，第二行程序出现，如图 5-10b 所示。

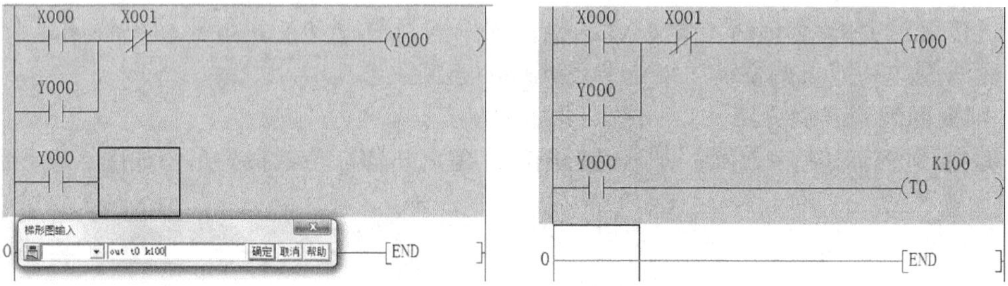

a)　　　　b)

图 5-10　梯形图编制步骤

7）将光标移到新一行，输入 ld t0，按〈Enter〉键，输入 out y1，按〈Enter〉键，则所有程序输入完成，如图 5-11 所示。

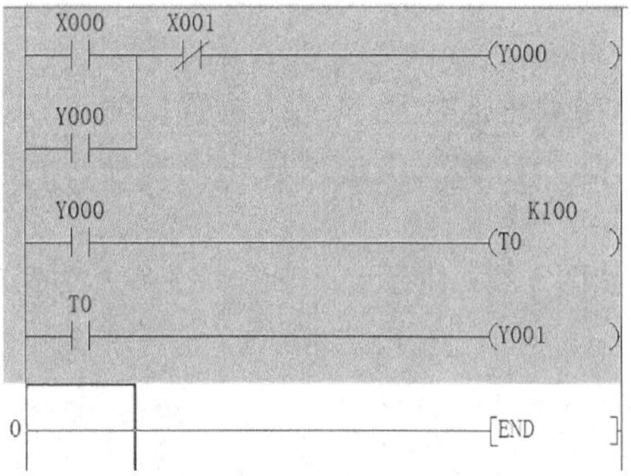

图 5-11　梯形图输入完成

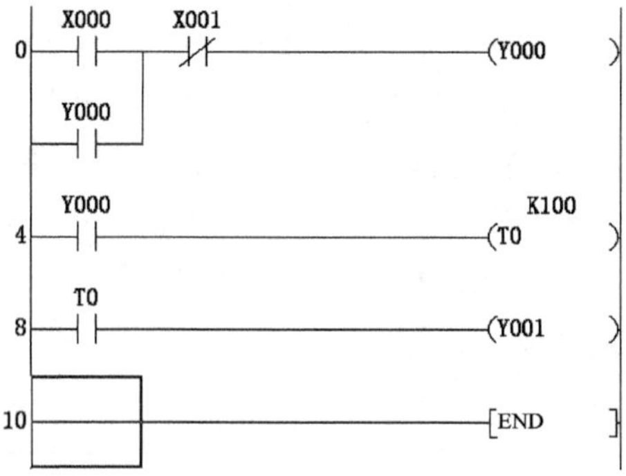

图 5-12　转换后的梯形图

8）程序的转换。程序输入完成后，需进行转换处理才能保存并下载至 PLC 中。单击菜单栏中的“变换”或工具栏中的按钮，也可以直接按快捷键〈F4〉进行转换。如图 5-12所示，可以看到编程内容由灰色变为白色显示，表明转换完成。如无法转换，则表明梯形图有输入错误，此时光标将停留在出错的位置，需进行修改后再次转换。

9）程序检查。单击菜单栏中“工具”→“程序检查”命令，或直接单击快捷图标，弹出对话框如图 5-13 所示，选择检查内容、检查对象，单击“执行”按钮；即可对已编辑的程序进行指令语法、双线圈输出、梯形图、软元件、一致性等方面的检查，如存在编辑错误，将会给予提示以便于修改。

10）程序保存。程序的变换完成后，单击菜单栏中的“工程”→“保存工程”命令，或直接单击快捷图标，弹出对话框如图 5-14 所示，输入保存路径，工程名，单击“保存”按钮，该工程将被保存到指定的位置。

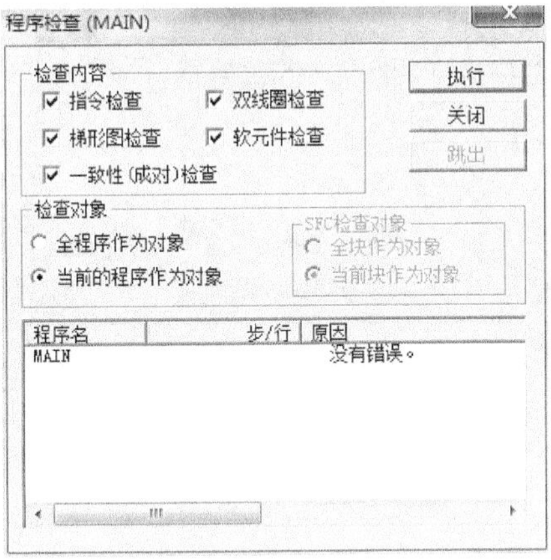

图 5-13 “程序检查”对话框

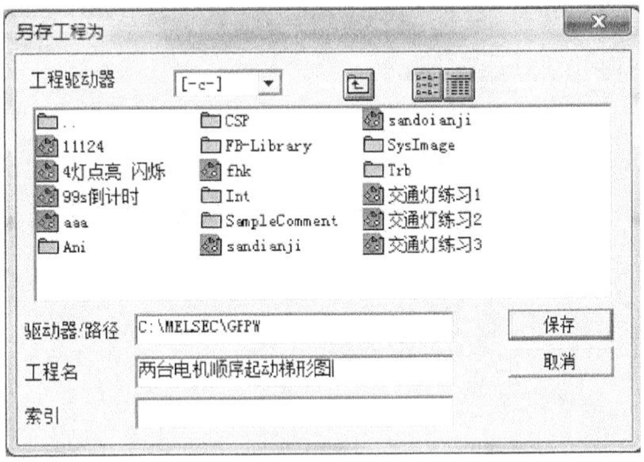

图 5-14 程序保存对话框

5.2.2 程序在线传输

程序在线传输可以实现 PLC 程序读取、PLC 程序写入、PLC 校验及远程操作等功能。

传送程序前，应采用指定的电缆及转换器将计算机 RS-232 端口与 PLC RS-422 通信端口连接。

1. 检查传输设置

PLC 通电后，单击菜单栏中“在线”→“传输设置”命令，出现“传输设置”对话框，单击“串行/USB”，选择正确的计算机串口号和传送速度后，单击“确认”按钮；然后单击“通信测试”按钮，将会出现连接成功指示，如图 5-15 所示。单击“确认”按钮后退出。

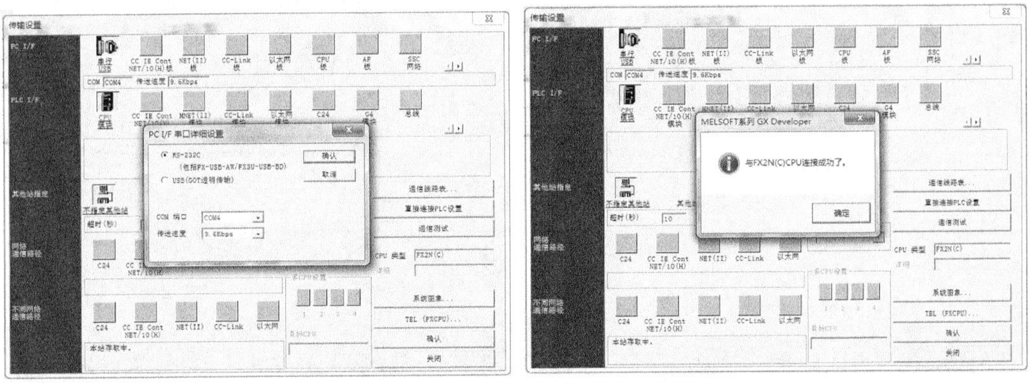

图 5-15 检查传输设置

2. PLC 程序读取（上传）

使用 PLC 读取功能，可将连线的 PLC 内部程序上传到计算机中。

PLC 通电后，单击菜单栏中的“在线”→“PLC 读取”命令，在弹出的“PLC 读取”对话框中，选择程序及其他读取项目后，单击“执行”按钮然后确认，则会出现 PLC 程序读取进度框；等待一段时间后，PLC 程序读取完成，显示已完成提示框，如图 5-16 所示；单击“确定”按钮，从 PLC 读取的程序将显示在编辑区。

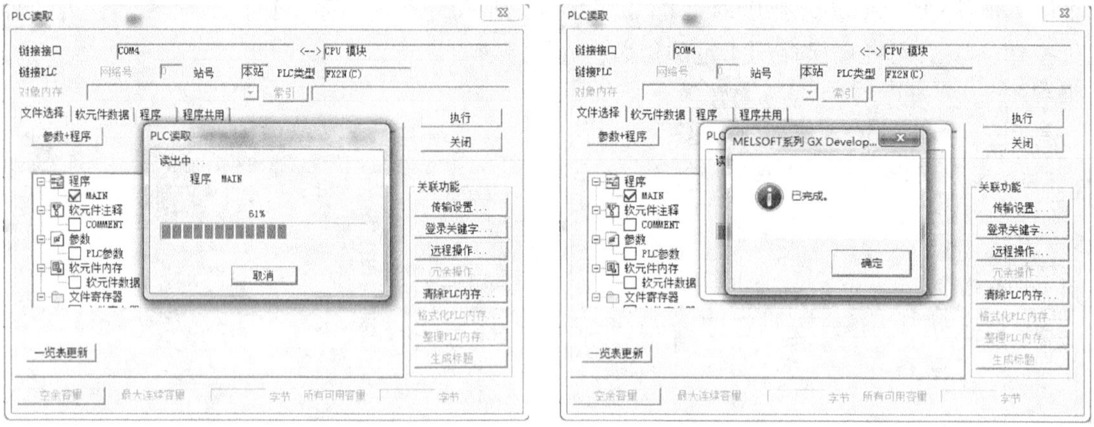

图 5-16　PLC 程序的读取

3. PLC 程序写入（下载）

使用 PLC 写入功能，可将计算机中已编辑好的程序下载到 PLC。

PLC 通电后，单击菜单栏中“在线”→“PLC 写入”命令，在弹出的“PLC 写入”对话框中，选择程序、软元件注释、参数等选项后，单击“执行”按钮然后确认，则会出现 PLC 程序写入进度框；等待一段时间后，PLC 程序写入完成，显示已完成提示框，如图 5-17所示。

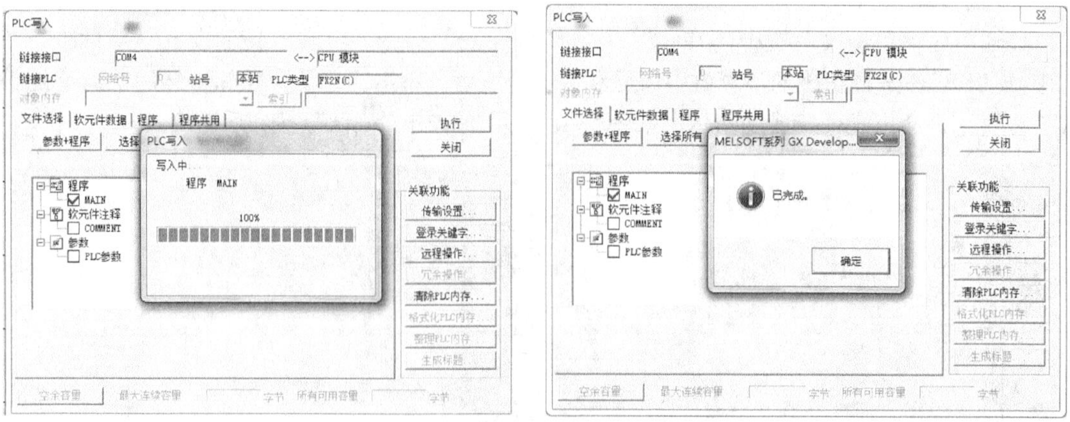

图 5-17　PLC 程序写入

为缩短程序写入时间，在 PLC 写入时，可选择步范围写入方式。在选择程序、软元件注释、参数等选项后，在“PLC 写入”对话框中单击“程序”按钮，指定范围中选择“步范围”，如图 5-18 所示；在“结束”文本框内填入程序步数（程序步数为总步数减 1，程序总步数显示在软件界面顶部的标题栏中），如 66 步，单击“执行”按钮，程序将快速写入 PLC 中。

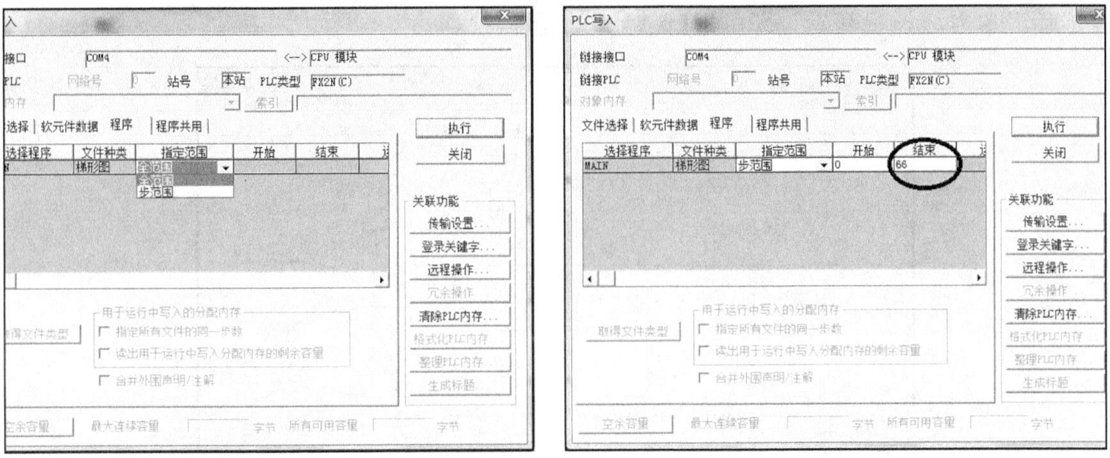

图 5-18　PLC 步范围写入方式

5.2.3　程序的运行及监控调试

程序下载完成后，只有经过调试运行才能发现程序中不合理的地方，并及时予以修改，以满足实际控制要求。通过软件的监视和调试功能，可以实现程序的运行监控和在线修改。

1. 程序运行

程序下载完成后，通过执行菜单栏“在线”→“远程操作”命令，可将 PLC 设定为 RUN（运行）模式，或者手动调整 PLC 本体左下角的“RUN/STOP”开关，让 PLC 进入 RUN 模式。此时 PLC 运行指示灯（RUN）点亮。

2. 程序监视

PLC 运行后，执行菜单栏“在线”→“监视模式”命令，就可进行梯形图的监控了。在监视模式，PLC 主机内“接通”的元件显示为蓝色，定时器、计数器的当前值显示在软元件的下方，如图 5-19 所示。选择监视写入模式时，监控同时可进行程序的编辑修改。单击“监视模式”→“监控停止”命令，即可停止监控。

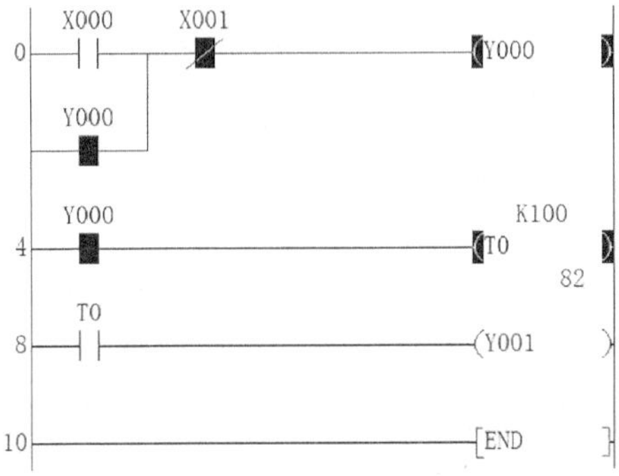

图 5-19　程序的监控界面

在监视模式下，还可进行软元件批量监视、软元件登录监视和缓冲内存批量监视。

1）软元件批量监视。如图5-20所示，软元件批量监视只能对某一种类的软元件进行监控，在设置对话框中，可输入需要监控的软元件起始号、选择监视形式、显示格式等。设置完成后，单击“监视开始”即可进行软元件批量监视。

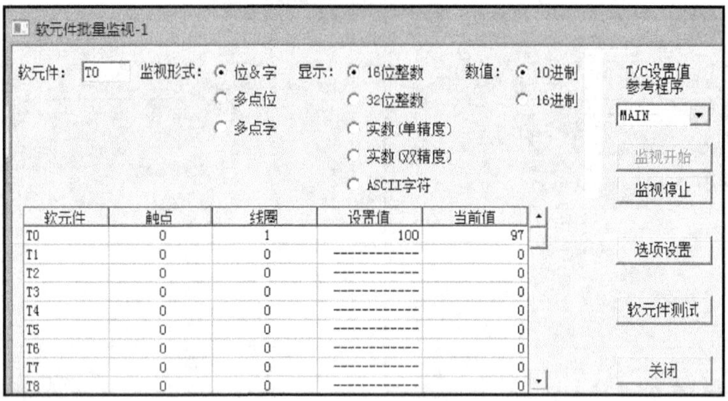

图5-20　软元件的批量监视

2）软元件登录监视。如图5-21所示，软元件登录监视可以在一个画面同时监控不同位置和不同种类的软元件，在设置对话框中，通过“软元件登录”依次输入需要监控的软元件种类及编号，设置完成后，单击“监控开始”按钮即可显示运行情况。

图5-21　软元件的登录监视

3）缓冲内存批量监视。缓冲内存批量监视适用于监控特殊功能模块的缓冲寄存器状态，其对话框设置内容与软元件批量监视相同。

3. 程序调试

将制作完成的程序写入PLC后，即可启用程序调试功能进一步修改与完善程序。程序调试功能包括软元件测试，程序的部分执行，单步执行等方式。调试功能可在PLC运行后，执行菜单栏“在线”→“调试”命令进入。需注意的是，对于FX系列PLC，程序的部分执行、单步执行功能仅在使用GX Simulator仿真软件时有效。

1）软元件测试。该功能可对PLC内部软元件进行强制ON或OFF操作，或更改字软元件的当前值。在程序调试模式下，选择软元件测试，出现“软元件测试”对话框，如图 5-22所示。

在“软元件”文本框内输入待测试的元件号，如 X1，完成后可通过框下的选择按钮强制改变元件状态，如图 5-22 所示。

同样，在“当前值更改”对话框中，在“软元件”文本框内输入待测试的元件号，如 C0，在“设置值”文本框内填入需更改的当前值，如 3，完成后单击“设置”按钮，如图 5-23所示。

图 5-22　软元件测试

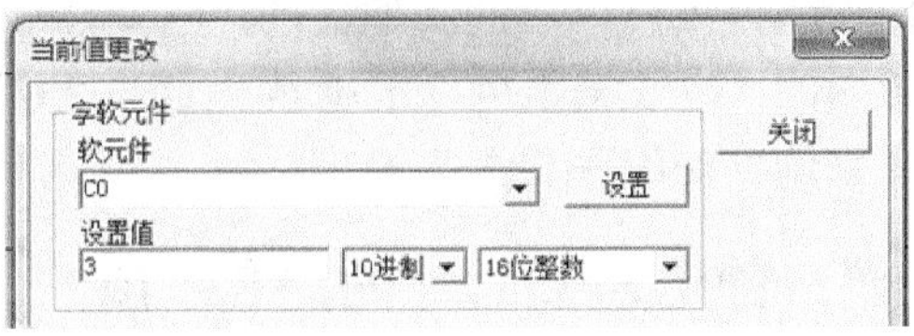

图 5-23　软元件当前值的更改

2）程序的部分执行及单步执行。对于 FX 系列 PLC，该功能只能与 GX Simulator 仿真软件配合使用。部分执行功能可指定程序执行的范围，以检查运行结果；单步执行可让程序逐条指令执行。

5.2.4　梯形图注释

梯形图注释即程序描述，用于标明程序图块的功能及各软元件的意义和应用。通过添加注释，使程序更便于阅读和交流。

创建软元件注释可通过选择“工程数据列表”→“软元件注释”→“COMMENT”命令进入；也可单击快捷按钮，完成相应的注释编辑。图 5-24 为标注注释后电动机顺序起动电路梯形图。

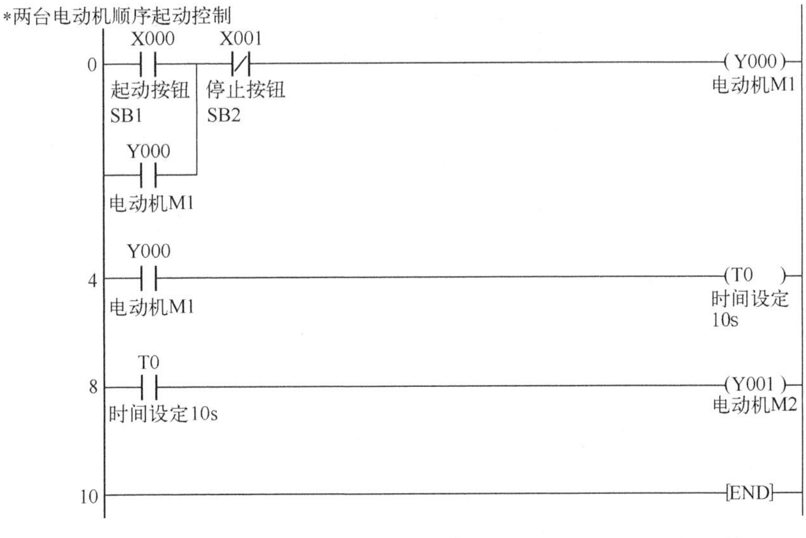

图 5-24　梯形图注释

5.3 顺序功能图编程方法

顺序功能图（Sequential Function Chart，SFC）是一种新颖的、按工艺流程图进行编程的图形化编程语言，也是一种符合国际电工委员会（IEC）标准，被首选推荐用于可编程序控制器的通用编程语言。

在 GX Developer 编程软件中，可以使用步进梯形图指令（STL、RET）来编制顺序控制电路程序，也可以选择图形化的 SFC 编程方法。步进梯形图指令与顺序功能图编程本质上是相同的。SFC 编程可以清晰地描述由 PLC 控制的机器或设备的动作顺序，便于从总体上掌握系统，使编程更为容易。

5.3.1 创建 SFC 程序的注意事项

1）使用 GX Developer 编程软件创建 SFC 程序时，一个 SFC 过程称为一“步”或一个“状态”。不同的步或状态采用序号区别，步号（状态号）用状态继电器 S 来描述，如 S0，S22。

在状态继电器 S 中，状态 S0 ~ S9 为初始化步，作为 SFC 块的起始号，一个程序最多可创建 10 个 SFC 块。S10 及更高号可作为一般步号，每个块的最大步号为 512，且每个步号只能使用一次。

2）SFC 编程的流程结构分为单流程结构、选择分支结构、并行分支结构，如图 5-25 所示。编程时需要注意：在任一并行分支或选择分支情况下，分支电路数不超过 8 条；多级分支时，每个初始化步不得超过 16 条分支电路。

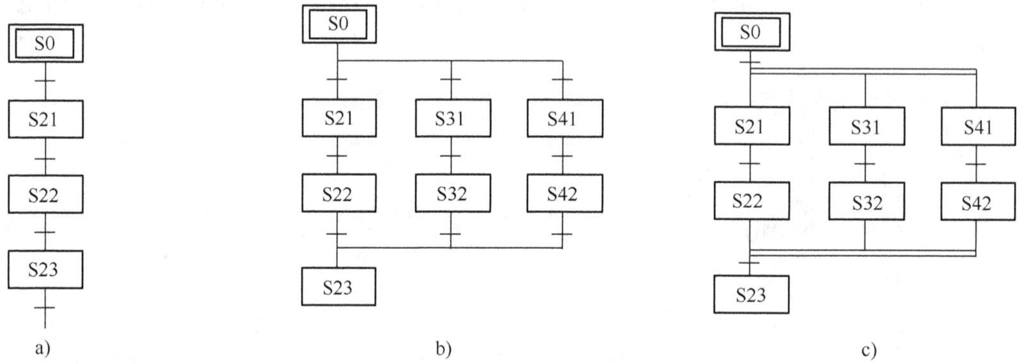

图 5-25　SFC 流程结构
a）单流程　b）选择分支-汇合结构　c）并行分支-汇合结构

3）编辑好的 SFC 程序可通过设置“工程”→“编辑数据”→“改变程序类型”，转化为梯形图程序，反之亦然。

5.3.2 SFC 编程界面

SFC 编程界面整体构成如图 5-26，SFC 图表编辑界面如图 5-27。

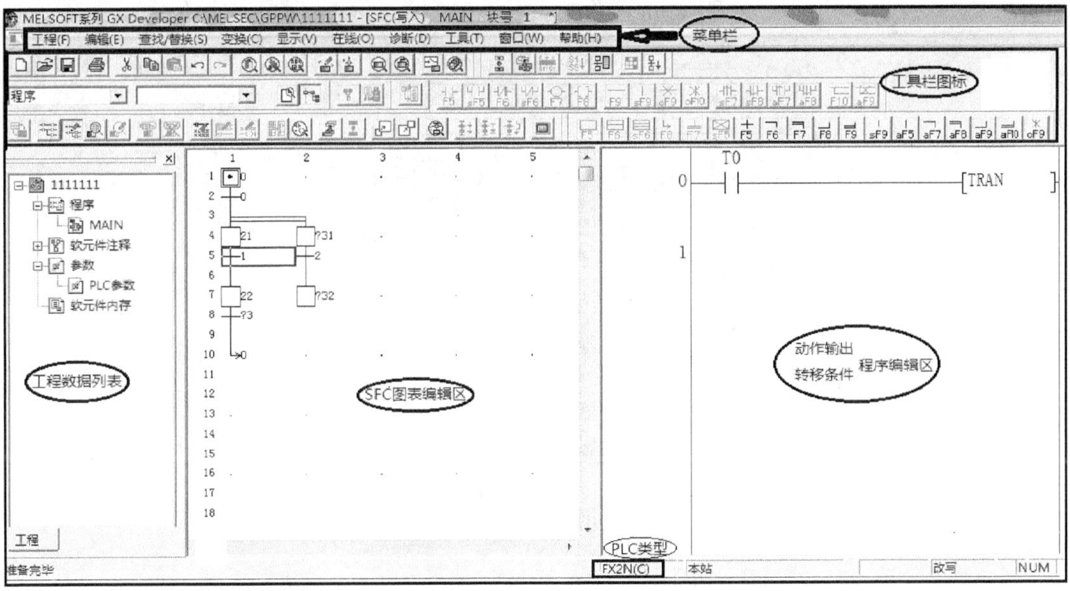

图 5-26　SFC 整体编辑界面

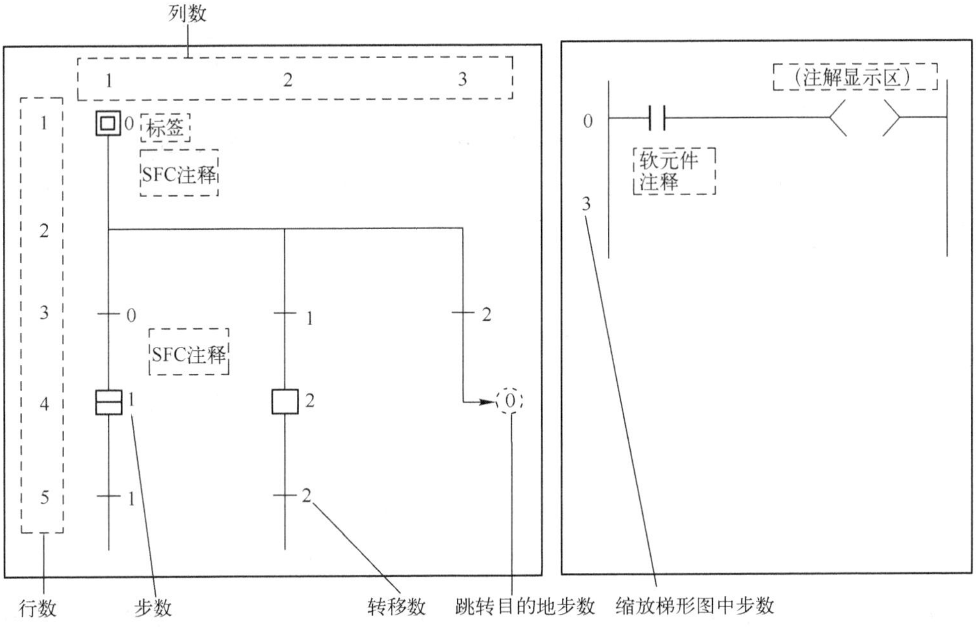

图 5-27　SFC 图表编辑界面

5.3.3　SFC 编程示例

下面以图 5-28 所示的“按钮式人行横道交通灯顺序控制”功能图为例，讲解 SFC 编程录入方法，该功能图包含单序列、并行、跳步等结构，是一种含有多种结构的顺序功能图，具有一定的代表性。

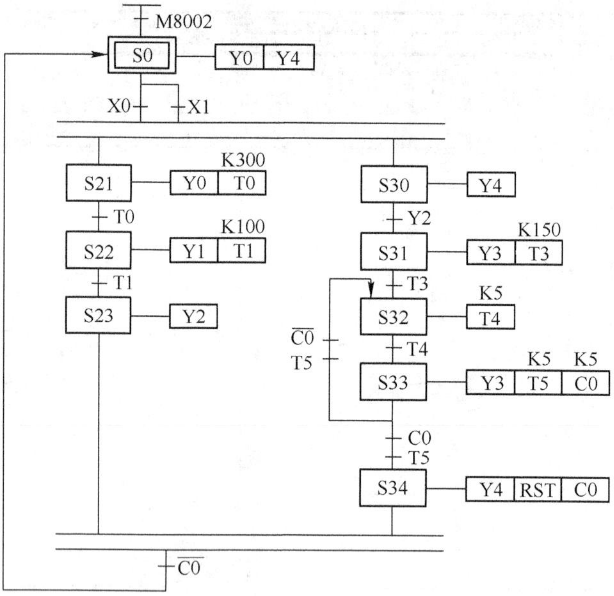

图 5-28　按钮式人行横道交通灯顺序控制功能图

1）创建新工程：启动 GX Developer 编程软件，单击菜单栏的“工程”→“创建新工程”命令，在弹出的“创建新工程”对话框中，程序类型选择“SFC”，设置好工程名和保存路径，完成后单击“确定”按钮。

2）弹出块列表窗口，双击第 0 块，弹出“块信息设置”对话框如图 5-29a。在“块类型选项”中，选取“梯形图块”，单击“执行”按钮，出现梯形图编辑窗口，如图 5-29b。

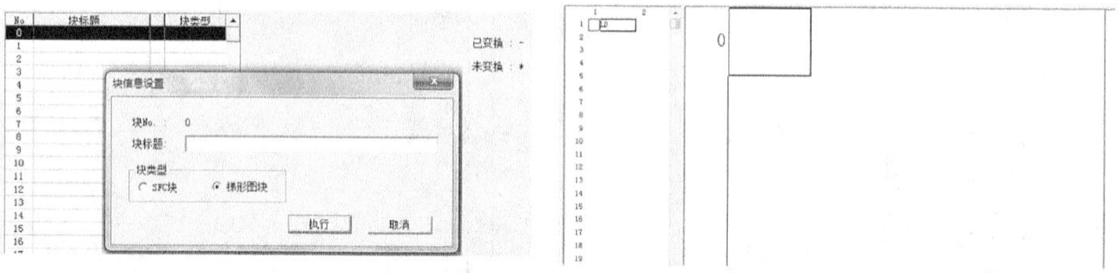

a)　　　　b)

图 5-29　块列表窗口及其梯形图编辑窗口

a）“块信息设置”对话框　b）梯形图编辑窗口

Gx Developer 编程软件中，SFC 程序主要由初始状态、通用状态、返回状态等几种状态来构成，但在编程时，这几个状态的编写方式是不一样的，这需要注意。

SFC 程序总是由初始状态开始，故初始状态必须激活，而激活的通常方法是利用一段梯形图程序，且这一段梯形图程序必须放在 SFC 程序的开头部分。所以，在这里应选择梯形图块，在“块标题”文本框中，填写该块的说明标题，也可以不填。

在梯形图编辑窗口中，按照交通灯顺序功能图初始状态 S0 的激活条件，完成梯形图输入，如图 5-30。输入完成后，单击变换或按〈F4〉快捷键，完成梯形图的变换。需注意的是，在 SFC 程序的编制过程中，每一个状态中的梯形图编制完成后必须进行变换，这样才能进行下一步工作，否则会有出错信息。

变换完成后，双击数据列表窗口中的“程序”→“MAIN”选项，将返回块列表窗口，如图 5-31 所示。

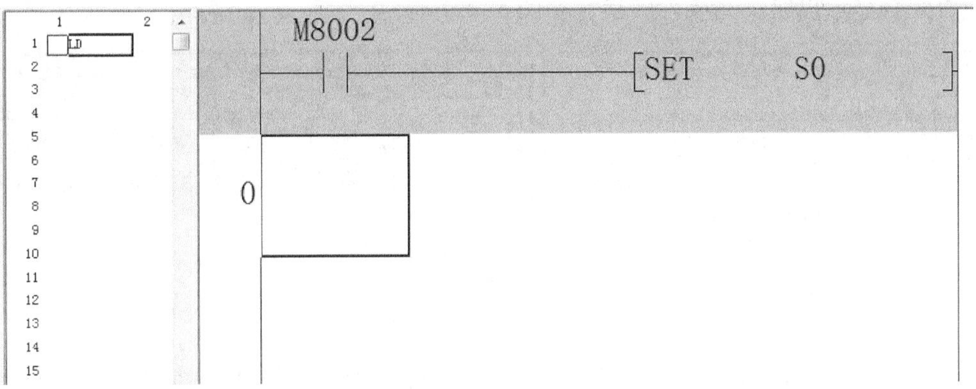

图 5-30　SFC 程序初始步的激活

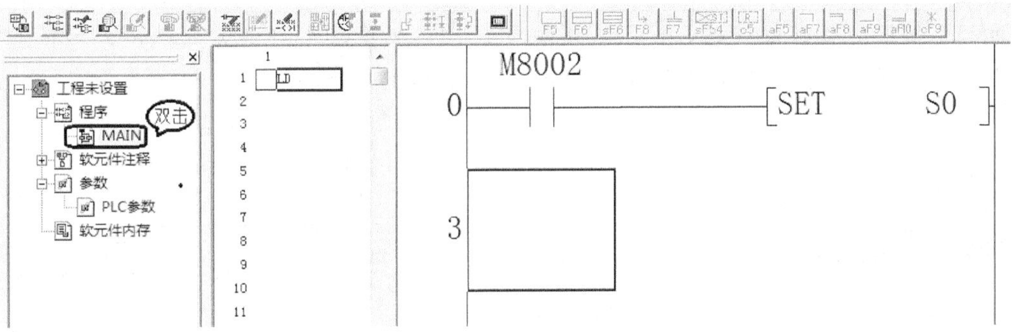

图 5-31　返回块列表的操作界面

3）在块列表窗口中，双击第 1 块，出现“块信息设置”对话框，在“块类型”选项中，选取“SFC 块”，单击“执行”按钮，出现 SFC 程序编辑窗口，此时光标变成空心矩形。

双击 1 行 1 列，弹出“SFC 符号输入”对话框，如图 5-32a 所示，图标号选择“STEP”“0”（注：图标号选项中“STEP”表示步号，“JUMP”表示跳步，“｜”表示连线），单击“确定”按钮，出现初始状态图标；继续将光标放置到 1 行 1 列，右侧出现梯形图编辑窗口，输入 S0 状态动作输出，完成后转换，此时标号旁的“？”将消失，如图 5-32b。

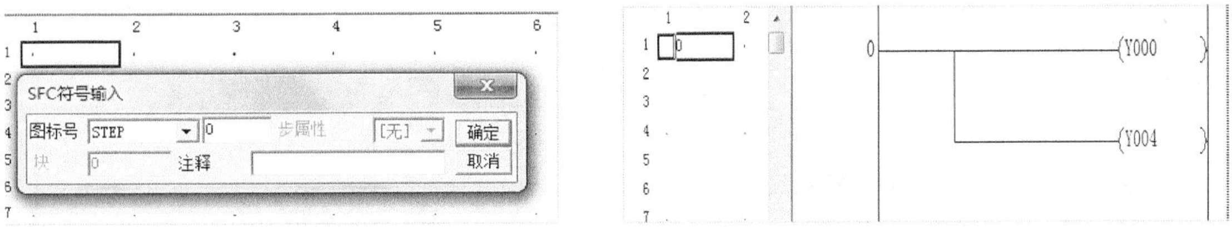

a)　　b)

图 5-32　初始步的设定及梯形图输入

a）“SFC 符号输入”对话框　b）梯形图输入

双击 S0 状态栏下的 2 行 1 列，图标号选择“TR”，号数选择默认“0”，单击“确定”按钮，出现初始状态转移条件，如图 5-33a；继续将光标放置到 2 行 1 列，在梯形图编辑窗口，输入 S0 状态中转移条件，需注意，SFC 编程时转移条件的输出结果统一用“TRAN”表示，否则会显示出错；完成后转换，如图 5-33b。

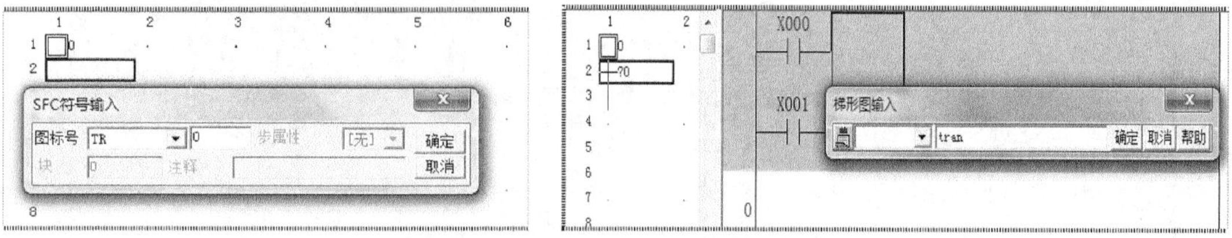

a)　　　　b)

图 5-33　转移条件的输入

4）并行分支、选择分支结构的输入。双击 3 行 1 列，如图 5-34a 所示，图标号选择“==D”（注：图标号选项中“TR”表示转移条件，“－－D”表示选择分支，“==D”表示并行分支，“－－C”表示选择汇合，“==C”表示并行汇合，“|”表示连线），数字栏填入向右扩展的分支数目“1”，单击“确定”按钮，出现两条并行分支结构；则若要建立三条并联分支结构，则可在数字栏填入“2”，结构如图 5-34b。

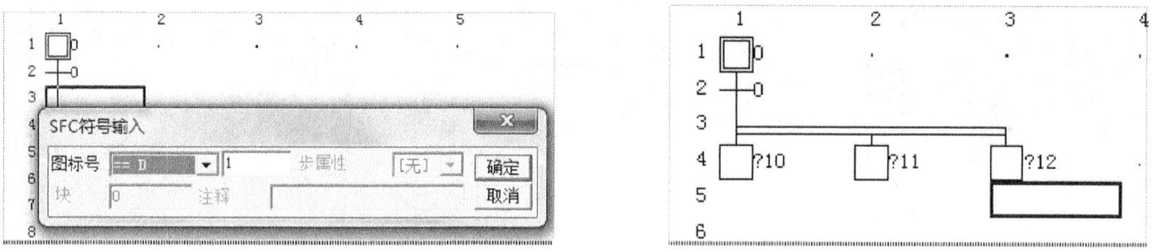

a)　　　　b)

图 5-34　并行分支的建立

5）通用状态的输入。按照上面介绍的输入方法，双击 4 行 1 列，图标号选择“STEP”，步号填入“21”，单击“确定”按钮；在其下方继续输入转移条件，图标号选择“TR”，号数选择默认的“1”，单击“确定”按钮，完成后，移动光标，编辑动作输出、转移条件的梯形图并转换，如图 5-35 所示。

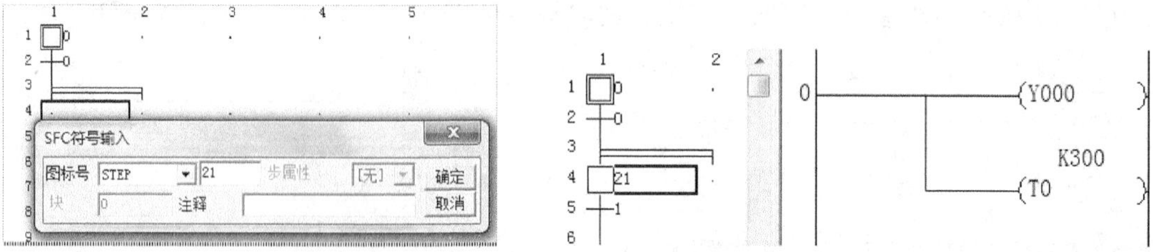

图 5-35　通用状态的输入

6）采用相同的方法将“按钮式人行横道交通灯顺序控制”系统流程中所有的通用状态录入并编辑完成，如图 5-36 所示。

7）返回或跳转的编辑。SFC 程序在执行过程中，无一例外的会出现返回或跳转的编辑问题，这是执行周期性的循环所必需的。要在 SFC 程序中出现跳转符号，需用“JUMP”指令加目标号进行设计。

本例中，S33 状态后有分支和跳转结构，编辑时，先将光标移至 S33 下方，双击，在“SFC 符号输入”中选择“－－D”（选择分支），分支数填入“1”，单击“确定”按钮；在两条分支下方继续输入转移条件，图标号选择“TR”，号数选择默认，单击“确定”按钮；如图 5-37 所示。

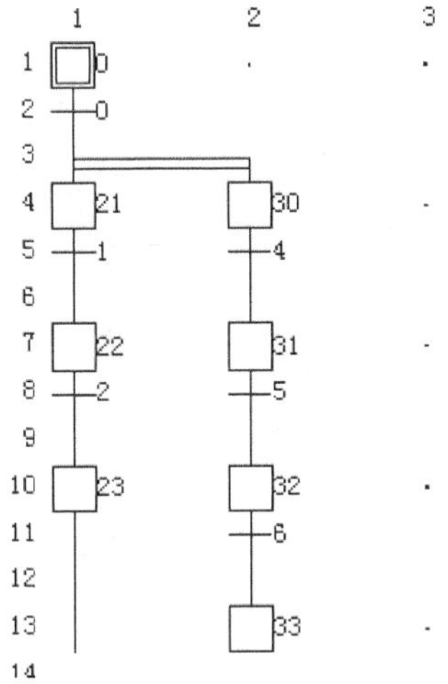

图 5-36　按钮式人行横道交通灯 SFC 输入

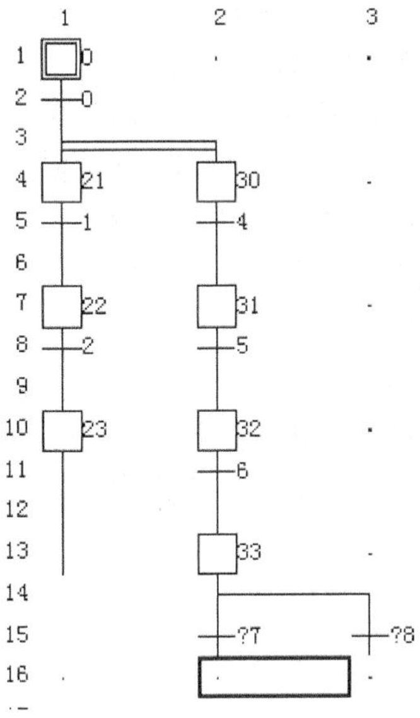

图 5-37　选择分支录入

按照本例，两条分支分别顺序转移到 S34 和循环跳转到 S32，故在各分支下依次输入状态。对于跳转分支，通过双击，在弹出的对话框中，图标号选择“JUMP”，跳转号填入“32”，单击“确定”按钮。完成后，移动光标，编辑动作输出、转移条件的梯形图并转换。输出结果如图 5-38 所示。

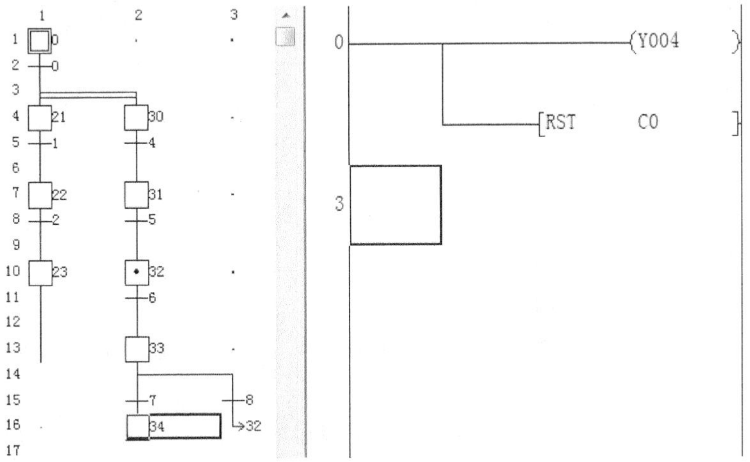

图 5-38　循环跳转和顺序转移录入界面

当输入完跳转符号后，在 SFC 编辑窗口中将会看到，S32 步号框中多出一个小黑点，表明该步为跳转返回的目标步，这也为阅读 SFC 程序提供了方便。

8）并行、选择汇合结构的输入。双击两条支路汇合的位置（17 行 1 列），图标号选择“ = = C”（并行汇合），汇合分支数为“1”，单击“确定”按钮，出现汇合线，将 S23、S34 两步汇合到一起。继续编辑，输入转移条件，跳转回初始步 S0。完成后，移动光标，编辑动作输出、转移条件的梯形图并转换。至此，所有状态输入完成，如图 5-39 所示。

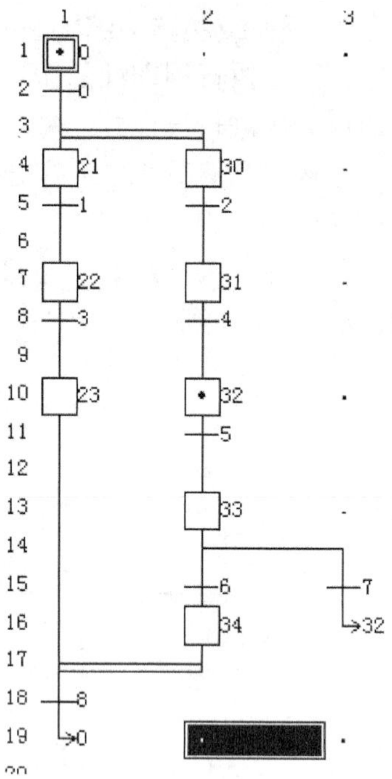

图 5-39　支路的汇合与跳转

9）SFC 程序变换。当所有 SFC 程序编辑完后，可单击“变换”按钮进行 SFC 程序的变换（编译），在变换时会弹出“块信息设置”对话框，输入相应主题，也可不用理会，只单击“执行”按钮即可，如图 5-40 所示。经过变换后的程序如果成功，就可以进行仿真实验或写入 PLC 进行调试了。

10）程序类型的变换。通过程序类型的改变，可实现 SFC 程序和梯形图之间的相互转换。单击菜单栏“工程”→“编辑数据”→“改变程序类型”命令，弹出如图 5-41a 所示对话框，程序类型选择“梯形图”，将编辑好的 SFC 程序转化为梯形图，如图 5-41b 所示。

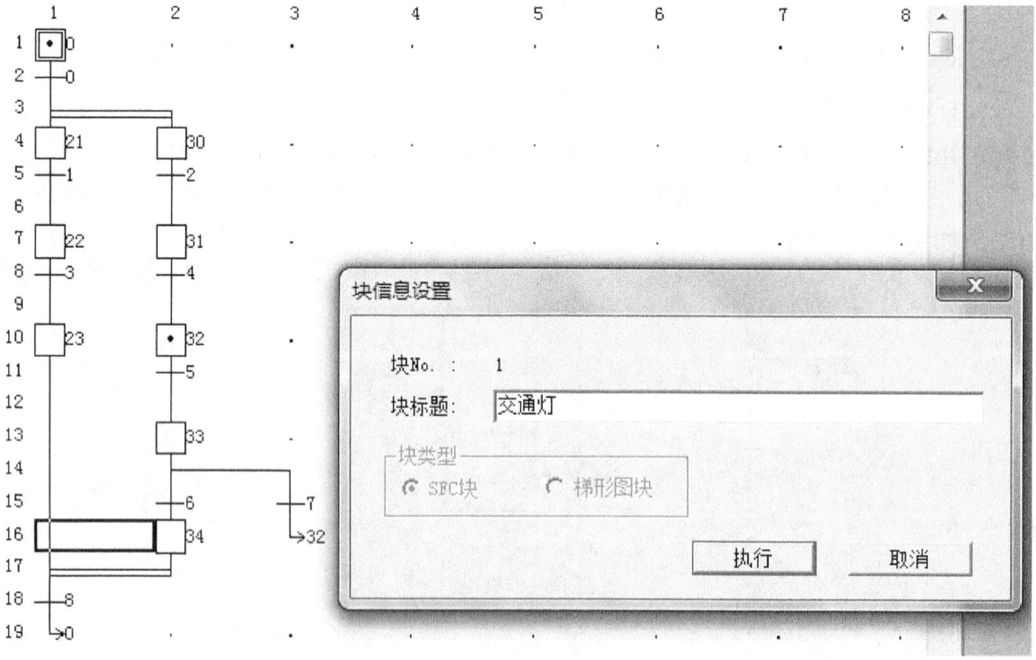

图 5-40　块信息设置

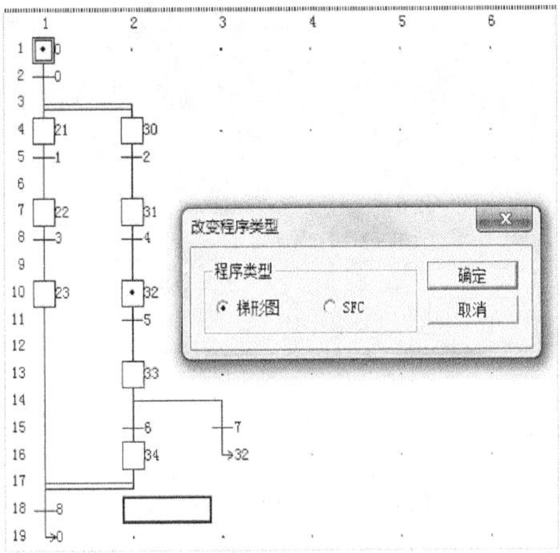

a)

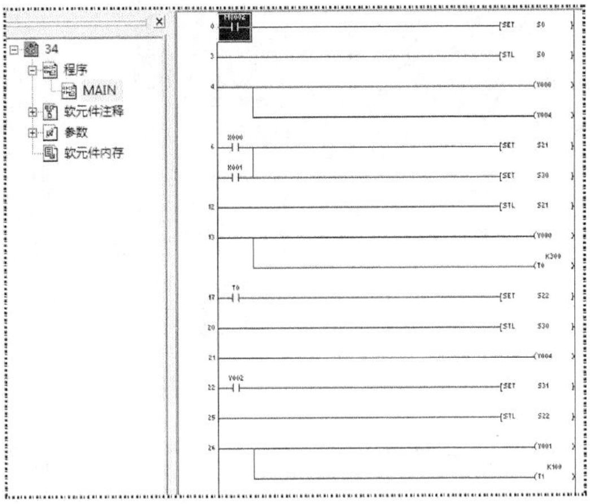

b)

图 5-41　SFC 程序与梯形图的转换

5.4　GX Simulator 仿真软件使用

GX Simulator 仿真软件是 GX - Developer 编程软件的一个附加软件包，只要在装有 GX Developer编程软件的计算机内加装 GX Simulator，就可进行仿真操作，GX Simulator 相当于 GX Developer 编程软件的插件。

GX Simulator 仿真软件安装完成后，可以实现不连接 PLC 的仿真模拟调试，即将编写好的程序在计算机中虚拟运行，对程序进行不在线的调试，从而大大提高程序开发效率。

下面以上述的电动机顺序起动梯形图电路为例，简单介绍 GX Simulator 仿真软件的使用。

1）程序编辑完成后，单击菜单栏“工具”→“梯形图逻辑测试起动”命令，或直接单击快捷图标，启动仿真。

2）仿真启动后，程序将写入虚拟 PLC 中，并显示写入进度，如图 5-42a 所示。写入完成后，出现仿真窗口，如图 5-42b 所示。此时程序自动运行并进入监视状态，如图 5-43 所示。

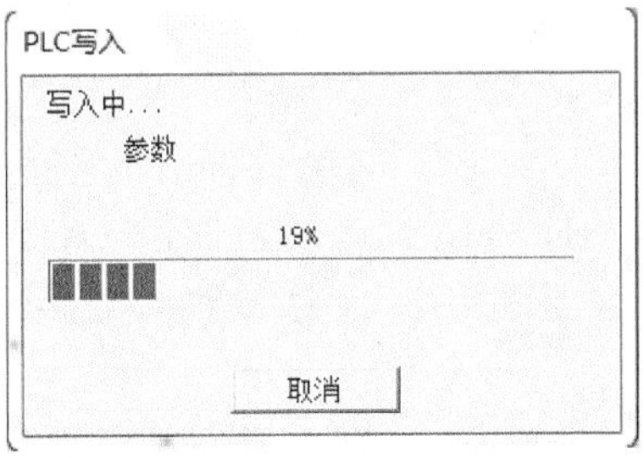

a)

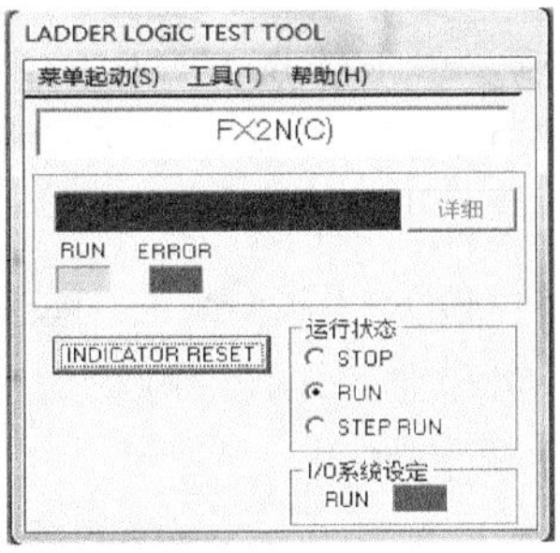

b)

图 5-42　仿真操作界面

a）程序的写入　b）仿真窗口

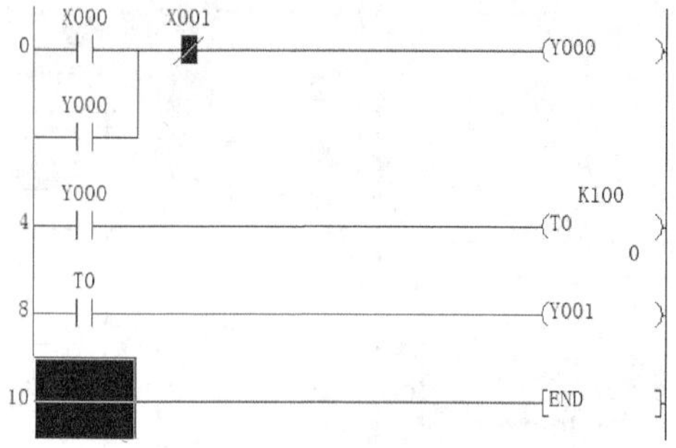

图 5-43　程序仿真运行

3）进行软元件测试。通过单击工具栏“在线”→“调试”→“软元件测试”命令，或者直接单击软元件测试快捷按钮，也可单击鼠标右键后，在弹出的快捷菜单中选择“软元件测试”，则弹出“软元件测试”对话框，如图 5-44 所示。

在该对话框中“位软元件”栏中输入要强制的位元件，如 X0，若需要把该元件置 ON，则单击“强制 ON”按钮，如需要把该元件置 OFF，则单击“强制 OFF”按钮。该例中，X0 为起动按钮，可先单击“强制 ON”按钮，再单击“强制 OFF”按钮，模拟按钮动作情况。操作后，程序将开始动作。接通的触点和线圈都用蓝色表示，同时可以看到字元件 T0 的数据在变化。

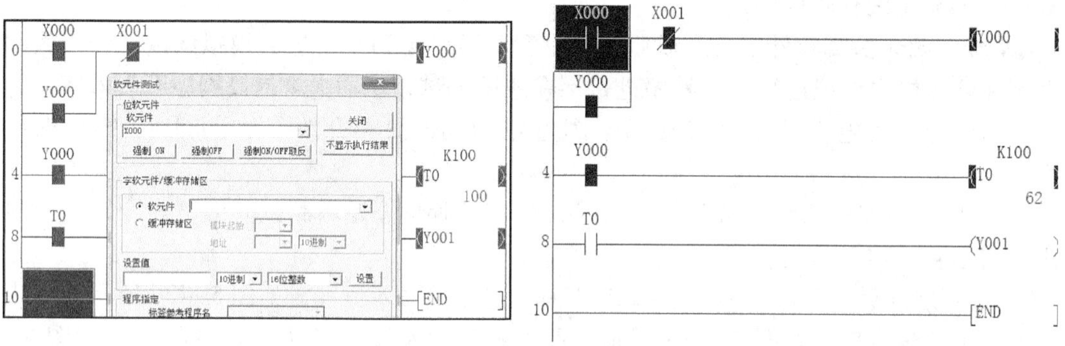

图 5-44　软元件仿真测试

4）软元件监控。单击仿真窗口中的“菜单起动”→“继电器内存监视”命令，在弹出的窗口中，单击“软元件”，选择需要监控的软元件，如 X0、X1、Y0、Y1、T0 等。监控界面如图 5-45 所示。

在监控界面中，位元件置 ON 的用黄色显示，字元件显示当前值。对于位元件，在相应位置用鼠标双击，可以强制 ON，再双击，可以强制 OFF，对于数据寄存器 D，可以直接置数，调试程序非常方便。

5）时序图监控。单击仿真窗口的“菜单起动”→“继电器内存监视”命令，出现窗口监视界面，单击“时序图”→“起动”，出现时序图监控界面。选择“软元件”→“软元件登录”，依次输入需监控的软元件，如 X0、X1、Y0、Y1、T0 等，完成后单击则监控开始，如图 5-46 所示，可以观测程序中各元件的变化时序图。

6）程序的部分执行、单步执行。对于 FX 系列 PLC，该功能只能与 GX Simulator 仿真软

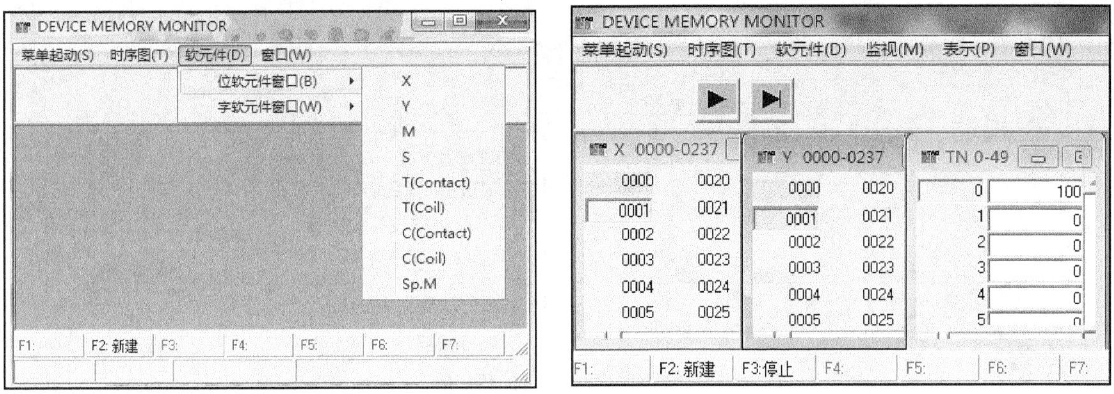

图 5-45 仿真元件的监控界面

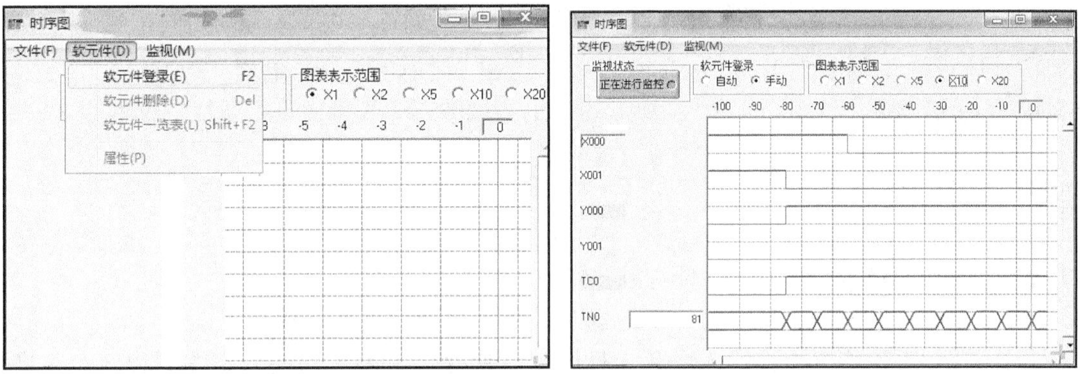

图 5-46 时序图的调用与监控

件配合使用。在监视模式下，单击菜单栏“在线”→“调试”→“调试”，可启用该功能。如图 5-47 所示再次进入后，选项中部分执行、单步执行、跳跃执行功能被激活。

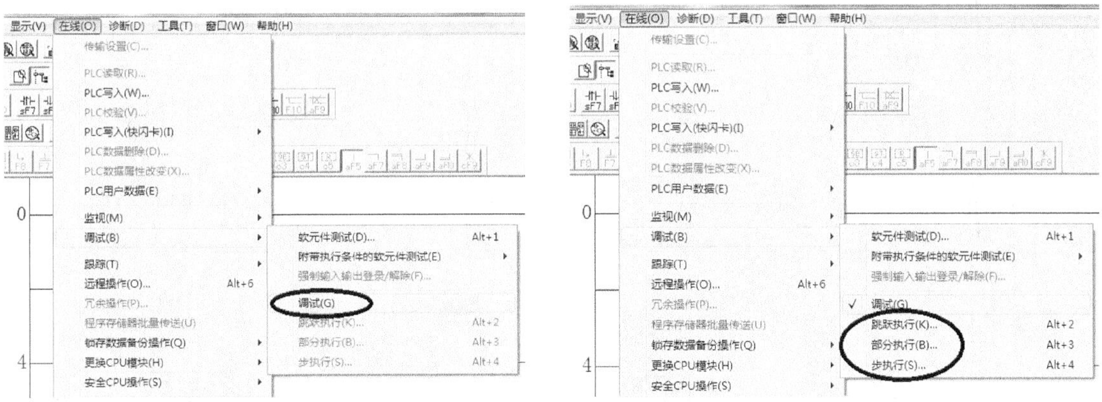

图 5-47 启用部分执行、单步执行功能

部分执行功能可指定程序执行的范围，以检查运行结果。单步执行功能可让程序逐条指令执行。功能对话框如图 5-48 所示。

7）退出 PLC 仿真运行。在对程序仿真测试时，通常需要对程序进行修改，这时要退出

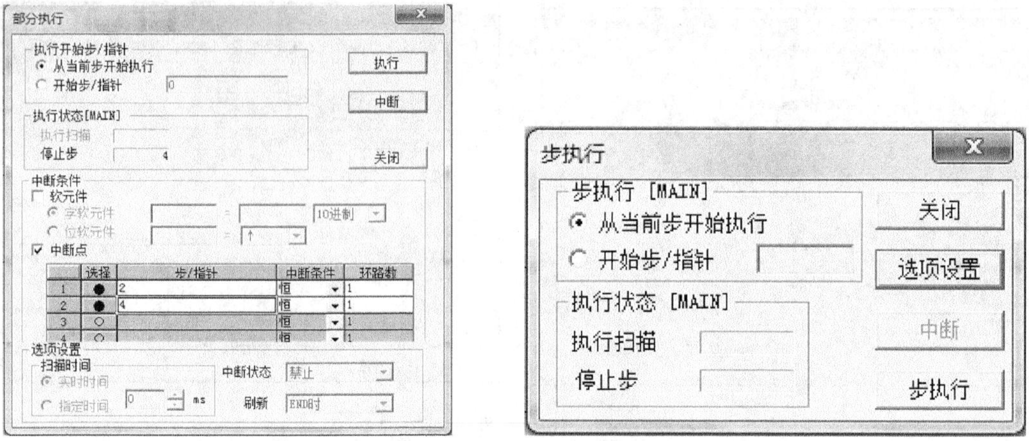

图 5-48　程序的“部分执行”、“步执行”对话框

PLC 仿真运行，重新对程序进行编辑修改。退出方法如下：先单击“仿真窗口”中的“STOP”，然后单击“工具”中的“梯形图逻辑测试结束”或再次点击快捷图标退出。

习题

5.1　GX Developer 编程软件具有哪些特点？

5.2　在计算机上安装 GX Developer 编程软件、并简述安装步骤。

5.3　分别采用指令直接输入法和工具按钮（快捷键）输入法输入下图的程序，并将程序保存到指定文件夹，命名为“3 台电机顺序起停系统程序”。

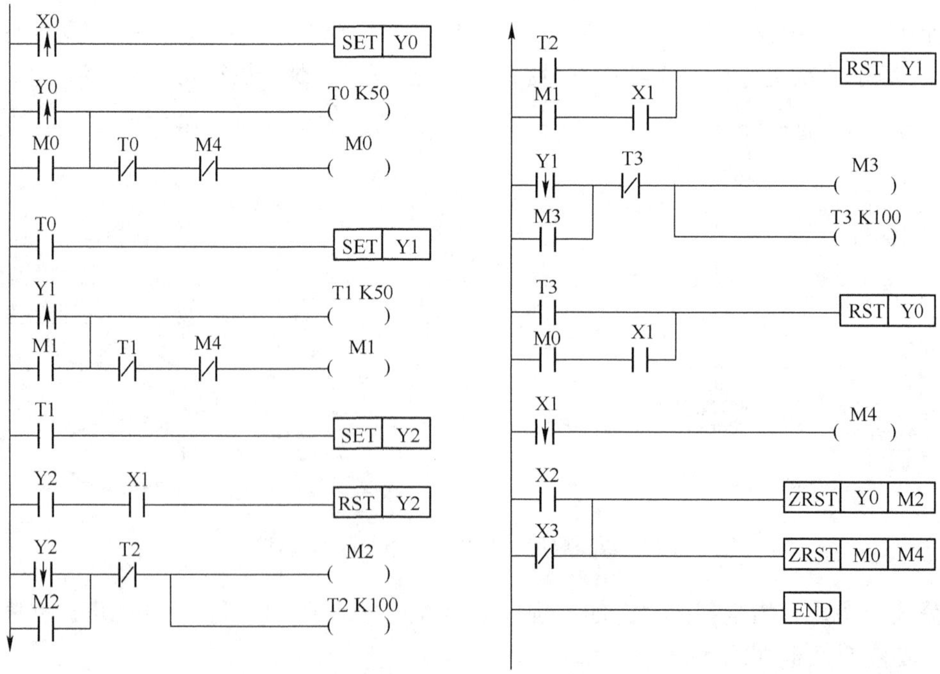

图 5-49　习题 5.3 图

5.4　对5.3题的“3台电动机顺序起停系统程序”进行梯形图注释编辑。

5.5　采用GX Simulator仿真软件，对“3台电动机顺序起停系统程序”进行仿真模拟调试。

5.6　采用顺序功能图（SFC）编程方法，编写“3台电动机顺序起停系统程序”，并调试运行。

第6章　常用程序设计方法

6.1　继电器控制电路移植法

在进行PLC控制系统设计时，如果是对原来采用继电－接触器控制的系统进行PLC技术改造，或者控制系统可以采用继电－接触器控制电路来实现，但希望改为PLC控制时，则可以选用移植法来完成电气系统的PLC设计。

这是因为原有的继电器－接触器控制系统已经过长期的使用和实践，可以满足系统的全部控制要求，而PLC梯形图与继电器控制电路原理图在表达方式和分析方法上都是十分相似的，因此可以根据继电器电路图直接设计PLC梯形图，也就是把继电器控制电路直接转化为具有相应功能的PLC外部接线图和梯形图。

继电器控制电路移植法是PLC控制系统设计时，尤其是用PLC对继电器控制系统进行技术改造时，使用的一种简便、可靠的设计方法。但需注意，移植法不是简单的代换，设计时也必须确保所获得的梯形图与原继电器控制电路图等效。

6.1.1　两台电动机顺序控制的实现

1. 任务描述

完成两台电动机的顺序起动、逆序停止的控制。

以锅炉鼓风机和引风机的电气控制为例。锅炉的鼓、引风机的作用是用来保障燃料充分燃烧，并维持锅炉房的卫生环境，因此鼓、引风机需配合以确保锅炉炉膛为微负压。

对锅炉鼓、引风机的电气控制提出如下要求：两台电动机起动时，必须先起动引风机再起动鼓风机；停止时，必须在鼓风机停止后，方可手动停止引风机。

2. 任务目标

原控制系统已经采用继电－接触器控制方式实现，现要求采用PLC进行技术改造。

采用继电器－接触器控制设计的主电路、控制电路如图6-1所示。

在图6-1a中，M1为引风机拖动电动机，由接触器KM1控制；M2为鼓风机拖动电动机，由接触器KM2控制；热继电器FR1、FR2为两台电动机提供过载保护。

在图6-1b中，SB1、SB2是引风机电动机的停止、起动按钮；SB3、SB4是鼓风机电动机的停止、起动按钮。两条控制支路都是简单的起保停控制电路，不同之处在于鼓风机控制支路中，串入了引风机控制接触器KM1的常开（NO）触点，确保只有引风机电动机起动后，鼓风机才能起动；而引风机控制支路中，在停止按钮SB1两端并联了KM2的常开（NO）触点，保证只有在鼓风机停止后，引风机才可手动停止，满足了实际控制要求。

3. 知识储备

该任务可采用PLC移植法完成。采用移植法进行设计时，原系统主电路保持不变，只需将控制电路替换为具有相应功能的PLC外部接线图和梯形图即可。基本步骤为：

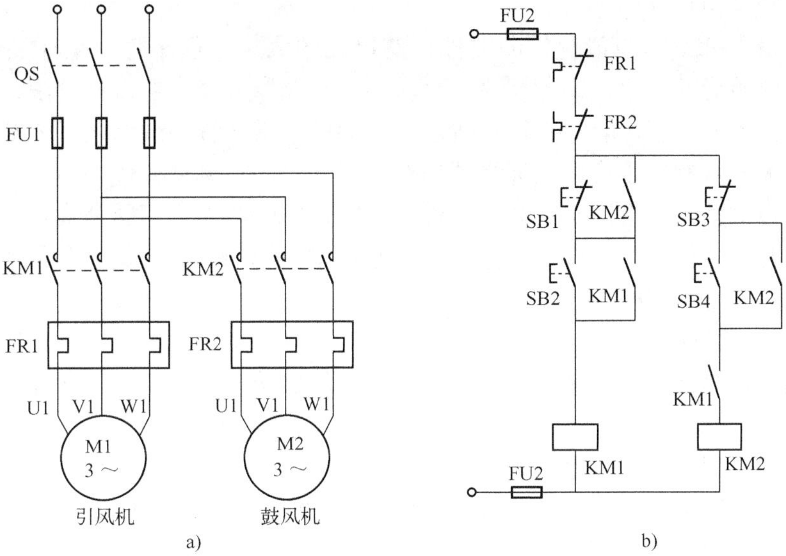

图 6-1　电动机顺序控制电路原理图

a）主电路　b）控制电路

1）熟悉被控设备生产工艺和动作顺序，掌握电气控制系统工作原理；

2）统计系统输入输出点数，完成 PLC 选型和 I/O 点数的分配；并绘制 PLC 外部接线图；

3）根据 PLC 外部接线图，将原有继电－接触器控制电路转化为具有相同控制功能的 PLC 程序，即梯形图；

4）验证并确保系统正常工作。

4. 任务实施

（1）PLC 的选型和 I/O 点数的分配

随着 PLC 技术的发展，PLC 产品的种类也越来越多。不同型号的 PLC，其结构形式、性能、容量、指令系统、编程方式、价格等也各有不同，适用的场合也各有侧重。因此，合理选用 PLC 对于提高 PLC 控制系统的技术、经济指标有着重要的意义。

PLC 的选择主要从 PLC 的机型、容量、I/O 模块、电源模块、特殊功能模块、通信联网能力等方面加以综合考虑。

1）机型的选择。

PLC 按结构分为整体式和模块式两类。整体型 PLC 体积小、价格便宜，一般用于系统工艺过程较为固定的小型控制系统中；模块型 PLC 配置灵活，可根据需要选配不同模块组成一个系统，在 I/O 点数等方面选择余地大，而且装配方便，便于扩展和维修，一般用于较复杂的中大型控制系统。

2）输入/输出点数（I/O）的估算。

I/O 点数越多，PLC 价格也越高，因此在满足控制要求的前提下应尽量减少 I/O 点数，但 I/O 点数估算时还必须考虑适当的余量，以备今后系统改进或扩展时使用。通常根据统计的输入、输出点数，再增加 10% ~20% 的裕量。

3）存储器容量的估算。

存储器容量是 PLC 本身能提供的硬件存储单元的大小，程序容量是存储器中用户应用程序使用的存储单元的大小，因此程序容量应小于存储器容量。在设计阶段，由于用户应用程序还未编制，因此，程序容量在设计阶段是未知的，需在程序调试之后才知道。为了设计选型时能对程序容量有一定估算，通常采用存储器容量的估算来替代。

存储器容量的估算没有固定的公式，许多文献资料中给出了不同公式，如果控制系统只有开关量控制时，大体上都是按数字量 I/O 点数的 10 ~ 15 倍来计算开关量控制时所需的存储器字数，然后再考虑 20% ~30% 的余量。

4）控制功能的选择。

该选择包括运算功能、控制功能、通信功能、编程功能、诊断功能和处理速度等特性的选择。

根据以上 PLC 选型原则及对控制系统的分析，这个控制系统的输入信号有热继电器 FR1、FR2 触点，引风机电动机的停止、起动按钮 SB1、SB2，鼓风机电动机的停止、起动按钮 SB3、SB4，共 6 个开关量信号。为节省输入点数，实际接线时，在满足控制要求前提下，将热继电器 FR1、FR2 的两个常闭触点串联后接入 PLC，节省了一个输入点，共计 5 点输入。输出有驱动鼓、引风机电动机工作的交流接触器线圈，共 2 个输出信号。

根据 I/O 点数，可选择三菱 FX_{2N} -16MR -001 整体式 PLC，该模块采用交流 220 V 供电，提供 8 点数字量输入，8 点数字量输出，满足项目要求。PLC 的 I/O 点的地址分配见表 6-1。

表 6-1　PLC 的 I/O 点地址分配表

PLC 的 I/O 地址	连接的外部设备	在控制系统中的作用
X0	SB1（NC）	引风电动机停止
X1	SB2（NO）	引风电动机起动
X2	SB3（NC）	鼓风电动机停止
X3	SB4（NO）	鼓风电动机起动
X4	FR1（NC）、FR2（NC）串联	电动机过载保护
Y0	正转接触器线圈	控制电动机正转
Y1	反转接触器线圈	控制电动机反转

还需注意的是，在 I/O 地址分配时，从安全角度考虑，停止按钮、热继电器控制触点等应该使用常闭触点接入。这是因为这些安全系数较高的触点，如果选择常开触点连接，会影响到系统的安全运行，比如停止按钮如选择常开触点接入，当连接线因意外断开时，系统将无法正常停止。

（2）PLC I/O 外部接线图

根据表 6-1，将 PLC 与外部设备连接起来，接线图如图 6-2 所示。

（3）程序的实现

采用移植法设计程序时，只需根据 I/O 分配情况将控制电路替换为梯形图即可。替换后的梯形图程序如图 6-3a 所示；为了优化程序，减少程序步数，可将图 6-3a 调整为图 6-3b 的形式。

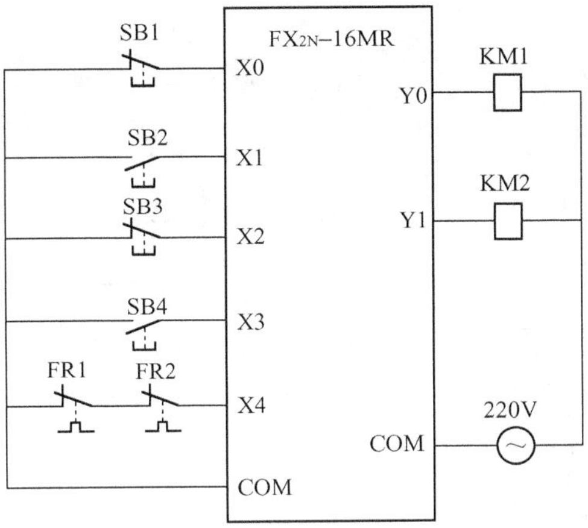

图 6-2　电动机顺序控制 PLC I/O 外部接线图

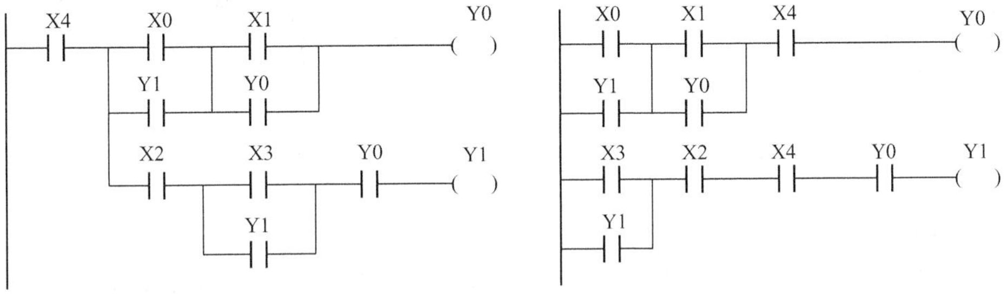

a)　　　　b)

图 6-3　电动机顺序控制梯形图

6.1.2　星形-三角形减压起动控制的实现

1. 任务描述

完成异步电动机星形-三角形（Y-Δ）减压起动的控制。

三相异步电动机星形-三角形（Y-Δ）减压起动方式，企业通常采用继电器-接触器构成的Y-Δ起动柜来实现。

对于正常运行时定子绕组接成三角形的较大容量的三相笼型异步电动机，可采用星形-三角形减压起动方法达到限制起动电流的目的。

2. 任务目标

原控制系统采用继电器-接触器组成的Y-Δ起动柜来实现，现要求采用 PLC 进行技术改造。

其主电路、控制电路如图 6-4 所示。

该电路采用了 3 个接触器，接触器 KM1、KM3 线圈得电，电动机以星形减压运行；接触器 KM1、KM2 线圈得电，电动机以三角形全压运行。时间继电器 KT 完成起动时间的设定和状态的切换，SB1 为停止按钮，SB2 为起动按钮。

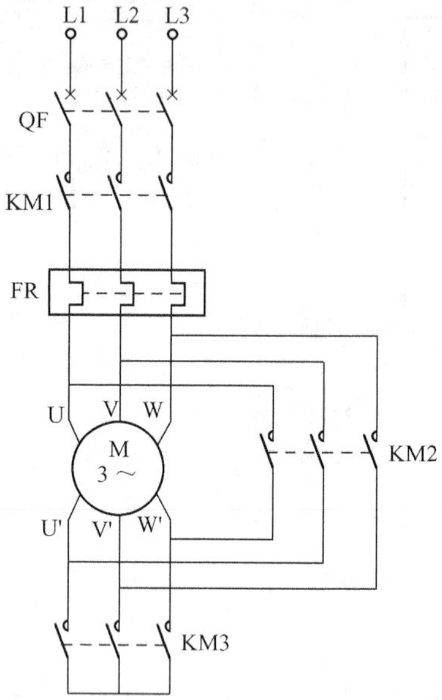

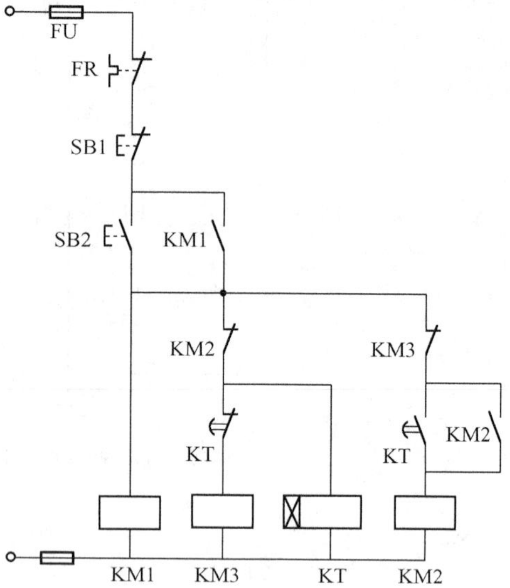

图 6-4　星形 - 三角形减压起动控制电路原理图

3. 知识储备

该任务同样可采用 PLC 移植法完成。以采用移植法改造继电 - 接触器控制系统时，原系统中的中间继电器、时间继电器、计数器等硬件设备均可省去不再使用，而采用 PLC 内部对应的软继电器替换。系统设计时，应进行软继电器资源分配，确定对应的软继电器编号。另外在改造时，还需注意如下问题。

1）PLC 采用周期扫描工作方式，与继电 - 接触器控制系统不同，所以移植法并不是简单的梯形图转换，而应确保替换后的梯形图与原系统控制电路等效。

2）输入触点的状态。PLC 在连接外部主令电器或传感器时，如按钮、热继电器触点、接近开关等，可选择连接常开、常闭两种状态。一般情况下，应尽量连接常开触点；但有时从安全角度考虑，也需要连接常闭触点，这时要注意梯形图设计时的逻辑对应关系。

3）继电 - 接触器控制系统设计时，因受硬件触点数量的限制，电路中许多触点都是多条支路共用的，导致控制电路结构复杂，而 PLC 内部触点可无限使用，因此转换时，可以通过增加 PLC 程序中的“软”触点或辅助继电器等方式简化电路。

4. 任务实施

（1）PLC 的选型和 I/O 点的分配

根据电路图，该系统的输入信号有热继电器 FR 触点、停止按钮 SB1、起动按钮 SB2，共 3 个控制信号。根据控制要求，连接时可将 FR 的常闭触点与停止按钮 SB1 的常闭触点串联接入 PLC，可节省一个输入点。输出有 KM1、KM2、KM3 交流接触器线圈，共 3 个输出信号。时间继电器 KT 功能可通过 PLC 内部定时器 T0 来实现。

根据 I/O 点数，可选择三菱 FX_{2N} - 16MR - 001 整体式 PLC。PLC 的 I/O 点的地址分配见表 6-2。

表 6-2 PLC 的 I/O 地址分配表

PLC 的 I/O 地址	连接的外部设备	在控制系统中的作用
X0	FR1（常闭）、SB1（常闭）串联	停止及过载保护
X1	SB2（常开）	电动机起动
Y0	KM1 接触器线圈	电源控制
Y1	KM2 接触器线圈	电动机三角形联结
Y2	KM3 接触器线圈	电动机星形联结

（2）PLC I/O 外部接线图

根据表 6-2，将 PLC 与外部设备连接起来，接线图如图 6-5 所示。注意应在 PLC 外部设置 KM2 和 KM3 的辅助常闭触点组成的硬件互锁电路。

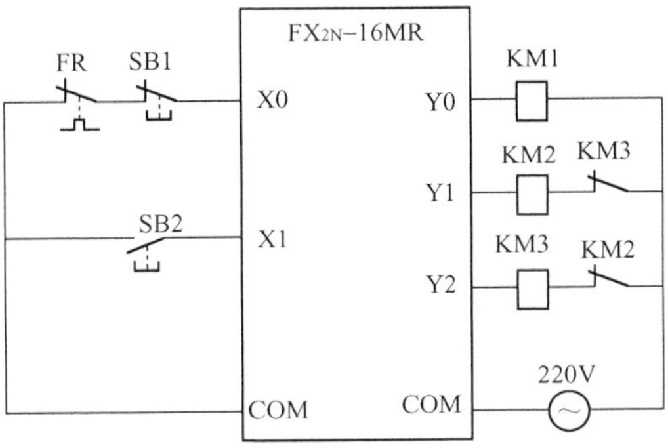

图 6-5 星形 - 三角形减压起动控制 PLC 外部接线图

（3）程序的实现

按照继电 - 接触器控制电路直接转换后的 PLC 梯形图如图 6-6a，图 6-6b 为优化后的程序。

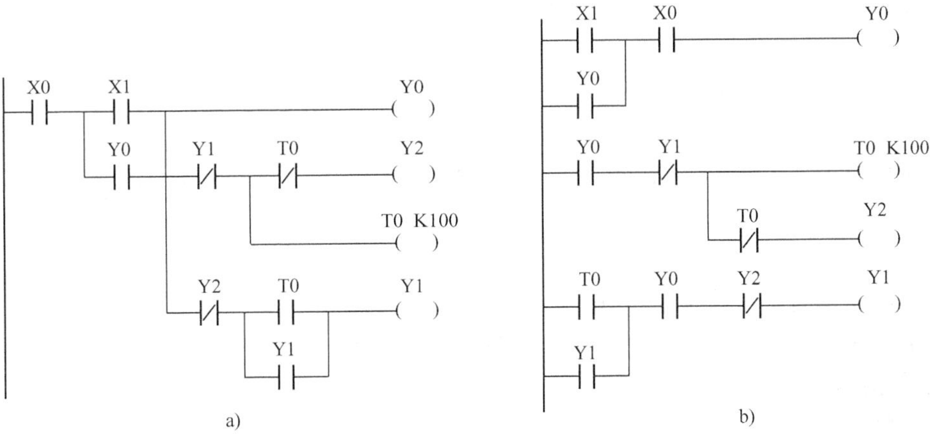

图 6-6 星形 - 三角形减压起动控制梯形图

6.2 经验设计法

经验设计法是沿用继电器-接触器控制电路的设计方法来设计梯形图，即在一些典型控制电路的基础上，根据被控对象对控制系统的要求，不断地修改和完善梯形图，直至完全满足各项控制要求。经验设计法一般都需经过多次反复的调试和修改，最终才能得到一个较为满意的结果。这种设计方法没有普遍的规律可以遵循，设计所用的时间、质量与设计者的经验有很大的关系，它主要用于逻辑关系较为简单的梯形图程序设计。

用经验设计法设计 PLC 程序时大致可以按下面几步来进行：第一，分析控制要求、确定控制原则；第二，统计主令电器和检测元器件数量，确定输入、输出总点数；第三，分配 PLC 的 I/O 点及内部软元件资源；第四，根据经验，设计 PLC 程序；第五，对照控制要求，不断检查、修改和完善程序。

6.2.1 电动机正、反转控制的实现

1. 任务描述

完成异步电动机正、反转（正-反-停）控制。

2. 任务目标

采用 PLC，实现单台电动机正-反-停控制。

(1) 按动正转起动按钮时

1) 若此前电动机为停止状态，则电动机正转起动，并保持正转运行。

2) 若此前电动机为反转运行，则将电动机切换到正转状态，并保持电动机正转。

3) 若此前电动机已经是正转，则转动状态不变。

电动机正转状态一直保持到有反转按钮或停止按钮按下为止。

(2) 按动反转起动按钮时

1) 若此前电动机停止，则电动机反转起动，并保持反转运行。

2) 若此前电动机正转，则将电动机切换到反转状态，并保持电动机反转。

3) 若此前电动机的状态已经是反转，则电动机的转动状态不变。

电动机反转状态一直保持到有正转按钮或停止按钮按下为止。

(3) 按下停止按钮时

电动机停止运行，系统停止工作。

为避免出现电源短路情况，必须进行正反转互锁控制。

3. 任务实施

(1) 电气主电路的实现

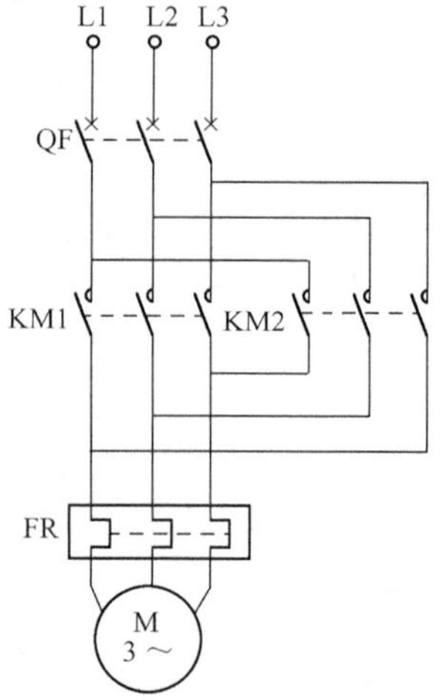

图 6-7 PLC 控制电动机正、反转电气主电路图

电气主电路如图 6-7 所示，如果控制电路使接触器 KM1 线圈得电，则 KM1 的主触点吸合，电动机正转；如果控制电路使接触器 KM2 线圈得电，则 KM2 的主触点吸合，电动机反

转。为避免电动机长期过载损坏，采用热继电器 FR 进行过载保护。

（2）PLC 的选型和 I/O 点的分配

根据 PLC 选型原则及对电动机控制系统的分析，这个控制系统的输入有电动机正转起动按钮、电动机反转起动按钮、电动机停止按钮及热继电器触点共 4 个输入点；输出有驱动电动机正、反转工作的交流接触器线圈共 2 个负载。故可以选择三菱 FX_{2N}－16MR－001 整体式 PLC，该模块采用交流 220V 供电，提供 8 点数字量输入，8 点数字量输出，所以不再需要输入/输出模块。I/O 可自由分配，模块上的输入端子对应的输入地址是 X0～X7，输出端子对应的输出地址是 Y0～Y7。可以满足控制要求且具有一定的裕量。PLC 的 I/O 点的地址分配见表 6-3。

表 6-3　PLC 的 I/O 地址分配表

PLC 的 I/O 地址	连接的外部设备	在控制系统中的作用
X0	红按钮（常闭）	系统停止
X1	绿按钮（常开）	电动机正转命令
X2	蓝按钮（常开）	电动机反转命令
X3	热继电器触点（常闭）	电动机过载保护
Y0	正转接触器线圈	控制电动机正转
Y1	反转接触器线圈	控制电动机反转

（3）PLC I/O 外部接线图

根据表 6-3，将 PLC 与外部设备连接起来，接线图如图 6-8 所示。

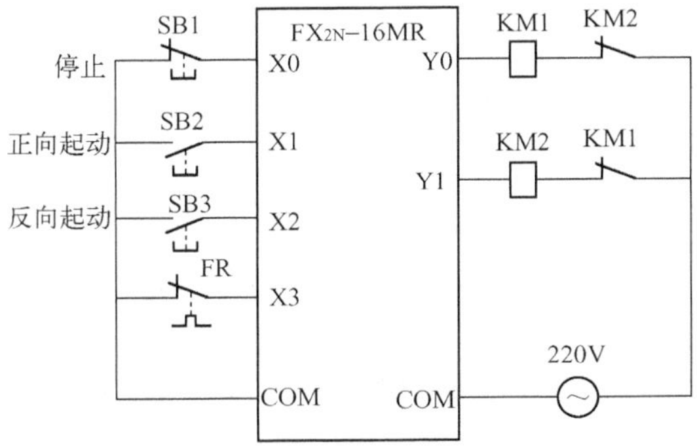

图 6-8　PLC 控制电动机正、反转 I/O 外部接线图

由于 KM1 和 KM2 在切换得电过程中存在电感的延时作用，可能会出现一个接触器还未断弧，另外一个却已合上的现象，从而造成瞬间短路故障，或者由于某一接触器的主触点被断电时产生的电弧熔焊而粘结，其线圈断电后主触点仍然是接通的，这时如果另一接触器的线圈通电，仍然会造成三相电源短路事故。为了防止短路故障的出现，在 PLC 外部设置了 KM1 和 KM2 的辅助常闭触点组成的硬件互锁电路。

（4）程序的实现

由于经验设计法没有固定的方法和普遍的规律可以遵循，所以设计程序时，应先从简单的典型控制电路入手，逐步添加并实现各项控制功能，设计和完善过程如下。

电动机初步正转控制电路→电动机初步正、反转控制电路→电动机正、反转的互锁电路→电动机正、反转的切换电路→电动机正、反转控制的实现。具体过程见图 6-9 ~ 图 6-13。

从图 6-9 可以看出，起动按钮 X1 持续为 ON 的时间一般都很短，这种信号称为短信号，如何使线圈 Y0 保持接通状态呢？可以利用线圈自身的常开触点使线圈保持通电即“ON”状态，这种功能称为自锁或自保持功能。自保持控制电路常用于无机械锁定开关（自复式按钮）的起停控制。同理，可得到电动机正反转控制的初步梯形图，如图 6-10 所示。

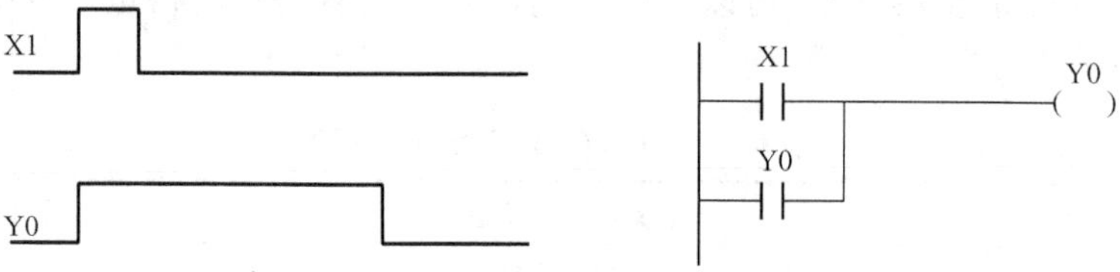

a) b)

图 6-9　电动机正转控制电路

a）时序图　b）梯形图

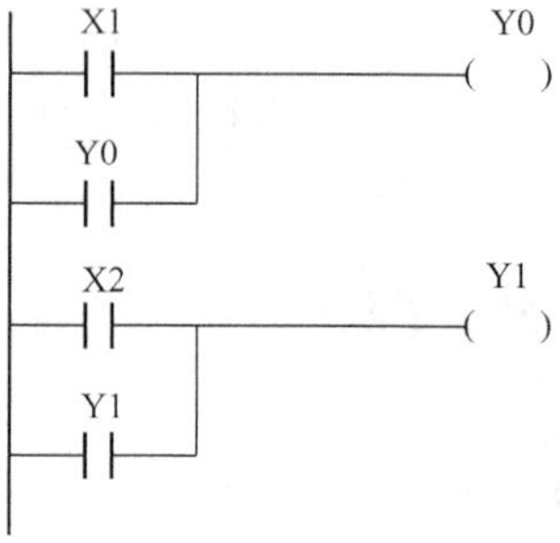

图 6-10　电动机正反转控制梯形图

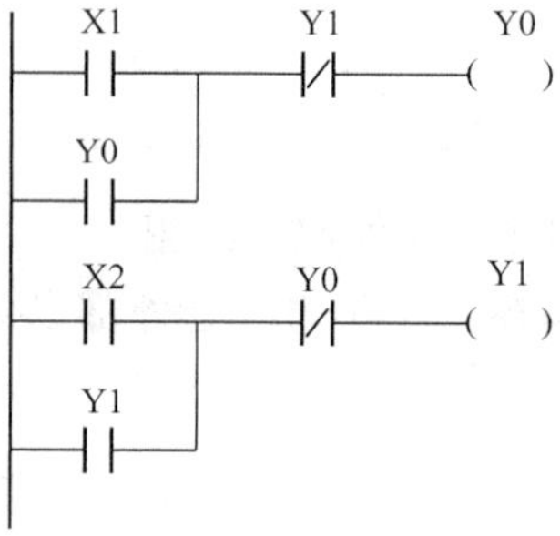

图 6-11　电动机正、反转的互锁控制梯形图

系统要求电动机不能同时进行正转和反转，如图 6-11 所示在梯形图中将 Y0 和 Y1 的常闭触点分别与对方的线圈串联，可以保证它们不会同时为 ON，因此，KM1 的线圈和 KM2 的线圈不会同时通电。这种安全措施在传统的继电器 - 接触器控制电路中称为“互锁”。

此外根据控制要求按钮连锁，即利用正转按钮切断反转的控制通路，利用反转按钮来切断正转的控制通路。按钮连锁的梯形图如图 6-12 所示。

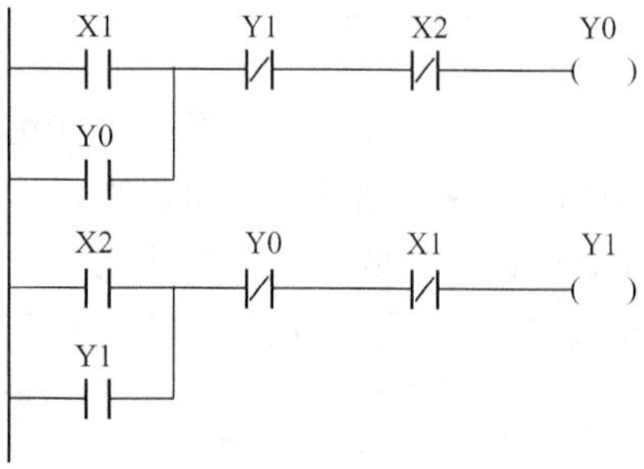

图 6-12　按钮连锁的正、反转控制电路梯形图

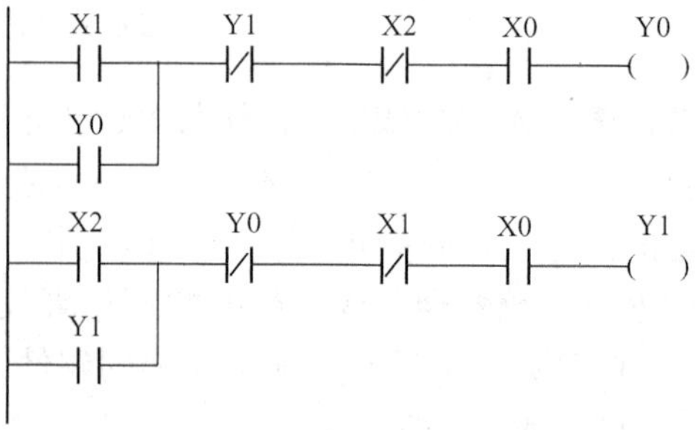

图 6-13　电动机停止控制梯形图

当按下停止按钮时，无论在此之前电动机的转动状态如何，都将停止电动机的转动。利用停止按钮同时切断正转和反转的控制通路，停止功能的逻辑实现如图 6-13 所示。由于 PLC 输入端子 X0 连接的是停止按钮的常闭触点，未按时逻辑状态始终为 1，故软元件 X0 常开接通，常闭断开，所以设计时应连接软元件常开触点。

考虑电动机的过载保护，本系统采用热继电器的常闭触点作为过载时 PLC 的输入控制信号。电动机正常工作时，FR 常闭触点持续接通，PLC 的输入继电器 X3 得电，X3 常开触点闭合；当电动机过载时，热继电器 FR 动作，其常闭触点断开，PLC 的输入继电器 X3 将断开，将正、反转电路切断。图 6-14 梯形图是实现所有控制功能的完整程序。

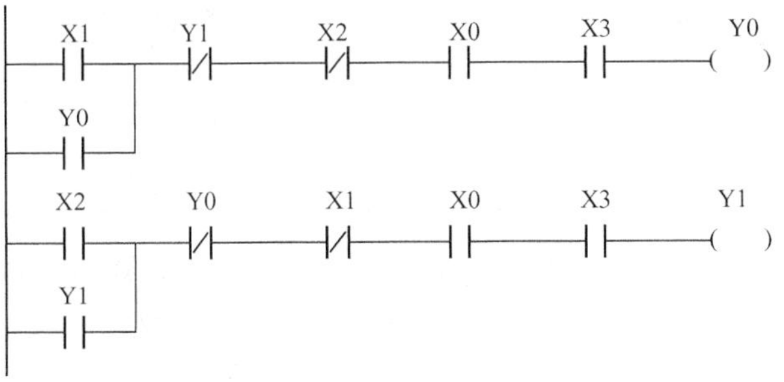

LD	X1	OR	Y1
OR	Y0	ANI	Y0
ANI	Y1	ANI	X1
ANI	X2	AND	X0
AND	X0	AND	X3
AND	X3	OUT	Y1
OUT	Y0	END	
LD	X2		

图 6-14　电动机正、反转控制电路梯形图及语句表

6.2.2　花样喷泉控制功能的实现

1. 任务描述

采用 PLC，完成 3 组喷头的花样喷泉控制。

2. 任务目标

具体的控制要求如下。

1）喷泉有 A、B、C 共 3 组喷头，由 3 台水泵控制。

2）按下开始按钮后，A 组先喷水，10 s 后停；然后 B 组和 C 组同时喷水。

3）B 组和 C 组喷水 10 s 后，B 组停，再 10 s 后，C 组停；

4）A、B 组同时喷水，5 s 后，C 组也喷水，持续 10 s 后全停。

5）再过 5 s 后重复 2）~5）步。

6）按下停止按钮后，A、B、C 3 组喷头全部停止。

3. 知识储备

在采用 PLC 设计按照时间顺序动作或按照流程顺序动作的系统时，可考虑先画出控制流程图，这将有利于系统的设计和调试。

根据控制要求绘制花样喷泉的流程图，如图 6-15 所示。

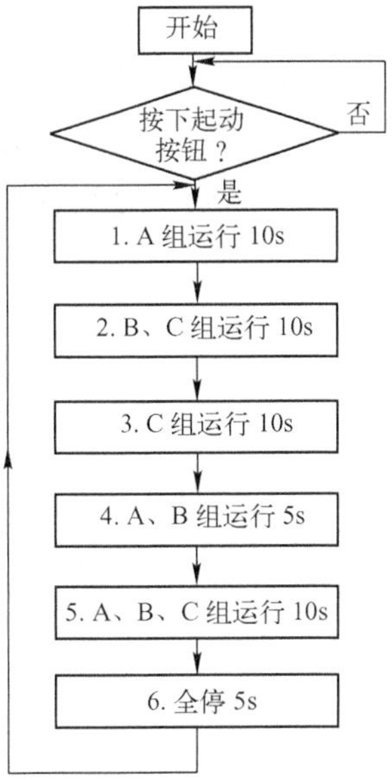

图 6-15　花样喷泉流程图

4. 任务实施

（1）PLC 的选型及系统资源的分配

根据控制要求，有起动按钮和停止按钮两个输入点，A、B、C 3 组喷头共 3 个输出点，可以采用三菱公司的 FX_{2N} -16MR-001 整体式 PLC，继电器输出形式。该模块采用交流 100 ~230 V 电源，提供 8 点数字量输入，8 点数字量输出，具有丰富的内部资源，提供 500 点通用辅助继电器 M0 ~ M499，256 个定时器 T0 ~ T255 以及计数器 C、数据寄存器 D 等。PLC 输入/输出地址分配见表 6-4。

表 6-4　PLC 的 I/O 地址分配表

PLC 的 I/O 地址	连接的外部设备	在控制系统中的作用
X0	SB1（常开）	系统开始按钮
X1	SB2（常闭）	系统结束按钮
Y0	A 组喷头 KM1 线圈	A 组水泵工作
Y1	B 组喷头 KM2 线圈	B 组水泵工作
Y2	C 组喷头 KM3 线圈	C 组水泵工作

在整个运行周期中，Y0、Y1、Y2 多次得电失电，为了书写方便和避免使用双线圈，可使用 PLC 内部辅助继电器 M 做标志位来表示每一阶段工作的状态，PLC 的内部辅助继电器地址分配见表 6-5。采用定时器对流程图中的每一阶段进行计时，PLC 定时器地址分配见表 6-6。

表 6-5　PLC 辅助继电器地址分配表

PLC 的 M 地址	在控制系统中的作用
M0	流程图第 1 步辅助继电器
M1	流程图第 2 步辅助继电器
M2	流程图第 3 步辅助继电器
M3	流程图第 4 步辅助继电器
M4	流程图第 5 步辅助继电器
M5	流程图第 6 步辅助继电器

表 6-6　PLC 定时器地址分配表

PLC 的 T 地址	在控制系统中的作用
T_0	A 组喷 10 s 计时
T_1	B、C 组喷 10 s 计时
T_2	C 组喷 10 s 计时
T_3	A、B 组喷 5 s 计时
T_4	A、B、C 组喷 10 s 计时
T_5	A、B、C 组停喷 5 s 计时

（2）PLC I/O 外部接线图

PLC I/O 外部接线如图 6-16 所示。

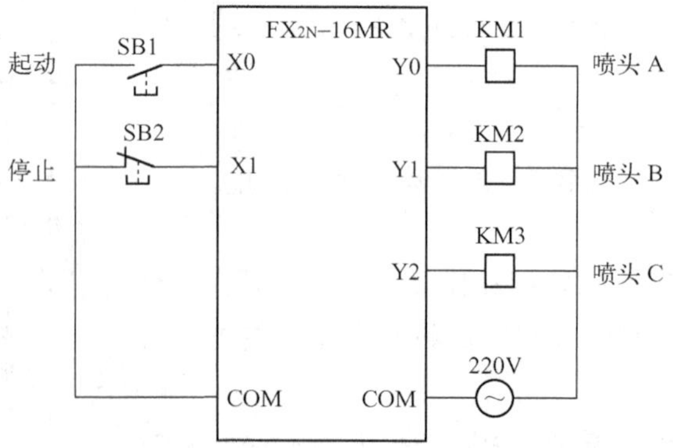

图 6-16　花样喷泉 PLC I/O 外部接线图

（3）程序的实现

1）根据流程图逐步编写梯形图程序，如图 6-17 所示。

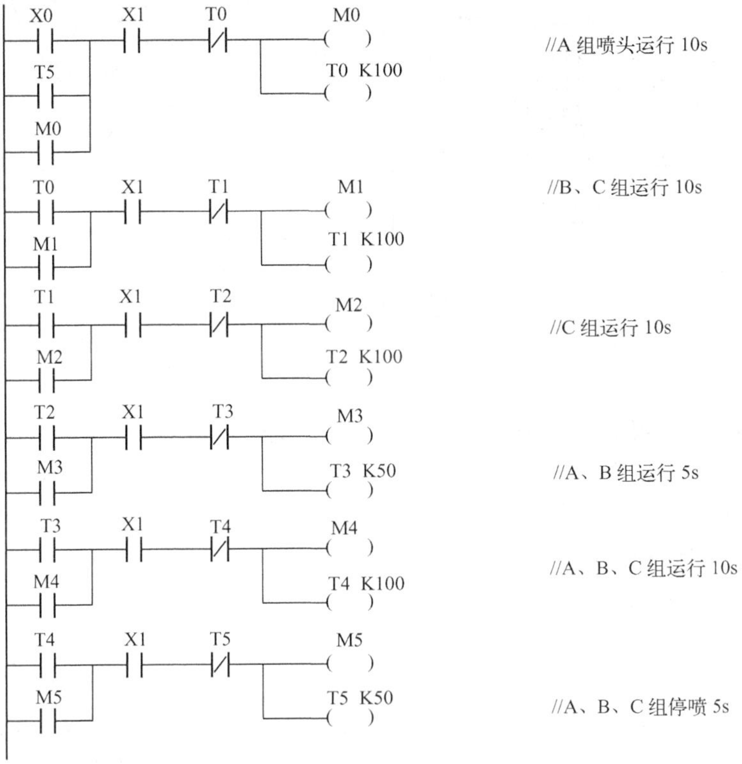

图 6-17　根据流程图逐步编写梯形图程序

2）3 组负载驱动情况梯形图如图 6-18 所示。

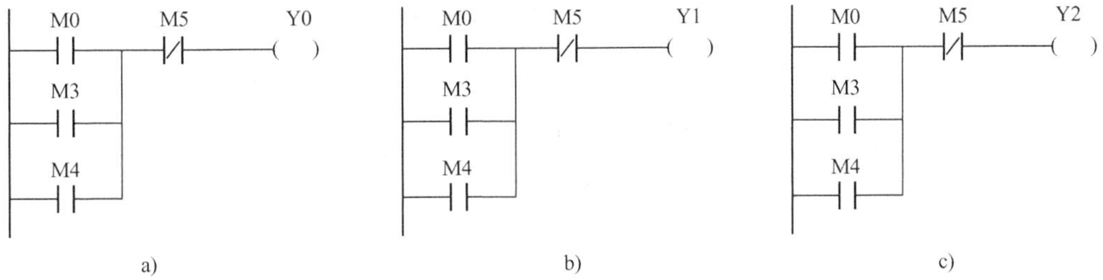

图 6-18　A、B、C 组喷头工作情况

a）A 组喷头　b）B 组喷头　c）C 组喷头

[研讨与练习]

1. 根据控制要求实现水塔高位水箱水位的自动控制

水塔水箱水位自动控制系统如图 6-19 所示。其中 L_{gh}、L_{gl} 分别为水塔高位水箱的高、低水位传感器；L_{dh}、L_{dl} 为低位补给水箱的高、低水位传感器；YV 为电磁阀，控制补水阀

门；M 为电动机，拖动水泵对高位水箱供水。

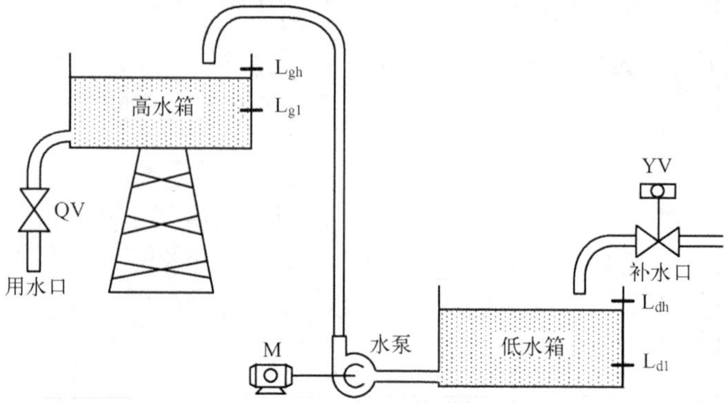

图 6-19　水塔高位水箱水位控制示意图

高位水箱的控制：为保证用户用水，要求始终保持高位水箱水位在 L_{gl} 与 L_{gh} 之间。当高位水箱水位低于 L_{gl} 时，水泵起动，从低位水箱抽水补给高位水箱，到达水位 L_{gh} 时，水泵自动停止。

低位水箱的控制：当水位低于 L_{dl} 时，电磁阀 YV 得电后开启，对低位水箱补水，当水位到达 L_{dh} 时，电磁阀 YV 失电关闭，停止补水。

程序设计的控制要求如下。

1）当低位补给水箱水位低于低水位时（L_{dl} 为 ON），电磁阀 YV 打开补水（YV 为 ON），定时器开始定时（设时为 2 s），2 s 以后，如果 L_{dl} 仍为 ON，则阀 YV 指示灯 XD 闪烁，表示阀 YV 没有进水，出现故障；如正常，则补水至高水位传感器 L_{dh} 为 ON 后，阀 YV 关闭（YV 为 OFF）。

2）当低水箱的水位高于低水位（L_{dl} 为 OFF），且水塔高位水箱的水位低于低水位时（L_{gl} 为 ON），电动机 M 运转，开始抽水补给高位水箱。当高位水箱的水位高于水塔高水位界时（L_{gh} 为 ON），电动机 M 停止。

分析：

根据控制要求有 4 个输入元器件分别为水位传感器 L_{gh}、L_{gl} 和 L_{dh}、L_{dl}；3 个输出负载分别为电磁阀 YV、电动机 M 和指示灯 XD，PLC 的 I/O 点分配见表 6-7。

表 6-7　PLC 的 I/O 地址分配表

PLC 的 I/O 地址	连接的外部设备	在控制系统中的作用
X0	水位传感器 L_{gh}	高水箱高水位测量
X1	水位传感器 L_{gl}	高水箱低水位测量
X2	水位传感器 L_{dh}	低水箱高水位测量
X3	水位传感器 L_{dl}	低水箱低水位测量
Y0	电动机 M 主接触器线圈	水泵工作
Y1	电磁阀 YV	补水阀门工作
Y2	指示灯 XD	故障指示

控制程序可分解为 4 部分。

（1）闪烁电路的生成

通过梯形图 6-20a，M0 可以获得周期为 1 s 的方波波形如图 6-20b 所示，可以用 M0 的常开触点来接通指示灯 Y2，使得 Y2 与 M0 按照同样的频率进行变化。

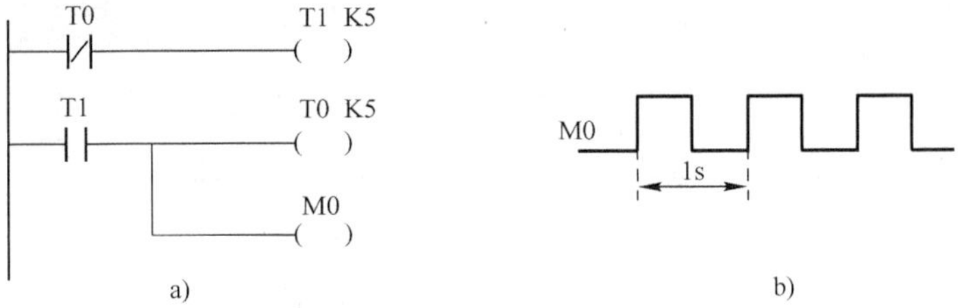

图 6-20　闪烁电路的梯形图和波形

（2）低水箱水位的控制

如图 6-21 所示，当低水箱水位低于低水位 X3 时，电磁阀打开给水箱充水。由于水位淹没低水位开关后，低水位开关 X3 要改变状态，不能再维持 Y1 接通，所以需要 Y1 实现自保持；当水位高于水箱的高水位时高水位开关动作，X2 得电，其常闭触点断开，Y1 失电，电磁阀关闭，停止进水；若电磁阀故障，则 2 s 后 T3 的常开触点闭合，接通指示灯电路，同时辅助继电器 M1 线圈得电，则电磁阀也会关闭。

（3）故障指示电路

如图 6-22 所示，T3 的常开触点闭合，说明电磁阀已经接通 2 s，若低水箱低水位开关仍然没有改变状态，则电磁阀 YV 出现故障，故障指示灯 XD 亮。为满足指示灯闪烁要求，将时钟脉冲的触点 M0 也作为 Y2 动作的条件。

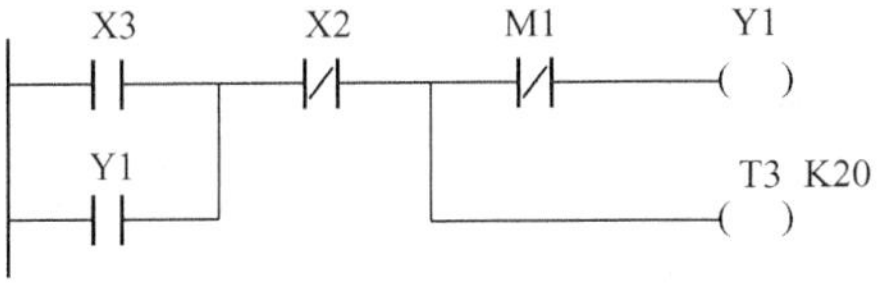

图 6-21　低水箱水位的控制梯形图

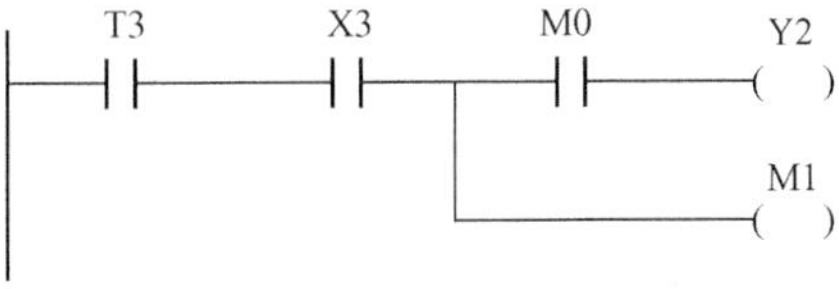

图 6-22　故障指示电路梯形图

（4）高位水箱水位控制

如图 6-23 所示，当水塔高位水箱的水位低于低水位 X1 时，电动机 M 工作，水泵从低水箱往水塔抽水。由于水位淹没低水位开关后 X1 要改变状态，不能再维持 Y0 接通的状态，所以需要 Y0 实现自保持；当水位高于高水位时高水位开关动作，X0 得电，其常闭触点断开，Y0 失电，电动机停止工作。若低水箱水位在低水位之下（X3 为 ON），即使高位水箱需要抽水也不能起动电动机。

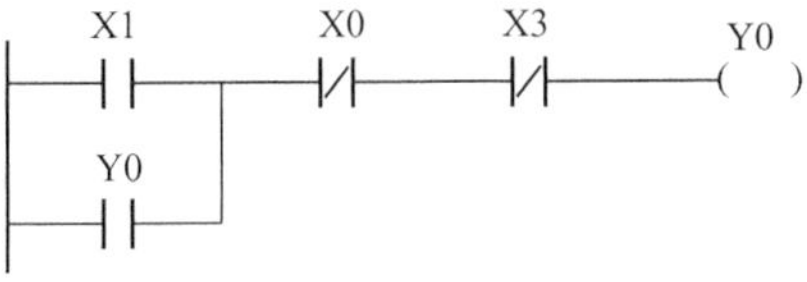

图 6-23　高位水箱水位控制梯形图

2. 采用经验设计法，实现 3 台电动机顺序起动、逆序停止控制。

（1）控制要求

设计一个顺序控制系统，要求如下：3 台电动机，按下起动按钮时，M1 先起动；运行 5 s后 M2 起动，再运行 5 s 后 M3 起动；按下停止按钮时，M3 立即停止，10 s 后 M2 停止，10 s后 M1 停止。在运行过程中也应能完成逆序停止，例如在 M2 起动后且 M3 起动前按下停止按钮，M2 立即停止，10 s 后 M1 停止。设急停按钮，可随时停止所有电机运行。

（2）PLC I/O 地址分配及接线图

根据控制要求，完成电气主电路接线如图 6-24 所示，PLC I/O 地址分配见表 6-8、接线图如图 6-25 所示。

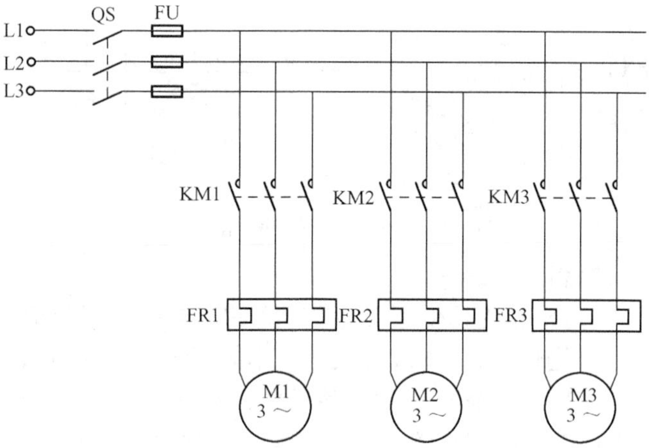

图 6-24　电气主电路接线图

表 6-8　PLC 输入/输出地址分配表

PLC 的 I/O 地址	连接的外部设备	在控制系统中的作用
X0	SB1（常开）	起动命令
X1	SB2（常开）	停止命令
X2	SB3（常开）	急停命令
X3	FR1/FR2/FR3（常闭）串联	过载保护
Y1	KM1	第一台电动机运行
Y2	KM2	第二台电动机运行
Y3	KM3	第三台电动机运行

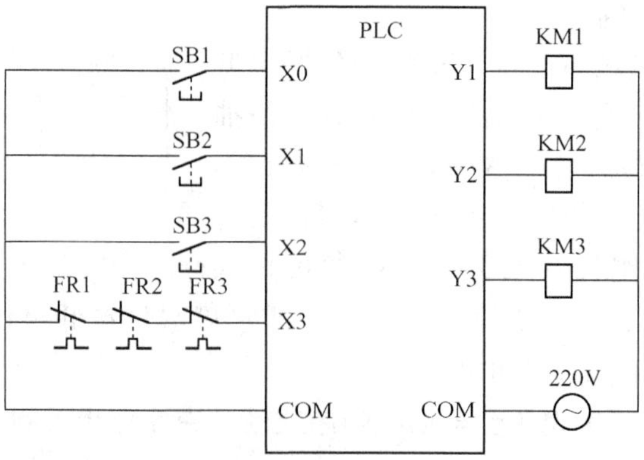

图 6-25　PLC I/O 外部接线图

注意：在进行本系统硬件电路设计时，停止和急停按钮使用了常开触点，程序设计完成后如要修改为常闭触点接入，则可在编程软件中，通过“查找/替换”菜单下的“常开常闭触点互换”命令进行修改，将程序中软元件 X1、X2 所有触点进行“反逻辑”替换，即将所有的常开触点替换命令为常闭触点，所有的常闭触点替换为常开触点。

（3）程序的实现

3 台电动机顺序起动、逆序停止控制梯形图如图 6–26 所示。

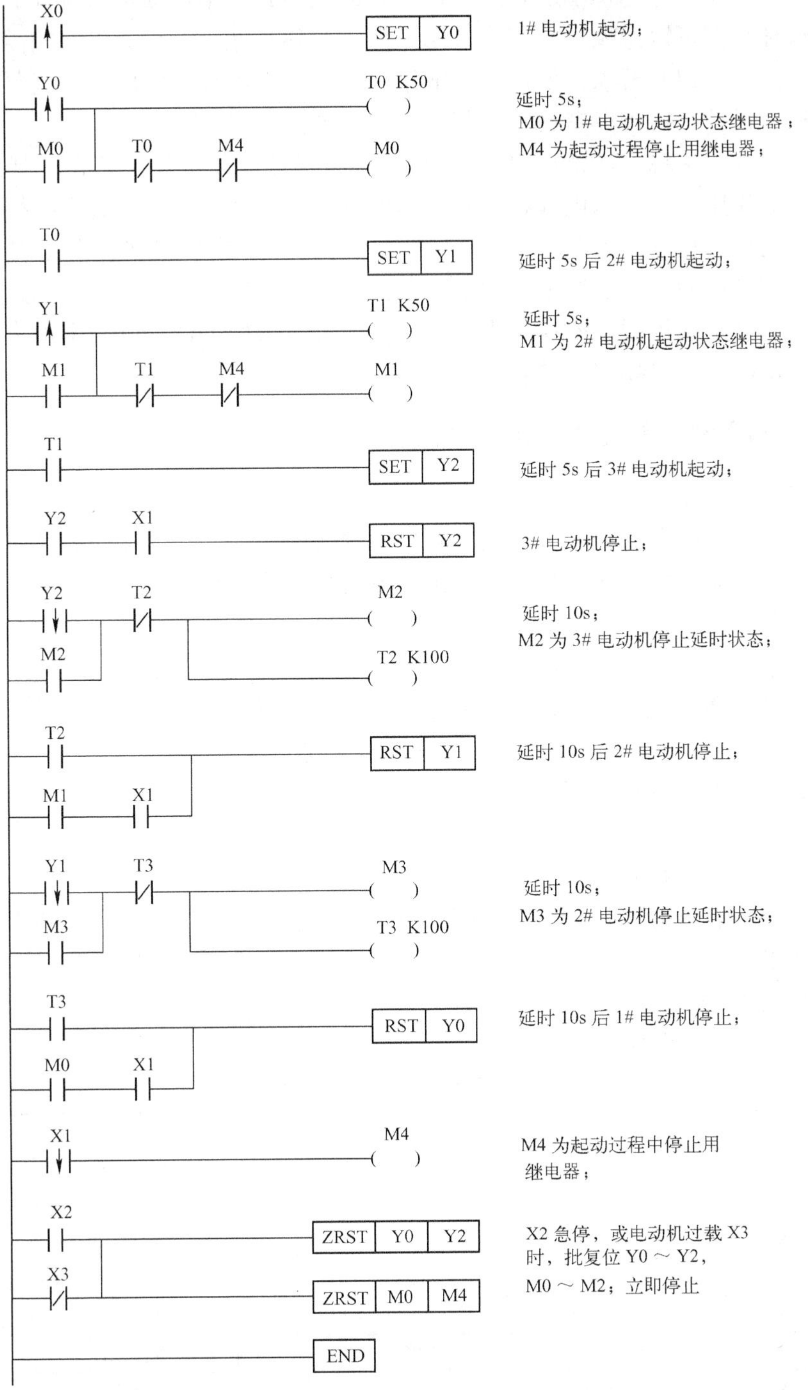

图 6–26　3 台电动机顺序起动、逆序停止控制梯形图

6.3 顺序控制设计法在三菱 FX_{2N} PLC 中的应用

经验设计法对于一些比较简单的程序设计还是比较奏效的，可以收到快速、简捷的效果。但经验设计法所设计的梯形图是按照设计者的经验和思维习惯进行设计的，因此没有一套固定的方法和步骤可以遵循，具有很大的试探性和随意性，一个程序往往需经多次的反复修改和完善才能满足控制要求，所以设计的结果也是因人而异。因此对一些复杂的、经验法难以奏效的程序设计，就可以考虑采用其他的设计方法。

顺序控制设计法又称为功能图设计法（SFC），它是按照生产工艺预先规定的顺序，在各个输入信号的作用下，根据内部状态和时间的顺序，在生产过程中各个执行机构自动有序地进行操作。功能流程图（简称功能图）又叫状态流程图或状态转移图，它是专门用于工业顺序控制程序设计的一种功能说明性语言，能完整地描述控制系统的工作过程、功能和特性，是分析、设计电气控制系统控制程序的重要工具。这种方法能够清晰地表示出控制系统的逻辑关系，从而大大提高编程的效率。

6.3.1 液压动力滑台运动过程的实现

1. 任务描述

液压动力滑台是组合机床用来实现进给运动的通用部件，动力滑台通过液压传动可以方便地进行换向和调速。其电气控制系统原先多采用继电器控制，但接线复杂，可靠性低，目前多采用 PLC 控制。

2. 任务目标

该任务是采用 PLC 完成液压动力滑台在 3 个位置间的运动控制。实际工作时的运动过程一般是：快进→工进→快退。这 3 个运动过程由快进、工进、快退 3 个电磁阀控制。

图 6-27 为滑台运动示意图，在原点（SQ1 处），按下起动按钮，滑台按照预定的顺序周而复始地运行。

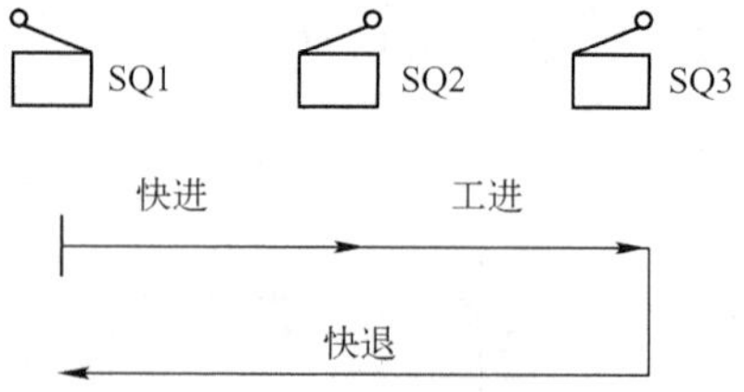

图 6-27 滑台运动示意图

3. 任务实施

（1）I/O 点的分配

I/O 点分配如表 6-9 所示。

表 6-9 PLC 的 I/O 地址分配表

PLC 的 I/O 地址	连接的外部设备	在控制系统中的作用
X1	SB1	起动滑台工作
X2	SQ1	滑台在原点位置
X3	SQ2	滑台运动到工进起点位置
X4	SQ3	滑台运动到工进终点位置
Y0	YV1	滑台快进/滑台工进
Y1	YV2	滑台工进
Y2	YV3	滑台快退

（2）顺序功能图的绘制

如果一个控制系统可以分解为几个独立的动作或工序，而且这些动作或工序按照预先设定的顺序自动执行，则称为顺序控制系统，其特点就在于一步一步按照顺序进行。这种控制系统在进行 PLC 程序设计时，可采用顺序控制设计法，根据系统工艺流程，绘制出顺序功能图（Sequential Function Chart，SFC），再根据顺序功能图画出梯形图。

顺序功能图也是一种通用的技术语言，很容易被初学者接受。顺序功能图主要由步、动作、转换条件组成，也称为顺序功能图的三要素。

1）功能图的组成。

① 步。将系统的工作过程分为若干个顺序相连的阶段，每个阶段均称为“步”。每一步可用不同编号的状态继电器 S（或辅助继电器 M）进行标注和区分。

步可以根据输出量的状态变化来划分，如图 6-28 所示。步在控制系统中具有相对不变的性质，其特点在于每一步都对应于一个稳定的输出状态。

步的图形符号如图 6-29a 所示，用矩形框表示，框中的数字是该步的编号，可采用 PLC 内部的通用辅助继电器 M、步标志继电器 S 来区分。其中初始步对应于控制系统的初始状态，是系统运行的起点。一个控制系统至少有一个初始步，初始步用双线框表示，如图 6-29b 所示。

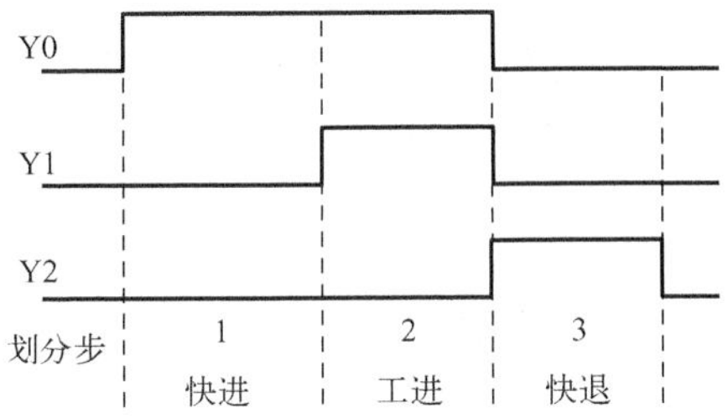

图 6-28　状态步的划分

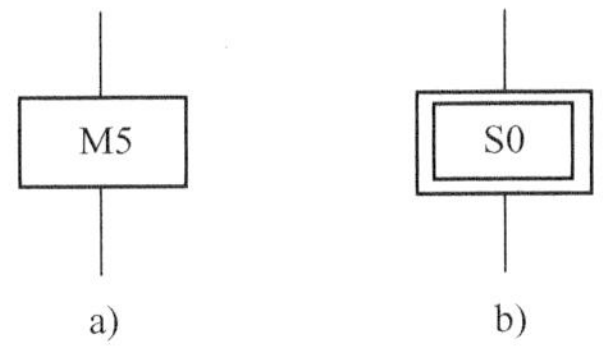

图 6-29　步的图形符号
a）步的图形符号　b）初始步的符号

② 动作。一个步表示控制过程中的稳定状态，它可以对应一个或多个动作。可以在步右边加一个矩形框，在框中用简明的文字说明该步对应的动作，如图 6-30 所示。当该步被激活时（称为活动步），相应的动作开始执行。

图 6-30a 表示一个步对应一个动作；图 6-30b 和图 6-30c 表示一个步对应多个动作，两种方法任选一种。

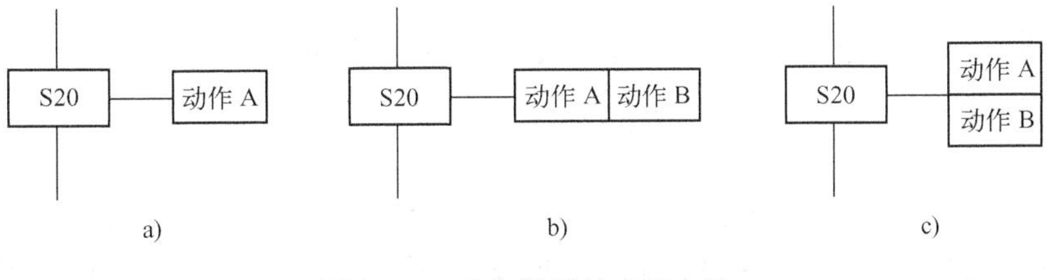

图 6-30　动作说明的表示方法

③ 转换条件。步与步之间用一个有向线段连接，表示从一个步转换到另一个步。如果

表示方向的箭头是从上指向下（或从左到右），则此箭头可以忽略。系统当前活动步切换到下一步，所需要满足的信号条件，称为转换条件。转换条件可以用文字、逻辑表达式、编程元件等表示。转换条件放置在短线的旁边，如图 6-31 所示。

2）功能图的绘制。

绘制功能图时需要注意以下几点。

① 步与步之间不能直接相连，必须用一个转换条件将它们隔开。

② 转换条件与转换条件之间也不能直接相连，必须用一个步将它们隔开。

③ 顺序功能图中的初始步一般对应于系统等待起动的初始状态，这一步可能没有输出，只是做好预备状态。

④ 自动控制系统应能多次重复执行同一工艺过程，因此在顺序功能图中一般应有由步和有向连线组成的闭环，即在完成一次工艺过程的全部操作之后，应可以从最后一步返回初始步，重复执行或停止在初始状态。

⑤ 在顺序功能图中，可以用初始化脉冲 M8002 的常开触点作为转换条件，将初始步预置为活动步，也可以外加一个转换条件来激活初始步，否则因顺序功能图中没有活动步系统将无法工作。

根据以上原则和被控对象工作内容、运行步骤和控制要求，将液压滑台工作过程划分为三步，这三步状态可以用辅助继电器 M 表示，如图 6-32 所示。当某一步为活动步时，对应的辅助继电器为 1，当某一转换条件实现时，该转换的后续步变为活动步（即工作步），同时该步转为不活动步。步与步之间的转换按照有向线段确定的路线进行。

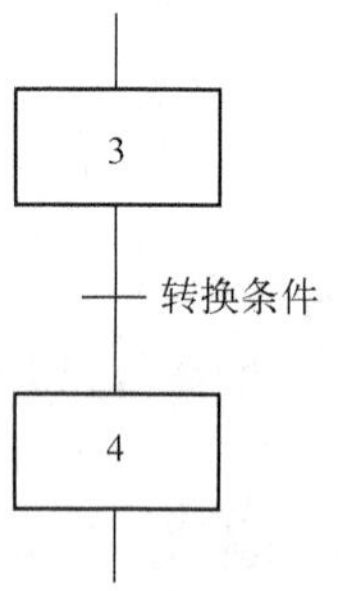

图 6-31　转换条件和有向线段的图形符号

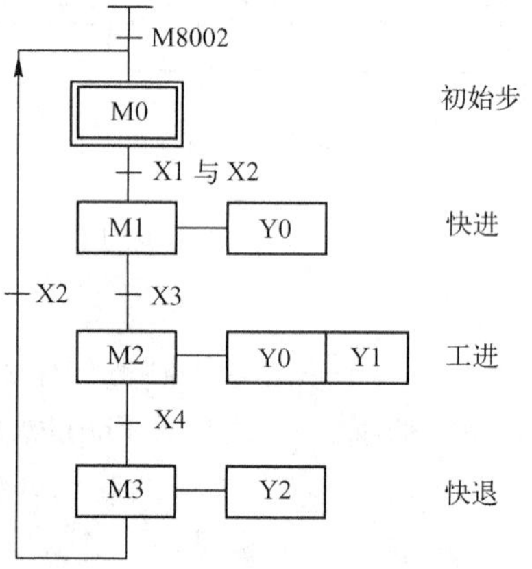

图 6-32　滑台运动顺序功能图

绘制顺序功能图的目的是寻找某种规律或方法进行程序的编写，因此绘制功能图是顺序控制设计法最为关键的一个步骤。

（3）程序的实现

根据顺序功能图，就可以按照某种编程方式编写梯形图程序，例如对图 6-32 进行梯形图编写，可以采用 SET/RST 指令编写程序，如图 6-33 所示，也可以采用通用逻辑指令（起保停）来编写梯形图，如图 6-34 所示。

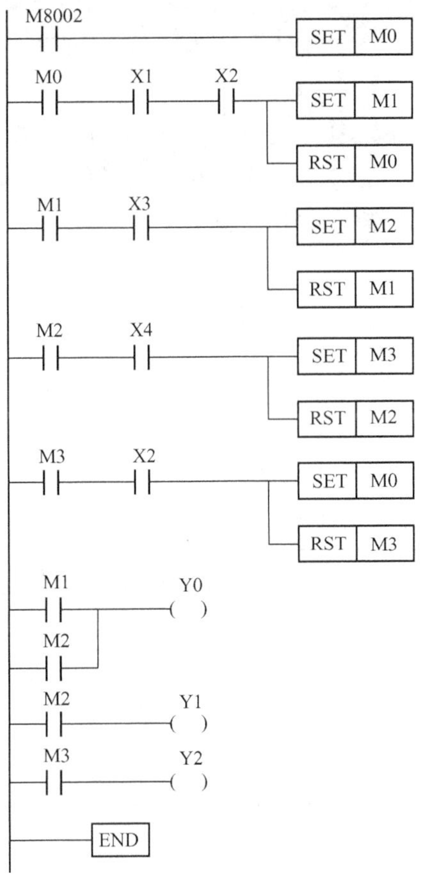

图 6-33　滑台运动梯形图
（使用 SET/RST 指令编写程序）

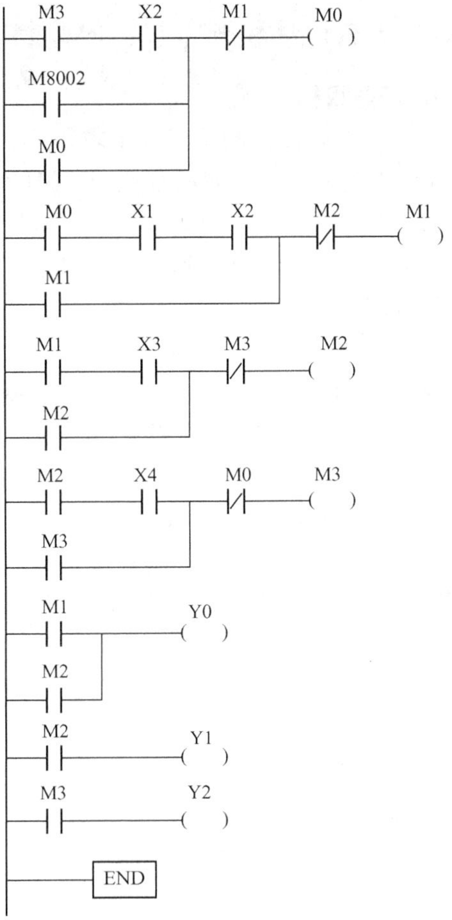

图 6-34　滑台运动梯形图
（使用通用逻辑指令编写程序）

用 SET/RST 指令编写梯形图实际上是一种以转换条件为中心的编程方法。例如，根据功能图，M2 状态要想成为活动步，必须满足两个条件：一是它的前级步（即 M1）为活动步；二是转换条件（即 X3）满足。所以在梯形图中，采用 M1 和 X3 的常开触点串联电路来表示上述条件。当这两个条件同时满足时，电路接通，此时完成两个操作，该转换的后续步 M2 通过 SET M2 指令置位从而变为活动步，前级步 M1 通过 RST M1 指令复位变为不活动步。每一步的编程都与转换实现的基本规则有着严格的对应关系，程序编写时很简单，调试时也很方便、直观。

通用逻辑指令是指 PLC 最基本的与触点和线圈有关的指令，如 LD、AND、OR、OUT 等。任何一种 PLC 的指令系统都有这一类指令，所以这是一种通用的编程方法，可以用于任意型号的 PLC。使用这种编程方法，关键是找出每一步的起动条件和停止条件，同时由于转换条件大多是短信号，需要使用具有保持功能的电路，因此这种编程方法又称为使用起保停电路的编程方法。

但对于编制复杂顺序功能图的梯形图，由于触点太多，采用这两种方法，调试和查找故障时也都显得较为麻烦和困难。

6.3.2 3台电动机顺序起、停控制功能的实现

1. 任务目标

设计一个顺序控制系统，要求如下。

3台电动机，按下起动按钮时，M1先起动，运行2 s后M2起动，再运行3 s后M3起动；按下停止按钮时，M3先停止，3 s后M2停止，2 s后M1停止。在起动过程中也应能完成逆序停止，例如在M2起动后和M3起动前按下停止按钮，M2停止，2 s后M1停止。

2. 任务实施

(1) 电气主电路的实现

根据控制要求，完成电气主电路接线如图6-24所示。

(2) PLC I/O地址分配及接线图

PLC I/O地址分配见表6-10，PLC外部接线如图6-35所示。需要注意的是，热继电器触点若按图6-35进行连接，则热继电器FR1～FR3应选择手动复位方式。

表6-10 PLC输入、输出地址分配表

PLC的I/O地址	连接的外部设备	在控制系统中的作用
X0	SB1	起动命令
X1	SB2	停止命令
Y1	KM1	第一台电动机运行
Y2	KM2	第二台电动机运行
Y3	KM3	第三台电动机运行

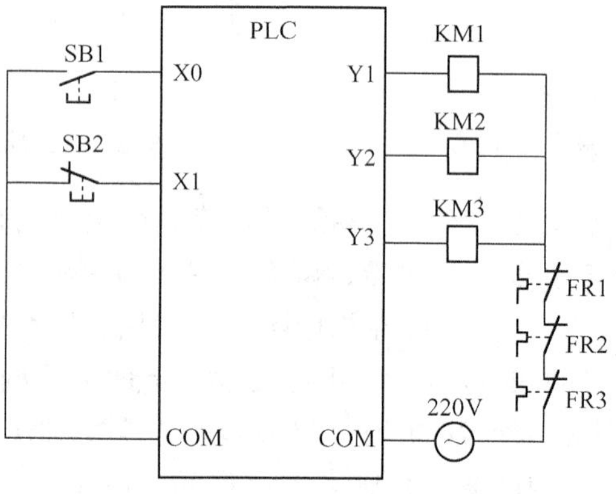

图6-35 PLC I/O外部接线图

(3) 画出顺序功能图

绘制顺序功能图时，除了采用上面所提到的中间继电器M，也可以用状态继电器S来表示，采用的继电器类型不同，编写相应的梯形图的方法就不同。在使用状态继电器时需要注意，通用型状态继电器有500个点，元件编号为S0～S499，其中S0～S9用于初始状态，S10～S19用于自动返回原点状态，中间的任意一步可以从S20地址起始。

按照控制要求，可以将3台电动机顺序起、停控制系统细分为7步，见表6-11。

表 6-11　3 台电动机顺序起、停系统步的划分

动作顺序	步　号	动　作	转换条件
0	S0	初始状态	X0 置 1（SB1 按下）→S20
1	S20	1#电动机起动并计时 2 s	T1 =1 且 X1 =1（SB2 未按动）→S21 X1 =0（SB2 按下）→S25
2	S21	2#电动机起动并计时 3 s	T2 =1 且 X1 =1（SB2 未按动）→S22 X1 =0（SB2 按下）→S24
3	S22	3#电动机起动	X1 =0（SB2 按下）→S23
4	S23	3#电动机停止并计时 3 s	T3 =1（计时到）→S24
5	S24	2#电动机停止并计时 2 s	T4 =1（计时到）→S25
6	S25	1#电动机停止	Y1 =0→S0

根据以上划分，绘制顺序功能图如图 6-36 所示。这个顺序功能图既包含循环序列又包含跳步序列，它们都是选择序列的特殊形式。

（4）程序的实现

许多 PLC 都有专门用于编制顺序控制程序的步进梯形指令及编程元件。

FX 系列 PLC 使用 STL 指令及复位指令 RET 配合。利用这两条指令，可以很方便地编制顺序控制梯形图程序。

步进梯形指令 STL 只有与状态继电器 S 配合才具有步进功能。使用 STL 指令的状态继电器的常开触点称为 STL 触点，用状态继电器代表功能图的各步，每一步都具有 3 种功能：负载的驱动处理、指定转换条件和指定转换目标。顺序功能图如图 6-37a 所示，梯形图如图 6-37b 所示，语句表如图 6-37c 所示。当进入 S20 状态时，输出 Y0；如果 X1 条件满足，则置位 S21，进入 S21 状态，自动退出 S20 状态，Y0 复位。

根据控制要求和顺序功能图，按照 STL 指令编程方式编写梯形图程序如图 6-38 所示。

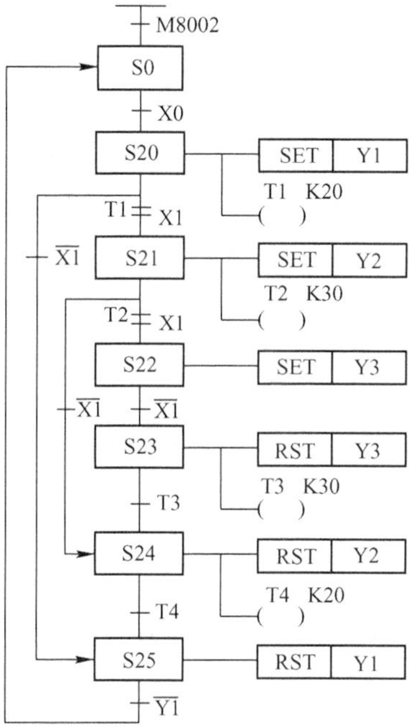

图 6-36　3 台电动机顺序起、停控制系统顺序功能图

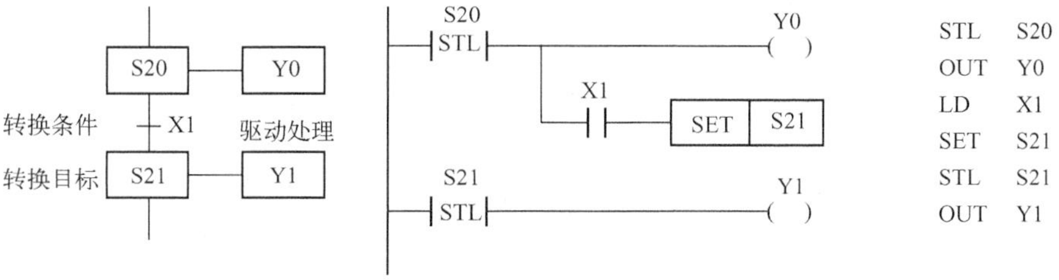

a)　b)　c)

图 6-37　STL 指令的表示

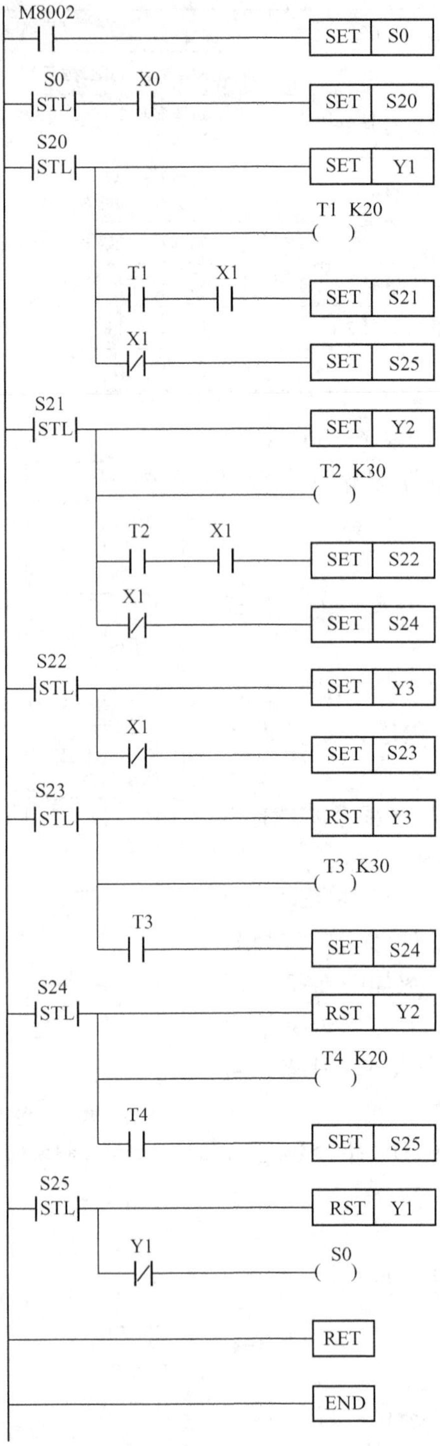


```
LD    M8002
SET   S0
STL   S0
LD    X0
SET   S20
STL   S20
SET   Y1
OUT   T1  K20
LD    T1
AND   X1
SET   S21
LDI   X1
SET   S25
STL   S21
SET   Y2
OUT   T2  K30
LD    T2
AND   X1
SET   S22
LDI   X1
SET   S24
STL   S22
SET   Y3
LDI   X1
SET   S23
STL   S23
RST   Y3
OUT   T3  K30
LD    T3
SET   S24
STL   S24
RST   Y2
OUT   T4  K20
LD    T4
SET   S25
STL   S25
RST   Y1
LDI   Y1
OUT   S0
RET
END
```

图 6-38　3 台电动机顺序起、停控制梯形图

从梯形图可以看出：

1）STL 指令在梯形图上表现为从母线上引出的状态接点，STL 指令具有建立子母线的功能，以便该状态的所有操作均在子母线上进行。当步进顺控指令完成后需要用 RET 指令将状态从子母线返回到主母线上；

2）梯形图中同一元件的线圈可以被不同的 STL 触点驱动，也就是说在使用 STL 指令时允许双线圈输出。

［研讨与练习］

设计一个按钮式人行横道交通灯控制系统，其工作时序图如图 6-39 所示。通常情况车道信号灯为绿，车辆正常通行；而人行道信号灯为红，禁止行人横穿马路。当有行人需要穿越马路时，按下人行道两边的通行按钮（X0 或 X1）后，车道的绿灯继续亮 30 s 后改为黄灯亮，黄灯亮 10 s 后车道信号灯变红，同时人行道指示灯由红灯变为绿灯；15 s 后人行道绿灯开始闪烁，闪烁频率为 1 Hz，闪烁 5 s 后车道信号灯恢复为绿灯，而人行道信号灯为红灯。

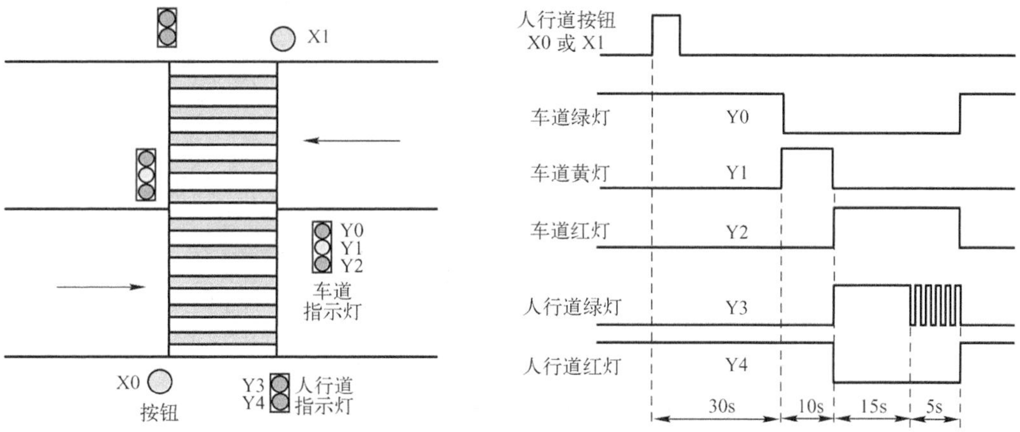

图 6-39　按钮式人行横道交通灯时序图

分析：车道交通灯和人行道交通灯是同时工作的，为了编写程序的方便，可以采用并行序列的顺序功能图来表示它们的工作情况，即分别写出车道灯和人行道灯的动作。根据按钮式人行横道交通灯的时序图，可以将车道工作周期划分为 3 个步：绿灯 30 s、黄灯 10 s 和红灯 20 s，分别用 S21、S22 及 S23 三个状态继电器表示对应的状态。将人行道工作周期划分为 3 个步：红灯 40 s、绿灯 15 s、绿灯闪烁 5 s，其中绿灯闪烁状态使用的计数器又包含了暗和亮两种状态，所以人行道工作周期采用了 5 个状态继电器 S30、S31、S32（暗）、S33（亮）和 S34（计数器复位）。此外，还要设置一个等待起动的初始步 S0，相应的顺序功能图如图 6-40 所示。

图中 S0 之后是并行序列的分支，并行序列中各单序列的第一步应该同时变为活动步，所以当 S0 为活动步并且转换条件 X0 或 X1 得到满足时，都应进入到 S21 和 S30 状态，即 S21 和 S30 同时被置位，与此同时 S0 状态自动退出。而当两条单序列都执行完后，有一个

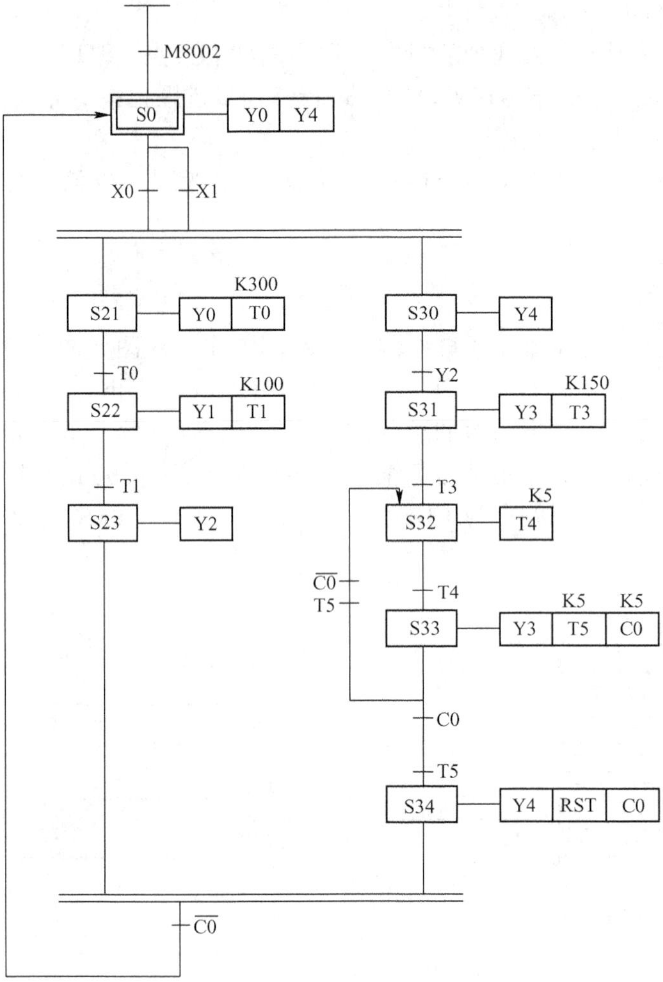

图 6-40　按钮式人行横道交通灯顺序功能图

并行序列的合并，该转换实现的前提条件是前级步 S23 和 S34 都为活动步且转换条件$\overline{C0}$满足，由此可知在并行序列合并时应将 STL 指令 S23、S34 和 C0 的常闭触点串联，作为起动下一步 S0 的条件。相应的梯形图如图 6-41 所示。

其中 S32 和 S33 两个状态配合起来实现人行横道绿灯交替闪烁 0.5 s，计数器 C0 计数闪烁的次数，当闪烁的次数不够 5 次时，条件 T5 和$\overline{C0}$满足，S32 得电，在这个状态中人行横道绿灯熄灭，同时 T4 计时 0.5s。T4 计时时间到，转换时间 T4 的常开触点闭合，置位 S33。在 S33 状态中，人行横道绿灯得电，同时 C0 自动加 1，T5 计时 0.5 s。如此循环，当 C0 计数 5 次且 T5 定时时间到，则置位 S34，程序跳出闪烁状态，进入下一个状态使人行道指示灯变为红灯。

本例编程时，也可采用 GX Developer 编程软件中的 SFC 编程方法，使用方法详见第 5 章“5.3.3 SFC 编程示例”。

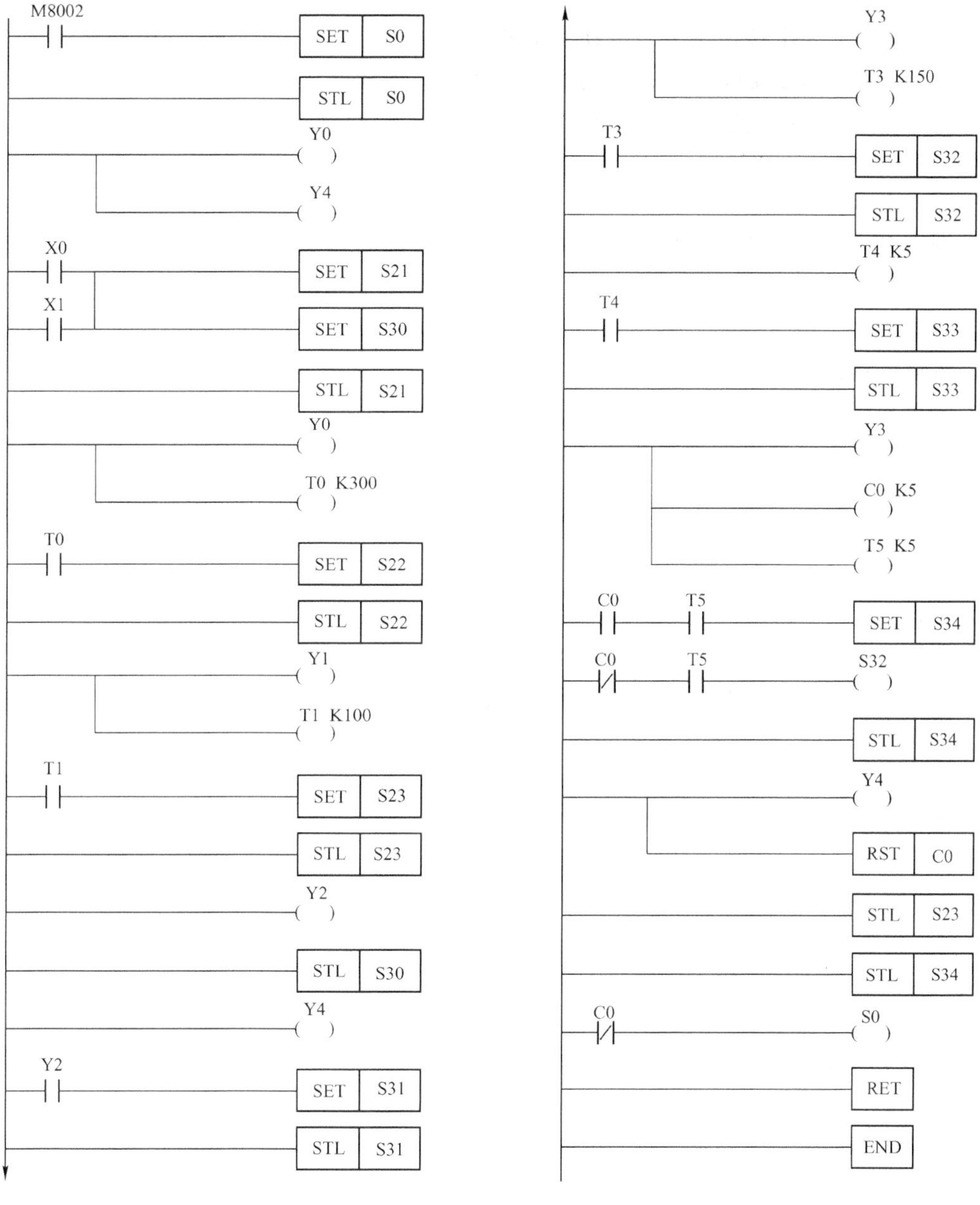

图 6-41　按钮式人行横道交通灯梯形图

6.4　实验项目

6.4.1　电动机点动、连动复合控制功能的实现

1. 实验目的

1）熟悉三相异步电动机点动、连动复合控制的原理。

2）学会 PLC 程序的设计和调试方法。

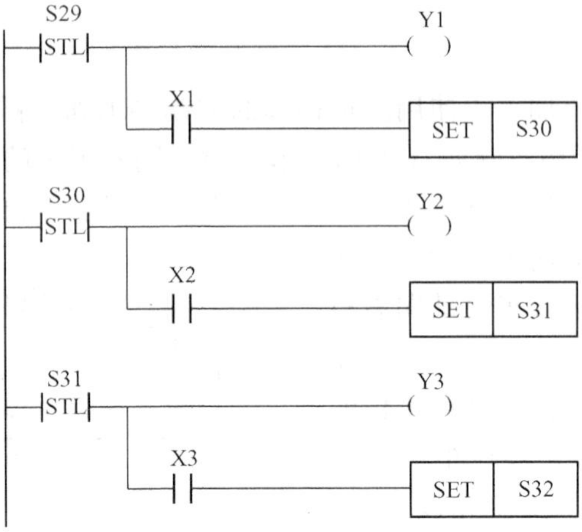

图 6-44　习题 6.1 梯形图

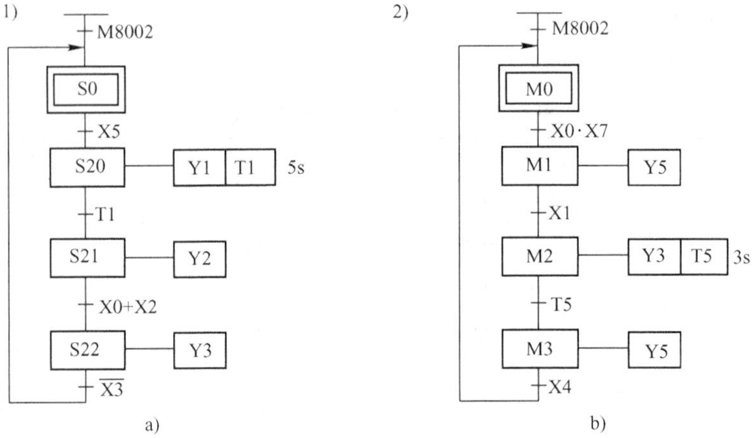

图 6-45　习题 6.2 顺序功能图

6.4　有 8 盏彩灯排成一行，从左至右依次每秒有一盏灯点亮（只有一盏灯亮），循环 3 次后，全部灯同时点亮，3 s 后全部灯熄灭。如此不断重复进行，使用 PLC 程序实现上述控制要求。

6.5　有两台三相笼型电动机 M1 和 M2。现要求 M1 先起动，经过 3 s 后 M2 起动；M2 起动后，M1 立即停车。试用 PLC 实现上述控制要求，并画出梯形图。

6.6　洗手间小便池在有人使用时光电开关使 X0 为 ON，冲水控制系统在使用者使用 3 s 后令 Y0 为 ON，冲水 2 s，使用者离开后冲水 3 s，其时序图如图 6-46 所示，设计出梯形图程序。

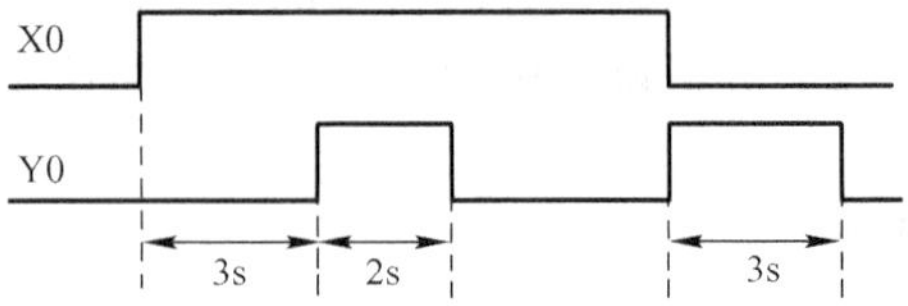

图 6-46　习题 6.6 时序图

6.7　某零件加工过程分 3 道工序，共需20 s，其时序要求如图 6-47 所示。控制开关用于控制加工过程的起动和停止。每次起动皆从第一道工序开始。试编制完成控制要求的梯形图。

6.8　某台自动清洗机，其动作如下：按下起动按钮时，打开喷淋阀门，同时清洗机开

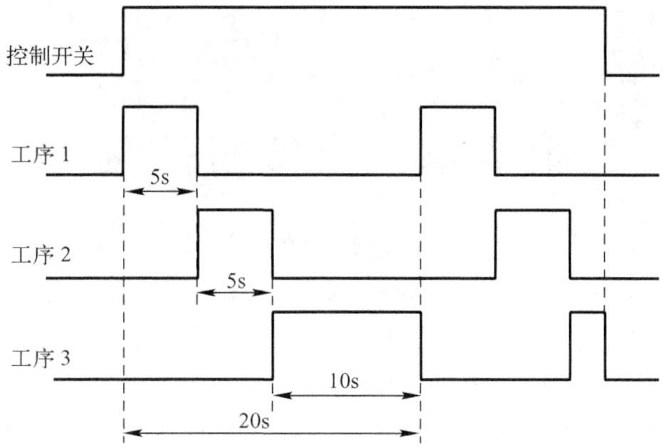

图 6-47　习题 6.7 时序图

始移动。当检测到物体到达清洗机时，起动旋转刷子开始清洗物体；当检测到物体离开清洗机时，停止清洗机移动，停止刷子旋转，并关闭阀门。任何时候按下停止开关时，都可以停止所有的动作。

第 7 章　模拟量控制

模拟量的概念与数字量相对应。模拟量是指在时间和数量上都连续的物理量，其表示的信号称为模拟信号。模拟量在连续的变化过程中任何一个取值都是一个具体有意义的物理量，如电压、电流、温度、压力、流量、液位等。在工业控制系统中，会经常遇到模拟量，并需要按照一定的控制要求实现对模拟量的控制。

可以进行人工控制的系统称为可控系统。可控系统由控制部分和控制对象组成，如果受控对象为模拟量，则为模拟量控制系统，由于连续的生产过程常有模拟量，故模拟量控制有时也称为过程控制。

PLC 可以方便、可靠地实现数字量控制，而模拟量是连续量，因此，要将 PLC 应用于模拟量闭环控制系统中，首先要求 PLC 必须具有 A－D（模－数）和 D－A（数－模）转换功能，能对现场的模拟量信号与 PLC 内部的数字量信号进行转换；其次 PLC 必须具有数据处理能力，特别是应具有较强的算术运算功能，能根据控制算法对数据进行处理，以实现控制目的；同时还要求 PLC 有较高的运行速度和较大的用户程序存储容量。现在的 PLC 一般都有 A－D 和 D－A 模块，许多 PLC 还设有 PID 功能指令，在大、中型 PLC 中还配有专门的 PID 过程控制模块。

7.1　PLC 模拟量输入（A－D）模块

7.1.1　模拟量输入

把模拟量输入 PLC 最简单的方法是：采用模拟量输入单元，简称 AD 单元或 AD 模块。它不仅可以完成从模拟量到数字量的转换，有的还可对信号作相应处理，如滤波、求平均值、保持峰值、按比例转换等。

模拟量一般需用传感器、变送器等元件，把工业现场的模拟量转换成标准的电信号，一般标准电流信号为 4～20 mA，标准电压信号为 0～10 V、0～5 V 或 －10～＋10 V 等。具体是什么、是多少，可依据模块型号及选择开关来设定。

模拟量经过 A－D 转换后的数字量，可以为二进制 8 位、10 位、12 位、16 位或更高位，位数越高，相应的分辨率越高。如 8 位、10 位、12 位、16 位数字量对应的最大分辨率分别为量程的 1/255、1/1 023、1/4 095、1/32 767。分辨率越高，精度也越高。一般大、中型机多为 12 位或更高，小型机多为 8 位或 12 位。

如图 7-1 所示，AD（模数转换）单元由滤波、模数转换 A－D，光耦合器等部分组成。它可以处理电流信号，也可以处理电压信号。

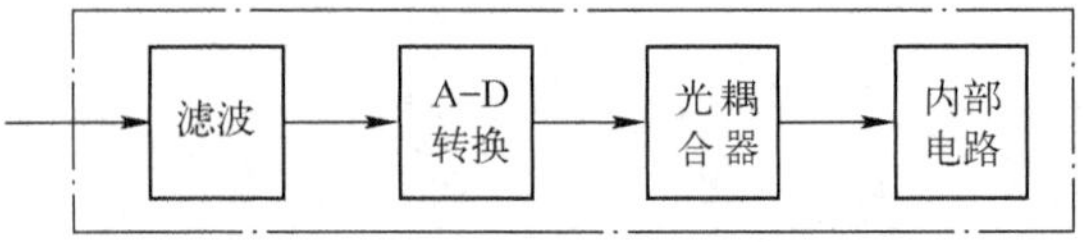

图 7-1　A－D 转换电路的组成

使用 AD 单元时，要了解它的性能，主要有：

1）模拟量规格：指可输入或可输出的标准电流或标准电压的规格，规格多些更便于选择使用。

2）数字量位数：指模拟量转换后对应的数字量，用多少位二进制数表达。位数越高，精度越高。

3）转换路数：指可实现多少路的模拟量转换，路数越多，可处理的信号越多。常用的AD 单元有 2 路、4 路、8 路，还有多达 16 路的。

4）转换时间：指实现一次模拟量转换的时间，一般转换时间越短越好。

5）功能：指除了实现模－数转换时的一些附加功能外，有的还有标定（Scaling）、平均（Mean）、峰值（Peak Value）及开方（Square Root）功能。

使用 AD 单元的第一步是选择。要选性能合适的单元，既要与 PLC 的型号相当，规格、功能也要一致，而且配套的附件或装置也要选好。

第二步是接线。要按要求接线。用电压信号，只能接电压端；用电流信号，只能接电流端。接线时要注意屏蔽，以减少干扰。

第三步是设定。有硬设定及软设定。硬设定用 DIP 开关，软设定则用存储区或运行相应的初始化程序。通过设定，才能确定要使用哪些功能，选定什么样的数据转换，数据存储于什么单元等。

7.1.2 模拟量输入（A－D）模块的使用

FX_{2N}系列中有关模拟量输入的特殊功能模块有：FX_{2N}－2AD（2 路模拟量输入）、FX_{2N}－4AD（4 路模拟量输入）、FX_{2N}－8AD（8 路模拟量输入）、FX_{2N}－4AD－PT（4 路铂电阻直接输入）、FX_{2N}－4AD－TC（4 路热电偶直接输入）等。下面以 FX_{2N}－2AD 模拟量输入模块为例讲述使用方法。

FX_{2N}－2AD 模拟量输入模块用于将两路模拟量输入转换为 12 位的数字值，并将数值输入到 PLC 中。该模块有 2 个输入通道，通过输入端子不同的接线方式变换，可以选择电压或电流输入状态。电压输入时，输入阻抗为 200 kΩ，输入范围可选为 DC0～10 V 或 DC0～5 V。电流输入时，输入阻抗为 250 Ω，输入信号范围为 DC 4～20 mA。

FX_{2N}－2AD 模块出厂时，其输入特性已调整为 DC0～10V，数值范围为 0～4 000。如果要使用 0～5V 或者 4～20 mA 输入时，必须使用偏置和增益旋钮重新进行调整。

FX_{2N}－2AD 将接收的模拟量信号转换成 12 位二进制的数字量，并通过 FROM/TO 指令与 PLC 进行数据传输。

（1）FX_{2N}－2AD 的外部接线

FX_{2N}－2AD 的接线如图 7-2 所示，图中采用扩展电缆连接 PLC，模拟输入信号采用双绞屏蔽电缆与 FX_{2N}－2AD 连接，电缆应远离电源线或其他可能产生电气干扰的导线。接线时需要注意以下几点。

1）当电压输入存在波动或大量噪声时，可以在 VIN 和 COM 端子之间接一个 0.1 μF～0.47 μF 的电容。

2）如果是电流输入信号，应将端子 VIN 和 IIN 短接。

3）FX_{2N}－2AD 两个通道只能同时处理一种性质的信号，即不能将一个通道作为模拟电压输入而将另一个通道作为电流输入，因为两个通道使用相同的偏移值和增益值，两点不可混合使用。

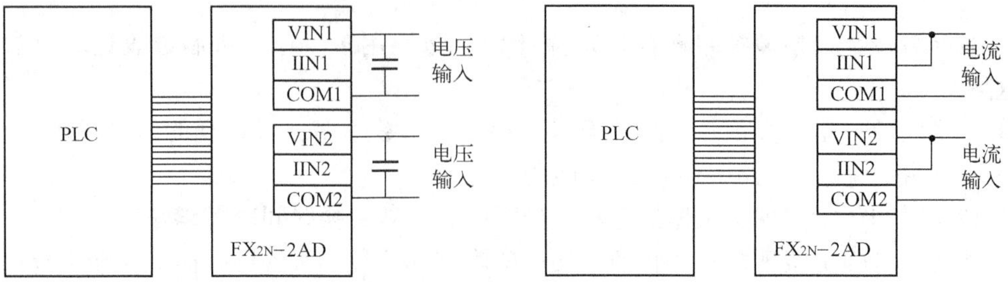

图 7-2　FX_{2N} -2AD 的接线图

（2）FX_{2N} -2AD 缓冲寄存器（BFM）的分配

FX_{2N} -2AD 模拟量模块内部有一个数据缓冲寄存器区，缓冲寄存器由 16 位的寄存器组成，编号从 BFM#0 开始，其内容与作用见表 7-1。数据缓冲寄存器区内容可以通过 PLC 的 FROM 和 TO 指令来读、写。

表 7-1　FX_{2N} -2AD 缓冲寄存器（BFM）的分配

BFM 编号	b15 ~ b8	b7 ~ b4	b3	b2	b1	b0
#0	保 留	输入数值的当前值（低 8 位数据）：由 BFM#17 指定的输入数据（低 8 位数据）当前值被存储				
#1	保 留		输入数据当前值（高端 4 位数据）：由 BFM#17 指定的输入数据（高端 4 位数据）当前值被存储			
#2 ~ #16	保　留					
#17	保 留				模拟到数字转换开始：b1 从 0 →1 时 A – D 转换开始	模拟到数字转换通道：为 0 时选择 CH1 为 1 时选择 CH2
#18 或更大	保　留					

（3）偏置和增益的调整

前面讲过，FX_{2N} -2AD 模块出厂时，输入信号设定为电压输入，且为 0 ~ 10 V，偏置值和增益值调整到数字值 0 ~ 4 000。当模块用做 DC 0 ~ 5 V 或电流为 4 ~ 20 mA 输入时或根据工厂设定的输入特性进行输入时，就有必要进行偏置值和增益值的再调节。偏置值和增益值的调节是对实际的模拟输入值设定一个数字值。这是根据 FX_{2N} -2AD 的容量调节器，使用电压发生器和电流发生器来完成的，调节时容量调节器转向右边时（顺时针），数字值增加。

增益值为模拟量最大输入时所对应的数字值，可设置为任意数值，但为了将 12 位分辨率展示到最大，可使用的数字范围为 0 ~ 4 000。在电压输入为 0 ~ 10 V 时，为对于 10 V 的模拟输入值，数字值调整到 4 000；为 0 ~ 5 V 时，对于 5 V 的模拟输入值，数字值调整到 4 000。在电流输入时，对于 20 mA 的模拟输入值，数字值调整到 4 000。相应的输入特性分别如图 7-3a、图 7-3b 和图 7-3c 所示。

同样，偏置值为模拟量最低输入时所对应的数值，也可设置为任意数字，如图 7-3c 所示，使用的数字范围为 0 ~ 4 000。如 4 ~ 20 mA 电流输入，可调整偏置值使 4 mA 对应数字值 0，4. 1mA 对应数字值 25 等。

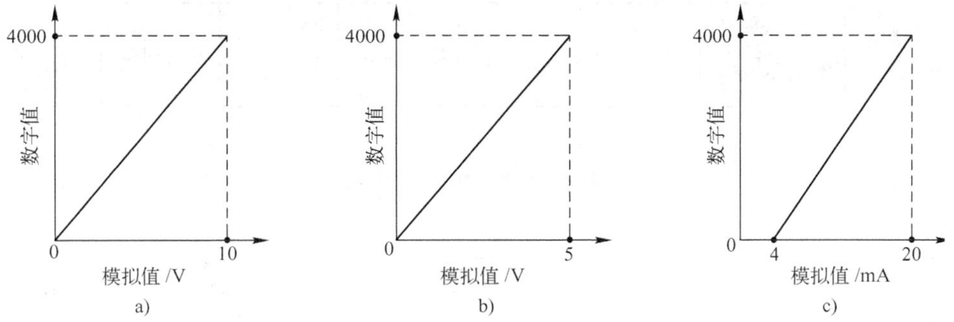

图 7-3　调节增益值的输入特性曲线

调整偏置与增益时应该注意以下几个问题。

1）对于 CH1 和 CH2 的偏置调整和增益调整是同时完成的，当调整了一个通道的偏置值和增益值时，另一个通道的值也会自动调整。

2）反复交替调整偏置值和增益值，直到获得需要的且稳定的数值。

3）当调整偏置、增益时，按照增益调整和偏置调整的顺序进行。

4）对模拟输入电路来说，每个通道之间几乎没有差别。但是，为了获得最大的精度，应独自检查每个通道。

（4）特殊功能模块的读写指令

图 7-4 中的 FROM 是 FX 系列的读特殊功能模块指令，TO 是写特殊功能模块指令。ml 为特殊功能模块的编号，ml = 0 ~ 7；m2 为该特殊功能模块中缓冲寄存器（BFM）的编号，m2 = 0 ~ 32 767；n 是待传送数据的字数，n = 1 ~ 32（16 位操作）或 1 ~ 16（32 位操作）。

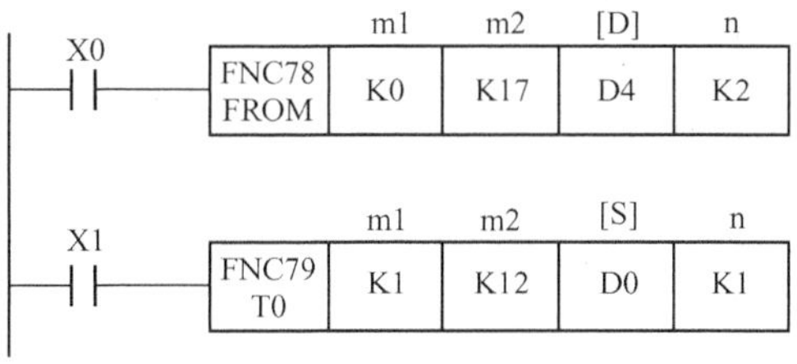

图 7-4　特殊功能模块的读写指令

当图中 X0 为 ON 时，将 0#特殊功能模块内 BFM#17、BFM#18 两个缓冲寄存器的数据，读入 PLC 的 D4、D5 中。

当 X1 为 ON 时，将 PLC 中 D0 的数据写到 1#特殊功能模块 BFM#12 缓冲寄存器中。

（5）确定模块编号

当 PLC 与特殊功能模块连接时，数据通信是通过特殊模块的读/写指令 FROM/TO 来实现的。为了使 PLC 能够准确地查找到指定的功能模块，每个特殊功能模块都有一个确定的地址编号，编号的方法是从最靠近基本单元的特殊功能模块开始，顺序编为 0 ~7 号。

如图 7-5 所示，该配置使用 FX_{2N} - 48MR 作为基本单元，通过扩展电缆依次连接 FX_{2N} -2AD、FX_{2N} -2DA、FX_{2N} -4AD 3 个模拟量模块和 2 个数字量扩展模块，则特殊功能模块的编号按连接顺序分别为 0、1、2 号。这 3 个模块不影响基本单元右边 2 个扩展单元的编号，但会影响到总的输入、输出点数。由于 3 个模拟量模块共占用 24 点，所以基本单元和扩展单元的总输入输出点数只能用 256-24 =232 个点。

（6）模块的读写指令使用

若 FX_{2N} -2AD 模块在 0 号位置，要求当 X3 接通时，将输入通道 CH1 的转换值放入 D50；当 X4 接通时，将输入通道 CH2 的转换值存入 D51；则梯形图程序如图 7-6 所示。

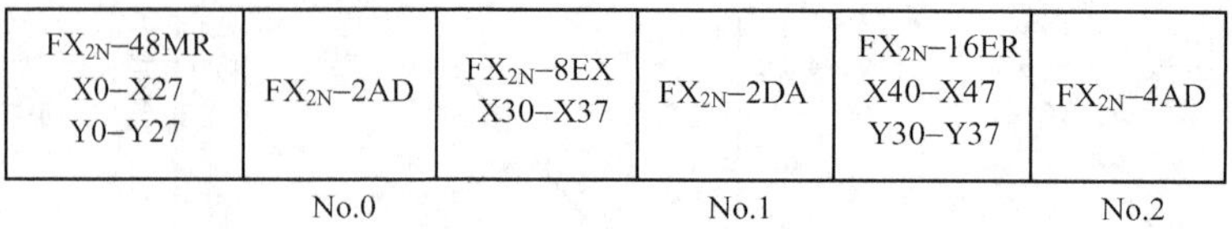

图 7-5　特殊功能模块的编号

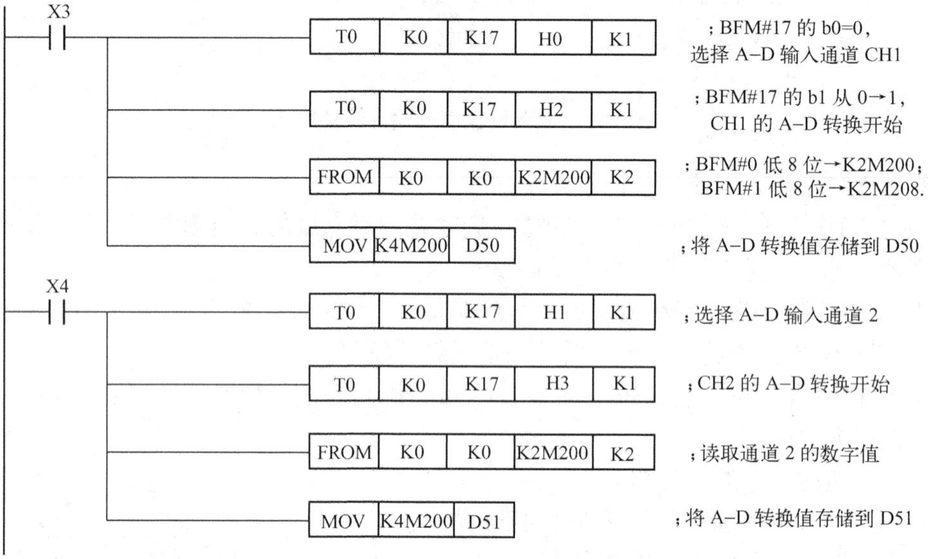

图 7-6　模块的读/写指令梯形图程序

7.1.3　应用举例

1. 控制要求

采用三菱 FX_{2N}系列 PLC 及 A-D 转换模块，对外部 0～10 V 模拟量进行检测，并实现以下功能。

通过滑动变阻器 R，调节模拟量输入值，并通过 5 盏指示灯显示输入值的范围。即当模拟量输入值≥2 V 时，HL1（Y0）点亮；模拟量输入值≥4 V 时，HL1、HL2（Y0、Y1）点亮；模拟量输入值≥6 V 时，HL1～HL3（Y0、Y1、Y2）点亮；模拟量输入值≥8 V 时，HL1～HL4（Y0、Y1、Y2、Y3）点亮；模拟量输入值≥10 V，5 盏灯全部点亮。

2. PLC 外部接线图

根据控制要求，可选择 PLC 型号为 FX_{2N}-16MR，模拟量转换选用 FX_{2N}-2AD 模拟量输入模块，模拟量模块与 PLC 之间通过扩展电缆连接，外部 0～10V 模拟量信号送至 CH1。接线图如图 7-7 所示。

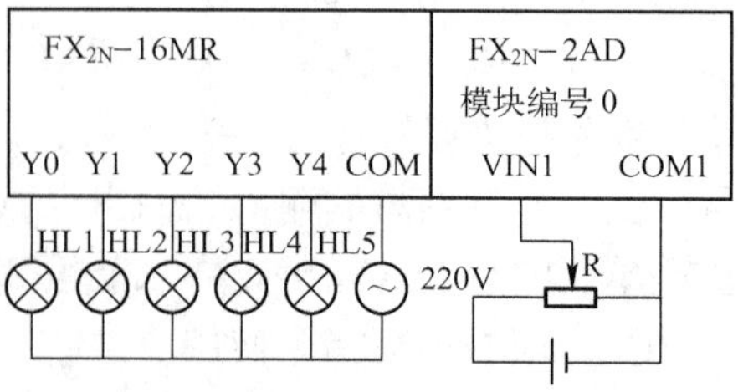

图 7-7　系统外部接线图

3. 程序的实现

FX_{2N}-2AD 模块输入信号设定为 0～10 V 的电

压输入，对应数值范围为 0～4000，则输入电压值 V_i 和数字量的对应关系为 $D_i=(4000/10)\times V_i$。那么当电压输入为 0～2 V 时，对应数字量为 0～800；为 2～4 V 时，对应数字量为 800～1600，依次类推。功能实现程序如图 7-8 所示。

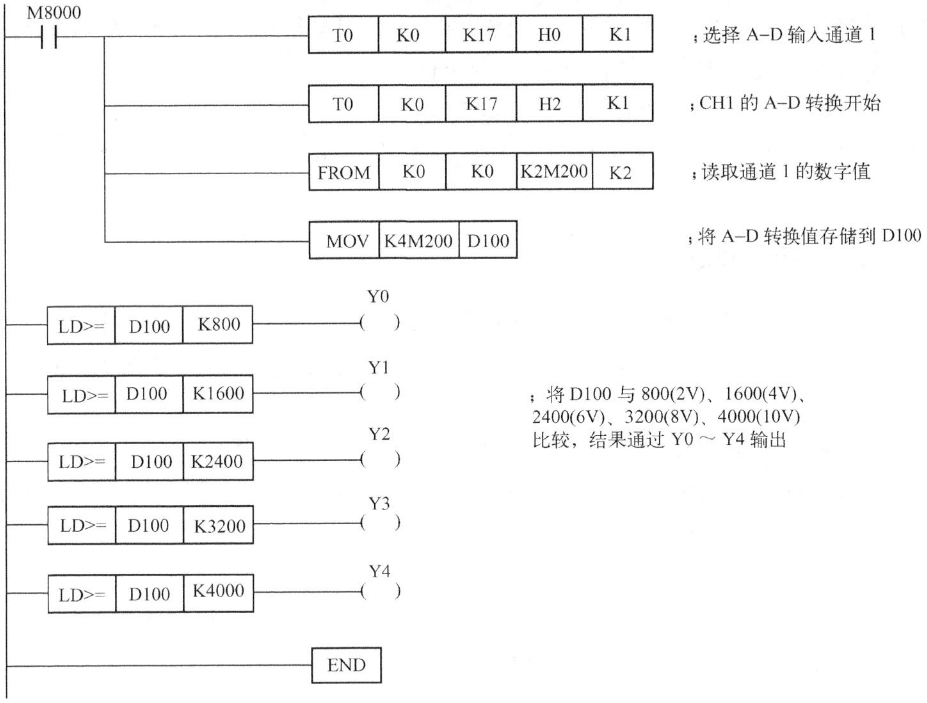

图 7-8　PLC 的模拟量输出程序

7.2　PLC 模拟量输出（D－A）模块

7.2.1　模拟量输出

模拟量输出模块是把数字量转换成模拟量输出的 PLC 工作单元，简称 DA（数－模转换）单元或 DA 模块，多数 PLC 的 DA 单元是单独的模块，但也有集成到 CPU 模块中的。

转换前的数字量可以为二进制 8 位、10 位、12 位、16 位或更高，其对应的分辨率分别为量程的 1/255、1/1023、1/4095 及 1/32767 或更小，分辨率越高，精度也越高。转换后的模拟量都是标准电压或电流信号。

模拟量输出单元在 PLC I/O 刷新时，通过 I/O 总线接口，从总线上读出 PLC I/O 继电器或内部继电器指定通道的内容，并存于自身的内存中，经光耦合器传送到各输出电路的存储区；再分别经 D－A 转换向外输出电压或电流。

如图 7-9 所示，DA 单元由光耦合器、数－模 D－A 转换器和信号驱动等环节组成。

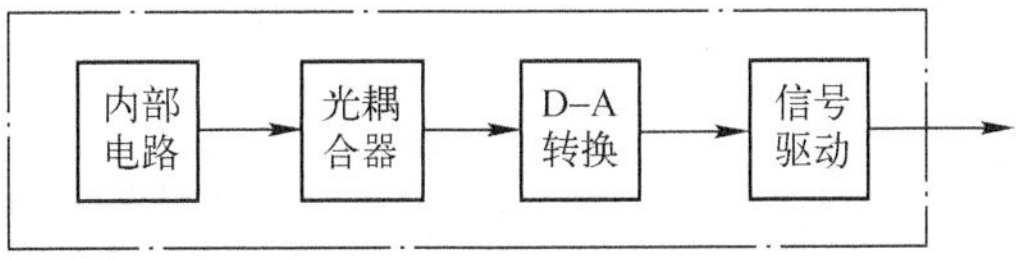

图 7-9　D－A 转换电路的组成

由于用了光耦合器，其抗干扰能力也很强。

DA 单元有 2 路的，还有 4 路、8 路的，最少的只有 1 路。

使用 DA 单元时第一步是选用。要选性能合适的单元，既要与 PLC 的型号匹配，规格、功能也要一致，而且配套的附件或装置也要选好。

第二步是接线。要按要求接线（端子上有注明）。用电压信号，只能接电压端；用电流信号只能接电流端。接线要注意屏蔽，以减少干扰。

第三步是设定。有硬设定及软设定。硬设定用 DIP 开关，软设定则用存储器或运行相应的 PLC 初始化程序。作了设定，才能确定要使用哪些功能，选用什么样的数据转换，数据存储于什么单元等。

7.2.2 模拟量输出模块的使用

FX_{2N}系列中有关模拟量输出的特殊功能模块有 FX_{2N} -2DA（2 路模拟量输出）、FX_{2N} -4DA（4 路模拟量输出）和 FX_{2N} -2LC（2 路温度 PID 控制模块）等。下面以 FX_{2N} -2DA 模拟量输出模块为例讲述使用方法。

FX_{2N} -2DA 模拟量输出模块是 FX 系列专用的模拟量输出模块。该模块有 2 个输出通道，通过输出端子接线方式的变换，可以任意选择电压或电流输出状态。电压输出时，可接负载阻抗 2 kΩ ~ 1 MΩ，输出信号范围为 DC0 ~ 10 V、0 ~ 5 V。电流输出时，可接负载阻抗不大于 500Ω，输出信号范围为 DC4 ~ 20 mA。

FX_{2N} -2DA 将 12 位的数字量转换成 2 路模拟量输出，并通过 FROM/TO 指令与 PLC 进行数据传输，数值范围是 0 ~ 4000，综合精度为量程的 1%。

（1）FX_{2N} -2DA 的接线

FX_{2N} -2DA 的接线如图 7-10 所示，图中扩展电缆连接 PLC，模拟量输出信号采用双绞屏蔽电缆与 FX_{2N} -2DA 连接，电缆应远离电源线或其他可能产生电气干扰的导线。接线时需要注意以下几点。

1）当电压输出存在波动或大量噪声时，可以在 VOUT 和 COM 端子之间接一个 0.1 μF ~ 0.47 μF DC25 V 的电容。

2）如果是电压输出信号，需将端子 IOUT 和 COM 短接。

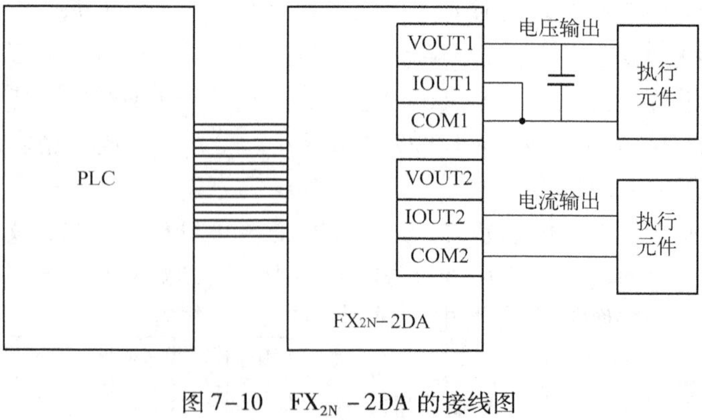

图 7-10　FX_{2N} -2DA 的接线图

（2）FX_{2N} -2DA 缓冲寄存器（BFM）的分配

FX_{2N} -2DA 模拟量模块内部有一个数据缓冲寄存器区，缓冲寄存器由 16 位的寄存器组成，编号从 BFM#0 开始，其内容与作用表 7-2。数据缓冲寄存器区的内容可以通过 PLC 的 FROM 和 TO 指令来读、写。

表 7-2　FX_{2N} -2DA 缓冲寄存器（BFM）的分配

BFM 编号	b15 ~ b8	b7 ~ b3	b2	b1	b0
#0 ~ #15	保 留				
#16	保留	由 BFM#17 指定的通道的 D - A 转换数据被写入，D - A 转换数据以二进制形式，并分为低 8 位和高 4 位两部分的顺序进行写入			
#17	保 留		D - A 低 8 位数据保持：1→0	通道 1 D - A 转换开始：1→0	通道 2 D/A 转换开始：1→0
#18 ~ #19	保 留				

（3）FX_{2N} -2DA 偏置与增益的调整

FX_{2N} -2DA 出厂时偏置值和增益值已经设置成：数字值为 0 ~ 4000，电压输出为 0 ~ 10V。当 FX_{2N} -2DA 用做电流输出时，必须重新调整偏置值和增益值。偏置值和增益值的调节是调节数字值的设置，使其与实际的输出模拟值相对应，可通过 FX_{2N} -2DA 的容量调节器，并使用电压表和电流表来完成，调节时容量调节器转向右边时（顺时针），数字值增加。

增益值可以设置为 0 ~ 4000 的任意数字值。但是，为了得到 12 位的最大分辨率，电压输出时，对于 10 V 的模拟输出值，数字值调整到 4000；对于 5V 的模拟输出值，数字值调整到 4000。电流输出时，对于 20 mA 的模拟输出值，数字值调整到 4000。相应的输出特性分别如图 7-11a、图 7-11b 和图 7-11c 所示。

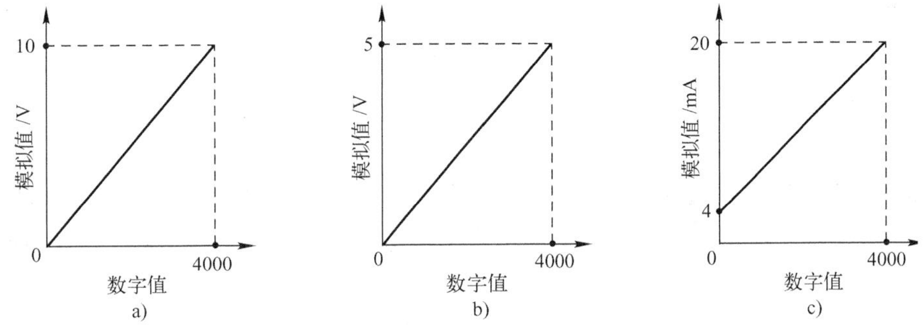

图 7-11　调节增益值的输出特性曲线

偏置值也可根据需要任意进行调整。但一般情况下，电压输入时，偏置值设为 0V；电流输入时，偏置值设为 4mA，如图 7-11 所示。

在调整数值时，需要反复交替调整偏置值和增益值，直到获得稳定的数值。对于通道 1 和通道 2 的偏置调整和增益调整可分别进行。

调整偏置值与增益值时需要注意以下几个问题。

1）对通道 1 和通道 2 可分别进行偏置调整和增益调整。

2）反复交替调整偏置值和增益值，直到获得需要的稳定的数值。

3）当调整偏置、增益时，按照增益调整和偏置调整的顺序进行。

（4）FX_{2N} -2DA 模块的读写指令使用

如 FX_{2N} -2DA 模块被连接到 FX_{2N}系列 PLC 的 1 号特殊模块位置，要写入输出通道 1 的数据，存放在数据寄存器 D10 中，当 X4 接通时，启动通道 1 的 D-A 转换。实现程序如图 7-12所示。

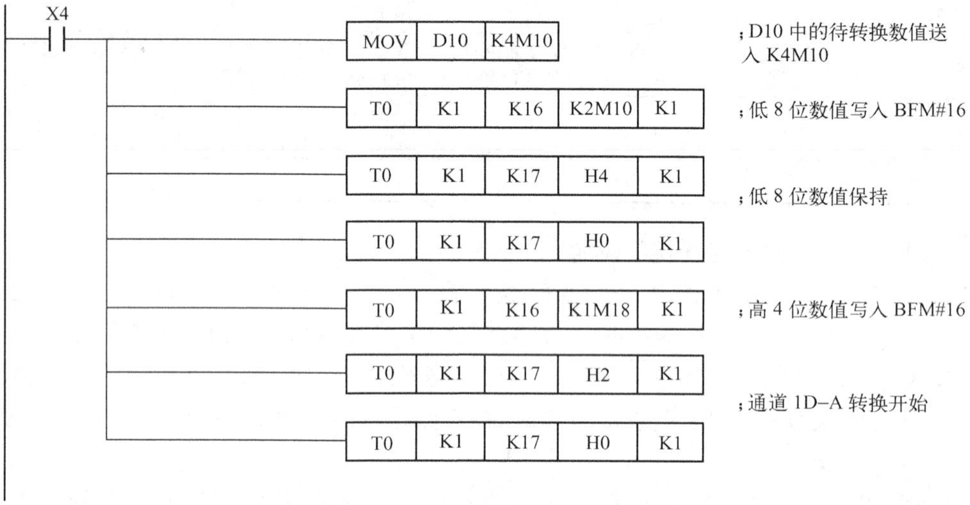

图 7-12　FX_{2N} -2DA 模块 D-A 转换的实现

7.2.3　应用举例

1. 控制要求

采用三菱 FX_{2N}系列 PLC 及 DA 转换模块，输出周期为 10 s，幅值为 10 V 的三角波，波形如图 7-13 所示。

2. PLC 外部接线图

系统中，PLC 选用 FX_{2N} -16MR，模拟量转换选用 FX_{2N} -2DA 模拟量输出模块，与 PLC 通过扩展电缆连接，模块地址编号为 0，转换后的模拟量信号送至 CH1。接线图如图 7-14 所示。

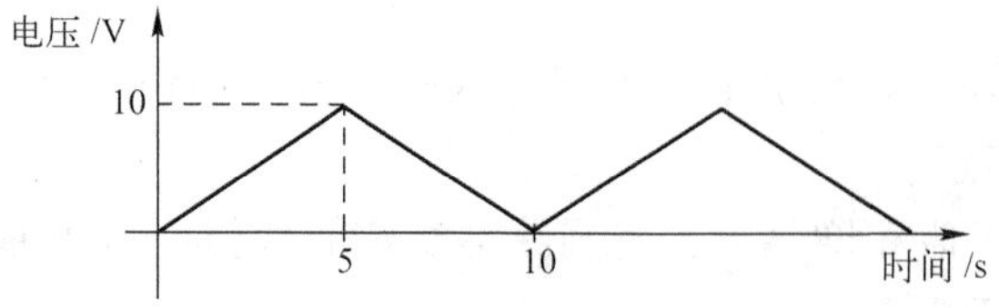

图 7-13　三角波波形图

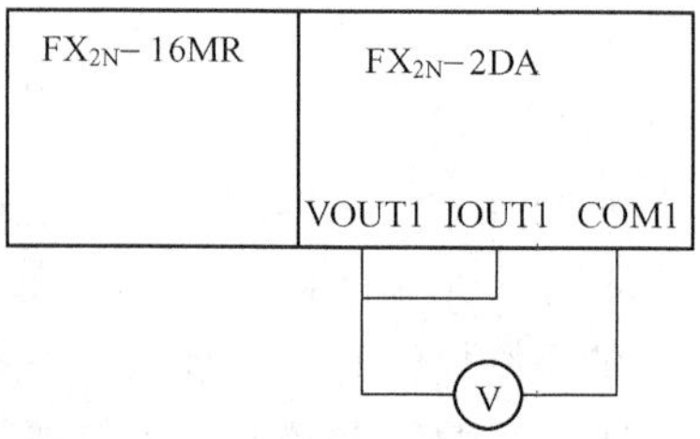

图 7-14　系统外部接线图

3. 程序的实现

FX2N－2DA 模块设定为 0～10 V 的电压输出，对应数值范围为 0～4000，则输出电压值 Vi 和数字量 Di 的对应关系为 Vi ＝(Di /4000)×10。

要连续产生周期为 10 s 的三角波信号，一是需要设计一个 10 s 的周期脉冲信号，选用 100 ms 定时器 T0 实现，计时当前值为 Ti；二是计算各个时间点实际的输出电压，当 0～5 s 时，信号从 0 V 上升到 10 V，对应 PLC 内部数值 Di 为 0～4000，计算公式为 Di＝ Ti×80；当 5～10 s 时，信号从 10 V 下降到 0 V，对应 PLC 内部数值 Di 为 4000～0，计算公式为 Di＝4000－(Ti－50)×80＝8000－80Ti；实现程序如图 7-15 所示。

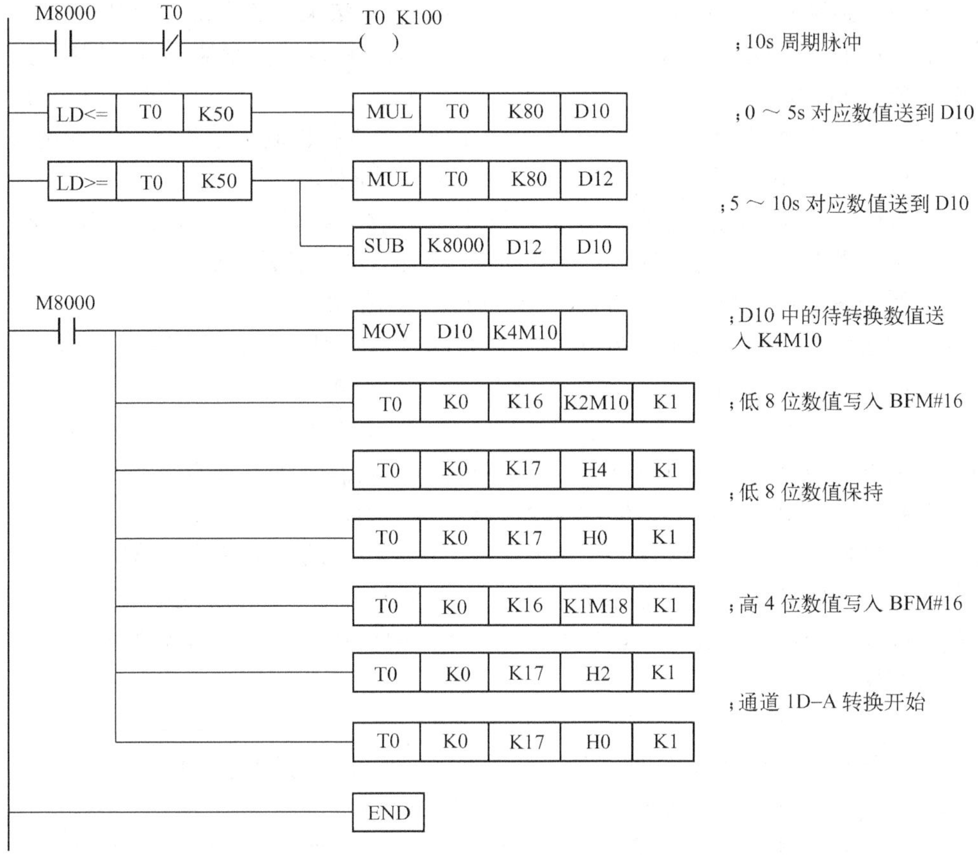

图 7-15 PLC 的模拟量输入程序

7.3 PID 控制

所谓 PID 控制，是指根据系统的偏差信号，利用比例（P）、积分（I）、微分（D）来计算控制量，再通过计算的结果完成对系统的控制和调节。根据实际情况也可以采用 PI（比例积分）或 PD（比例微分）控制。在工程控制领域中，目前 PID 控制仍是应用最为广泛的调节器控制规律。PID 控制器问世至今已有近 70 年历史，它以结构简单、稳定性好、工作可靠、调整方便而成为工业控制的主要技术之一。

PID 是闭环控制系统的比例-积分-微分控制算法。通常闭环控制系统由控制器、执行元件、被控对象以及反馈检测元件几部分组成，原理如图 7-16 所示。

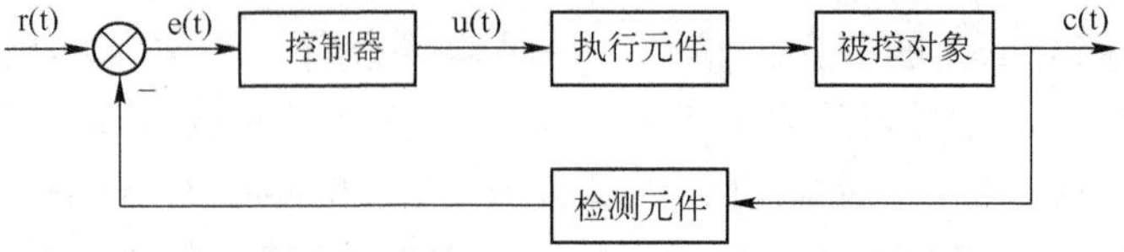

图 7-16　闭环控制系统控制原理

在闭环控制系统中，控制器是系统的核心，其控制算法决定了系统的控制特性和控制效果。控制器常用的控制规律是 PID 控制。PID 控制器是一种线性控制器，它根据给定值 r(t)与实际输出值 c(t)构成控制偏差 e(t)，e(t)=r(t)-c(t)，将偏差 e(t)的比例(P)、积分(I)和微分(D)通过线性组合构成控制量，对被控制对象进行控制，故称为 PID 控制器。

在工业控制中，PID 控制得到了广泛的应用，PID 控制具有以下优点。

1）不需要知道被控对象的数学模型。实际上大多数工业对象准确的数学模型是无法获得的，对于这一类系统，使用 PID 控制往往可以得到比较满意的效果。

2）PID 控制器结构简单、稳定性好、工作可靠、调整方便。

3）有较强的灵活性和适应性，根据被控对象的具体情况，可以采用各种 PID 控制的变种和改进的控制方式，如 PI、PD、带死区的 PID、积分分离式 PID、变速积分 PID 等。

随着智能控制技术的发展，PID 控制与模糊控制、神经网络控制等现代控制方法相结合，可以实现 PID 控制器的参数自整定，使 PID 控制器具有经久不衰的生命力。

PID 控制在 PLC 中既可用 PID 硬件模块实现，也可用软件实现。

使用硬件模块时，PID 控制程序是由 PLC 生产厂家设计的，并存放在模块中，用户在使用时只需要设置一些参数，使用起来非常方便，一个模块可以控制几路甚至几十路闭环回路。但是这种模块的价格昂贵，一般在大型控制系统中使用。如三菱的 A 系列、Q 系列 PLC 的 PID 控制模块。

软件方法就是根据 PID 算法编制控制程序或直接调用 PID 指令，后者较方便，但不是所有 PLC 都支持。三菱 FX_{2N}系列提供了 PID 控制指令，且其参数设置灵活，使用方便。PID 指令用来调用 PID 运算程序，用法如图 7-17 所示，[S1]和[S2]分别用来存放给定值 SV 和当前测量到的反馈值 PV，[S3]~[S3]+6 用来存放控制参数的值，运算结果 MV 存放在[D]中。源操作数[S3]占用从[S3]开始的 25 个数据寄存器。

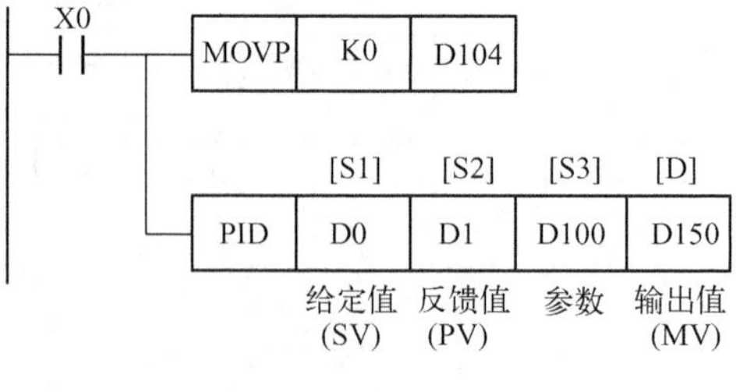

图 7-17　PID 指令

在 PID 运算开始之前，应使用 MOV 指令将参数（见表 7-3）设定值预先写入对应的数据寄存器中。如果使用有断电保持功能的数据寄存器，则不需要重复写入；如果目标操作数[D]有断电保持功能，则应使用初始化脉冲 M8002 的常开触点将其复位。

表 7-3　PID 控制参数及设定

源操作数	参　　数	设定说明	备　　注
[S3]	采样周期（Ts）	1 ~ 32 767 ms	不能小于扫描周期
[S3] +1	动作方向（ACT）	Bit0：0 为正动作，1 为反动作 Bit1：0 为无输入变化量报警 1 为有输入变化量报警 Bit2：0 为无输出变化量报警 1 为有输出变化量报警 Bit4：为 1 则执行自动调谐 Bit5：0 为输出值无上下限设定 1 为输出值上下限设定有效	
[S3] +2	输入滤波常数（α）	0 ~ 99（%）	0 时没有输入滤波
[S3] +3	比例增益（K_p）	1 ~ 32 767（%）	
[S3] +4	积分时间（T_I）	1 ~ 32 767（×100 ms）	0 为无积分
[S3] +5	微分增益（K_D）	0 ~ 100（%）	
[S3] +6	微分时间（T_D）	1 ~ 32 767（×10 ms）	0 为无微分
[S3] +7 ~ [S3] +19	PID 运算的内部处理占用		
[S3] +20	输入变化量（增侧）报警设定值	0 ~ 32 767	[S3] +1(ACT)：Bit1 = 1
[S3] +21	输入变化量（减侧）报警设定值	0 ~ 32 767	[S3] +1(ACT)：Bit1 = 1
[S3] +22	输出变化量（增侧）报警设定值	0 ~ 32 767	[S3] +1(ACT)：Bit2 = 1；Bit5 = 0
		-32 768 ~ 32 767	[S3] +1(ACT)：Bit2 = 0；Bit5 = 1
[S3] +23	输出变化量（减侧）报警设定值	0 ~ 32 767	[S3] +1(ACT)：Bit2 = 1；Bit5 = 0
		-32 768 ~ 32 767	[S3] +1(ACT)：Bit2 = 0；Bit5 = 1
[S3] +24	报警输出	Bit0：输入变化量（增侧）溢出 Bit1：输入变化量（减侧）溢出 Bit2：输出变化量（增侧）溢出 Bit3：输出变化量（减侧）溢出	[S3] +1(ACT)：Bit1 = 1 或 Bit2 = 1

PID 指令不是用中断方式来处理的，它依赖于扫描工作方式，所以采样周期 Ts 不能小于 PLC 的扫描周期。为使采样值能及时反映模拟量的变化，Ts 越小越好，但是 Ts 太小会增加 CPU 的运算工作量，相邻两次采样的差值几乎没有什么变化，所以也不宜将 Ts 取得过小。

PID 指令中，需要设置的主要参数有比例系数 K_P、积分时间常数 T_I和微分时间常数 T_D，3 个参数也需要根据输出量的变化趋势进行手动调节或自动调谐。

其中，比例系数 K_P越大，比例调节作用越强，系统的稳态精度越高。但是对于大多数系统，K_P过大会使系统的输出量振荡加剧，稳定性降低。

积分部分可以消除稳态误差，提高控制精度，但是积分作用的动作缓慢，可能给系统的动态稳定性带来不良影响。积分时间常数 T_I增大时，积分作用减弱，系统的动态性能可能有所改善，但是消除稳态误差的速度减慢。

微分部分是根据误差变化的速度，提前给出较大的调节作用。微分部分反映了系统变化的趋势，它较比例调节更为及时，所以微分部分具有超前和预测的特点。微分时间常数 T_D 增大时，稳定裕量增加，超调量减小，动态性能得到改善，但是抑制高频干扰的能力下降。

7.4 三菱 FX_{2N}PLC 模拟量控制在液位控制系统中的应用

7.4.1 液位控制要求

图 7-18 所示系统由储水箱、液位传感器、调节阀及水泵构成。水由水泵（变频器驱动）从 1#储水箱输送到 2#储水箱（调节阀 QV1 可调节进水流量，一般维持一定的开度后，不再调节），水流入 2#储水箱后可通过管路（通过调节阀 QV2）流回 1#储水箱。其中，2#储水箱的液位由液位传感器测得，用调节阀 QV2 的开启程度来模拟负载的大小。

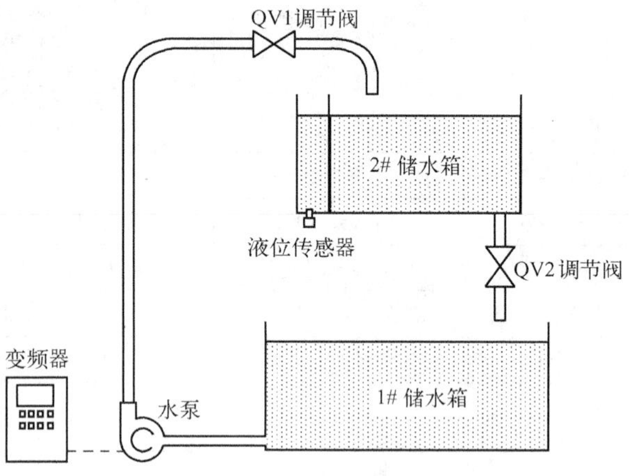

图 7-18　液位控制系统

本例为定值自动调节系统，要求水箱的水位维持在设定的水位，变频器的转速为操纵变量，液位传感器的输出值为被控变量，采用 PID 控制器，选取控制器参数 K_P、T_I、T_D，使得系统能达到设定的水位并能快速趋于稳定。

系统水泵电动机为 260 W，2 极，额定转速为 2800 r/min，采用 MM420 通用变频器作为水泵电动机控制器。液位检测采用百特工控公司生产的 FB0803AE2R 系列压力变送器，供电电压 DC24 V，量程为 0 ~ 2.5 kPa，输出为标准电流信号 4 ~ 20 mA，其数值与液位高度相对应。

7.4.2 控制系统硬件配置及介绍

根据系统控制要求，采用变频器控制电动机实现水泵流量的调节。控制对象为 2#储水箱液位，执行元件为水泵，检测元件为液位传感器，基本控制单元选择具有 PID 控制功能的三菱 FX_{2N} -16MR PLC，在 PLC 主机单元之外扩展了一个 FX_{2N} -2AD 模块和 FX_{2N} -2DA 模块。

通过 FX_{2N} -2AD 模块和 FX_{2N} -2DA 模块，实现水位实际值（模拟量）经过 A-D 模块转换成数字量，PLC 根据 PID 控制规则进行运算处理后，经 D-A 模块输出模拟调节信号到变频器，变频器调节水泵的转速，即进水流量，从而实现水位的恒定控制。

1. 西门子 MM420 通用型变频器

MICROMASTER420 是用于控制三相交流电动机速度的变频器系列。该系列有多种型号，从单相电源电压、额定功率 120 W 到三相电源电压、额定功率 11 kW 供用户选用。一般包括变频器主体、BOP 面板、DP 接口等部分，其中 BOP 面板和 DP 接口不是必须的。

变频器重要参数的含义和设置情况见表 7-4。常用操作模式有 3 种。

表 7-4　MM420 变频器一些重要参数的含义

参数名称	参数含义	参数内容
P0010	开始快速调试	0 准备运行 1 快速调试 30 工厂的默认设置值

（续）

参数名称	参数含义	参数内容
P0700	选择命令源：接通/断开/反转（on/off/reverse）	0 工厂设置值 1 基本操作面板（BOP） 2 模拟量输入端子/数字量输入 6 来自总线命令
P970	将变频器复位为工厂的默认设定值	P0010 = 30 P970 = 1
P1000	选择目标频率设定值来源	0 无频率设定值 1 用 BOP 控制频率的升降 2 模拟设定值 6 来自总线命令

1）BOP 面板操作。一般先设定 P0010 = 30，P970 = 1，把其他参数复位，然后设定 P0010 = 0，P0700 = 1，P1000 = 1。

2）外部（通过端子排）输入控制。一般先设定 P0010 = 30，P970 = 1，把其他参数复位，然后 P0010 = 0，P0700 = 2，P1000 = 2。

3）Profibus 总线控制。一般先设定 P0010 = 30，P970 = 1，把其他参数复位，然后 P0010 = 0，P0700 = 6，P1000 = 6。

如图 7-19 所示，本系统电源使用单相 220 V 交流电源，接到变频器输出端子 L1(L)、L2(N)。本例选用第 2 种设置模式，即外部输入控制方式。起动端使用了变频器的正转起动信号，其控制线接端子 5 和 8，速度调节控制线接端子 3 和 4（模拟量信号输入端子），模拟量输入信号 0～10 V。按图 7-20 所示的端子接线方式接线，即可实现对电动机速度的控制。

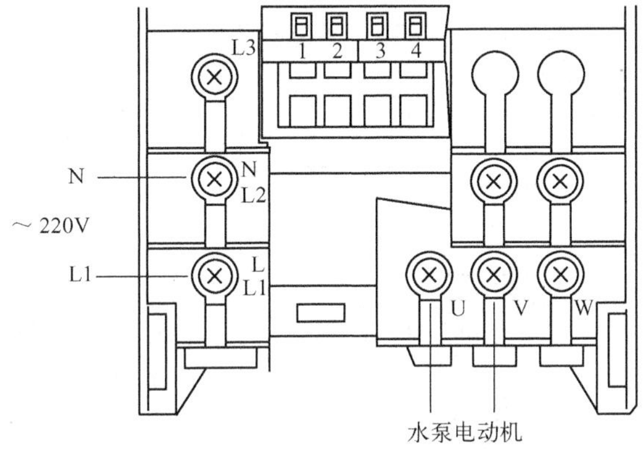

图 7-19　变频器的电源连接方式

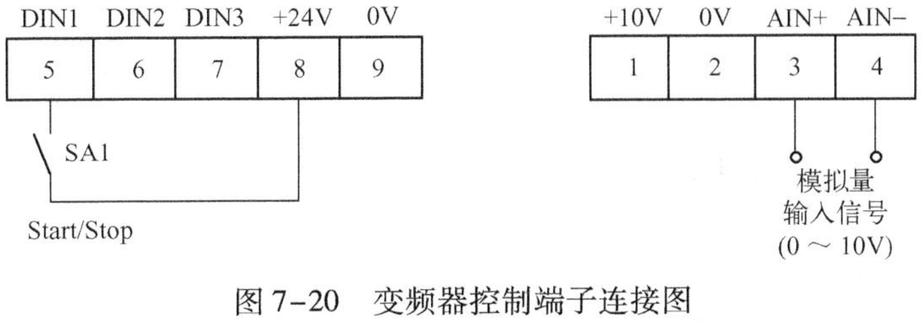

图 7-20　变频器控制端子连接图

2. 控制系统外部接线图

控制系统外部接线如图 7-21 所示，SB1 为系统停止按钮，SB2 为系统起动按钮，模拟量输入通道 CH1 通过液位变送器输入液位检测值 4～20 mA，模拟量输出通道 CH1 输出 0～10 V 的电压，连接到变频器 MM420 的模拟量输入控制端子 3 和 4。

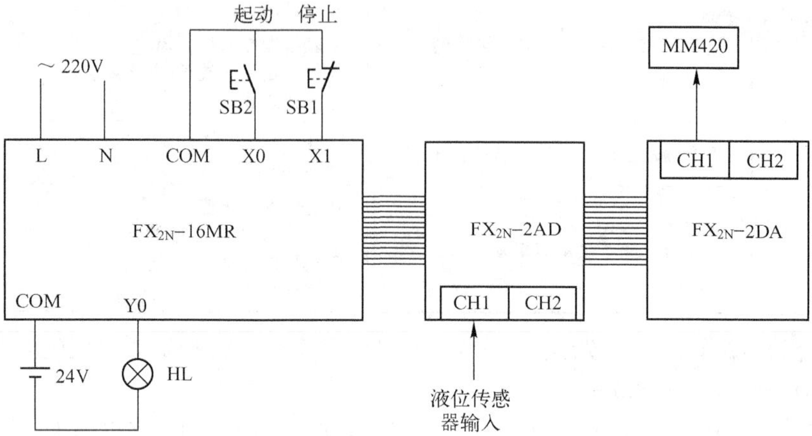

图 7-21　控制系统外部接线图

7.4.3　程序的实现

根据控制要求及硬件配置，完成控制要求的程序如图 7-22 和图 7-23 所示。

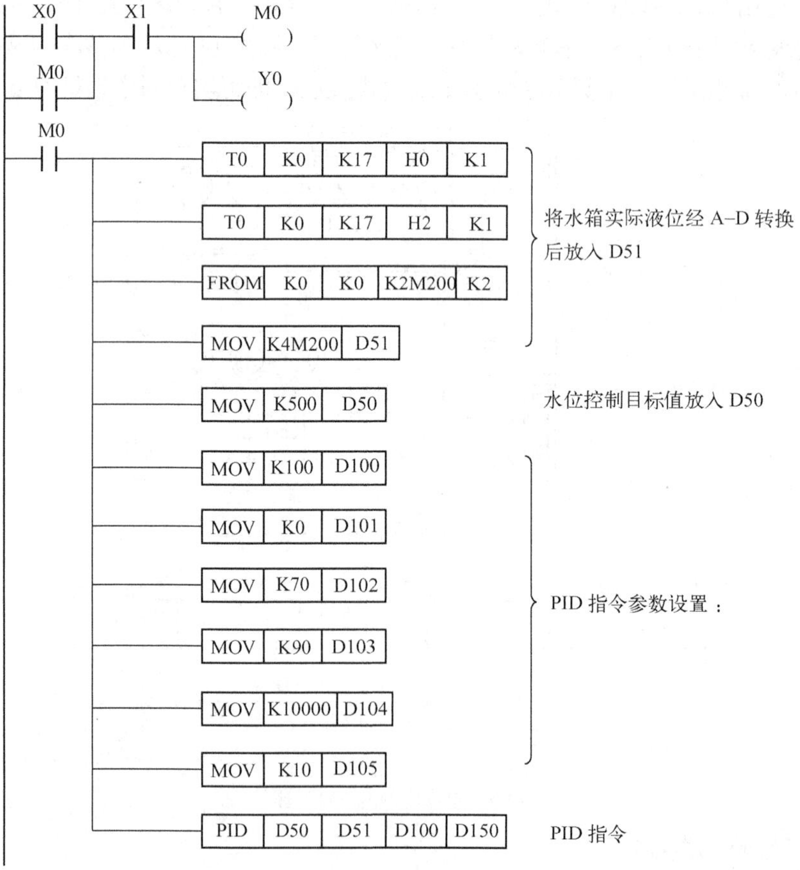

图 7-22　模拟量输入和数据处理程序

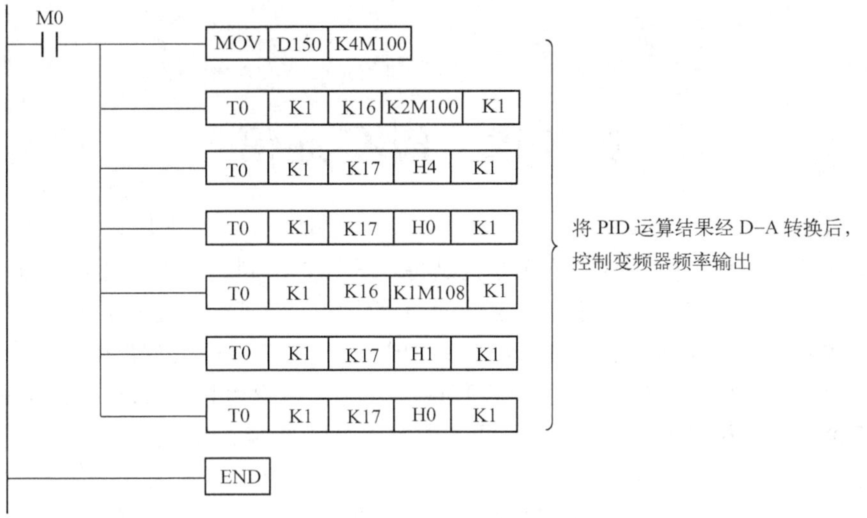

图 7-23　模拟量输出程序

习题

7.1　变送器起什么作用？

7.2　选用 AD 模块和 DA 模块需要考虑哪些因素？

7.3　FX_{2N}系列中有关模拟量输入/输出的特殊功能模块有哪些？

7.4　FX_{2N}模拟量输入模块可以连接哪些外部输入？其转换位数与分辨率各为多少？

7.5　采用 PID 控制器有哪些优点？

7.6　PLC 实现 PID 控制的方法有哪些？

7.7　试编写程序，使得当环境温度高于 26℃时启动空调系统。

第 8 章　PLC 通信

PLC 通信是指 PLC 与计算机之间、PLC 与 PLC 之间、PLC 与现场设备、远程 I/O 或远程设备之间的信息交换。PLC 通信的任务就是将地理位置不同的 PLC、计算机或各种现场设备等通过通信介质连接起来，并按照设定好的通信协议，以某种特定的通信方式完成数据的传输、交换和处理，实现系统的分散控制与集中管理。例如 PLC 编程口就是一种通信接口，它按照通信协议，可以通过计算机把 PLC 程序写入 PLC，也可以从 PLC 中读取相关数据到计算机。无论是计算机还是 PLC 它们都属于数字设备，交换的数据或信息都是用“0”和“1”表示的数字信号，所以通常把具有一定编码要求的数字信号称为数据信息。

通过 PLC 通信可以扩大 PLC 的控制领域和信息内容，增强 PLC 的控制能力，实现控制系统的自动化、远程化、信息化及智能化。

8.1　通信方式

8.1.1　基本通信方式

数据通信有两种基本方式：并行通信和串行通信。

1. 并行通信

并行通信时，一个数据的所有位同时传送，因此每个数据位都需要一条单独的传输线，信息有多少个二进制位组成就需要多少条传输线，如图 8-1 所示。并行通信方式一般用于在 PLC 内部的各元件之间、主机与扩展模块或近距离智能模块之间的数据处理。虽然并行传送数据的速度很快，但若数据位数较多，传送距离较远，则线路复杂，成本较高且干扰大，不适合远距离传送。

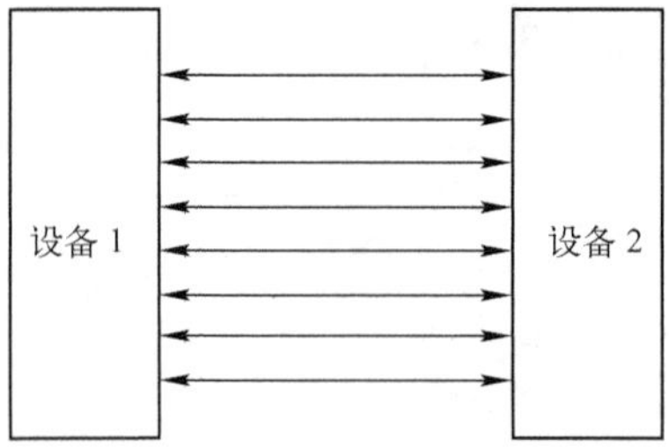

图 8-1　并行通信

2. 串行通信

串行通信时，数据的各个不同位分时使用同一条传输线，从低位开始一位接一位按顺序传送，数据有多少位就需要传送多少次，如图 8-2 所示。串行通信多用于 PLC 与计算机之间、多台 PLC 之间的数据传送。串行通信虽然传输速度较慢，但特别适合多位数据的长距离通信。

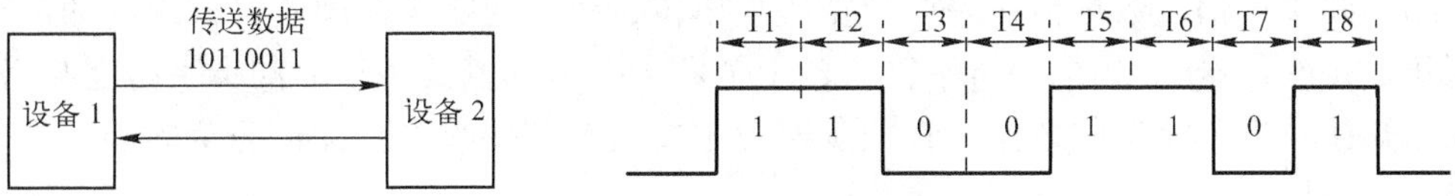

图 8-2　串行通信

8.1.2　串行通信分类

1. 按方向分类

串行通信按信息在设备间的传送方向可分为单工、半双工和全双工 3 种方式，分别如图 8-3a、图 8-3b 和图 8-3c 所示。

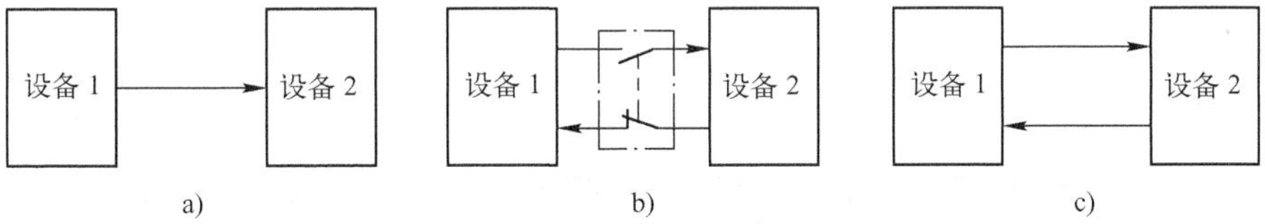

图 8-3　数据通信方式
a）单工　b）半双工　c）全双工

单工通信是指信息的传递始终保持一个固定的方向，不能进行反方向传送，线路上任一时刻总是一个方向的数据在传送，如收音机单向接受广播信号。

半双工是在两个通信设备中同一时刻只能有一个设备发送数据，而另一个设备接收数据，没有限制哪个设备处于发送或接收状态，但两个设备不能同时发送或接收信息，如对讲设备间的交替通信。

全双工是指两个通信设备可以同时发送和接收信息，线路上任一时刻可以有两个方向的数据在流动，如电话的相互通信。

在 PLC 通信中常采用半双工和全双工通信方式。

2. 按时钟分类

串行通信按时钟可分为异步传送和同步传送两种方式。

异步传送允许传输线上的各个部件有各自的时钟，在各部件之间进行通信时没有统一的时间标准，相邻两个字符传送数据之间的停顿时间长短是不一样的，它是靠发送信息时同时发出字符的开始和结束标志信号来实现的，如图 8-4 所示。

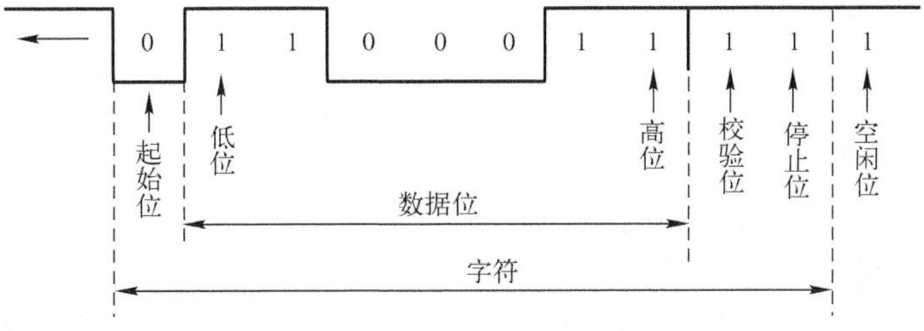

图 8-4　串行异步传送数据格式

总结：同步通信的数据传送是以数据块为单位，字符与字符之间、字符内部的位与位之间都同步。每次传送 1 ~2 个同步字符、若干个数据字节和校验字符。同步字符起联络作用，用它来通知接收方开始接收数据。在同步通信中发送方和接收方要保持完全的同步，即发送方和接收方应使用同一时钟频率。

由于同步通信方式不需要在每个数据字符中加开始位、校验位和停止位，只需要在数据块之前加一、两个同步字符，所以传输效率高，但对硬件要求较高，主要用于高速通信。用异步通信方式传送数据，每传一个字节都要加入开始位、校验位和停止位，传送效率低，主要用于中、低速数据通信。PLC 一般使用异步通信方式。

8.2 通信介质与通信接口

8.2.1 通信介质

通信介质就是在通信系统中位于发送端与接收端之间的物理通路。通信介质一般可分为导向性和非导向性介质两种。导向性介质有双绞线、同轴电缆和光纤等，这种介质将引导信号的传播方向；非导向性介质一般通过空气传播信号，它不为信号引导传播方向，如短波、微波和红外线通信等。

PLC 普遍采用的是导向性介质。PLC 对通信介质的基本要求是通信介质必须具有传输速率高、能量损耗小、抗干扰能力强及性价比高等特性。

目前同轴电缆和带屏蔽的双绞线在 PLC 的通信中广泛使用。光纤可以支持很宽的带宽、具有很快的传输速率并且具有很强的抗电磁干扰能力，但存在系统成本较高、不易安装维护与质地脆、易断裂等缺点。

8.2.2 通信接口

由于串行异步通信方式具有使用线路少、成本低，特别是在远程传输时，避免了多条线路特性的不一致而被广泛采用。PLC 通信主要采用串行异步通信，由 PLC、计算机及变频器等设备组合的控制系统，一般采用 RS－232C、RS－422A 及 RS－485 等通信接口标准进行信息交换。

1. RS－232C 通信接口

在串行通信时，要求通信双方都采用一个标准接口，使不同的设备可以方便地连接起来进行通信。RS－232C 接口（又称为 EIA RS－232C）是目前计算机与计算机、计算机与 PLC 通信中最常用的一种串行通信接口。

RS－232C 是美国电子协会 EIA 于 1969 年公布的标准化接口。“RS” 是英文 “推荐标准” 的缩写，“232” 为标识号，“C” 表示此接口标准的修改次数。它既是一种协议标准，又是一种电气标准，规定通信设备之间信息交换的方式与功能。

RS－232C 可使用 9 针或 25 针的 D 型连接器。这些接口线有时不会都用，简单的只需 3 条接口线，即 “发送数据 TXD”、“接收数据 RXD” 和 “信号地 GND”，常用的引脚信号定义见表 8-1，PLC 一般使用 9 针的连接器。

表 8-1 RS-232C 接口引脚功能

引脚名称	功　能	25 芯连接器引脚号	9 芯连接器引脚号
DCD	载波检测	8	1
RxD	接收数据	3	2
TxD	发送数据	2	3
DTR	数据终端设备准备就绪	20	4
GND	信号公共参考地	7	5
DSR	数据通信设备准备就绪	6	6
RTS	请求传送	4	7
CTS	清除传送	5	8
RI	振铃指示	22	9

在电气特性上，RS-232C 中任何一条信号线的电压均为负逻辑关系。即逻辑“1”为 -15 ~ -5 V，逻辑“0”为 +5 ~ +15 V，噪声容限为 2 V，即接收器能识别低至 +3 V 的信号作为逻辑“0”，高达 -3 V 的信号作为逻辑“1”。电气接口采用单端驱动、单端接收电路，容易受到公共地线上的电位差和外部引入的干扰信号的影响。

RS-232C 只能进行一对一的通信，其驱动器负载为 3 ~ 7 kΩ，所以 RS-232C 适合本地设备之间的通信。传输率为 4 800 bit/s、9 600 bit/s、19 200 bit/s 等几种，最大通信距离为 15 m。

2. RS-422A 通信接口

针对 RS-232C 的不足，美国电子协会 EIA 于 1977 年推出了串行通信接口 RS-499，对 RS-232C 的电气特性作了改进，RS-422A 是 RS-499 的子集，它定义了 RS-232C 所没有的 10 种电路功能，规定用 37 脚连接器。

在电气特性上，由于 RS-422A 采用差动发送、差动接收的工作方式并使用 +5 V 电源，因此通信速率、通信距离、抗共模干扰等方面较 RS-232C 接口有了较大的提高，最大传输率可达 10 Mbit/s，通信距离为 12 ~ 1200 m。

3. RS-485 通信接口

RS-485 是 RS-422A 的变形，RS-422A 是全双工，两对平衡差分信号线分别用于发送和接收，所以采用 RS-422A 接口通信时最少需要 4 根线。RS-485 为半双工，只有一对平衡差分信号线，不能同时发送和接收，最少只需两根连线。

在电气特性上，RS-485 的逻辑“1”以两线间的电压差为 +(2 ~ 6) V 表示，逻辑“0”以两线间的电压差为 -(2 ~ 6) V 表示。接口信号电平比 RS-232C 低，不易损坏接口电路的芯片。

由于 RS-485 接口具有良好的抗噪声干扰性、高传输速率（10 Mbit/s）、长的传输距离（1200 m）和多站功能（最多 128 站）等优点，所以在工业控制中广泛应用。

8.3 三菱 FX_{2N} 系列 PLC 的通信

8.3.1 PLC 与计算机的通信

FX 系列 PLC 可以通过编程口或通信口实现与计算机的通信。通过编程口通信，计算机只能与一台 PLC 通信，实现对 PLC 软元件的间接访问。而通过通信口通信，计算机可实现与多台 PLC 之间的通信，实现对 PLC 软元件的直接访问，构成总线型网络控制系统。

1. 通过编程口通信

FX_{2N}系列 PLC 的编程接口采用 RS－422 标准，而计算机上串行通信连接是标准的 RS－232C 接口，所以 PLC 与计算机通信时，需增加一个 RS－232C/RS－422 的接口转换模块，再用适配电缆进行连接就可以实现通信了。PLC 与计算机之间的通信连接如图 8-5 所示。接口转换模块采用 SC－09 电缆进行通信，PLC 不需要进行编程。只需要将 SC－09 的 RS－232C 插头（DB9F）插入计算机的 RS－232C 串口，并在软件中设置 COM 口为所插入的 COM 口号，其他参数按软件中的默认设置即可。

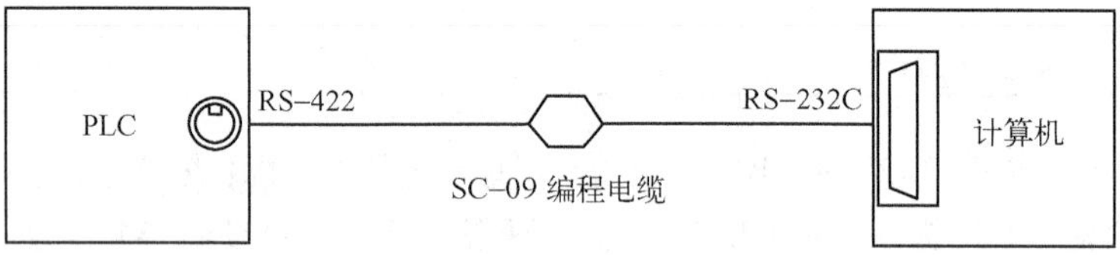

图 8-5　PLC 与计算机通过接口通信示意图

2. 通过通信口通信

通信口通信可以通过安装通信功能扩展板 FX_{2N}－485－BD、FX_{2N}－232－BD 等来实现，FX 系列 PLC 支持 N：N 网络、并行链接、计算机链接和无协议通信等类型的通信。例如使用 FX_{2N}－485－BD 进行无协议通信时，可利用 RS 指令在个人计算机、条码阅读器、打印机之间进行数据传送，传送的最大传输距离为 50 m，最高波特率为 19 200 bit/s。每一台 FX_{2N} 系列 PLC 可安装一块 FX_{2N}－485－BD 通信板。

8.3.2　PLC 之间的通信

按照传输方式，PLC 之间的通信可分为 N：N 网络通信和并行链接通信。PLC 之间的通信可以通过扩展板来实现。三菱常用的通信扩展板有用于 RS－232C 通信的 FX_{2N}－232－BD、用于 RS－422 通信的 FX_{2N}－422－BD、用于 RS－485 通信的 FX_{2N}－485－BD 等单元。

下面主要介绍 FX_{2N}－485－BD 扩展板的一些用途及使用网络。

1. FX_{2N}－485－BD 扩展板

FX_{2N}－485－BD 是用于 RS－485 通信的特殊功能板，扩展板的外部结构如图 8-6 所示，其中 1 为安装孔，2 为与 PLC 的连接口，3 为通信线的接线端子。

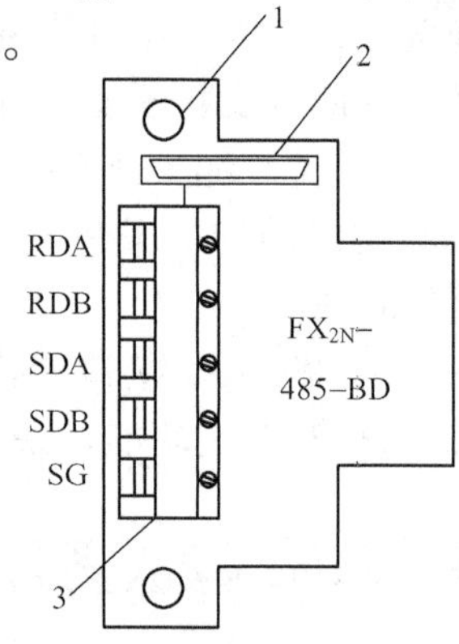

图 8-6　FX_{2N}－485－BD 扩展板外部结构

安装 FX_{2N}－485－BD 扩展板时，要关闭 PLC 的电源，并按以下步骤安装。

1）从 PLC 基本单元的前面取下面板。

2）将 485－BD 上的连接口插入 PLC 基本单元上的接口。

3）使用产品附带的 M3 自攻螺丝将 485－BD 固定到基本单元上。

4）用工具卸下面板盖子左边的切口，以便露出扩展板的接线端子；面板复原后，扩展板的整个高度比 PLC 基本单元高出约 7 mm。

通信电缆可以采用型号为 AWG26 到 16 的双绞屏蔽电缆线，如果采用其他电缆，可能无法保证通信的可靠进行。

2. N∶N 网络

（1）数据寄存器和辅助继电器的功能

在工业控制系统中，对于多控制任务的复杂控制系统，不可能单靠增大 PLC 点数或改进机型来实现复杂的控制功能，而是采用多台 PLC 之间的连接通信来实现。

N∶N 网络可以实现 FX_{1S}、FX_{0N}、FX_{1N}、FX_{2N}、FX_{3U}、FX_{2NC}、FX_{3UC}系列的 PLC 之间的通信。该网络最多可连接 8 台 FX 系列 PLC，在这些 PLC 之间自动执行数据交换。

图 8-7 为三菱 FX_{2N}系列 PLC 与 PLC 之间的系统连接框图，N∶N 网络主要通过 FX_{2N} - 485 - BD 模块把 8 台以内的 FX_{2N}系列的 PLC 连接成一个网络，使用单根双绞线或两根双绞线配线，通过共享存储单元的形式来相互交换数据。

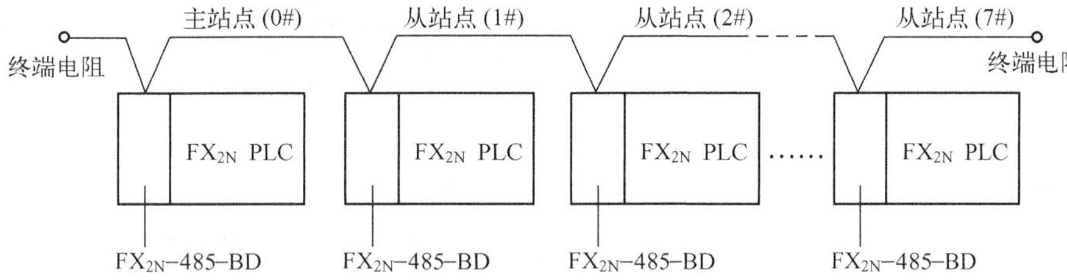

图 8-7　PLC 与 PLC 之间的连接

各个站点之间的数据通信通过 FX_{2N} - 485 - BD 上的通信接口进行连接，形成一主多从的连接模式。图中，0 号 PLC 称为主站点，其余称为从站点，从站点号可依次分配为 1 ~ 7。

N∶N 网络的数据交换通过共享的方式实现。在网络的每一台 PLC 都在其辅助继电器和数据存储器区域划分出一块作为共享数据区，通过和主机的共享调用实现数据交换。数据交换的方式通过设置 PLC 内部的特殊寄存器和特殊辅助继电器来实现；其中各特殊数据寄存器功能见表 8-2，特殊辅助继电器功能见表 8-3。

表 8-2　N∶N 网络各数据寄存器功能表

数据寄存器	特　性	功　能	响应站点类型
D8173	只读（R）	存储站点号	主（M）/从（L）
D8174	只读（R）	存储站点的总数	主（M）/从（L）
D8175	写（W）	存储刷新范围数	主（M）/从（L）
D8176	写（W）	设置站点号	主（M）/从（L）
D8177	写（W）	设置从站点的总数	主（M）
D8178	W/R	设置刷新模式	主（M）
D8179	W/R	设置重试次数	主（M）
D8180	W/R	设置通信超时数	主（M）
D8201	只读（R）	存储当前网络扫描时间	主（M）/从（L）
D8202	只读（R）	存储最大网络扫描时间	主（M）/从（L）

（续）

数据寄存器	特　性	功　能	响应站点类型
D8203	只读（R）	主站点的通信错误数目	从（L）
D8204 ~ D8210	只读（R）	从站点的通信错误数目	主（M）/从（L）
D8211	只读（R）	主站点的通信错误代码	从（L）
D8212 ~ D8218	只读（R）	从站点的通信错误代码	主（M）/从（L）

表 8-3　N:N 网络特殊辅助继电器功能表

辅助继电器	特　性	功　能	响应站点类型
M8038	只读（R）	设置 N:N 网络参数	主（M）/从（L）
M8183	只读（R）	当主站点有错误时为 On	从（L）
M8184 ~ M8190	只读（R）	当从站点有错误时为 On	主（M）/从（L）
M8191	只读（R）	与其他站点数据通信时为 On	主（M）/从（L）

（2）刷新方式

通过设置数据寄存器 D8178 中的数值来确定刷新方式。刷新方式有 3 种，其数值对应为0，1，2，见表 8-4，不同的刷新方式设置不同的共享位元件和共享字元件。各个站点具体占用的位元件与字元件的名称见表 8-5、表 8-6 和表 8-7。

表 8-4　N:N 网络通信中刷新范围的模式

通信元件	刷新范围		
	模式 0	模式 1	模式 2
位软元件（M）	0 点	32 点	64 点
字软元件（D）	4 点	4 点	8 点

表 8-5　模式 0 的软元件共享情况

站点号	软元件地址	
	位元件（M）	字元件（D）
	0 点	4 点
0#	—	D0 ~ D3
1#	—	D10 ~ D13
2#	—	D20 ~ D23
3#	—	D30 ~ D33
4#	—	D40 ~ D43
5#	—	D50 ~ D53
6#	—	D60 ~ D63
7#	—	D70 ~ D73

表 8-6　模式 1 的软元件共享情况

站点号	软元件地址	
	位元件（M）	字元件（D）
	32 点	4 点
0#	M1000 ~ M1031	D0 ~ D3
1#	M1064 ~ M1095	D10 ~ D13
2#	M1128 ~ M1159	D20 ~ D23
3#	M1192 ~ M1223	D30 ~ D33
4#	M1256 ~ M1287	D40 ~ D43
5#	M1320 ~ M1351	D50 ~ D53
6#	M1384 ~ M1415	D60 ~ D63
7#	M1448 ~ M1479	D70 ~ D73

表 8-7　模式 2 的软元件共享情况

站点号	软元件地址	
	位元件（M）	字元件（D）
	64 点	8 点
0#	M1000 ~ M1063	D0 ~ D7
1#	M1064 ~ M1127	D10 ~ D17
2#	M1128 ~ M1191	D20 ~ D27
3#	M1192 ~ M1255	D30 ~ D37
4#	M1256 ~ M1319	D40 ~ D47
5#	M1320 ~ M1383	D50 ~ D57
6#	M1384 ~ M1447	D60 ~ D67
7#	M1448 ~ M1511	D70 ~ D77

（3）简单应用举例

两台 PLC，采用 N: N 网络通信方式，完成以下控制要求。

1）主站点的输入点 X0 ~ X3 的状态控制从站点 1 的输出点 Y0 ~ Y3 的状态。

2）从站点 1 的输入点 X0 ~ X3 的状态控制主站点的输出点 Y14 ~ Y17 的状态。

3）主站中的数据寄存器 D1 指定为从站 1 中计数器 C1 的预定值，当计数器动作时主站点的 Y5 和从站点 1 的 Y5 输出都为 ON 状态。

系统配置：两台 FX_{2N} -48MR PLC，两块 FX_{2N} -485 - BD 通信模块，两只 110 Ω 终端电阻。选用单根双绞线连接两块 FX_{2N} -485 - BD 通信模块，系统外部接线如图 8-8 所示。

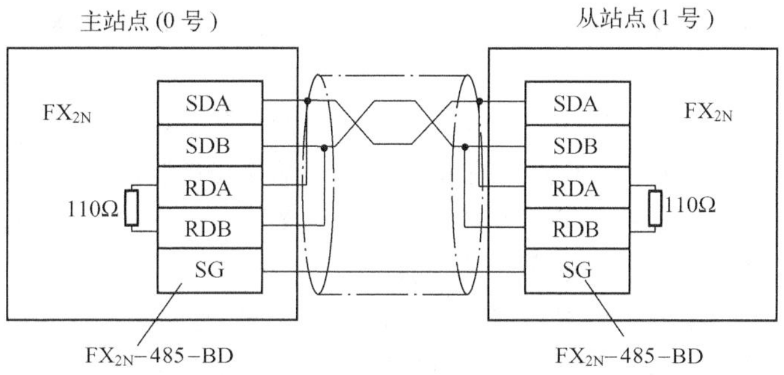

图 8-8　N: N 网络系统配置与连线

程序的实现如下。

1）主站点程序。

主站设置：在 D8176 中，设置主站地址为 0；在 D8177 中设置从站数量为 1；D8178 设置刷新模式为 1，即主站点 0 的共享位元件地址为 M1000 ~ M1031，共享数据寄存器的地址为 D0 ~ D3。重试次数（D8179）设为 3 次，通信超时时间（D8180）设为 5，即 50 ms。

程序编写：根据控制要求 1，需要用主站点的 X0 ~ X3 控制从站点 1 的输出 Y0 ~ Y3 的状态，故将 X0 ~ X3 的状态值送入共享单元 M1000 ~ M1003，以便从站点 1 共享；同理将从站点 1 需要的计数器设定值放入共享数据寄存器 D1 中。根据控制要求 2，可将从站 1 的输入 X0 ~ X3 状态先写入共享位元件 M1064 ~ M1067，再通过传送指令送至 Y14 ~ Y17；根据控制要求 3，当从站 1 的计数器达到设定值时，同样先置位共享位元件 M1070，再通过 M1070

的状态驱动主站的 Y5 输出。实现的程序如图 8-9 所示，其中 M8184 为从站 1 与主站通信状态标志位，当通讯正常时为 OFF，有错误时为 ON。

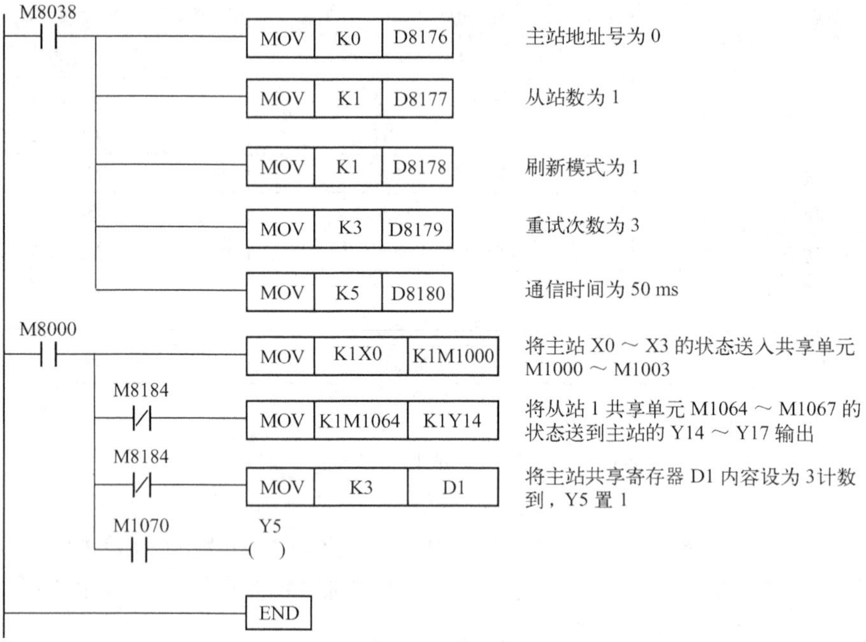

图 8-9　主站点程序

2）从站点 1 程序。

从站设置：在 D8176 中设置从站点地址为 1，则其共享单元地址分别为：M1064 ~ M1095、D10 ~ D13。

程序编写：将主站 0 中的共享单元 K1M1000 的值传送到 1#从站的 K1Y0 中，则 Y0 ~ Y3 的状态随着主站 0 中 X0 ~ X3 状态值的变化而变化，满足控制要求 1；将 K1X0 的状态值传送到共享单元 K1M1064 中，主站点 0 将其传送到 K1Y14 中，则主站中的 Y14 ~ Y17 的值随着从站 1 中 X0 ~ X3 的值变化而变化，满足控制要求 2；选择 X5 为计数器 C1 的复位条件，X6 为计数器 C1 的计数条件，计数器的预定值由主站 0 中的 D1 值给定并共享。由于计数器预定值为 3，当 X6 开合 3 次，提供 3 个计数上升沿时，C1 动作，其常开触点闭合，Y5 得电，同时共享辅助继电器 M1070 得电，其常开触点闭合，主站 0 中的 Y5 也得电，满足控制要求 3。从站程序如图 8-10 所示。其中 M8183 为主站通信状态标志，正常时 OFF，有错误时为 ON。

3. 并行链接

（1）辅助继电器的功能及共享元件

并行链接网络可以实现 FX_2、FX_{2C}、FX_{1S}、FX_{0N}、FX_{1N}、FX_{2N}、FX_{3U}、FX_{1NC}、FX_{2NC}、FX_{3UC}同一系列的两台 PLC 之间的通信。

两台同型号的 FX 系列 PLC 通过 FX_{2N} -485 - BD 模块采用单根双绞线或两根双绞线的配线连接起来，通过共享存储单元的形式实现控制器内 100 个辅助继电器和 10 个数据寄存器的数据的交换，共享的范围比 N: N 网络要多，通信模式有普通模式和高速模式。并行链接网络中相关标志和数据寄存器的功能见表 8-8，通信模式和共享存储单元见表 8-9。

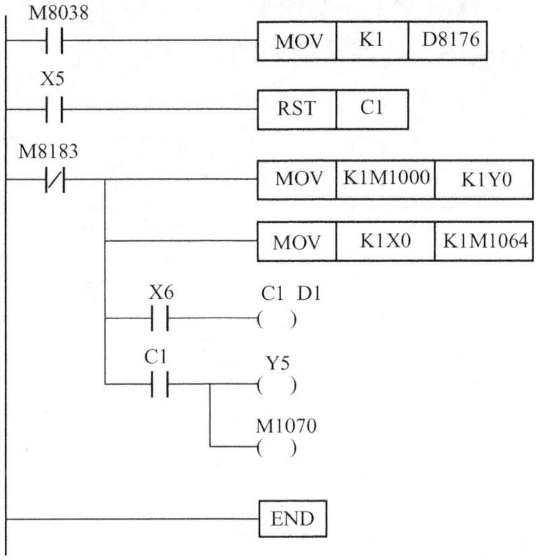

图 8-10　从站程序

表 8-8　并行链接网络中相关标志和数据寄存器功能表

元件名称	功　　能
M8070	并行通信主站点驱动
M8071	并行通信从站点驱动
M8072	并行通信标志
M8073	并行通信时 M8070 和 M8071 设置错误时为 ON
M8162	并行通信高速模式选择
D8070	并行通信监视时间，默认为 500 ms

表 8-9　并行链接通信模式和共享存储单元

模式标志	通信元件		通信时间
普通模式：M8162 为 OFF	主 - 从	M800 ~ M899（100 点） D490 ~ D499（10 点）	70 ms + 主扫描时间（ms）+ 从扫描时间（ms）
	从 - 主	M900 ~ M999（100 点） D590 ~ D599（10 点）	
高速模式：M8162 为 ON	主 - 从	D490，D491（2 点）	20 ms + 主扫描时间（ms）+ 从扫描时间（ms）
	从 - 主	D500，D501（2 点）	

（2）简单应用举例

控制要求如下。

1）用主站点的输入状态 X0 ~ X7 来控制从站点的输出状态 Y0 ~ Y7。

2）主站点的计算结果（D7 + D8）如果不大于 100，则从站点的 Y10 输出为 1。

3）从站点 X0 ~ X7 的输入状态控制主站点的输出状态 Y0 ~ Y7。

4）主站的定时器 T0 的设定值由从站 D10 中的值确定，若 T0 定时时间到，则主站 Y10 输出为 1。

硬件配置：两台 FX_{2N} -48MR PLC，两块 FX_{2N} -485 - BD 通信模块，选用两根双绞线连接两块 FX_{2N} -485 - BD 通信模块，外部接线如图 8-11 所示。

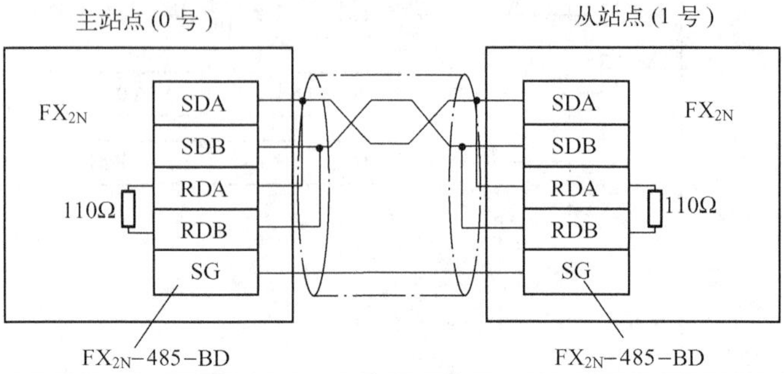

图 8-11　并行链接系统配置与连线

软件设置：使用编程软件来进行串行口设置。

1）用 SC - 09 编程电缆连接计算机与 PLC。

2）在“PLC 参数”菜单中修改 PLC 通信设置，将选择“H/W 类型”设为 RS485。

3）将 PLC 重新通电设置才能生效。

程序如下。

1）主站程序。

如图 8-12 所示，由 M8070 驱动主站。选择普通运行模式，主站到从站的通信元件为 M800 ~ M899、D490 ~ D499。为了满足控制要求 1，将主站点的输入状态 X0 ~ X7 放入通信位元件 K2M800 中，以便从站点获得。为了让从站点获得（D7 + D8）的结果，将结果传到通信字元件 D490 中，以便从站点自动获得此数据满足控制要求 2。从站点的 X0 ~ X7 的输入状态应该放在从站点的通信元件中（例如 K2M900），以便主站点获得（Y0 ~ Y7），满足

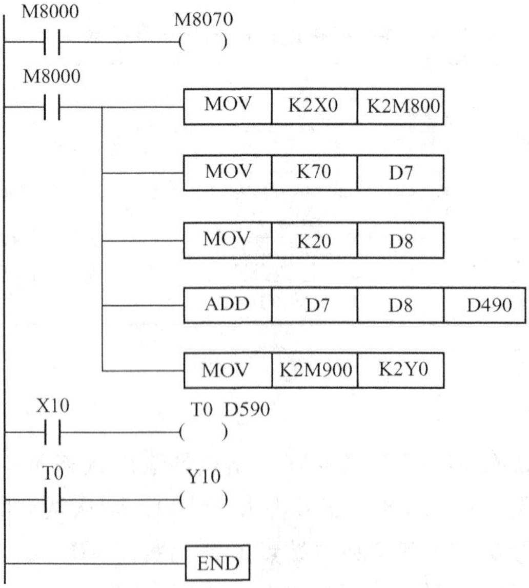

图 8-12　主站点程序

控制要求 3。选择 X10 为 T0 的计时条件，T0 的设定值由从站获得，所以 T0 的设定值可以从从站的通信元件 D590 中获得。

2）从站程序。

如图 8-13 所示，由 M8071 驱动从站。从站到主站的通信元件为 M900 ~ M999、D590 ~ D599。为了满足控制要求 1，将主站的通信元件 K2M800 值传到 K2Y0 中，使得从站点 Y0 ~ Y7 的输出状态随着主站点 X0 ~ X7 的输入状态变化而变化。从主站的通信元件 D490 中获得数据并与常数 100 进行比较，以便用主站中（D7 + D8）的值控制从站中 Y10 的状态，满足控制要求 2。将从站点 X0 ~ X7 的输入状态传到通信元件中（例如 K2M900），以便满足控制要求 3。主站点中，T0 的设定值由从站获得，所以在从站中将 T0 的设定值 D10 放到通信元件 D590 中，以便主站自动获得此数据，满足控制要求 4。

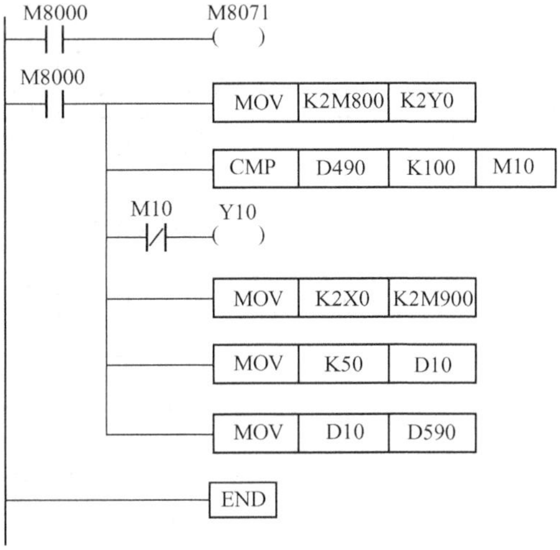

图 8-13 从站程序

8.3.3 CC - Link 现场总线模块

1. 概述

CC - Link 是 Control & Communication Link（控制与通信链路系统）的简称，是三菱电机于 1996 年推出的开放式现场总线，它是通过专门的通信模块将分散的 I/O 模块、特殊功能模块等设备连接起来，并且通过 PLC 的 CPU 来控制相应的模块。一般情况下，CC - Link 整个一层网络可由 1 个主站和 64 个从站组成，网络中的主站由 PLC 或计算机担当，从站可以是远程 I/O 模块、特殊功能模块、带有 CPU 的 PLC 本地站、人机界面、变频器及各种测量仪表、阀门等现场设备。CC - Link 具有高速的数据传输速度，最高可达 10 Mbit/s，并具有性能卓越、应用广泛、使用简单、节省成本等突出优点。

CC - Link 系统可将每个模块分散到类似传送生产线和机械等设备中去，能够节省系统配线且实现简单、高速的通信，可以和其他厂商的各种不同的设备进行连接，使得系统更具灵活性。

三菱常用的网络模块有：CC - Link 通信模块 FX_{2N} - 16CCL - M、FX_{2N} - 32CCL，CC - Link/LT 通信模块 FX_{2N} - 64CL - M，LINK 远程 I/O 链接模块 FX_{2N} - 16LINK - M 和 AS - i 网

络模块 FX_{2N} -32ASI - M 等。下面介绍 FX_{2N} -16CCL - M 模块的性能与使用方法。

CC - Link 主站模块 FX_{2N} -16CCL - M 是特殊扩展模块，它将与其相连的 FX 系列 PLC 作为 CC - Link 的主站，主站在整个网络中是控制数据链接系统的站。远程 I/O 站和远程设备站可以与主站连接，其中远程 I/O 站仅处理位信息，而远程设备站既可以处理位信息，也可以处理字信息。通过使用 CC - Link 接口模块 FX_{2N} -32CCL，两个或两个以上的 FX 系列的 PLC 可以作为远程设备站进行连接，形成简单的分散系统。

当 FX 系列的 PLC 作为主站单元时，只能以 FX_{2N} -16CCL - M 作为主站通信模块，整个网络最多可以连接 7 个 I/O 站和 8 个远程设备站，CC - Link 总线网络的最大连接的配置如图 8-14 所示。

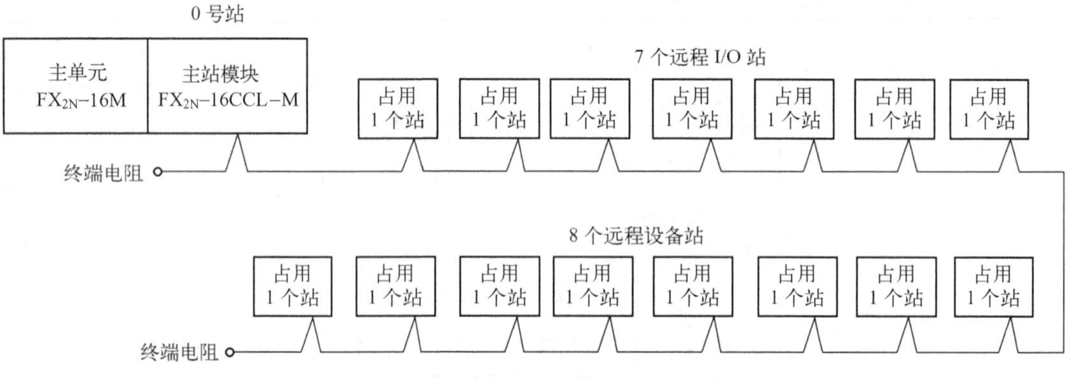

图 8-14　CC - Link 总线网络的最大连接的配置

其中每个远程 I/O 站占用 32 个点，主站模块占用 8 个点，则 PLC 主站、FX_{2N} -16CCL - M 模块及远程 I/O 站所占有的总点数为：16 + 8 + 32 × 7 = 248 个。由于 FX_{2N}扩展的总点数 ≤256 点，因此还可以最大增加 8 个 I/O 点或相当于 8 点的特殊模块。如果是远程设备站，可以在不考虑远程 I/O 点的数量情况下最多连接 8 个站。

CC - Link 网络的数据最大传输距离与相应的传输速度有关，在使用高性能 CC - Link 电缆时，对应关系见表 8-10。

表 8-10　传输速度与最大传输距离之间的关系

传 输 速 度	最大传输距离
156 kbit/s	1200 m
625 kbit/s	900 m
2. 5 Mbit/s	400 m
5 Mbit/s	160 m
10 Mbit/s	100 m

2. CC - Link 现场总线的应用举例

（1）控制要求

1）1 号站为远程输入模块。当 1 号远程输入站中的 X0 为 ON 时，PLC 的 Y0 为 ON 并保持；当 1 号远程输入站中的 X2 为 ON 时，则 PLC 的 Y0 变为 OFF；当 1 号远程输入站中的 X3 为 ON 时，PLC 的 Y3 也为 ON。

2）2 号站为远程输出模块。当 PLC 中的 X0 为 ON 时，2 号远程输出站中的 Y0 为 ON 并保持；当 PLC 中的 X1 为 ON 时，2 号远程输出站中的 Y0 为 OFF；PLC 中的 X2 为 ON 时，2 号远程输出站中的 Y2 也为 ON。

3）当 1 号远程输入站中的 X4 为 ON 时，2 号远程输出站中的 Y4 为 ON 并保持；当 1 号远程输入站中的 X5 为 ON 时，2 号远程输出站中的 Y4 为 OFF。

（2）系统配置

将一台 FX_{2N} - 16MR PLC，一块 FX_{2N} - 16CCL - M 模块，一块 AJ65SBTB1 - 8D 输入模块，一块 AJ65SBTB1 - 8T 输出模块进行系统配置。配置如图 8-15 所示。

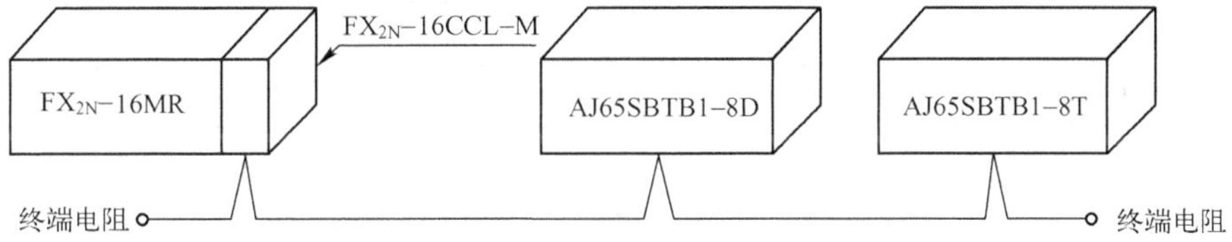

图 8-15　系统配置图

1）FX_{2N} - 16CCL - M 主站模块。

FX_{2N} - 16CCL - M 主站模块需要 DC24V 电源，此电源可由 PLC 的主单元供给，也可以由外部电源供给。其扩展电缆与 PLC 扩展口连接，通信端通过通信电缆与从站相连，外部接线如图 8-16 所示。

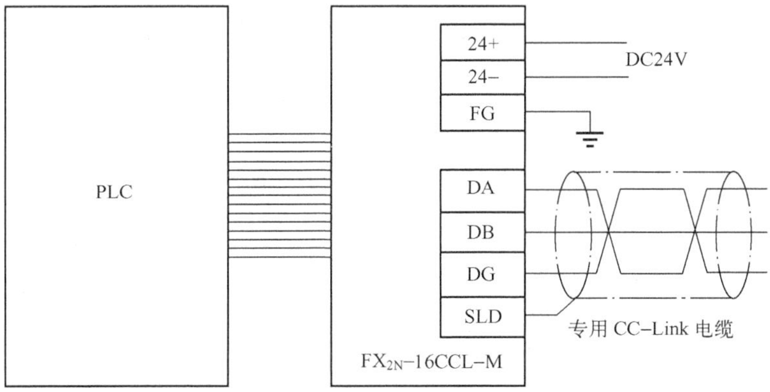

图 8-16　FX_{2N} - 16CCL - M 主站模块的外部接线

2）输入模块 AJ65SBTB1 - 8D 的外部接线。

该模块为小型远程输入模块，输入点数为 8，额定输入电压为直流 24 V，工作电压范围为直流 19.2 V ~ 26.4 V，公共接线方式为 8 点/1 个公共点（2 点），其外部接线如图 8-17 所示。

3）输出模块 AJ65SBTB1 - 8T 的外部接线。

该模块为小型远程晶体管输出模块，输出点数为 8，额定负载电压为直流 12 V/24 V，工作负载电压范围为直流 10.2 ~ 26.4 V，每个点最大负载电流为 0.5 A，公共接线方式为 8 点/1 个公共点，公共点上最大负载电流为 2.4 A，其外部接线如图 8-18 所示。

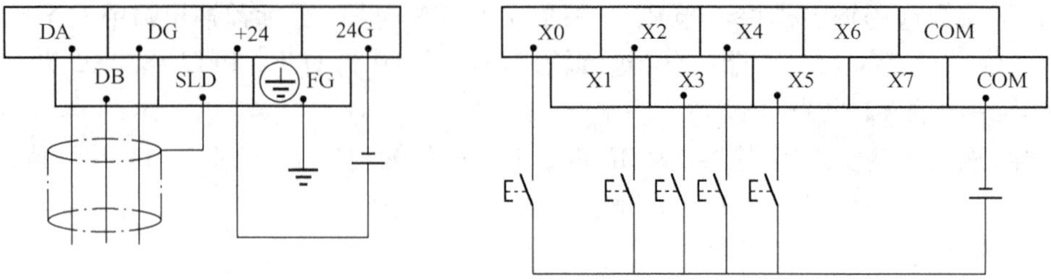

图 8-17　输入模块 AJ65SBTB1－8D 的外部接线图

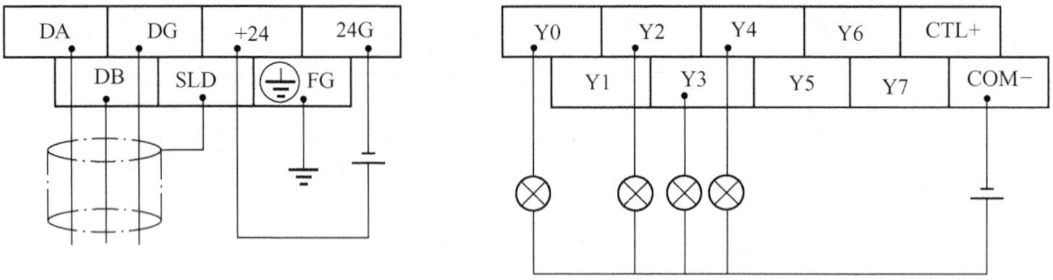

图 8-18　输出模块 AJ65SBTB1－8T 的外部接线

4）模块之间通信线采用专用 CC－link 电缆线。

在 CC－Link 系统中应该使用专用的 CC－Link 电缆，否则系统的功能有可能无法保证。主站和两个从站之间的通信接线如图 8-19 所示。

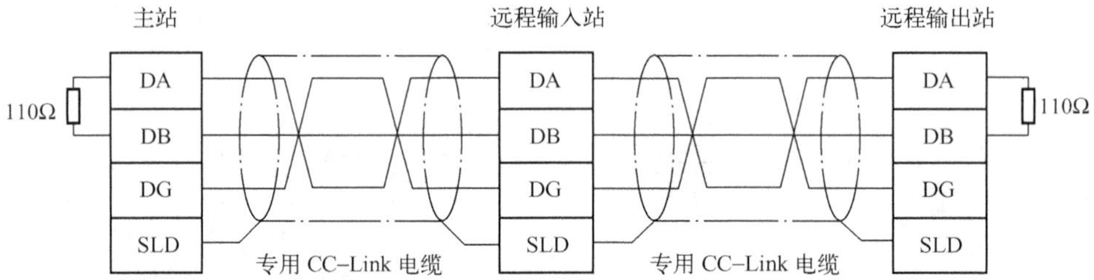

图 8-19　模块之间的通信连接图

5）模块的设置。

主站模块 FX_{2N}－16CCL－M 主站站号设置为“0”，通信速率设为 2 挡（2.5 Mbit/s），方法为两个站号设置挡（×1，×10）都置为 0，“B RATE”开关置为“2”挡；输入模块 AJ65SBTB1－8D 的站号设为“1”，通信速率设为 2 挡，方法为将“STATION NO”的第一个开关置为“ON”，其余的开关为“OFF”，“B RATE”开关置为“2”挡；输出模块 AJ65SBTB1－8T 的站号设为“2”，通信速率设为 2 挡，方法为将“STATION NO”的第二个开关置为“ON”，其余的开关为“OFF”，“B RATE”开关置为“2”挡，这样在同一个系统里保持相同的传输速率。

（3）通信程序的实现

主站模块和 PLC 之间通过主站模块 FX_{2N}－16CCL－M 中的临时空间“缓冲存储器（RX/

RY)”进行数据交换，在 PLC 中，使用 FROM/TO 的指令来进行读/写，当电源断开的时候，缓冲存储器的内容会恢复到默认值，主站与从站之间的数据传送过程如图 8-20 所示。

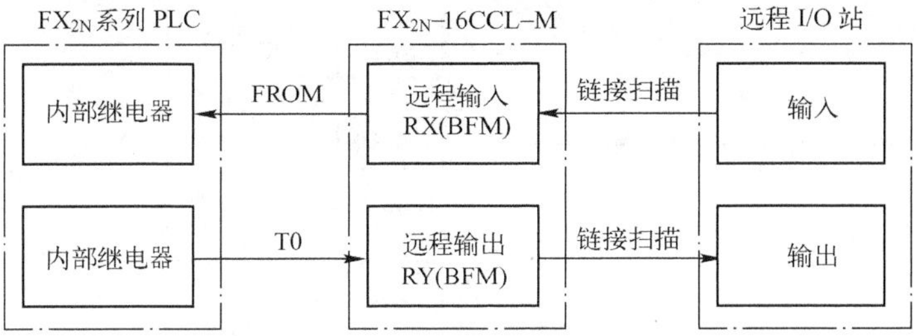

图 8-20　主从站之间的数据传送图

通信的步骤如下。

1）远程 I/O 站中 X 的输入状态会自动（对于每次链接扫描）保存到主站中的缓冲寄存器“远程输入（RX）”中去，PLC 使用 FROM 指令来接收保存在缓冲寄存器“远程输入（RX）”中的输入状态。站号、缓冲存储器号和远程输入（RX）之间的对应关系见表 8-11。

2）PLC 使用 TO 指令，把要传送给远程 I/O 站的 ON/OFF 信息写入到主站的缓冲存储器的“远程输出（RY）”中去。在主站中，缓冲存储器的“远程输出（RY）”的输出状态会自动（对于每次链接扫描）传送到远程 I/O 站的输出（Y）中去。站号、缓冲存储器号和远程输出（RY）之间的对应关系见表 8-12。

表 8-11　站号、缓冲存储器号和远程输入间对应关系

站号	BFM 号	b15 ~ b0
1	E0H	RXF ~ RX0
	E1H	RX1F ~ RX10
2	E2H	RX2F ~ RX20
	E3H	RX3F ~ RX30
…	…	…
15	FCH	RXCF ~ RXC0
	FDH	RXDF ~ RXD0

表 8-12　站号、缓冲寄存器号和远程输出之间的对应关系

站号	BFM 号	b15 ~ b0
1	160H	RYF ~ RY0
	161H	RY1F ~ RY10
2	162H	RY2F ~ RY20
	163H	RY3F ~ RY30
…	…	…
15	17CH	RYCF ~ RYC0
	17DH	RYDF ~ RYD0

根据控制要求，设计相应的梯形图程序如图 8-21 所示。在梯形图中，相同号码的缓冲存储器#AH，在读取和写入时工作情况是不同的，系统会自动根据 FROM/TO 指令来改变成相应的功能，具体功能和用法可参见《FX_{2N}－16CCL－M 和 FX_{2N}－32CCL 主站模块和接口模块用户手册》。

当使用 FROM 指令时，是将主站模块缓存器#AH 中的内容读入 PLC 的辅助继电器 K4M20 中，这时 BFM#AH 中的 b0 位表示模块是否正常，当 b0（M20）位为 OFF 表示模块正常，否则模块出错；b1 位表示上位站的数据链接状态，当 b1（M21）位为 ON 表明数据链接正常；b8 位表示通过 E^2PROM 的参数来启动数据链接的正常完成，b8（M28）位为 ON 说明读取通过 E^2PROM 参数启动数据链接正常完成；b15 位表示模块准备就绪，当 b15（M35）位为 ON 表明模块准备就绪，可以开始工作。

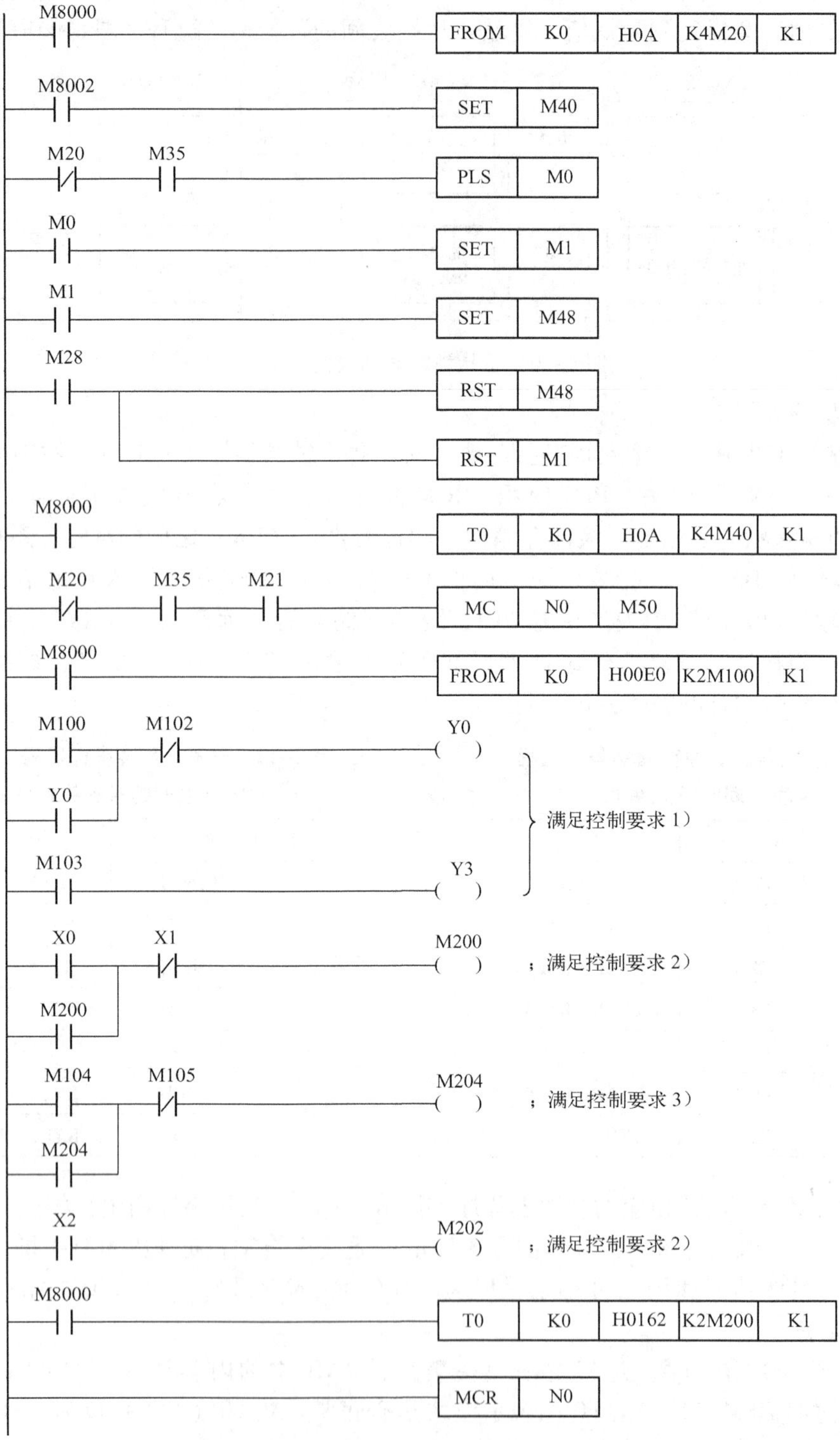

图 8-21　通信程序梯形图

当使用 TO 指令时，是将 PLC 的辅助继电器 K4M40 中的内容写入主站模块缓存器#AH 中，这时 BFM#AH 中的 b0 位表示刷新指令，当 b0（M40）位为 ON 时写入刷新指令，并且使远程输出 Y 的数据有效；b8 位表示通过 E^2PROM 的参数来启动数据链接，当 b8（M48）位为 ON 表明通过 E^2PROM 参数启动数据链接（参数应该事先被记录到 E^2PROM 中）。

8.4 实验项目

8.4.1 通信模块认识

1. 实验目的

1）认识常用的通信扩展板、主站模块等通信器件。

2）掌握通信器件的使用方法。

2. 实验内容

1）认识 FX_{2N} - 485 - BD 的结构，学会 485 - BD 的安装和接线。

2）认识 FX_{2N} - 16CCL - M 的结构，学会模块的安装和接线。

3. 实验报告要求

1）写出 FX_{2N} - 485 - BD 的安装方法，画出模块的外部接线图。

2）分析 PLC、FX_{2N} - 16CC - M 模块与远程 I/O 设备之间的通信关系，画出模块的外部接线图。

8.4.2 两台 PLC 的通信实现

1. 实验目的

1）学会两台 PLC 之间通信的接线。

2）了解 N: N 网络通信的原理。

3）了解并行链接网络通信的原理。

2. 实验内容

1）控制要求：

① 主站点的输入点 X0 ~ X2 的状态控制从站点 1 的输出点 Y0 ~ Y2 的状态；

② 从站点 1 的输入点 X0 ~ X2 的状态控制主站点的输出点 Y0 ~ Y2 的状态。

2）用 N: N 网络实现控制要求并调试。

3）用并行链接网络实现控制要求并调试。

3. 实验报告要求

1）画出系统的外部接线图。

2）写出实现控制要求的程序。

3）分析比较两种通信方式的异同。

习题

8.1 异步通信中为什么要设置起始位和停止位？

8.2　简述 RS－232C/RS－485 的性能和特点。

8.3　PLC 与计算机通信可以实现哪些功能?

8.4　FX_{2N} PLC 有哪些通信方式?

8.5　FX_{2N}－485－BD 扩展板有什么作用?

8.6　什么是 N:N 网络? 什么是并行链接网络? 这两种通信方式有何异同?

8.7　采用 CC－Link 现场总线控制有哪些优点?

8.8　PLC 和主站模块 FX_{2N}－16CC－M 是如何进行数据交换的?

第 9 章　综合实例

前面几章介绍了 PLC 的基本结构、工作原理、指令系统、编程方法和一些简单应用。本章需要综合以上所学知识点，完成 PLC 控制系统的设计和根据实际工程的要求构建控制系统，并通过几个 PLC 控制系统设计和应用的综合实例来进一步熟悉系统设计的基本方法。

9.1　PLC 控制系统设计方法

9.1.1　PLC 控制系统设计的基本原则

在设计 PLC 控制系统时，应遵循以下基本原则。

1. 最大限度地满足控制要求

充分发挥 PLC 功能，最大限度地满足被控对象的控制要求，是设计中最重要的一条原则。设计人员应深入现场进行调查研究、收集资料。同时要注意和现场的工程管理人员、技术人员及操作人员紧密配合，共同拟定控制方案，解决设计中的重点问题和疑难问题。

2. 保证系统的安全可靠

保证 PLC 控制系统能够长期安全、可靠、稳定地运行，也是设计控制系统的重要原则。这要求设计者在系统设计、元器件选择、软件编程上要全面考虑，以确保控制系统安全可靠。

3. 力求简单、经济，使用与维护方便

在满足控制要求的前提下，一方面要注意不断地扩大工程的效益，另一方面也要注意不断地降低工程的成本。既要考虑控制系统的先进性，也要从工艺要求、制造成本、便于使用和易于维护等方面综合考虑，不宜盲目追求自动化和很高的性能指标。

4. 适应发展的需要

由于技术的不断发展，控制系统的要求也将会不断地提高，设计时要适当考虑到今后控制系统发展和完善的需要。这就要求在选择 PLC 类型、内存容量和 I/O 点数时，要适当留有裕量，以满足今后生产的发展和工艺的改进。

9.1.2　PLC 控制系统设计的步骤和内容

PLC 控制系统是由用户输入设备、PLC 及输出设备连接而成的。PLC 控制系统设计的一般步骤如图 9-1 所示，设计的内容包括以下几个方面。

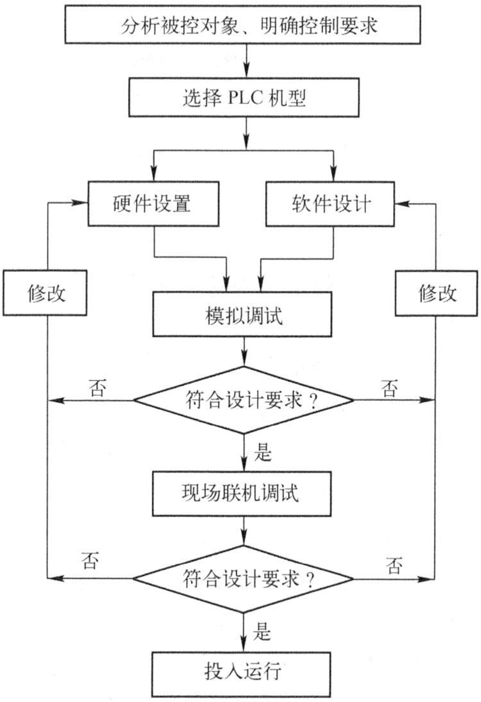

图 9-1　PLC 控制系统设计步骤的流程图

1. 分析被控对象并提出控制要求

详细分析被控对象的工艺过程及工作特点，了解被控对象中的机械、电气、气动、液压装置之间的配合，提出被控对象对PLC控制系统的控制要求，确定具体的控制方式和实施方案、总体的技术指标和经济指标，拟定设计任务书。对较复杂的控制系统，还可以将控制任务分解成若干个子任务，这样既可化繁为简又有利于编程和调试。

2. 确定输入/输出设备

根据被控对象对PLC控制系统的功能要求及生产设备现场的需要，确定系统所需的全部输入设备和输出设备的型号、规格和数量等。输入设备如按钮、位置开关、转换开关及各种传感器等，输出设备如继电器/接触器线圈、电磁阀、信号指示灯及其他执行器等。

3. 选择合适的PLC类型

根据已确定的用户输入/输出设备，统计所需的输入信号和输出信号的点数，选择合适的PLC类型。PLC的选择包括对PLC的机型、容量、I/O模块、电源模块、通信功能等方面的选择。

4. 分配I/O点并设计PLC外围硬件线路

1）分配PLC的I/O点。列出输入/输出设备与PLC的I/O端子之间的对照表，绘制PLC的输入/输出端子与用户输入/输出设备的外部接线图。

2）设计PLC外围硬件线路。设计并画出系统其他部分的电气线路图，包括主电路和未进入PLC的控制电路部分等。

3）根据PLC的I/O外部接线图和PLC外围电气线路图组成系统的电气原理图，确定系统的硬件电气线路实施方案。

5. 程序设计

根据经验法、功能图、逻辑流程图等设计方法编写程序。程序设计包括控制程序、初始化程序、检测及故障诊断和显示程序的设计及保护、连锁等程序的设计。这是整个应用系统设计的核心部分，要设计好程序，不但要非常熟悉控制要求，而且要有一定的电气设计的实践经验。

6. 硬件实施

硬件实施方面主要是进行控制柜（台）等硬件的设计及现场施工，主要内容包括：

1）设计控制柜和操作台等部分的电器布置图及安装接线图；

2）设计系统各部分之间的电气互连图；

3）根据施工图纸进行现场接线，并进行详细检查。

由于程序设计与硬件实施可同时进行，因此PLC控制系统的设计周期可大大缩短。

7. 联机调试

联机调试是将已通过模拟调试的程序进行进一步的现场调试，只有进行现场调试才能最后调整控制电路和控制程序，以适应控制系统的要求。

联机调试过程应循序渐进，从PLC只连接输入设备、再连接输出设备、最后连接实际负载，按顺序逐步进行调试。如不符合要求，则需对硬件和程序进行相应调整。全部调试完毕后，即可交付试运行。经过一段时间运行，如果工作正常，控制电路和控制程序基本被确定。整个系统的硬件和软件基本没有问题后就要全面整理技术文件。

8. 整理和编写技术文件

技术文件包括设计说明书、电气原理图、安装接线图、电气元件明细表、PLC 程序、使用说明书以及帮助文件等。其中 PLC 程序是控制系统的软件部分，向用户提供程序有利于用户生产发展的需要及工艺改进时修改程序，方便用户在维护、维修时分析和排除故障。

9.2 基于变频器的电动机多段速度运行的 PLC 系统设计

变频调速以其优异的调速和起制动性能，高效率、高功率因数和节电效果，广泛应用于异步电动机调速系统和风机泵类负载的节能改造项目中，目前是国内外公认的交流电动机最理想、最有前途的调速方案。随着变频技术的发展和价格的降低，变频器在工业控制中的应用越来越广泛。用 PLC 来控制变频器可以改变变频电动机的转动方向、转动速度及加/减速的时间等，满足系统的控制要求。

1. 控制要求

用 PLC 和变频器控制交流电动机工作，实现交流电动机的多段速度运行，交流电动机运行转速变化曲线如图 9-2 所示。

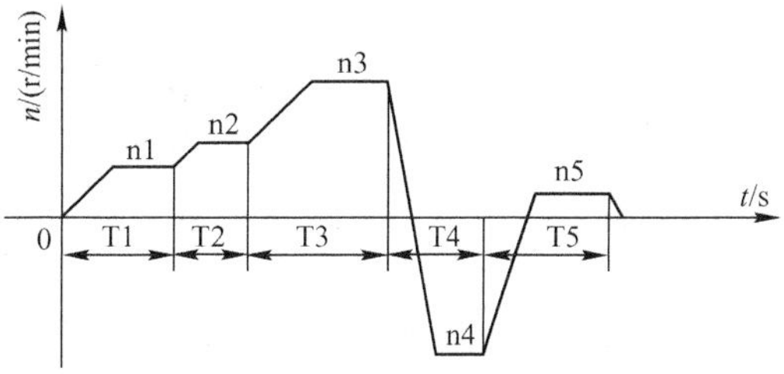

图 9-2 电动机速度变化曲线

1）自动运行方式：当选择开关 SA6 置于“自动运行”挡时，可实现电动机运行转速单周期自动调节运行方式。即按下起动按钮 SB4，交流电动机以转速 n1 起动，按照运行时间自行切换转速，直至转速为 n5 结束。在运行的任何时刻，都可以通过按下停止按钮使电动机减速停止。各挡速度、加/减速时间及运行时间见表 9-1。

表 9-1 电动机各挡运行参数

各 挡 速 度	n1	n2	n3	n4	n5
变化情况/(r/min)	600	900	1800	-2700	300
加速时间/s	1.5	1.5	1.5	1.5	1.5
减速时间/s	1	1	1	1	1
运行时间 Ti/(s)	4	3	5	4	5

2）单速运行方式：当选择开关 SA6 置于“单速运行（调整）”挡时，可以单独选择任一挡速度恒定运行，即扳动任一速度选择开关 SA1 ~ SA5 后，按下起动按钮后起动并恒速运行，按下停止按钮，恒速运行停止，旋转方向都为正转。

3）调整方式：为了检修或调整方便，系统设置了“调整”方式；选择开关位于“单速运行（调整）”挡，可通过“点进”和“点退”按钮 SB1、SB2，调整电动机以转速 n1 点动正、反转运行。

2. PLC 及变频器的选型

（1）PLC 选型

根据对控制要求的分析，该控制系统的输入有控制系统起动按钮、控制系统停止按钮、点进按钮、点退按钮、五段速度设置开关及“单速运行（调整）/自动运行”的功能选择开关共 10 个输入点。输出有电动机正转选择、电动机反转选择及多段速度选择（3 个点）共 5 个点。选择型号为 FX_{2N} -32MR -001 的 PLC，该模块采用交流 220 V 供电，I/O 点数各为 16 点，可满足控制要求，且留有一定的裕量，PLC 的 I/O 地址分配见表 9-2。

表 9-2　PLC 的 I/O 地址分配表

<table>
<tr><th>PLC 的 I/O 地址</th><th>连接的外部设备</th><th colspan="2">在控制系统中的作用</th></tr>
<tr><td>X1</td><td>SA1</td><td colspan="2">起动 1 速</td></tr>
<tr><td>X2</td><td>SA2</td><td colspan="2">起动 2 速</td></tr>
<tr><td>X3</td><td>SA3</td><td colspan="2">起动 3 速</td></tr>
<tr><td>X4</td><td>SA4</td><td colspan="2">起动 4 速</td></tr>
<tr><td>X5</td><td>SA5</td><td colspan="2">起动 5 速</td></tr>
<tr><td>X6</td><td>SB1</td><td colspan="2">点进</td></tr>
<tr><td>X7</td><td>SB2</td><td colspan="2">点退</td></tr>
<tr><td>X10</td><td>SB3</td><td colspan="2">停止</td></tr>
<tr><td>X11</td><td>SB4</td><td colspan="2">起动</td></tr>
<tr><td>X15</td><td>SA6</td><td colspan="2">单速运行（调整）/自动运行</td></tr>
<tr><td>Y1</td><td>RL</td><td rowspan="5">变频器输入端子</td><td rowspan="3">多段速度输入选择端</td></tr>
<tr><td>Y2</td><td>RM</td></tr>
<tr><td>Y3</td><td>RH</td></tr>
<tr><td>Y4</td><td>STF（正向）</td><td rowspan="2">电动机的转动方向控制端</td></tr>
<tr><td>Y5</td><td>STR（反向）</td></tr>
</table>

（2）变频器选型及设置

变频器选用三菱小型变频器 FR - S520S - 0. 75 kW - CH。变频器的 L1、N 接入 220 V 交流电，U、V、W 接三相异步电动机（二极，同步转速 3000 r/min），多段速度设定情况见表 9-3。由于系统要求实现电动机的正、反转控制及多段速度控制，因此需要将变频器正、反转输入端 STF、STR 及多段速度控制端 RH、RM、RL 分别与 PLC 各输出点相连就可以实现各种速度的控制。

表 9-3　多段速度设定

速　度	端子输入					设定频率 /Hz	电动机转速 /(r/min)
	STR	STF	RH	RM	RL		
1 速	0	1	0	0	1	10	600
2 速	0	1	0	1	0	15	900
3 速	0	1	1	0	0	30	1800
4 速	1	0	0	1	1	45	-2700
5 速	0	1	1	0	1	5	300

主要参数设置：将变频器设置为外部运行模式或参数 Pr. 79 为 3 或 4 的组合运行模式。通过各参数设定运行频率，设置 3 速参数 Pr. 4、Pr. 5、Pr. 6 分别为 30 Hz、15 Hz、10 Hz；4、5 速参数 Pr. 24、Pr. 25 分别为 45 Hz、5 Hz；加、减速时间参数 Pr. 7、Pr. 8 设为 1. 5 s、1. 0 s。

3. 控制系统外部接线图

控制系统外部接线如图 9-3 所示。

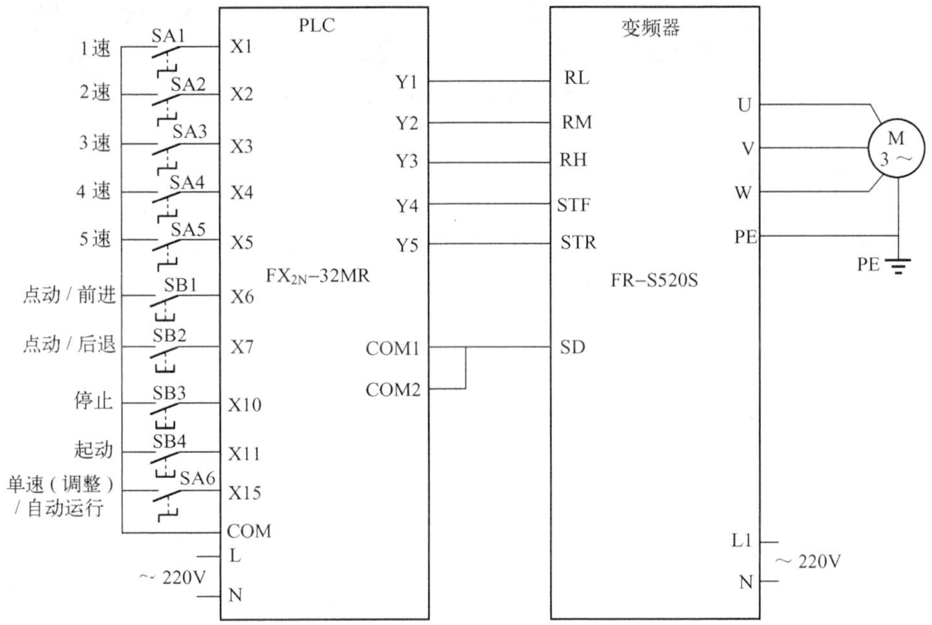

图 9-3　控制系统外部接线图

4. 控制系统的逻辑实现

用 PLC 控制变频电动机负载工作的运行方式包括自动操作、手动操作两个部分。整个 PLC 控制程序如图 9-4 所示。

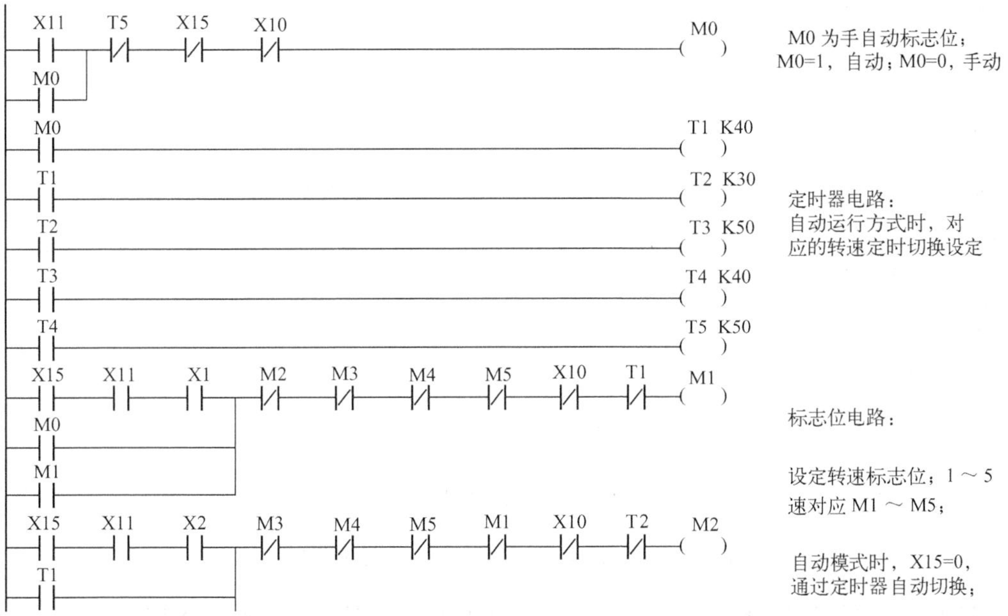

图 9-4　电动机的多段速度运行梯形图

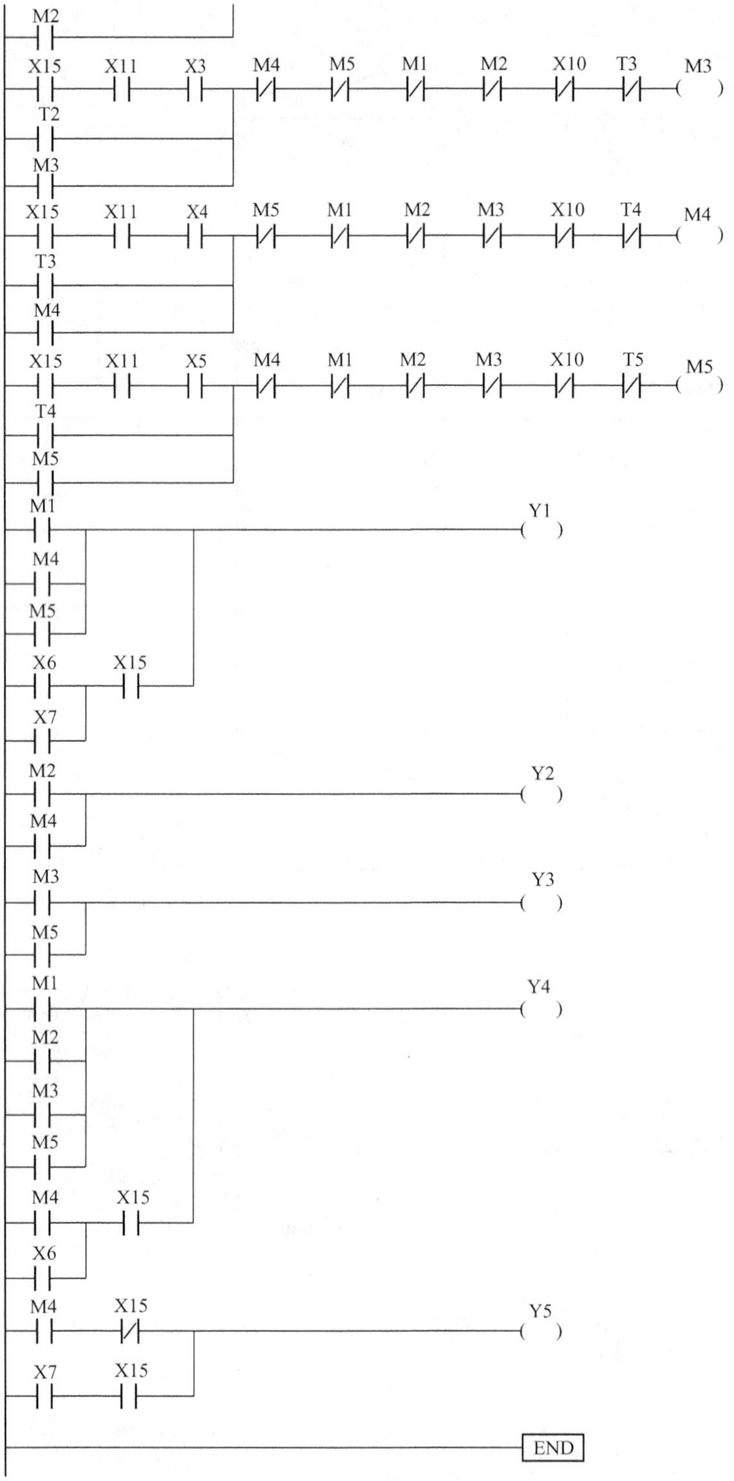

手动模式时，通过选择开关 X1 ～ X5 设定转速，通过 X11 起动

输出电路：

速度选择输出端为 Y1、Y2、Y3
当 1、4、5 速时，Y1=1；
2、4 速时，Y2=1；
3、5 速时，Y3=1；

方向选择：
Y4=1 正转；
Y5=1 反转
1、2、3、5 速正转；
4 速反转

X6=1 点动正转；
X7=1 点动反转

图 9-4　电动机的多段速度运行梯形图（续）

从图 9-4 可以看出，中间继电器 M0 表示起动信号，M1 ~ M5 表示 5 种速度状态。在自动控制中，各个速度的转换是通过定时器的常开触点完成的。在每一种速度的恒速运行中，

起动信号由选择开关 X15 的状态、多段速度开关 X1 ~ X5 的任一状态及起动按钮决定。在点动控制中，通过点进按钮 X6 和选择开关 X15 的状态选择电动机点进的转速和方向，通过点退开关 X7 和选择开关 X15 的状态选择电动机点退的转速和方向。

9.3 基于触摸屏的步进电动机 PLC 控制系统的设计

步进电动机是一种将电脉冲转化为角位移的执行机构。一般电动机是连续旋转的，而步进电动机的转动是一步一步进行的。每输入一个脉冲电信号，步进电动机就转动一个固定的角度。通过改变脉冲频率和数量，即可实现调速和控制转动的角位移大小，具有较高的定位精度。利用 PLC 和步进驱动器可以控制步进电动机的工作，实现步进电动机的位置控制。

1. 控制要求

位置控制系统的控制要求如下：在某控制系统中，要求对某种成卷的线材按固定的长度裁开。裁开的长度由上位机的组态软件设定（0 ~ 99 mm），切刀切割时间为 1 s，滚轴的周长是 50 mm，滚轴安装在步进电动机上。要求可以从外部按钮起动或停止，也可以从上位机组态软件上起动和停止。如图 9-5 所示。

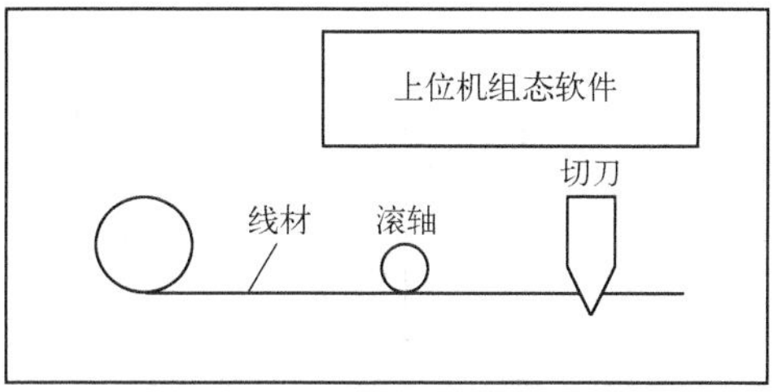

图 9-5　步进电动机的控制系统

2. 控制元件的选型

根据对控制系统的分析，该控制系统由步进电动机来拖动滚轴运转，通过 PLC 输出的脉冲个数来控制步进电动机的角位移，从而确定所走线材的长度等于组态软件设定的线材长度。

（1）步进电动机及步进驱动器的选择

步进电动机和步进驱动器在选择时需要考虑两个方面：一是步进电动机的功率要能拖动负载；二是步进电动机步距角和步进驱动器的细分步选择。

这里选择 42BYG004 永磁感应子式步进电动机，步距角为 1.8°，选择 SH2034D 步进电动机驱动器，设置为 5 细分。因此电动机每转一周，PLC 要发出 1000 个脉冲，每个脉冲线材走 0.05 mm；即每 20 个脉冲，线材走 1 mm。

（2）PLC 与组态软件的选择

在该控制系统中，需要 3 个输入信号，分别是一个起动信号、一个停止信号和一个脱机信号，另外需要 4 个输出信号，分别是一个脉冲输出、一个脉冲方向、一个脱机信号和一个切刀信号。要输出脉冲，就必须要用晶体管输出的 PLC，可以选择 FX_{2N} - 16MT。PLC 的 I/O 地址分配见表 9-4。

表 9-4　PLC 的 I/O 地址分配表

PLC 的 I/O 地址	连接的外部设备	在控制系统中的作用
X0	SB1	起动按钮
X1	SB2	停止按钮

（续）

<table>
<tr><th>PLC 的 I/O 地址</th><th>连接的外部设备</th><th colspan="2">在控制系统中的作用</th></tr>
<tr><td>X2</td><td>SA1</td><td colspan="2">脱机按钮</td></tr>
<tr><td>Y4</td><td>KA1</td><td colspan="2">切刀信号</td></tr>
<tr><td>Y0</td><td>CP -</td><td rowspan="3">步进驱动器的输入端子</td><td>脉冲输出</td></tr>
<tr><td>Y1</td><td>DIR -</td><td>控制方向</td></tr>
<tr><td>Y3</td><td>FREE -</td><td>脱机信号</td></tr>
</table>

对于组态软件，选择北京昆仑通态的 MCGS 软件，在该系统中需要一个起动信号、一个停止信号、一个脱机信号和一个线材的长度设置，可以选择 64 点的 MCGS 软件。

3. 控制系统外部接线图

控制系统外部接线如图 9-6 所示。

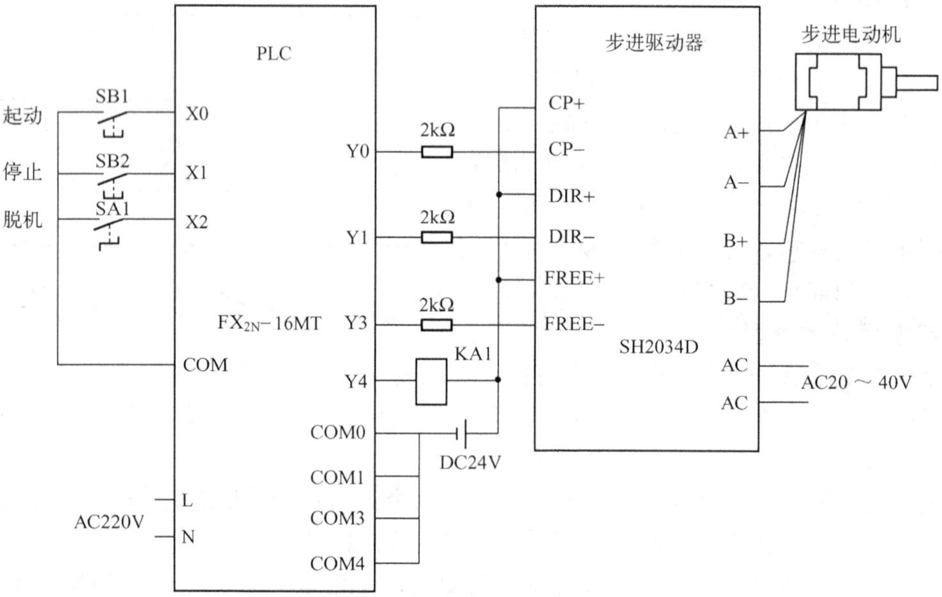

图 9-6　控制系统外部接线图

4. MCGS 组态软件界面的生成

（1）画面的制作

1）新建一个窗口。

进入组态环境之后，进入 MCGS 的工作台，如图 9-7 所示。单击“新建窗口”，新建一个用户窗口 0。

2）双击用户窗口 0，进入窗口绘制界面，通过“工具箱”和“常用图符”绘制界面，所绘制界面如图 9-8 所示。

3）组态软件变量的定义。

实时数据库是 MCGS 组态软件的核心部分，是联系上位机和下位机的桥梁。在数据库中存放的是变量的当前值，变量包括了系统变量和用户定义的变量。进入实时库数据界面后，添加数据如图 9-9 所示。

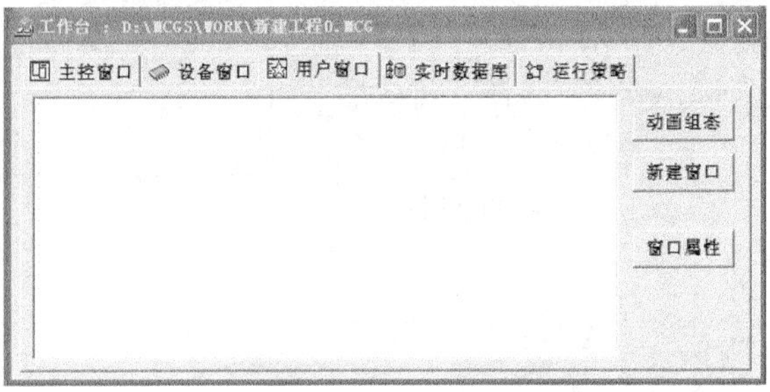

图 9-7　MCGS 工作台窗口

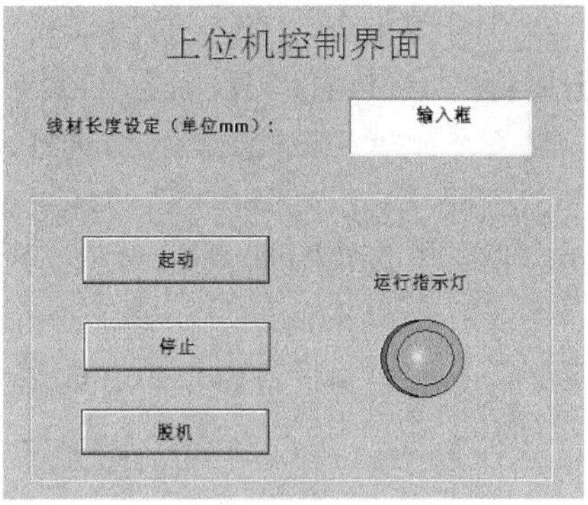

图 9-8　上位机控制界面

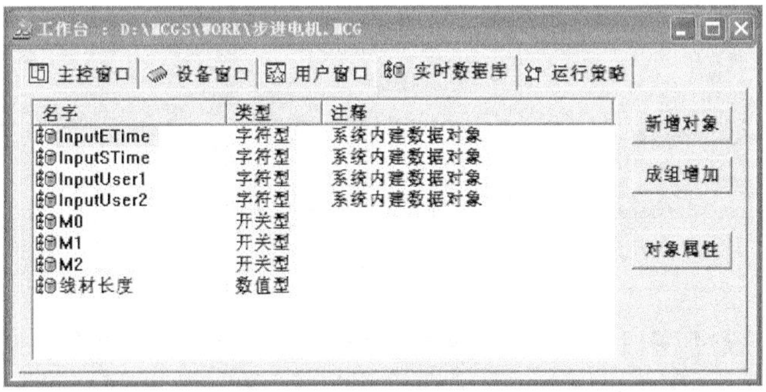

图 9-9　实时数据库窗口

InputETime 、InputSTime 、InputUser1 和 InputUser2 为系统变量；M0 定义为开关型变量，为起动按钮；M1 定义为开关变量，为停止按钮；M2 定义为开关变量，为脱机信号；线材长度定义为数值型变量，为线材指定长度。

（2）组态软件串口设备的配置

设备窗口是 MCGS 系统的重要组成部分，负责建立系统与外部硬件设备的连接，使得 MCGS 能从外部设备读取数据并控制外部设备的工作状态，实现工业过程的实时监控。在 MCGS 工作台上，选择“工具”→“设备构件管理项”，打开如图 9-10 所示的设备管理窗口。

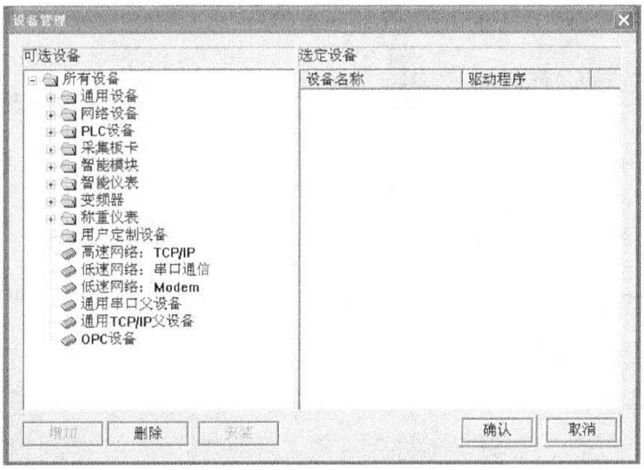

图 9-10　设备管理窗口

在“可选设备”的“通用设备”中找到“串口通信父设备”，双击后将“串口通信父设备”加到右边的“选定设备”中。再双击PLC设备，选择“三菱”，双击选择“三菱_FX系列编程口”，双击后将“三菱_FX系列编程口”加到右边的“选定设备”中。确认后，回到“设备工具箱”如图9-11所示。

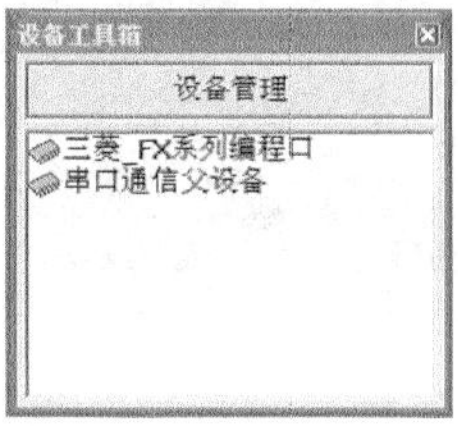

图9-11　设备工具箱

先双击“串口通信父设备”，再双击“三菱_FX系列编程口”，将两个设备添加到设备窗口中，如图9-12所示。

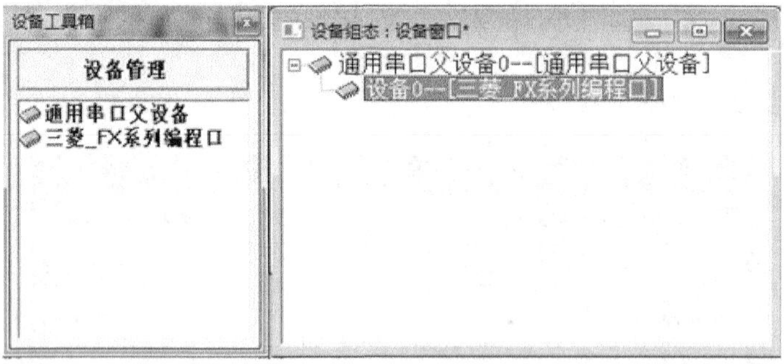

图9-12　添加两个设备

在“设备组态：设备窗口”双击“通用串口父设备0-[通用串口父设备]”，弹出“通用串口设备属性编辑”，设定波特率为9 600，7位数据位，1位停止位，偶校验，如图9-13所示。在“设备组态：设备窗口”双击“设备0-[三菱_FX系列编程口]”，弹出“设备属性设置：——[设备0]”，设定参数如图9-14所示。

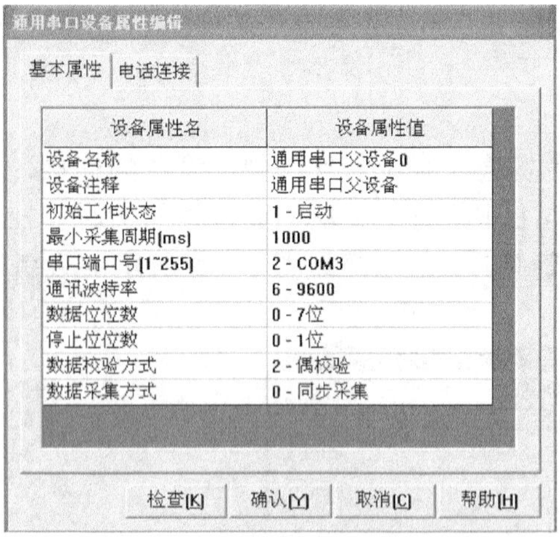

图9-13　通用串口设备属性编辑

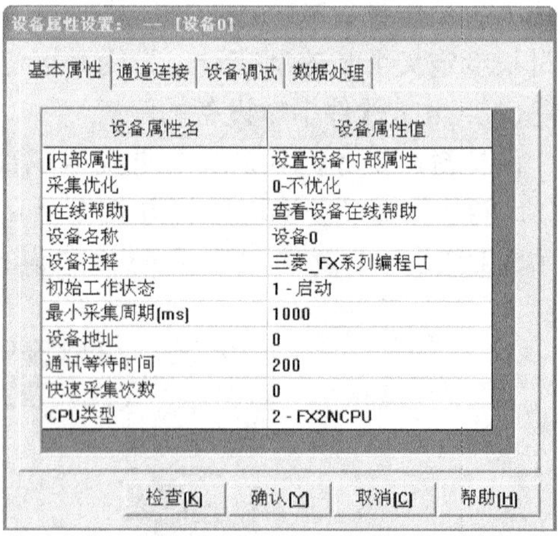

图9-14　三菱_FX系列编程口基本属性设置

单击“设置设备内部属性”，出现…按钮，单击…按钮，弹出“三菱_FX系列编程口通道属性设置”窗口，设置通道属性如图9-15所示。

如图9-16所示，单击图中“通道连接”选项卡，在需要的通道上连接上数据对象。单击“设备调试”选项卡，打开“设备调试”窗口，就可以在线调试，若“通信状态标志”为“0”表示通信正常，否则表示MCGS组态软件和三菱FX_{2N}PLC设备通信失败。

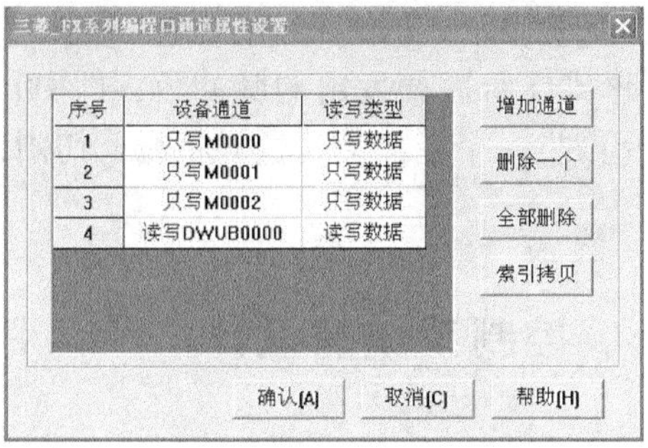

图 9-15　三菱_FX 系列 PLC 通道属性设置

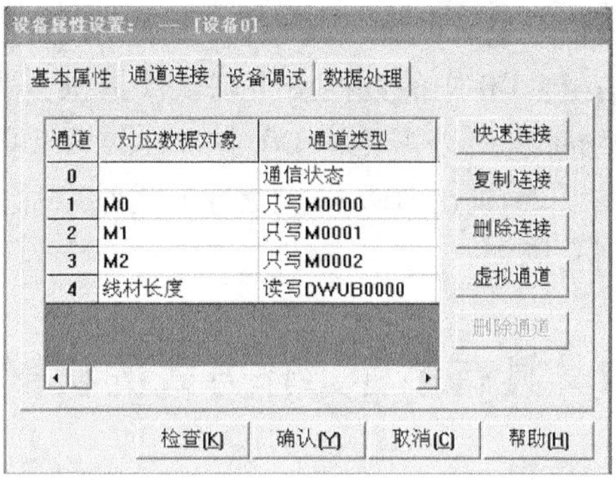

图 9-16　三菱_FX 系列 PLC 通道连接

5. 控制系统的逻辑实现

整个 PLC 控制程序如图 9-17 所示。在图 9-8 所示上位机控制界面的文本输入框中输入线材的长度，单位是 mm。控制系统可通过外部控制元件或组态软件对系统进行控制，起动信号有两个，其中 M0 由组态软件的起动按钮提供信号，X0 为外部输入按钮提供信号；停止信号也有两个，其中 M1 由组态软件的停止按钮提供信号，X1 为外部输入按钮提供信号；

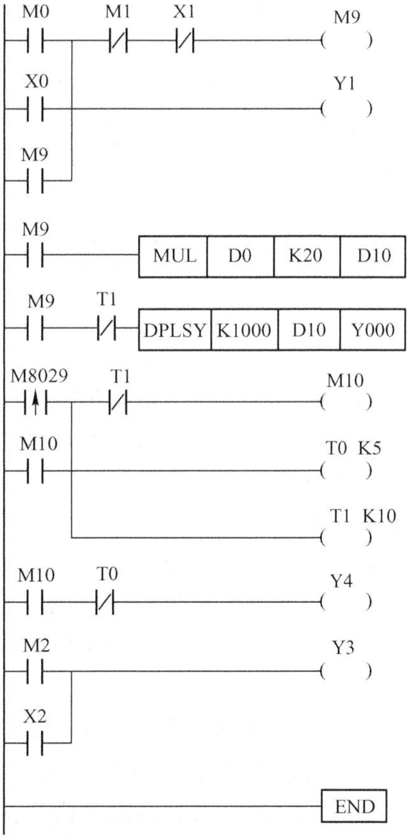

图 9-17　步进电动机运行梯形图

脱机信号也有两个，其中 M2 由组态软件的脱机按钮提供信号，X2 为外部输入转换开关提供信号。D0 中的数据由组态软件提供，为线材长度的设定，因为 PLC 发送一个脉冲线材走 0.05 mm，所以需要将 D0 中的数据除以 0.05 便是 PLC 所需要发出的脉冲数，即 D0 中的数据乘以 20 放在 D10 中。脉冲发送结束后，M8029 产生一个上升沿，这时将线材切割，1 s 后切割完毕。

9.4　具有多种工作方式的机械手 PLC 控制系统的设计

机械手是一种能模拟人的手臂的部分动作，按预定的程序、轨迹及其他要求，实现抓取、搬运工件或操纵工具的自动化装置。它可代替人的繁重劳动以实现生产的机械化和自动化，能在有害环境下工作以保护人身安全。

1. 控制要求

如图 9-18 所示，在水平、垂直位移的机械设备中，用机械手将工件从 A 工作台搬至 B 工作台，机械手的动作采用气缸驱动，气缸的动作由电磁阀进行换向控制。

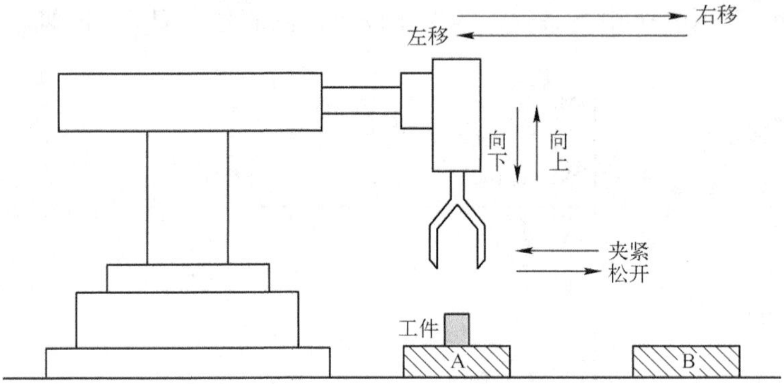

图 9-18　搬运机械手的动作示意图

从原点（指机械手在最上面、最左面、手爪松开时）开始，机械手经过下降、夹紧、上升、右移、下降、松开、上升、左移 8 个动作完成一个循环并返回到原点（初始位置）从而实现一次搬运功能，具体动作步骤如下。

1）按下起动按钮，系统开始工作。

2）机械手首先向下运动，运动到最低位置停止（由下限位开关确定）。

3）机械手开始夹紧工件，一直到把工件夹紧为止（由定时器控制）。

4）机械手开始向上运动，一直运动到最上端（由上限位开关确定）。

5）上限位开关闭合后，机械手开始向右运动。

6）运行到右端（右限位开关）后，机械手开始向下运动。

7）向下运行到下限位开关后，机械手把工件松开（由定时器控制）。

8）工件松开后，机械手开始向上移动，直到触动上限位开关。

9）机械手开始向左运动，直到触动左限位开关，此时机械手回到初始位置。

按照机械手的操作流程，实际控制时，系统还设有手动、回原点和自动工作方式。

手动方式下，系统可以通过外部操作按钮完成每个动作的独立操作。

回原点方式下，系统在进行自动控制操作前，必须保证机械手处于原点位置，该方式可以使机械手自动返回原点，为自动操作做好准备。

自动工作方式又设置了单步、单周期和连续运行的工作方式。单步方式，指系统每次按下起动按钮，机械手只运动一个工序，主要用于机械手的调试检修；单周期方式，指系统每次按下起动按钮，机械手完成从下降、抓物、上升、右移、下降、放物、上升、左移回原点的一个完整周期后停止；连续运行方式，指系统起动后，机械手完成一个完整运行周期后，继续不停歇地进行下一个周期，周而复始，直至按下停止按钮。

2. PLC 的选型

按照控制要求，本系统设有手动、回原点、单步、单周期和连续运行共 5 种工作方式，且各种方式不能并存，故需使用选择开关来选择工作方式，占 PLC 的 5 个输入点。

手动工作方式是指利用按钮对机械手每一步动作单独进行控制，需要控制上升、下降、左行、右行、夹紧、松开 6 个动作的按钮，占用 PLC 的 6 个输入点。

回原点工作方式是系统工作前，实现机械手自动回到初始状态的操作，即让机械手到达最上面、最左面且手爪松开的状态（原点），为后续的自动工作方式做准备。需要设置一个专门的回原点起动按钮，占 PLC 的 1 个输入点。

自动工作方式包含单步、单周期和连续 3 种方式，需要设置起动和停止两个按钮，占 PLC 的 2 个输入点。

单步工作方式：从原点开始，按自动工作循环的工序，每按下一次起动按钮，机械手就完成一步动作；如果没有按下起动按钮，则系统不会转换到下一步。

单周期工作方式：从原点开始，按下起动按钮后，机械手按工序自动完成一个周期的动作后，停在原点。即按一次起动按钮，系统工作一个周期，返回停在原点。

连续工作方式：按下起动按钮后，机械手从原点开始一个周期接一个周期地反复连续工作。在工作中若按下停止按钮，则机械手不会立即停止工作，在完成当前工作周期的全部操作后，系统返回并停留在原点。

此外机械手动作转换需要 4 个限位开关和 2 个定时器来控制，这 4 个限位开关也要占 PLC 的 4 个输入点。所以 PLC 控制系统的输入信号有 18 个，均为开关量。

本设计中 PLC 控制系统的输出为 6 个开关量信号，其中：

垂直、水平移动采用双控气阀，包括下降电磁阀、上升电磁阀、左移电磁阀、右移电磁阀；手爪采用单控气阀，即夹紧/松开电磁阀，电磁阀得电时，抓紧工件，失电时，手爪松开；为了对机械手原点位置进行指示，还配置了一个原点指示灯。

根据以上分析所确定的用户输入及输出设备可知，PLC 共需要 18 点输入、6 点输出。

PLC 可以选用三菱公司 FX_{2N} - 16MR - 001，该基本单元输入点数为 8，输出点数为 8。其他的输入点通过添加输入扩展模块 FX_{2N} - 16EX 来解决。数字量输入扩展模块 FX_{2N} - 16EX 为 16 路数字量 DC24V 输入。扩展后，PLC 具有 24 点输入、8 点输出，可以满足控制要求，同时留有一定的裕量。

3. I/O 地址分配及接线图

将 18 个输入信号、6 个输出信号按各自的功能类型进行分配，并与 PLC 的 I/O 点一一对应，编排地址。表 9-5 是外部输入/输出设备与 PLC 的 I/O 点的地址编号对照表。

表 9-5　PLC 的 I/O 地址分配表

<table>
<tr><th>PLC 的 I/O 地址</th><th>连接的外部设备</th><th colspan="2">在控制系统中的作用</th></tr>
<tr><td>X0</td><td>SQ1</td><td colspan="2">下限位开关</td></tr>
<tr><td>X1</td><td>SQ2</td><td colspan="2">上限位开关</td></tr>
<tr><td>X2</td><td>SQ3</td><td colspan="2">右限位开关</td></tr>
<tr><td>X3</td><td>SQ4</td><td colspan="2">左限位开关</td></tr>
<tr><td>X10</td><td rowspan="5">选择开关 SA</td><td rowspan="5">工作方式</td><td>手动运行</td></tr>
<tr><td>X11</td><td>回原点</td></tr>
<tr><td>X12</td><td>单步运行</td></tr>
<tr><td>X13</td><td>单周期运行</td></tr>
<tr><td>X14</td><td>连续运行</td></tr>
<tr><td>X15</td><td>SB0</td><td colspan="2">回原点起动</td></tr>
<tr><td>X16</td><td>SB1</td><td rowspan="2">自动</td><td>起动按钮</td></tr>
<tr><td>X17</td><td>SB2</td><td>停止按钮</td></tr>
<tr><td>X20</td><td>SB10</td><td rowspan="6">手动</td><td>下降</td></tr>
<tr><td>X21</td><td>SB11</td><td>上升</td></tr>
<tr><td>X22</td><td>SB12</td><td>右移</td></tr>
<tr><td>X23</td><td>SB13</td><td>左移</td></tr>
<tr><td>X24</td><td>SB14</td><td>夹紧</td></tr>
<tr><td>X25</td><td>SB15</td><td>松开</td></tr>
<tr><td>Y0</td><td>YV0</td><td colspan="2">下降动作控制</td></tr>
<tr><td>Y1</td><td>YV1</td><td colspan="2">上升动作控制</td></tr>
<tr><td>Y2</td><td>YV2</td><td colspan="2">右移动作控制</td></tr>
<tr><td>Y3</td><td>YV3</td><td colspan="2">左移动作控制</td></tr>
<tr><td>Y4</td><td>YV4</td><td colspan="2">夹紧/松开动作控制</td></tr>
<tr><td>Y5</td><td>HL</td><td colspan="2">原点指示</td></tr>
</table>

PLC 控制系统外部接线如图 9-19 所示。

4. 采用起保停编程方法进行程序设计

（1）程序的总体结构设计

将系统的程序按工作方式和功能分成 4 部分，包括公共程序、手动程序、回原点程序、自动程序。手动程序、回原点程序和自动程序是不会同时执行的，所以可以采用子程序或程序跳转指令将它们分开，用工作方式的选择信号作为执行的条件。下面采用起保停电路的编程方法编制程序。

（2）内部资源分配

编程时，对需要使用的辅助继电器 M 和时间继电器 T 进行分配，有助于提高编程效率，并减少资源冲突。具体分配见表 9-6。

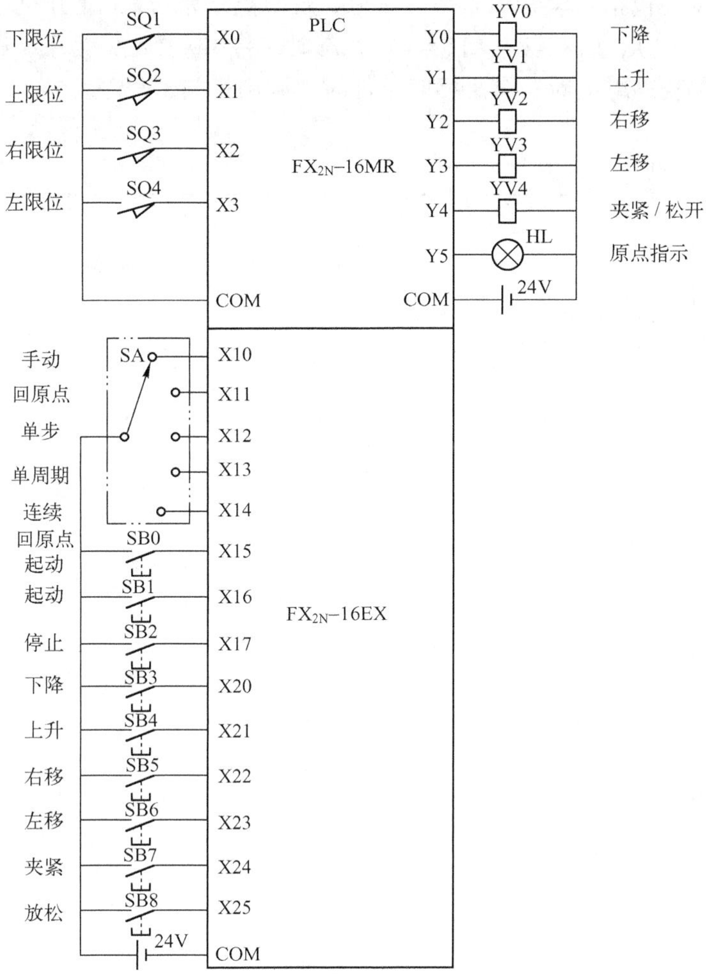

图 9-19　机械手控制系统 PLC 外部接线图

表 9-6　辅助继电器和时间继电器作用

名　称	作　用	名　称	作　用
M100	原点指示	M24	右侧下移
M101	连续运行状态指示	M25	松开工件
M102	允许工序转换指示	M26	右侧上移
M0	自动模式初始状态	M27	左移
M20	原点下降	M10	机械手上移（回原点）
M21	夹紧工件	M11	机械手左移（回原点）
M22	左侧上升	T0	手爪夹紧时间设置
M23	右移	T1	手爪松开时间设置

（3）公共程序

图 9-20 为机械手控制公共程序。公共程序主要用于初始状态的设置和工作方式子程序

的跳转。本例中主要包括：设置原点条件 M100 及原点指示 Y5；在开机运行时（M8002 = 1），或手动（X10 = 1）、回原点（X11 = 1）状态时，将 M0 置位，为系统进入自动方式做准备；复位各步序的辅助继电器；满足相应条件时，调用相关子程序。

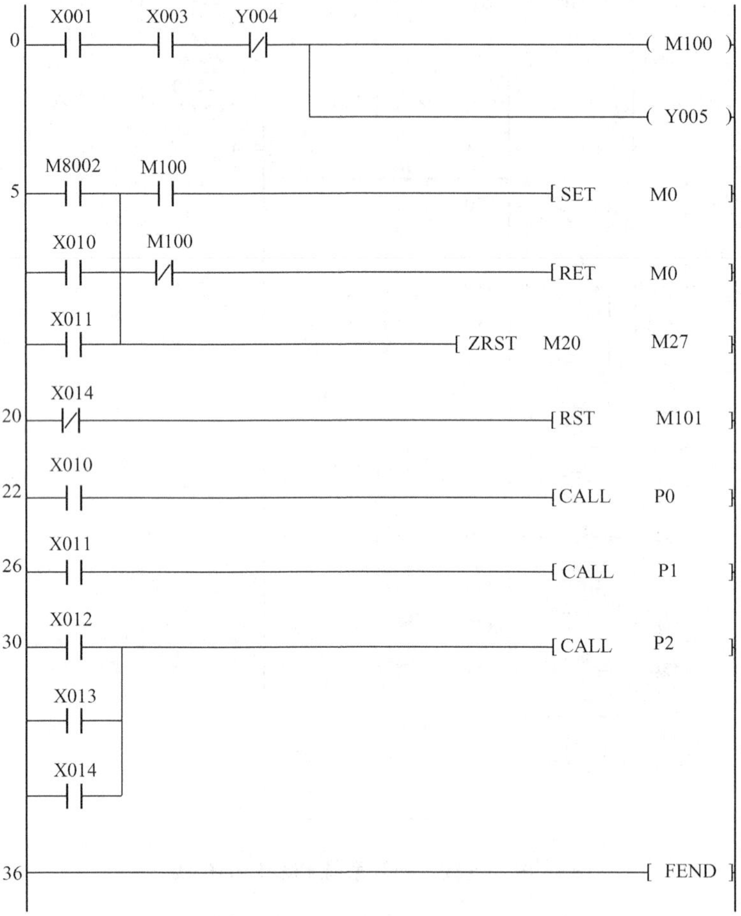

图 9-20　机械手控制公共程序梯形图

子程序 P0 为手动控制子程序，当 SA 置于手动挡时，X10 接通，执行该程序，可手动控制机械手移动和夹紧、放松工件。子程序 P1 为回原点控制子程序，当 SA 置于回原点挡时，X11 接通，执行该程序，可将机械手返回原点。子程序 P2 为自动控制子程序，当 SA 置于单步、单周期、连续 3 种中的任一挡位时，X12 或 X13 或 X14 接通，执行该程序。

（4）手动程序

手动程序较为简单，一般采用经验设计法进行设计，手动控制功能的实现如图 9-21 所示的子程序。手动按钮 X20 ~ X25 分别控制下降、上升、右移、左移、夹紧和松开各个动作。由于机械手只有处于上限位置（X1 = 1）时，才允许左右移动，所以在左右移动的控制环节中加入了 X1 作为上限联锁，同理在夹紧和松开动作环节中加入了下限位置 X0 作为联锁保护。

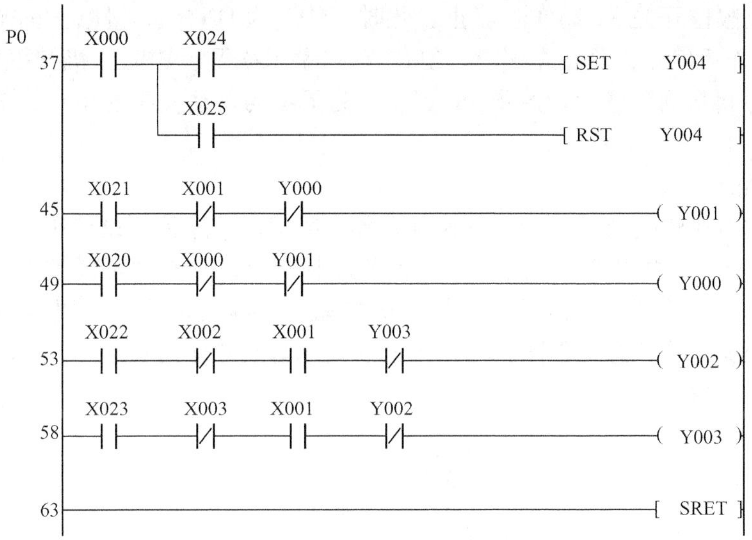

图 9-21　手动子程序梯形图

（5）回原点程序

当系统起动时或因意外停止恢复操作时，机械手可能不在原点，这时可通过该程序使机械手自动返回原点。图 9-22a 和图 9-22b 为自动回原点程序的顺序功能图和对应的梯形图程序。

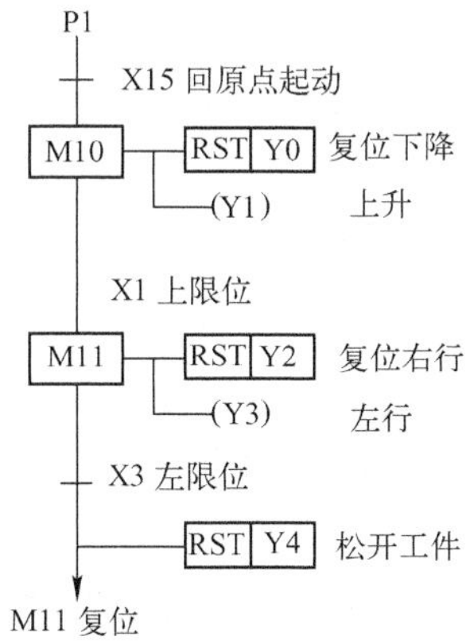

a)

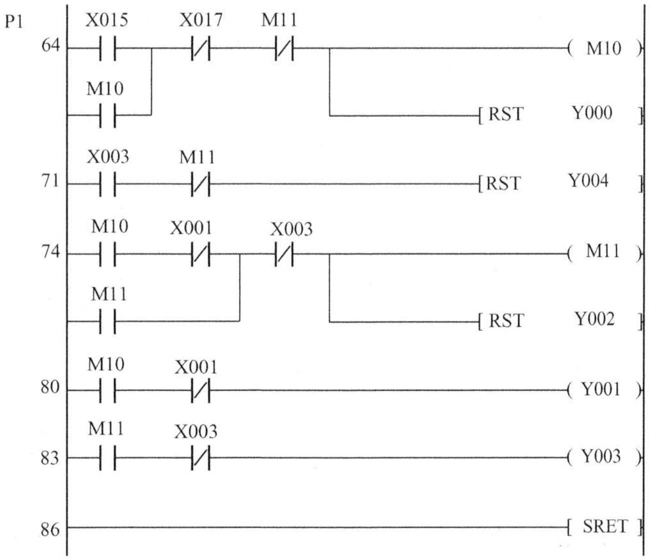

b)

图 9-22　自动回原点程序的顺序功能图、梯形图

a）顺序功能图　b）梯形图

当 SA 选择回原点模式，按下回原点起动按钮（X15 为 ON），M10 为 ON，Y1 得电，机械手上升，到上限位开关 X1 动作时停止。此时，M11 为 ON，Y3 得电，机械手左移，到左限位开关 X3 动作后停止，并在左侧时，复位 Y4，手爪松开。这时，机械手原点条件满足，M100 为 ON，并将自动程序的初始步 M0 置位，为下续的自动程序（单步、单周期和连续模式）做好准备。

（6）自动程序

自动程序相对比较复杂，对于顺序控制系统一般采用顺序控制设计法。

如图 9-23 所示，根据机械手的运动过程及控制要求，分别用辅助继电器 M0 及 M20 ~ M27 表示各个工步，绘制出机械手运动控制的自动工作状态流程图，以表明动作的顺序和转换条件，再根据工作状态流程图就可以很容易地编写出相应的梯形图。

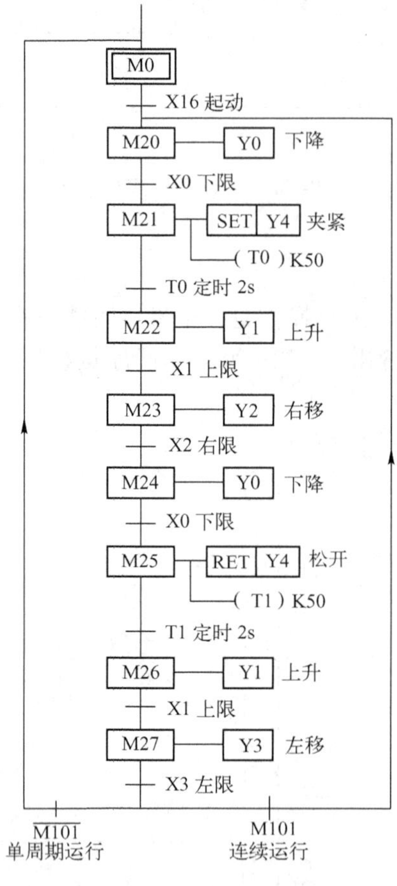

图 9-23　机械手自动控制流程图

对于顺序控制可用多种方法进行编程，例如前面所提到的 SET/RST 指令、STL 指令等方法，在这个控制系统中采用起保停编程也非常简单，根据流程图可以看出，工步和工步之间的转移通过限位开关或定时器来实现，自动工作方式梯形图程序如图 9-24 所示，输出电路如图 9-25 所示。

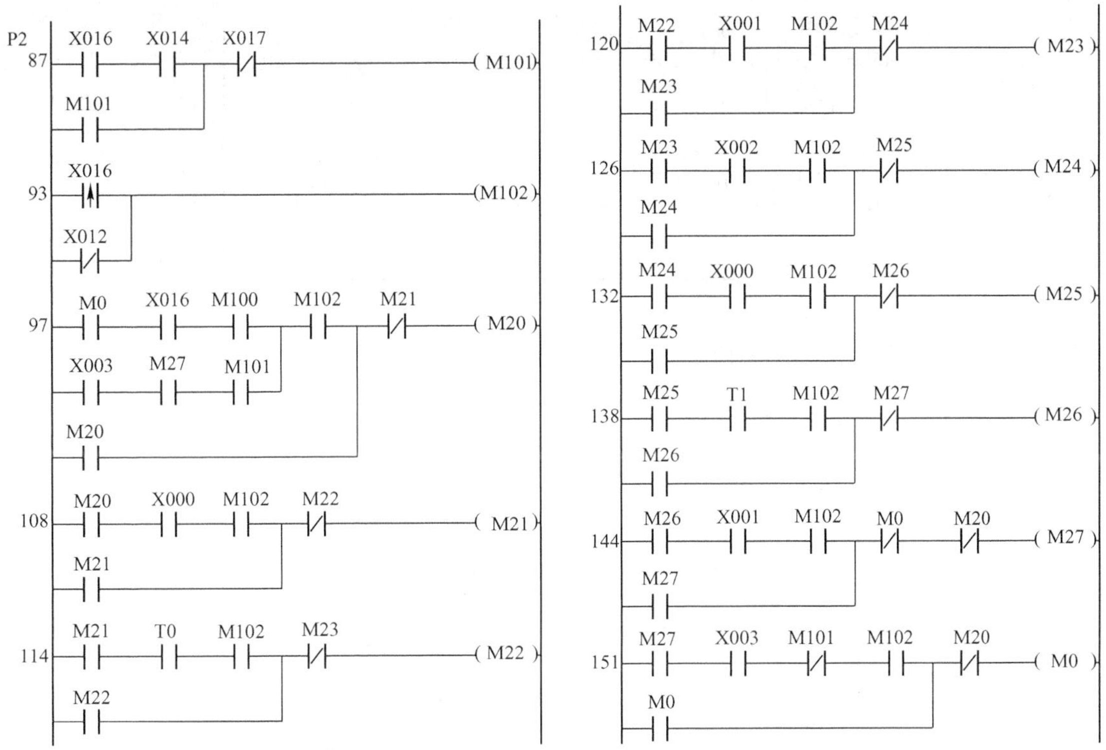

图 9-24　自动工作方式梯形图程序

机械手的自动程序中包括单步、单周期和连续工作 3 种工作方式，采用起保停进行设计时需要加以区分。这里采用了两个标志位来区分这 3 种工作方式，M101 为连续工作标志，M102 为允许步序转换标志。

单步运行方式时，连续工作标志 M101 为 OFF，允许步序转换标志 M102 在起动按钮 X16 每次按下时，导通一个扫描周期。

单周期运行方式时，连续工作标志 M101 为 OFF，允许步序转换标志 M102 为 ON。

连续运行方式时，连续工作标志 M101 为 ON，允许步序转换标志 M102 为 ON。

1）单步运行。

当 SA 选择单步运行时，即 X12 为 ON，连续工作标志 M101 为 OFF，允许步序转换标志 M102 只在起动按钮 X16 每次按下时，导通一个扫描周期。

所以当系统进入自动运行状态，即初始状态 M0、原点标志位 M100 均为 ON，按下起动按钮（X16 为 ON）后，则 M102 导通一个扫描周期，M20 为 ON，机械手下降到下限位开关（X0）动作后停止，因为 M102 仅导通了一个扫描周期，所以步序不能自动转换到 M21，只有再次按下起动按钮（X16 为 ON）后，M21 方能为 ON。下续各步序的转换同理，即每按压一次起动按钮（X16 为 ON），系统只能运行一个步序。

2）单周期运行。

当 SA 选择单周期运行时，即 X13 为 ON，这时连续工作标志 M101 为 OFF，允许步序转换标志 M102 保持为 ON（因 X12 为 OFF）。

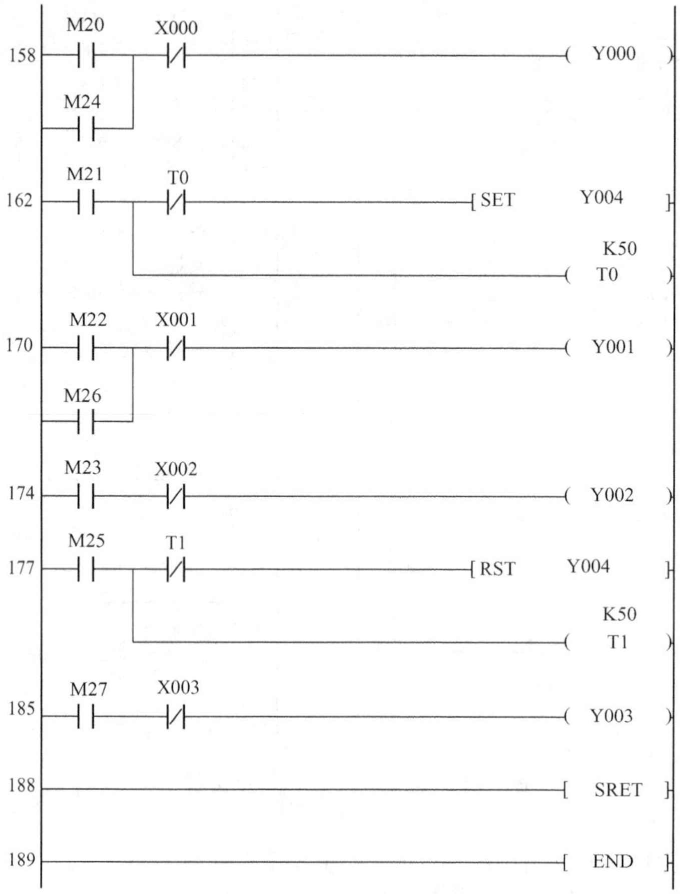

图 9-25　输出电路

按照梯形图，系统在自动运行状态时，初始状态 M0、原点标志位 M100 均为 ON，这时按下起动按钮（X16 为 ON）后，M20 立刻为 ON，驱动机械手下降（Y0 = 1）到下限位（X0 = 1）。因为 M20、M102、X0 均导通，步序自动转换到 M21，机械手延时 5s 后完成工件夹紧动作。此时因 M21、M102、T0 均导通，步序自动转换到 M22，机械手上升（Y1 = 1）到上限位（X1 = 1），以下各步的转换都是自动进行的。直到 M27，因为连续工作标志 M101 为 OFF，只能转换到 M0 步后停止，系统完成一个运行周期。

3）连续运行。

当 SA 选择连续运行时，即 X14 为 ON，这时连续工作标志 M101 将在起动（X16 为 ON）后持续为 ON，允许步序转换标志 M102 也保持为 ON（因 X12 为 OFF）。

起动按钮按下（X16 为 ON）后，第一个周期各步的运行和转换与单周期运行方式相同，只是在最后一步 M27 时，因为连续工作标志 M101 为 ON，系统将直接转换到 M20 步，继续下一个周期的运行。直到按下停止按钮（X17 = 1）后，系统执行完一个完整周期的操作后停回原点。

4）输出电路。

图 9-25 为自动控制程序的输出电路，通过各步序对应的辅助继电器 M20 ~ M27 驱动输出继电器 Y0 ~ Y4，实现机械手的控制功能。通过采用辅助继电器来统一驱动输出继电器，

可有效避免双线圈的出现，使程序结构更为清晰、更易阅读。

该机械手在改用 PLC 控制以前，采用传统的继电器控制，其控制电路复杂，继电器多；采用本程序控制之后，控制电路简化，省去了全部继电器，安装十分方便，并且保证了系统运行的可靠性，减少了维修量，提高了工效。

5. 采用步进梯形图指令进行程序编制

(1) 状态初始化指令的使用

三菱 FX 系列 PLC 设有一条方便指令——状态初始化指令 IST，专门用于对具有多种工作方式的控制系统的初始状态、控制方式及涉及的状态和辅助继电器进行自动设置。该指令和步进梯形图指令 STL 配合，可以大大简化复杂的顺序控制系统的程序编写工作。

状态初始化指令 IST 的格式如图 9-26 所示。

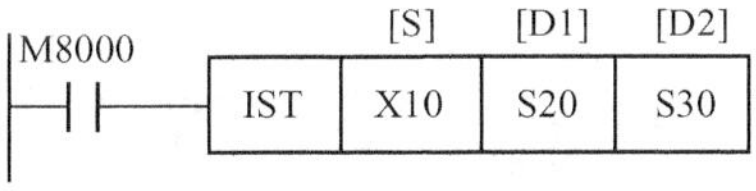

图 9-26　IST 指令格式

指令中源操作数［S］可以取 X、Y、M，用于指定与工作模式相关的输入元件的首地址，需要占用首地址开始的连续 8 个继电器。如首地址为输入继电器 X10，则占用 X10 ~ X17，并且对各个输入继电器功能进行了具体的定义见表 9-7。

表 9-7　输入继电器功能定义

X10	X11	X12	X13	X14	X15	X16	X17
手动方式	回原点方式	单步方式	单周期方式	连续方式	回原点起动	自动起动	停止

使用时注意，5 种工作方式对应的输入继电器 X10 ~ X14 只能有一个接通，因此应该选用选择开关。

指令中目标操作数［D1］、［D2］只能取状态继电器 S，范围为 S20 ~ S899，［D1］、［D2］分别表示自动控制模式下所使用的最小、最大继电器号。

如图 9-26 所示，当 PLC 运行，M8000 导通，IST 指令执行，初始状态继电器 S0、S1、S2 被自动指定功能。S0 为手动操作的初始状态，S1 为回原点操作的初始状态，S2 是自动操作（包括单步、单周期、连续方式）的初始状态。其中状态继电器 S10 ~ S19 只能回原点时使用。

同时，IST 指令在执行后，还使用了 8 个特殊辅助继电器，其具体功能见表 9-8。

表 9-8　特殊辅助继电器功能

M8040	=1，禁止状态转移	M8044	=1，确定原点位置条件满足
M8041	=1，允许状态转移	M8045	=1，输出 Y 不复位；=0，复位
M8042	起动脉冲，导通一个扫描周期	M8046	=1，S0 ~ S899 有状态为 ON
M8043	=1，表示回原点操作完成	M8047	=1，STL 监控有效

(2) 程序编制

采用步进梯形图指令编写的程序可分为 4 部分，分别为初始化程序、手动程序、回原点程序、自动程序，下面分别予以介绍。

1）初始化程序。

初始化程序主要用于设置原点条件和启动 IST 指令。如图 9-27 所示，当机械手位于原点（X1 =1，X3 =1，Y4 =0）时，原点条件满足 M8044 为 ON，作为自动运行操作的起始条件。同时，通过 M8000，执行 IST 指令，自动完成相关状态和辅助继电器的功能指定。

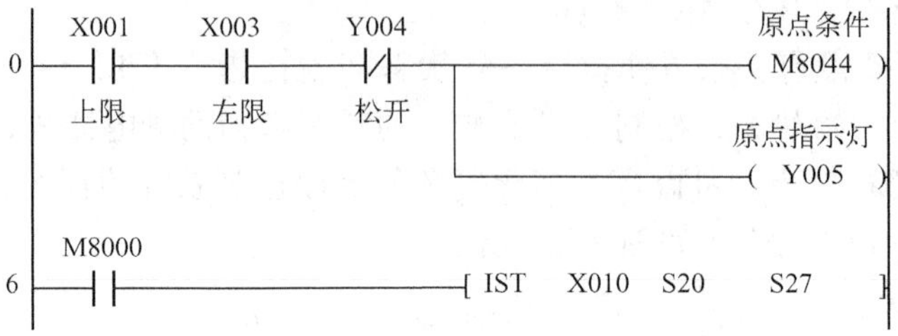

图 9-27　初始化程序梯形图

2）手动程序。

当选择开关 SA 置手动挡时，X10 接通，手动操作初始状态继电器 S0 置为活动步。此时可通过手动操作按钮 X20 ~ X25，控制机械手上下、左右移动和夹紧、放松工件。程序如图 9-28 所示。

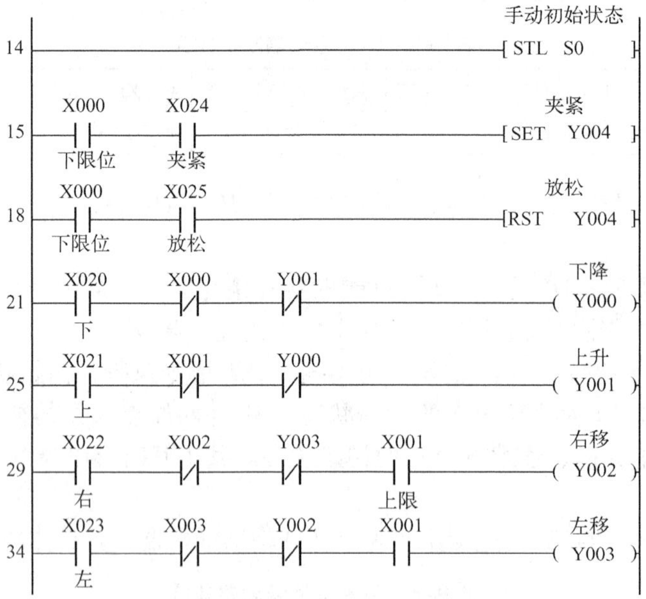

图 9-28　手动程序梯形图

3）回原点程序。

当选择开关 SA 置回原点挡时，则 X11 接通，回原点初始状态继电器 S1 为活动步。此时按下回原点起动按钮，X15 接通，程序将自动调整机械手完成回原点操作。当操作完成时，M8043（回原点完成）置 1，M8044（原点条件满足）置 1。回原点操作的顺序功能图如图 9-29 所示，梯形图如图 9-30 所示。

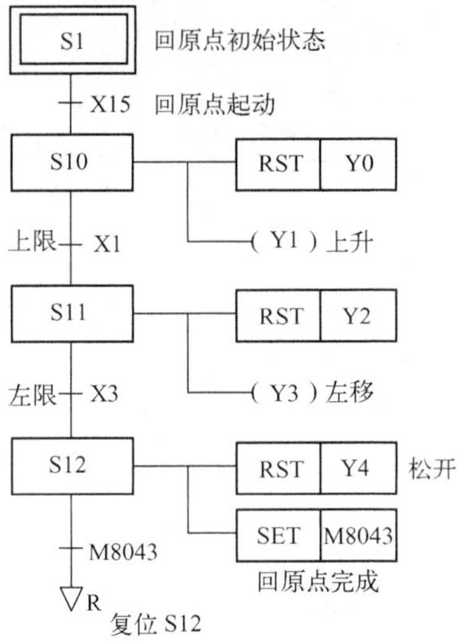

图 9-29 回原点操作顺序功能图

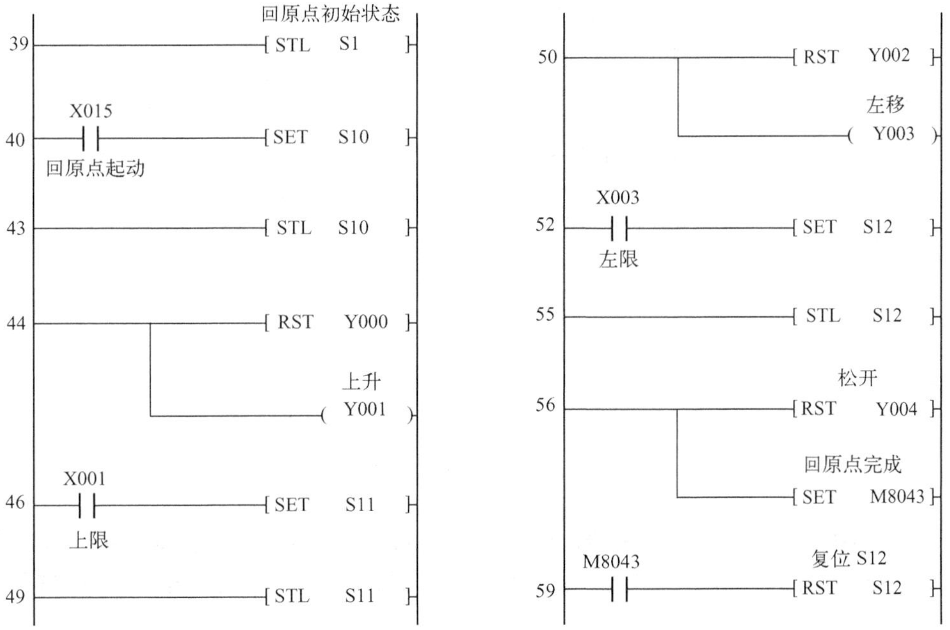

图 9-30 回原点操作梯形图

4）自动程序。

当回原点操作完成后，M8043 置 1，且原点条件满足，即 M8044 置 1。此时如果选择开关 SA 置单步、单周期、连续运行中某一挡位，即 X12 或 X13 或 X14 接通，则自动运行状态继电器 S2 将置为活动步。

自动运行程序的顺序功能图如图 9-31 所示，梯形图如图 9-32 所示。

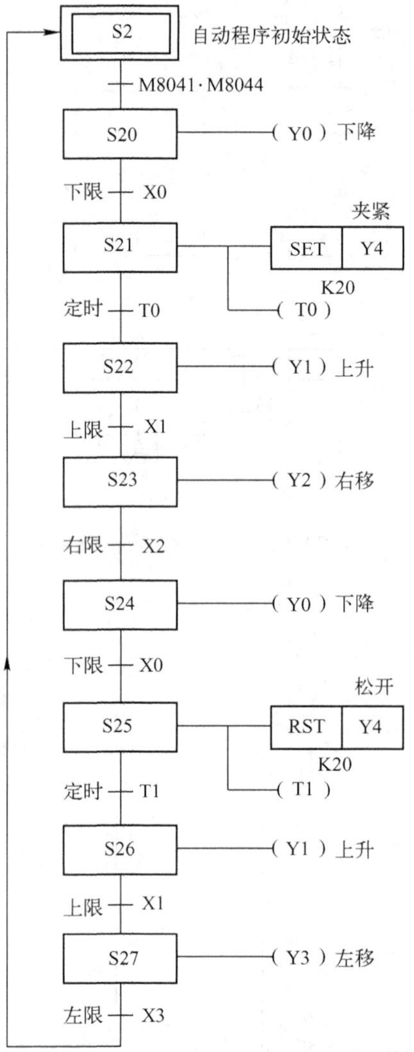

图 9-31　自动运行程序的顺序功能图

自动程序中工作方式的切换是通过 IST 指令驱动特殊辅助继电器 M8040 ~ M8042 实现的，此时按下自动运行起动按钮，程序会按照设置的工作方式，完成对机械手的相关控制。

需注意的是，当选择单步运行时，因为 M8040 为 1，禁止状态转换，这时各状态继电器将保持，对应的输出继电器也会保持输出，机械手会持续动作，所以应对相应的输出继电器进行关闭处理，如梯形图中，上下、左右移动输出继电器支路中均需要串接相应的限位开关的常闭触点。

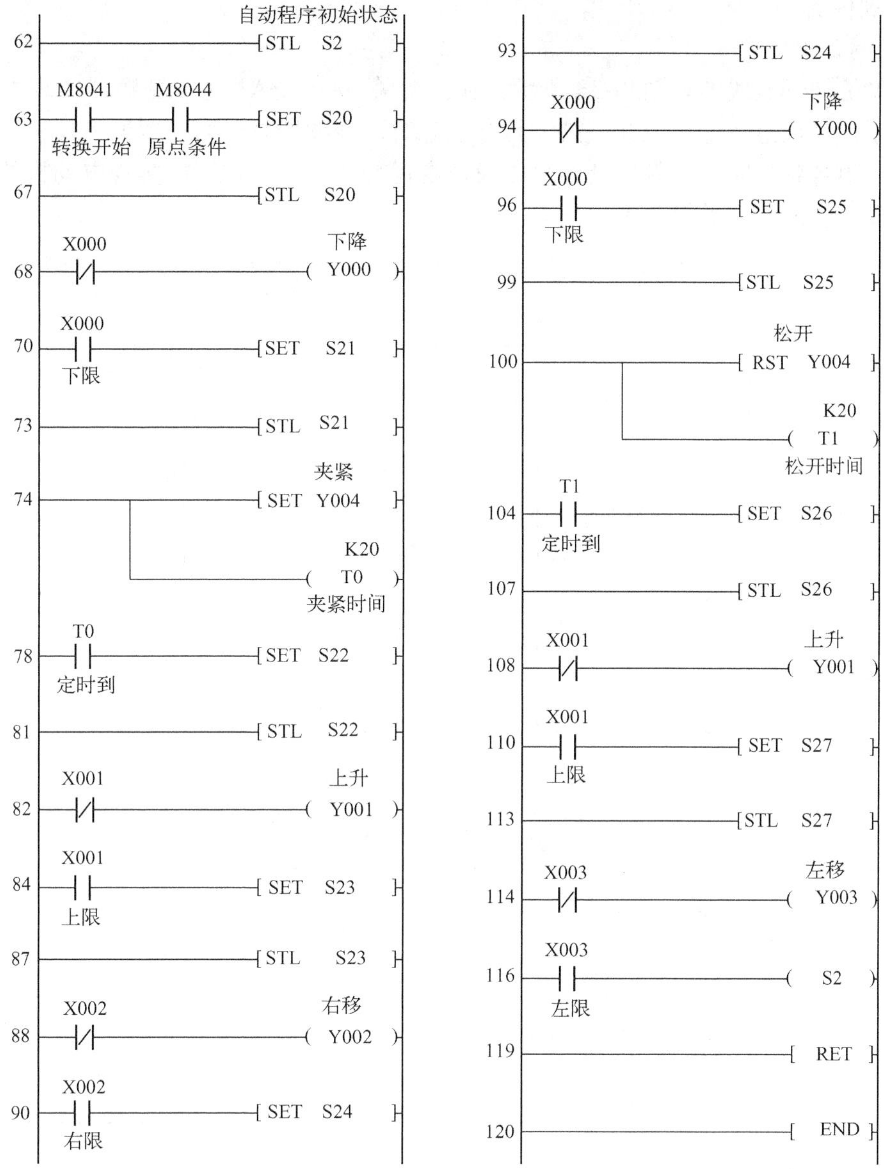

图 9-32　自动运行程序梯形图

9.5　实验项目

9.5.1　电动机多段转速控制的实现

1. 实训目的

1）用 PLC + 变频器实现电动机的多段转速控制。

2）学会 PLC 与变频器的接线方法。

3）通过实训，提高分析问题和解决问题的能力。

2. 实训内容

1）控制要求。

控制系统外部接线图如图9-33所示，输入开关SA1～SA4通过变频器实现电动机的四段转速控制。当任意一个输入开关处于闭合状态时，变频器处于第一段速度运行；当任意两个开关处于闭合状态时，变频器处于第二段速度运行；依次类推可以实现电动机的四段速度运行。四段速度的设定见表9-9。

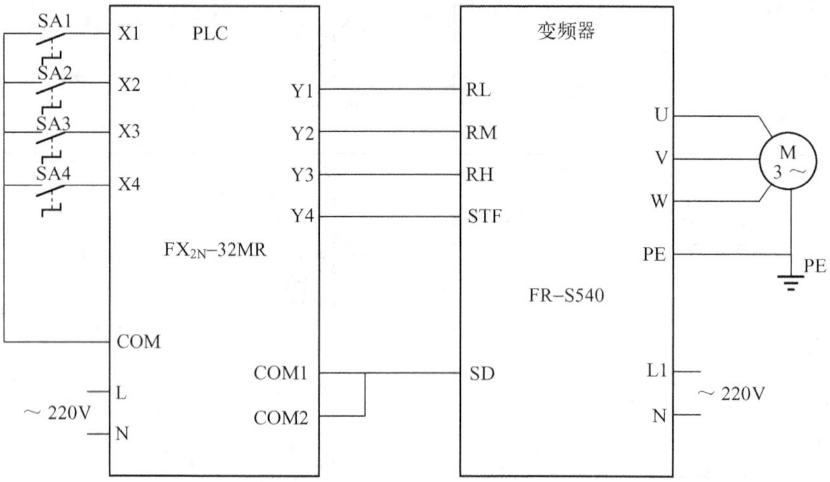

图9-33　控制系统外部接线图

表9-9　多段速度设定

速　度	端子输入					设定频率/Hz
	STR	STF	RH	RM	RL	
1速	0	1	0	0	1	15
2速	0	1	0	1	0	30
3速	0	1	1	0	0	45
4速	0	1	0	1	1	50

2）编写实现控制要求的梯形图。

3）调试程序并运行控制系统。

3. 实训报告要求

1）写出调试好的实现电动机多段速度控制的梯形图。

2）写出调试中观察到的现象及调试步骤。

3）运行控制系统，观察运行结果。

9.5.2　利用MCGS组态软件实现对交通信号灯控制系统的监控

1. 实训目的

1）用PLC实现交通信号灯控制系统。

2）学会利用组态软件MCGS监控PLC实现对交通信号灯的控制。

2. 实训内容

（1）控制要求

1）假设东西方向交通比南北方向繁忙一倍，因此东西方向的绿灯通行的时间多一倍。

2）控制时序要求如图 9-34 所示。

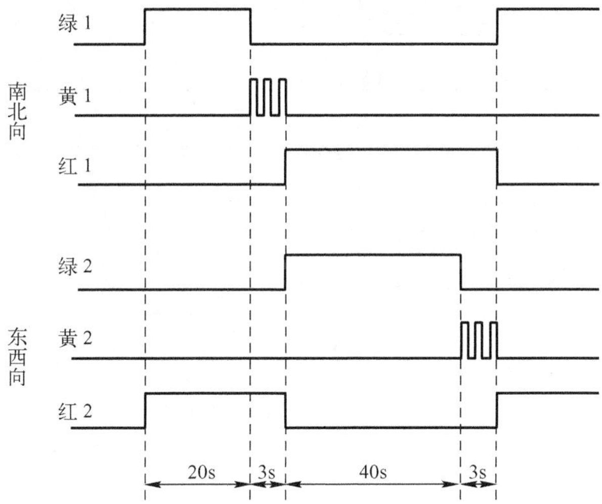

图 9-34　交通灯时序图

3）按下“启动”按钮开始工作，按下“停止”按钮停止工作，“白天/黑夜”开关按下时为黑夜工作状态，这时只有黄灯闪烁，弹起时按白天的时序控制图工作。

（2）PLC I/O 地址

交通灯控制系统的 PLC I/O 地址分配见表 9-10。

表 9-10　PLC 的 I/O 地址分配表

PLC 的 I/O 地址	连接的外部设备	在控制系统中的作用
X0	蓝色按钮	系统启动
X1	红色按钮	系统停止
X2	切换开关	白天/黑夜状态转换
Y0	南北灯 G	南北方向通行状态指示
Y1	南北灯 Y	
Y2	南北灯 R	
Y10	东西灯 G	东西方向通行状态指示
Y11	东西灯 Y	
Y12	东西灯 R	

（3）监控画面

监控画面要求模拟东西方向和南北方向红绿灯工作状态，且能在监控画面上实现系统起动、停止、白天/黑夜切换的功能。监控画面如图 9-35 所示。

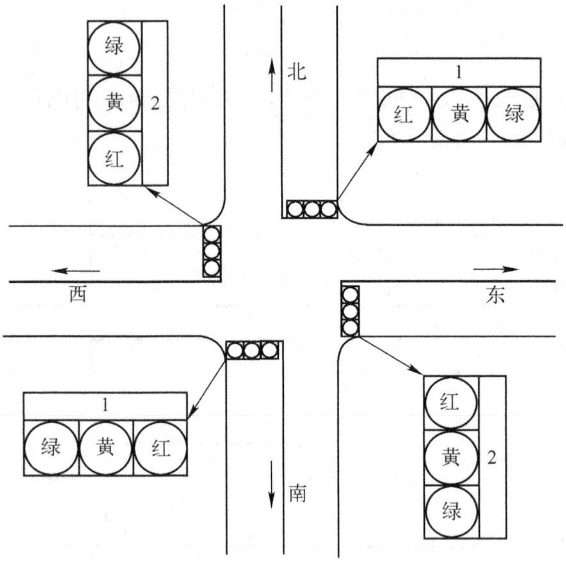

图 9-35　监控画面

3. 实训报告要求

1）制作监控画面，编写实现程序。

2）写出调试好的交通灯控制梯形图。

3）写出调试中观察到的现象及调试步骤。

习题

9.1　PLC 控制系统的硬件和软件的设计原则是什么？

9.2　简述 PLC 控制系统设计的基本内容。

9.3　设计一个自动门控制系统，控制要求如下：人靠近自动门时，感应器 X0 为 ON，Y0 驱动电动机高速开门，碰到开门减速开关 X1 时，变为低速开门。碰到开门极限开关 X2 时，电动机停转，开始延时。若在 0.5 s 内感应器检测到无人，Y2 起动电动机高速关门。碰到关门减速开关 X4 时，改为低速关门，碰到关门极限开关 X5 时电动机停转。在关门期间若感应器检测到有人，停止关门，T1 延时 0.5 s 后自动转换为高速开门。

9.4　设计一个用 PLC 控制变频与工频切换的控制系统，控制要求如下：若将选择开关 SA1 旋至“工频运行”位置，则按下起动按钮 SB1，电动机在工频电压下起动并运行；按下停止按钮 SB2，电动机停止运行。若将选择开关 SA1 旋至“变频运行”位置，则按下起动按钮 SB1，电动机运行状态将从工频切换至变频并运行。

9.5　设计采用 PLC 控制步进电动机的程序，系统设有起动按钮和停止按钮，按下起动按钮，步进电动机按照程序设定的速度运行，按下停止按钮步进电动机停止运行。

第 10 章　S7 - 200 PLC 的基础及应用

10.1　S7 - 200 PLC 的硬件

10.1.1　S7 - 200 系列 PLC 的硬件结构

S7 - 200 系列 PLC 是德国西门子（SIEMENS）公司生产的小型 PLC，属于西门子 S7 - 200/300/400 PLC 家族中功能最精简、I/O 点数最少、扩展性能最低的产品。其结构紧凑，功能强大，使用范围可覆盖从替代继电器的简单控制到更复杂的自动化控制，主要运用于与自动检测、自动化控制有关的工业及民用领域，包括各种机床、机械、电力设施、民用设施、环保设备等。

1. 基本单元

S7 - 200 系列 PLC 包括 CPU221、CPU222、CPU224、CPU224XP 和 CPU226 共 5 种型号的基本单元，其主要技术指标见表 10-1，外形如图 10-1 所示。

表 10-1　S7 - 200 CPU 主要技术指标

特　　性	CPU221	CPU222	CPU224	CPU224XP	CPU226
数据存储器	2048	2048	8192	10240	10240
本机数字量 I/O	6 入/4 出	8 入/6 出	14 入/10 出	14 入/10 出	24 入/16 出
本机模拟量 I/O	—	—	—	2 入/1 出	—
扩展模块数量	—	2	7	7	7
高速计数器个数	4	4	6	6	6
单相高速计数器个数	4 路 30 kHz	4 路 30 kHz	6 路 30 kHz	4 路 30 kHz 或 2 路 200 kHz	4 路 30 kHz
双相高速计数器个数	2 路 20 kHz	2 路 20 kHz	4 路 20 kHz	3 路 20 kHz 或 1 路 100 kHz	2 路 20 kHz
高速脉冲输出	2 路 20 kHz	2 路 20 kHz	2 路 20 kHz	2 路 100 kHz	2 路 20 kHz
RS - 485 通信口	1 个	1 个	1 个	2 个	2 个
支持的通信协议	PPI/MPI/自由口	PPI/MPI/自由口/PROFIBUS - DP			

CPU221 为整体式固定 I/O 结构，无扩展功能，属于微型控制器。其余 4 种（CPU222、CPU224、CPU224XP 和 CPU226）均为基本单元加扩展的结构，其中 CPU224XP 是 S7 - 200 系列 PLC 的升级产品，它另外集成有 2 路模拟量输入（10 位，± DC10V），1 路模拟量输出（10 位，DC0 ~ 10 V 或 4 ~ 20 mA），有 2 个 RS - 485 通信口，高速脉冲输出频率提高到 100 kHz，2 相高速计数器频率提高到 100 kHz。CPU226 适用于复杂的中小型控制系统，可扩展到 248 点数字量或 35 路模拟量，有 2 个 RS - 485 通信接口。

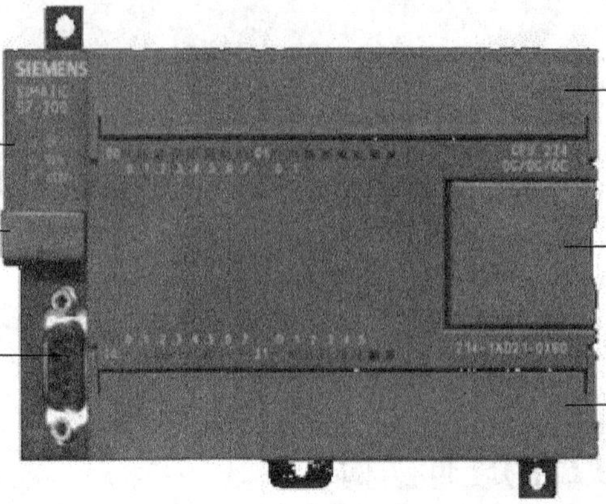

图 10-1　CPU224 DC/DC/DC 外形图

S7－200 PLC 的 CPU 模块均集成有一定数量的输入点，输入点内部带有双向光耦合输入元件，其数字量输入技术指标见表 10-2。

表 10-2　S7－200 PLC 数字量输入技术指标

项　　目	DC24V 输入（除 CPU224XP 之外）	DC24 输入（CPU224XP）
输入类型	漏型/源型（IEC 类型 1）	漏型/源型（IEC 类型 1，I0.3～I0.5 除外）
输入电压额定值	DC24V，典型值为 4 mA	
输入电压浪涌值	35 V/0.5 s	
逻辑 1 信号	≥DC15V/2.5 mA	I0.3～I0.5 为 DC4V/8 mA；其余为 DC15V/2.5 mA
逻辑 0 信号	≤DC5V/1.0 mA	I0.3～I0.5 为 DC1V/1 mA；其余为 DC5V/1 mA
输入延迟	0.2～12.8 ms（可选择）	
连接 2 线式接近开关的允许漏电流	最大 1.0 mA	
光电隔离	AC500V，1 min	
高速计数器输入	逻辑 1 电平 DC15～30 V：单相 20 kHz，两相 10 kHz；逻辑 1 电平为 DC15～26 V：单相 30 kHz，两相 20 kHz	
CPU224XP 的 HSC4 和 HSC5	逻辑 1 电平 > DC4V 时，单相 200 kHz，两相 100 kHz	
电缆长度	非屏蔽 300 m，屏蔽电缆 500 m，HSC 50 m	

S7－200 PLC 的 CPU 模块均集成有一定数量的输出点，当采用 CPU 模块为 DC 电源输入时，输出采用直流晶体管驱动；当采用 CPU 模块为 AC 电源输入时，输出采用继电器接点驱动。输出均带有公共端，但点数不一。输出点内部带有光耦合元件，其 CPU 模块的数字量输出技术指标见表 10-3。

表 10-3　S7－200 PLC 数字量输出技术指标

输 出 类 型	晶体管输出（除 CPU 224XP 之外）	晶体管输出（CPU 224XP）	继电器输出
输出电压额定值	DC24V	DC24V	DC24V 或 AC250V

（续）

输 出 类 型	晶体管输出 （除 CPU 224XP 之外）	晶体管输出 （CPU 224XP）	继电器输出
输出电压允许范围	DC20.4～28.8 V	DC5～28.8 V （Q0.0～Q0.4）	DC5～30 V
		DC20.4～28.8 V （Q0.5～Q1.1）	AC5～250 V
浪涌电流	最大 8 A，100 ms		5 A，4 s，占空比为 0.1
逻辑 1 信号	≥DC20V/0.75 A		—
逻辑 0 信号	≤DC0.1V/10 kΩ 负载		—
逻辑 1 最大输出电流	≤0.75 A/点；公共端≤6 A	≤0.75 A/点；公共端≤3.75 A	≤2 A/点；公共端≤10 A
逻辑 0 最大漏电流	10 μA	10 μA	—
灯负载	5 W	5 W	DC30W/AC200W
接通状态电阻	0.3 Ω，最大 0.6 Ω	0.3 Ω，最大 0.6 Ω	新的时最大 0.2 Ω
输出响应时间（接通）	Q0.0 和 Q0.1 为 2 μs，其他为 15 μs	Q0.0 和 Q0.1 为 0.5 μs，其他为 15 μs	≈10 ms
输出响应时间（断开）	Q0.0 和 Q0.1 为 10 μs，其他为 130 μs	Q0.0 和 Q0.1 为 1.5 μs，其他为 130 μs	≈10 ms
最高脉冲频率	20 kHz（Q0.0 和 Q0.1）	100 kHz（Q0.0 和 Q0.1）	1 Hz
触点机械寿命	—	—	10000000 次，无负载
额定负载时触点寿命	—	—	100000 次，额定负载
电缆长度	非屏蔽 300 m，屏蔽电缆 500 m，HSC 50m		

2. 扩展单元

（1）数字量 I/O 扩展单元

S7－200 系列 PLC 提供了多种数字量 I/O 扩展单元，包括 EM221、EM222、EM223 扩展单元，可提供 8 点、16 点或 32 点数字量 I/O 点，来满足不同的控制需要。除 CPU221 外，其他 CPU 模块均可以配接多个扩展模块，连接时 CPU 模块放在最左侧，扩展模块用扁平电缆与左侧的模块相连。具体数字量输入/输出模块见表 10-4，外形结构如图 10-2 所示。

图 10-2　EM222 8 点继电器输出外形图

表 10-4　数字量扩展模块

型　　号	各组输入点数	各组输出点数
EM221 8 点，DC24V 输入	4，4	—
EM221 8 点，AC230V 输入	8 点相互独立	—
EM221 16 点，DC24V 输入	4，4，4，4	—
EM222 4 点，DC24V/5A 输出	—	4 点相互独立
EM222 4 点，10A 继电器输出	—	4 点相互独立
EM222 8 点，DC24V 输出	—	4，4

（续）

型　　号	各组输入点数	各组输出点数
EM222 8 点，继电器输出	—	4，4
EM222 8 点，AC230V 输出	—	8 点相互独立
EM223 4 输入/4 输出，DC24V	4	4
EM223 DC24V 4 输入/继电器 4 输出	4	4
EM223 DC24V 8 输入/继电器 8 输出	4，4	4，4
EM223 8 输入/8 输出，DC24V	4，4	4，4
EM223 16 输入/16 输出，DC24V	8，8	4，4，8
EM223 DC24V 16 输入/继电器 16 输出	8，8	4，4，4，4

（2）模拟量扩展单元

S7－200 PLC 有 3 种模拟量扩展模块，见表 10－5，转换位数都为 12 位。外形结构如图 10－3 所示。

表 10－5　模拟量扩展模块

模　　块	EM231	EM232	EM235
点数	4 路模拟量输入	2 路模拟量输出	4 路模拟量输入，1 路模拟量输出

（3）热电偶/热电阻模块

EM231 热电偶/热电阻模块是最常用的模块之一，具有冷端补偿电路。EM231 热电偶输出的电压范围为 ±80mV，模块输出 15 位加符号位的二进制数。EM231 热电偶可以用于 J、K、E、N、S、T 和 R 型热电偶，用模块下方的 DIP 开关来选择热电偶的类型。EM231 热电阻的接线方式有 2 线、3 线和 4 线 3 种，4 线方式的精度最高，2 线方式受接线误差的影响精度最低。EM231 热电阻模块可以通过 DIP 开关来选择热电阻的类型、接线方式、测量单位和开路故障的方向。

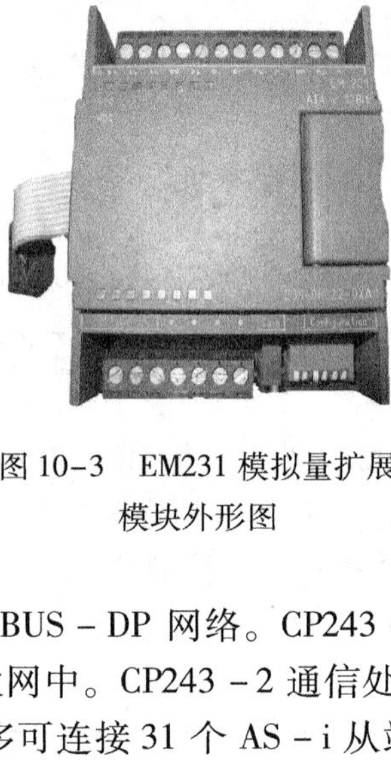

图 10－3　EM231 模拟量扩展模块外形图

（4）通信扩展模块

EM277 PROFIBUS－DP 模块是常用的通信扩展模块，通过 EM277 PROFIBUS－DP 扩展模块可将 S7－200CPU 连接到 PROFIBUS－DP 网络。CP243－1 是工业以太网通信处理器，用于将 S7－200 系统连接到工业以太网中。CP243－2 通信处理器是 AS－i 主站连接部件，专门用于 S7－200（CPU 22×），最多可连接 31 个 AS－i 从站，连接的同时显著增加了 S7－200 PLC 可利用的 I/O 点数。

3. 相关设备

S7－200 系列 PLC 提供了文本显示器 TD－200 和 TD－200C，它们可以显示两行，每行 20 个字符，每两个字符的位置可以显示 1 个汉字，通过它们可以查看、监控和改变应用程序的过程变量。S7－200 系列 PLC 还提供了 TP070 和 TP170 触摸屏，它们用专用的组态软件 PROTOOL 来生成画面，由用户自定义操作接口，例如图形、滚动条、按钮、指示灯、输入框等。

10.1.2 S7 -200 PLC 的外部接线

1. 端子排

如图 10-4 所示，以 CPU224 DC/DC/DC 型号的 PLC 为例。L+、M 端是电源的输入端，使用 24V 直流电源，L+端接直流电源正极，M 端接直流电源负极。机内自带直流 24V 内部电源，为输入器件和扩展单元供电（图中的 DC24V 传感器电源输出）。

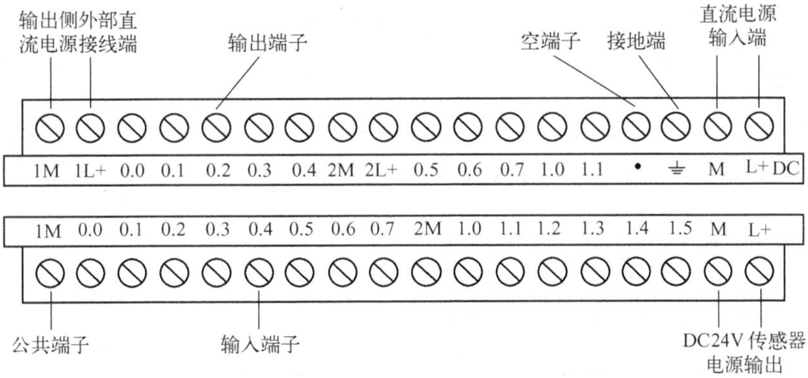

图 10-4 CPU224 DC/DC/DC 的接线端子

图 10-4 下侧的 0.0 ~0.7 和 1.0 ~1.5 为输入端子，1M 为输入端子 0.0 ~0.7 的公共端子，2M 为输入端子 1.0 ~1.5 的公共端子。图 10-4 上侧的 0.0 ~0.7 和 1.0 ~1.1 为输出端子，1M 和 1L+为 0.0 ~0.4 输出端子提供 DC24V 电源的端子，2M 和 2L+为 0.5 ~0.7 和 1.0 ~1.1 输出端子提供 DC24V 电源的端子。

2. 漏型输入和源型输入

三菱 FX_{2N} PLC 和西门子 S7 -200 PLC 的关于漏型输入和源型输入电路的划分正好相反。对于 S7 -200 PLC 来说，漏型输入是指电流是从 PLC 的输入端流进，而从公共端流出；源型输入是指电流从 PLC 公共端流进，而从输入端流出。S7 -200 PLC 的 DC 输入端子在接线时可以按漏型输入连接，也可以按源型输入连接，连接图如图 10-5 和图 10-6 所示。

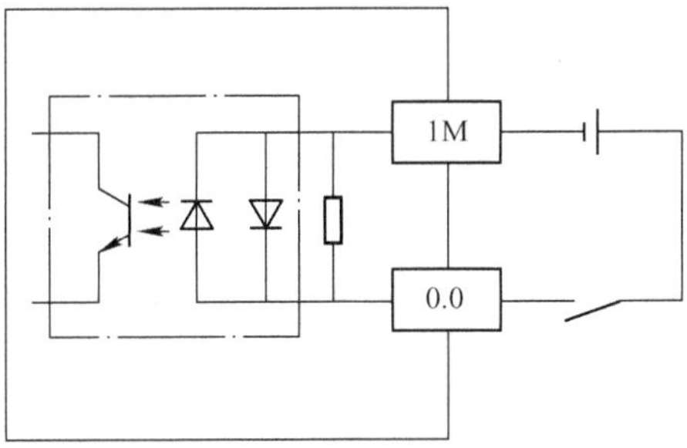

图 10-5 漏型输入

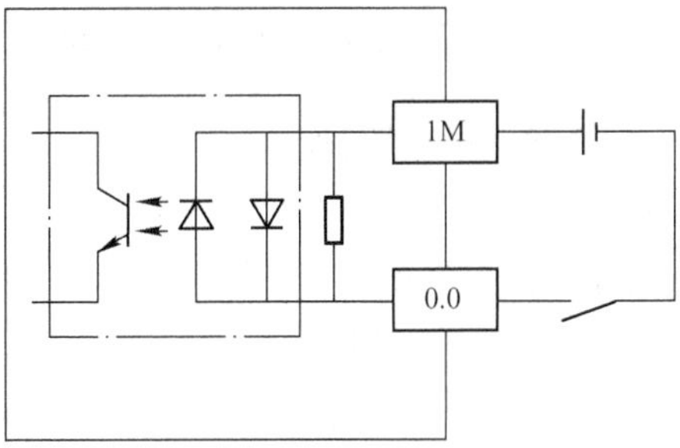

图 10-6 源型输入

3. 漏型输出和源型输出

S7 -200 PLC 和 FX_{2N} PLC 的漏型输出和源型输出的定义相同，对于 S7 -200 PLC 来说一般采用源型输出、集电极开路输出，如图 10-7 所示。

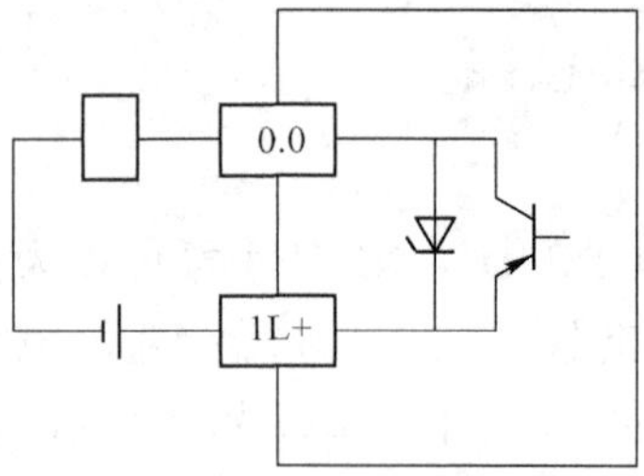

图 10-7　源型集电极开路输出

4. 外部接线实例

以 CPU224 DC/DC/DC 型 PLC 为例，如图 10-8 所示，在 PLC 的输入端接入一个按钮 SB1、一个限位开关 SQ1，还有一个接近开关 SP1，输出为一个电磁阀 YV1。

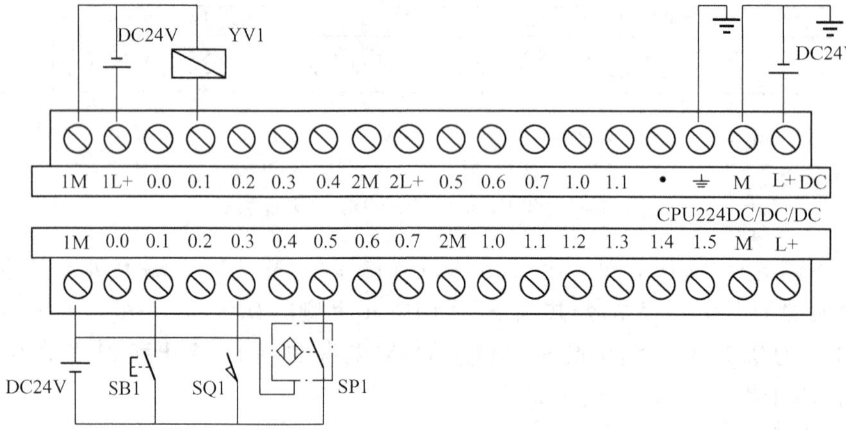

图 10-8　CPU224 DC/DC/DC 外部接线图

10.2　S7－200 PLC 的编程资源及常用指令

10.2.1　S7－200 PLC 的编程资源

1. S7－200 的编程元件

（1）输入继电器（I）

输入继电器存取的地址范围是 I0.0～I15.7。

（2）输出继电器（Q）

输出继电器存取的地址范围是 Q0.0～Q15.7。

（3）辅助继电器

1）通用辅助继电器（M）。辅助继电器存取的地址范围是 M0.0～M31.7。

2）特殊辅助继电器（SM）。特殊辅助继电器，又称为特殊标志位存储器。对于不同的 CPU，特殊标志位存储器的地址范围有所不同，对于 CPU224 的地址范围为 SM0.0～SM179.7，可按位、字节、字和双字来存取。每一个特殊标志位存储器都有特定的功能，常用特殊辅助继电器元件见表10-6。

表10-6　S7-200系列PLC的常用特殊辅助继电器元件

编　　号	功能描述
SM0.0	RUN状态监控；PLC为RUN运行状态时该位始终为ON
SM0.1	首次扫描时为1；PLC由STOP转为RUN状态时，该位接通一个扫描周期，用于程序的初始化
SM0.4	1 min时钟脉冲；该位输出一个占空比为50%的分时钟脉冲
SM0.5	1 s时钟脉冲；该位输出一个占空比为50%的秒时钟脉冲
SM1.0	零标志位；运算结果为0时，该位置1
SM1.1	溢出标志位；运算结果溢出或查出非法数值时，该位置1
SM1.2	负数标志位；数学运算结果为负时，该位为1

（4）顺序控制继电器（S）

顺序控制继电器存取的地址范围是S0.0～S31.7。

（5）定时器（T）

CPU222、CPU224及CPU226的定时器地址范围是T0～T255，用定时器地址（T和定时器号，如T0）来存取当前值和表示定时器位。

（6）计数器（C）

计数器的地址范围是C0～C255，用计数器地址（C和计数器号，如C0）来存取当前值和表示计数器位。

（7）高速计数器（HC）

高速计数器的地址范围根据CPU的型号有所不同，CPU221、CPU222各有4个高速计数器，分别是HC0～HC3，CPU224、CPU226各有6个高速计数器，分别是HC0～HC5。

（8）数据存储器

1）变量存储器（V）。

变量存储器主要用于存储变量。它可以存放程序执行过程中的中间变量，也可以保存与工序或任务相关的变量。在进行数据处理时，变量存储器会被经常使用。

变量存储器存取的地址范围根据CPU的型号有所不同，CPU221、CPU222为V0.0～V2047.7，CPU224、CPU226为V0.0～V5119.7。

2）局部变量存储器（L）。

局部变量存储器和变量存储器相类似，也是用来存储变量。区别在于局部变量存储器主要用来存放局部变量，而变量存储器存放的是全局变量。S7-200系列PLC有64个字节的局部存储器，PLC运行时，根据需要动态分配局部变量存储器，其中60B可以作为暂时存储器，或给子程序传递参数，另外4B作为系统的保留字节。

局部变量存储器存取的地址范围是L0.0～L63.7。

3）累加器（AC）。

累加器是用来暂存数据的寄存器，它可以用来存放运算数据、中间数据和结果，也可以用来向子程序传递参数或从子程序返回参数。

S7-200系列PLC提供了4个32位的累加器，地址范围是AC0～AC3。

2. S7-200 系列 PLC 的寻址方式

（1）直接寻址

1）位寻址格式。

对于 I、Q、M、SM、S、V、L 这些存储器，按位寻址的格式为 Ax. y。其中，A 为存储器区域名称，x 为字节地址，y 为字节内的位地址，例如 I1. 5。

对于 T 和 C，按位寻址格式为 Ax，例如 T0、C0。

2）字节、字和双字寻址格式。

对于 I、Q、M、SM、S、V、L 这些存储器，可以按字节、字、双字寻址，格式为 ATx。其中，A 为存储器区域名称，T 的取值可以是 B（字节）、W（字）、D（双字），x 为字节地址。例如，VB50 表示以字节的方式存取，VW50 表示存取 VB50、VB51 组成的字（VB50 为高 8 位字节），VD50 表示存取 VB50 ~ VB53 组成的双字（VB50 为最高 8 位字节）。

（2）间接寻址

S7-200 系列 PLC 的间接寻址方式是指数据存放在存储器或寄存器中，在指令中只出现所需数据所在单元的内存地址的地址。存储单元的地址的地址又称为地址指针。间接寻址一般在处理内存连续地址中的数据时使用。

S7-200 系列 PLC 可以对 I、Q、V、M、S、T（仅当前值）、C（仅当前值）间接寻址，但不能对独立的位（bit）或模拟量进行间接寻址。用间接寻址方式存取数据需要做的工作有 3 个，分别是建立指针、用指针存取数据和修改指针。

1）建立指针。使用间接寻址时，首先要创建一个指向该位置的指针。指针为双字（32 位），用于存放另一个存储器的地址，只能用 V、L 或累加器 AC1、AC2 和 AC3 作指针。生成指针时，必须用双字传送指令（MOVD）将数据所在单元的内存地址送入指针，指令的输入操作数开始处加符号“&”，表示某一存储器位置的地址，而不是存储器里的值，指令的输出操作数为指针地址。

例如：MOVD &VB100，AC1。该指令的含义是将 VB100 的地址（32 位）送入累加器 AC1 中。

2）用指针存取数据。用指针来存取数据时，操作数前面加符号“ * ”，表示该操作数为一个指针。

例如：MOVW * AC1，AC0。该指令的含义是将 AC1 中的内容为起始地址的一个字长的数据（即 VB100，VB101）送入 AC0 的低 16 位，如图 10-9 所示。

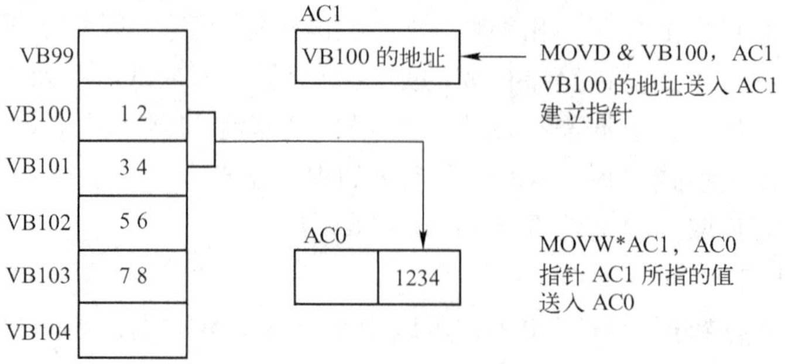

图 10-9　间接寻址方式

3）修改指针。连续存储数据时，通过修改指针很容易存取某一串数据。指针是 32 位的数据，应使用双字指令来修改指针值，如 INCD AC1，将指针加 1。另外修改指针时，要记住访问数据的长度：存取字节时，指针加 1；存取字时，指针加 2；存取双字时，指针加 4。

10.2.2 S7 -200 PLC 的常用指令

1. 常用基本指令

（1）标准触点指令

标准触点指令如图 10-10 所示，在语句表中分别用 LD、A、O 指令表示开始、串联和并联的常开触点；分别用 LDN、AN、ON 来表示开始、串联和并联的常闭触点；用“ = ”表示线圈的输出指令。在梯形图中，触点符号中的“/”表示常闭，标准触点指令中变量的数据类型为 BOOL 型。

（2）逻辑电路块的连接指令

电路块连接指令有 2 个，分别是 OLD、ALD。如图 10-11 所示。

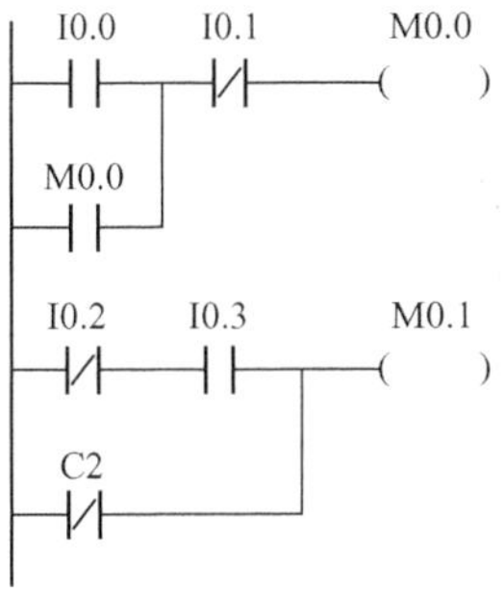


```
LD    I0.0
O     M0.0
AN    I0.1
=     M0.0
LDN   I0.2
AN    I0.3
ON    C2
=     M0.1
```

图 10-10　标准触点指令

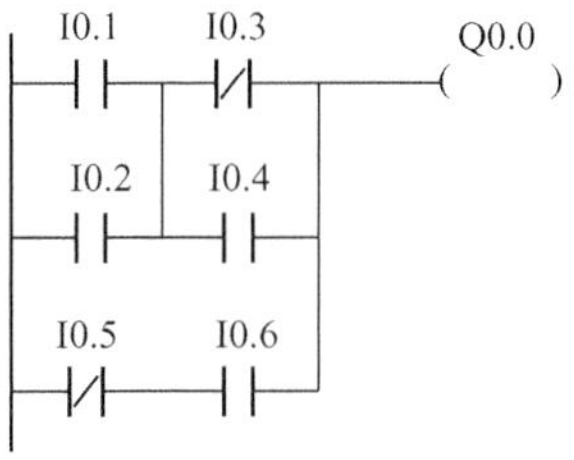


```
LD    I0.1
O     I0.2
LDN   I0.3
O     I0.4
ALD
LDN   I0.5
A     I0.6
OLD
=     Q0.0
```

图 10-11　电路块连接指令

OLD 是指将两个以上触点串联形成的电路块并联起来；ALD 是指将两个以上支路并联形成的电路块串联起来。

（3）堆栈操作指令

S7 -200 PLC 有一个 9 位的堆栈，堆栈按“先进后出，后进先出”的原则存取，即先入的数据放在栈下方，后进的数据放在栈上方，出栈时上方的数据（后进的数据）先出去，下方的数据（先进的数据）后出去。栈顶用来存储逻辑运算的结果，下面的 8 位用来存储中间结果。与堆栈有关的指令有 4 个。

入栈指令（LPS）：复制栈顶的值并将其压入堆栈的下一层，栈中原来的数据依次向下一层推移，原栈底值被推出丢失。

读栈指令（LRD）：将堆栈中第 2 层的数据复制到栈顶，2 ~9 层的数据不变，但原栈顶值丢失。

出栈指令（LPP）：使栈中各层的数据向上移动一层，第 2 层的数据成为堆栈的新的栈顶值，原栈顶值被推出丢失。

装载堆栈（LDS）：LDS n，n =1 ~8。复制堆栈内第 n 层的值到栈顶，栈中原来的数据依次向下移一层，原栈顶值丢失。

这些指令主要用在多重输出电路，如图 10-12 所示。

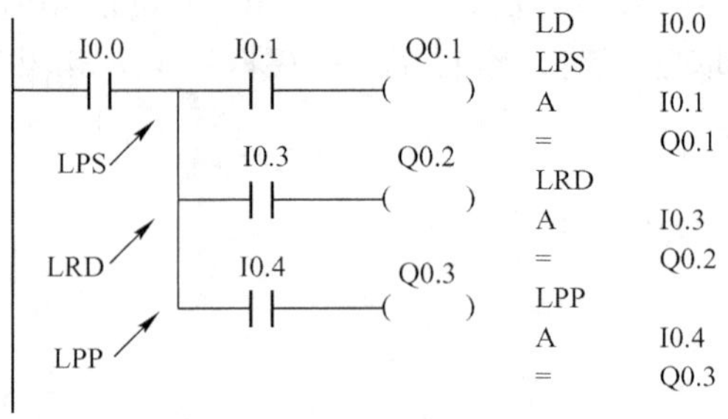

图 10-12　堆栈操作指令

（4）置位、复位指令

置位指令（S）的功能是将位存储区的某一位开始的 N 个（N = 1 ~255）同类存储器位置 1；复位指令（R）的功能是将位存储区的某一位开始的 N 个（N = 1 ~255）同类存储器位置 0。如图 10-13 所示。

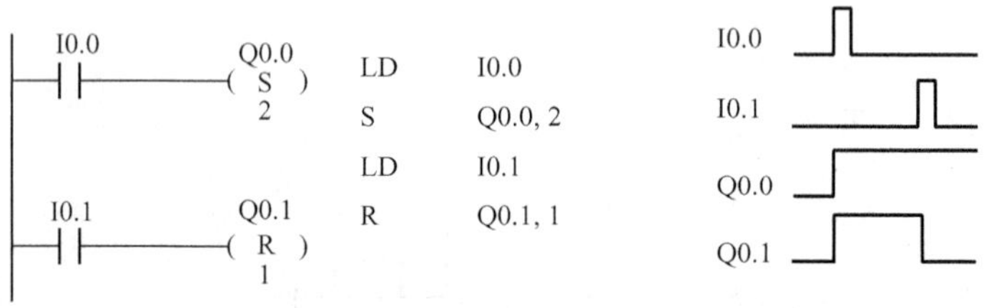

图 10-13　置位、复位指令

（5）立即指令

立即指令的功能是对 I/O 点进行快速的存取，不受 PLC 扫描周期的影响，可以提高 PLC 对外部设备的反应速度。LDI 为立即取指令，LDNI 为立即取反指令，OI 为立即或指令，ONI 为立即或反指令，AI 为立即与指令，ANI 为立即与反指令，=I 为立即输出指令，SI 为立即置位指令，RI 为立即复位指令。如图 10-14 所示。

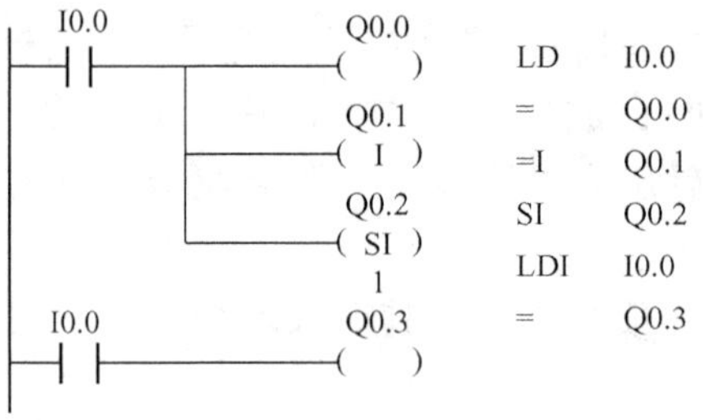

图 10-14　立即指令

（6）边沿脉冲指令

边沿脉冲指令的功能是检测输入信号的上升沿和下降沿，若检测到边沿触发信号，则产生一个扫描周期的脉冲信号。指令格式为：EU，上升沿；ED，下降沿。如图 10-15 所示。

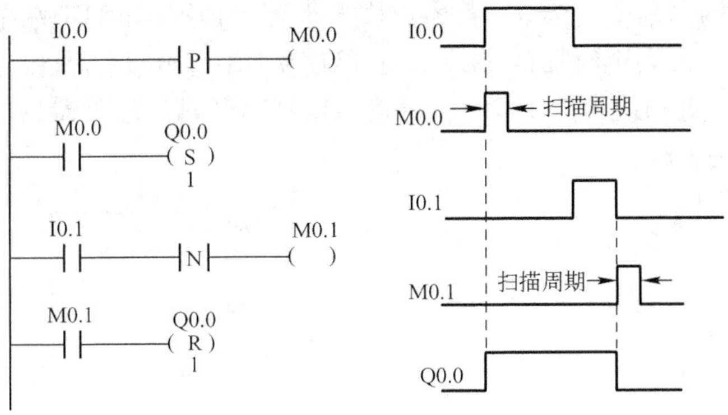


```
LD    I0.0
EU
=     M0.0
LD    M0.0
S     Q0.0, 1
LD    I0.1
ED
=     M0.1
LD    M0.1
R     Q0.0, 1
```

图 10-15　边沿脉冲指令

（7）取反指令

取反指令 NOT 将它左边电路的逻辑运算结果取反。运算结果若为 1 则变为 0；若为 0 则为 1。如图 10-16 所示。

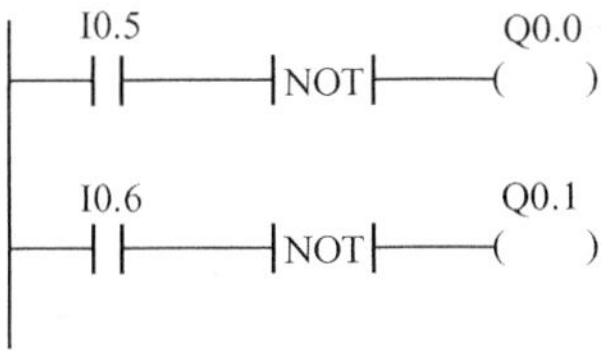


```
LD    I0.5
NOT
=     Q0.0
LD    I0.6
NOT
=     Q0.1
```

图 10-16　取反指令

（8）空指令

空指令 NOP 使该步序空操作，不影响程序的执行。

2. 定时器指令

S7 -200 系列 PLC 的定时器共有 3 种类型：接通延时定时器 TON、断开延时定时器 TOF 和有记忆接通延时定时器 TONR。定时器有 1 ms、10 ms、100 ms 三种分辨率，分辨率取决于定时器号，见表 10-7。其中 TON 与 TOF 共享同一组定时器号，不能重复使用。

表 10-7　S7 -200 系列 PLC 定时器

类　型	分 辨 率	定 时 范 围	定 时 器 号
TONR	1 ms	32. 767 s	T0、T64
	10 ms	327. 67 s	T1 ~ T4、T65 ~ T68
	100 ms	3276. 7 s	T5 ~ T31、T69 ~ T95
TON、TOF	1 ms	32. 767 s	T32、T96
	10 ms	327. 67 s	T33 ~ T36、T97 ~ T100
	100 ms	3276. 7 s	T37 ~ T63、T101 ~ T255

（1）接通延时定时器指令

接通延时定时器 TON 的工作过程如图 10-17 所示，当定时器 T37 的 IN 输入端 I0. 0 变为 ON 时，定时器 T37 开始定时，如果当前值小于预置时间 PT 端指定的设定值 50 而 I0. 0

变为 OFF 时，定时器 T37 的当前值变为 0；若当前值大于等于预置时间 PT 端指定的设定值 50 时（即定时时间达到 5 s），则定时器的常开触点 T37 为 ON，Q0.0 线圈得电。到达设定值后，当前值仍继续计数，直到最大值 32 767。当输入电路断开时，定时器自动复位，当前值被清零，常开触点 T37 为 OFF。

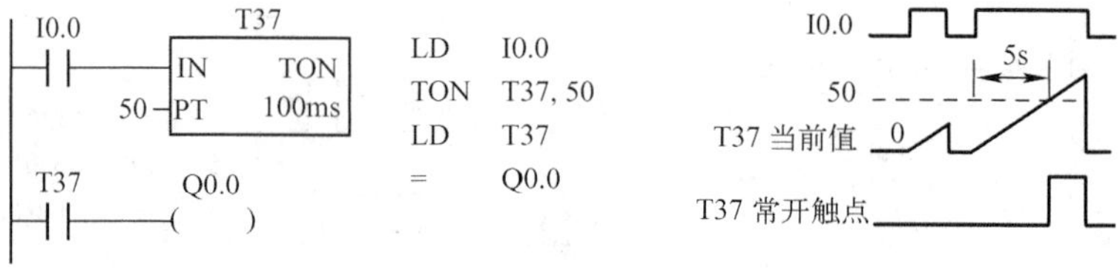

图 10-17　接通延时定时器指令

（2）断开延时定时器指令

断开延时定时器指令 TOF 的工作过程如图 10-18 所示。当定时器 IN 输入端 I0.0 为 ON 时，定时器的常开触点 T39 闭合，当前值被清零；当 I0.0 由 ON 变为 OFF 时，定时器 T39 开始定时，定时时间达到设定值 5 s 时，定时器常开触点 T39 变为 OFF，定时器的当前值保持不变，直到输入电路 I0.0 的状态再次为 ON。

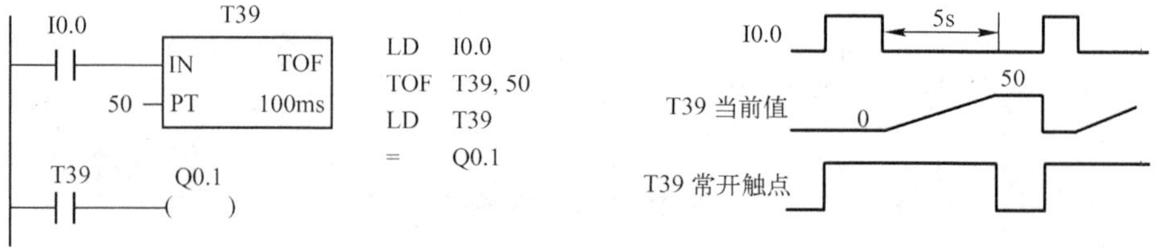

图 10-18　断开延时定时器指令

TOF 与 TON 不能共享相同的定时器号，例如不能在同一段程序中同时对 T37 使用指令 TON 和 TOF，否则会出现逻辑混乱的现象。

（3）保持型接通延时定时器指令

保持型接通延时定时器指令 TONR 的工作过程如图 10-19 所示，其工作原理与接通延时定时器 TON 类似，在输入电路接通时，开始定时。当前值大于等于 PT 端指定的设定值时，定时器的常开触点变为 ON，达到设定值后，仍然继续计数，直到最大值 32 767；不同的是保持型接通延时定时器在输入电路断开时，当前值保持不变。

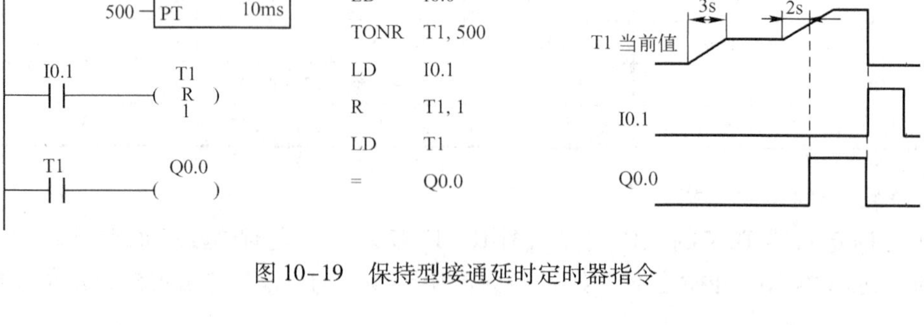

图 10-19　保持型接通延时定时器指令

3. 计数器指令

计数器用来累计输入脉冲的个数。S7－200 系列 PLC 的计数器有 3 种类型：加计数器 CTU、减计数器 CTD、加减计数器 CTUD。计数器的编号范围是 C0～C255，不同类型的计数器不能使用同一计数器号。

（1）加计数器

加计数器的工作过程如图 10-20 所示。当计数器 C0 的复位输入端（R）电路断开时，加计数脉冲输入（CU）I0.3 的上升沿，计数器的当前值加 1，直至计数最大值 32767。当前值大于等于设定值（PV）4 时，计数器的常开触点 C0 变为 ON。当复位输入（R）I0.4 为 ON 或执行复位指令时，计数器被复位，计数器变为 OFF，当前值被清零。

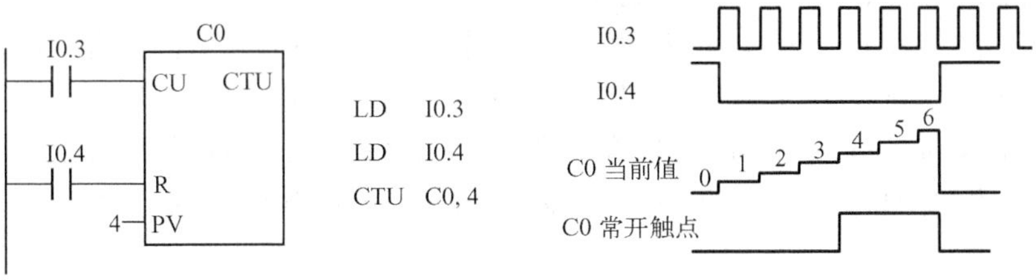

图 10-20　加计数器指令

（2）减计数器

减计数器的工作过程如图 10-21 所示。在减计数器 C1 脉冲输入（CD）I0.3 的上升沿，从设定值开始，计数器 C1 的当前值减 1，当减至 0 时，计数器 C1 的常开触点变为 ON。装载输入（LD）I0.4 为 ON 时，计数器 C1 被复位，并把设定值装入当前值。

（3）加减计数器

加减计数器的工作过程如图 10-22 所示。在加计数器脉冲输入（CU）I2.1 的上升沿，计数器 C2 的当前值加 1，在减计数器脉冲输入（CD）I2.2 上升沿，计数器 C2 的当前值减 1，当计数器 C2 的当前值大于等于设定值（PV）3 时，计数器 C2 的常开触点变为 ON。当复位输入（R）I2.3 为 ON 时，计数器 C2 被复位，当前值被清零。

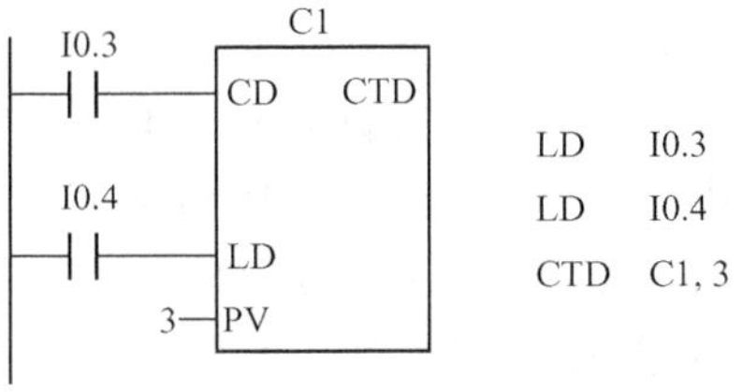

图 10-21　减计数器指令

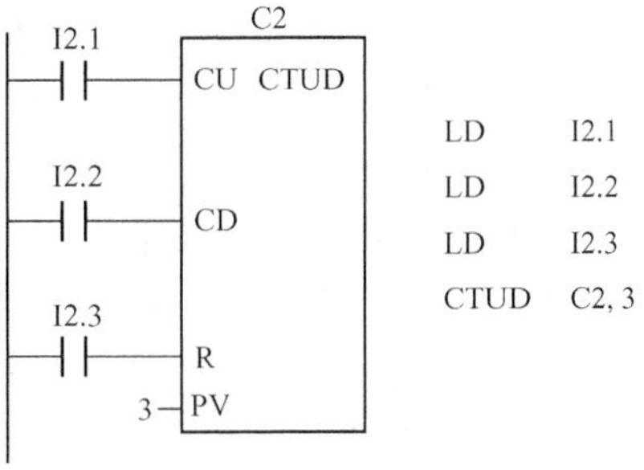

图 10-22　加减计数器指令

4. 常用功能指令

（1）程序控制指令

1）跳转指令。

跳转指令的功能是使程序可以根据条件转到同一程序中的具体标号处，该指令包括两个指令：跳转指令（JMP）和标号指令（LBL）。标号指令是跳转指令的目标标号。如图 10-23 所示，当 I0.0 为 ON 时，程序跳离对 Q0.2 的控制，转而去执行标号下面的程序，Q0.2 保持跳转前的状态，即跳转后 Q0.2 与 I0.1 的状态无关。

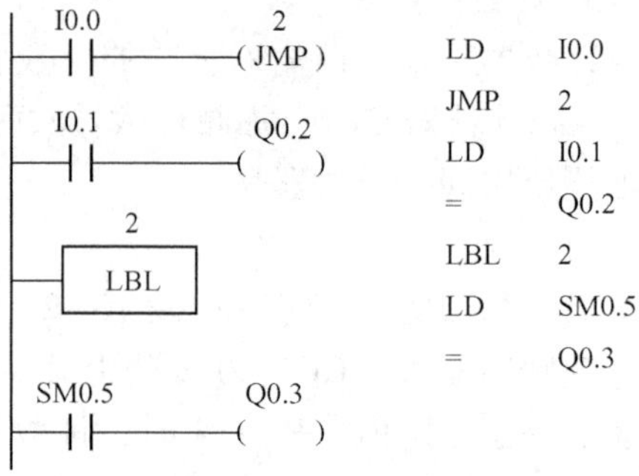

图 10-23 跳转指令

2）子程序指令。

S7-200 PLC 的控制程序由主程序、子程序和中断程序组成。使用子程序可以将程序分成若干个功能的小块，便于程序的查错和维护。

子程序指令包括 3 个指令：建立子程序、子程序调用和子程序返回。建立子程序是通过软件实现的。子程序调用指令的功能是将主程序的执行权转移到子程序 SBR_0 中去。子程序返回分成无条件返回和有条件返回，无条件返回指令是编程软件给子程序自动添加的，当子程序执行结束时，自动返回；有条件返回是指在子程序中用触点控制 RET 指令，触点电路接通时，子程序被终止。

如图 10-24 所示，当 I0.0 闭合时，主程序调用子程序 SBR_0；当 I0.1 闭合时，子程序有条件返回；若 I0.0 断开，则子程序中各个元件状态将保持退出子程序之前的状态。

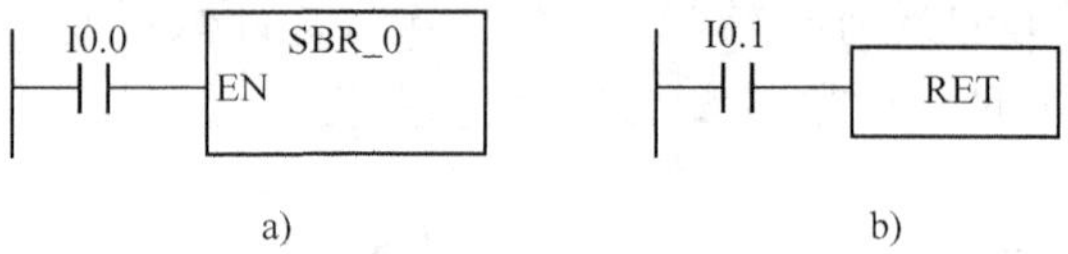

图 10-24 子程序指令

a）子程序的调用 b）子程序的返回

3）中断指令。

中断程序不是由主程序调用，而是在中断事件发生时由操作系统调用。在执行主程序的时候，如果有中断信号进来，则停止执行主程序，转而去执行中断程序，执行完中断程序之后，再返回执行主程序。中断技术主要应用于信号采集、实时处理和通信等方面。

在 S7-200 系列 PLC 中，最多可以有 34 个中断源，每个中断源都分配了一个中断号加以识别。这些中断源大致可以分成 3 种类型：通信中断、输入/输出中断和时基中断。通信中断是指 PLC 的通信工作在自由通信口模式，在这种模式下可以通过程序来控制通信口；输入/输出中断包括外部输入中断、高速计数器中断和脉冲输出中断。时基中断包括定时中断和定时器中断。

在中断系统中，不同中断源产生的中断有不同的顺序，即优先级。在 S7-200 系列 PLC 中，优先级最高的是通信中断，其次是输入/输出中断，最后是时基中断。一旦中断被响应，中断程序将一直被执行到结束为止，就算有更高级别的中断产生也不会终止正在执行的中断程序。具体的中断优先级及中断事件号见表 10-8。

表 10-8　中断事件号及优先级

组级优先	组内类型	中断事件号	中断事件描述	组内优先级
通信中断	通信口 0	8	通信口 0：接收字符	0
		9	通信口 0：发送完成	0
		23	通信口 0：接收信息完成	0
	通信口 1	24	通信口 1：接收信息完成	1
		25	通信口 1：接收字符	1
		26	通信口 1：发送完成	1
输入/输出中断	脉冲输出	19	PTO0 脉冲输出完成中断	0
		20	PTO1 脉冲输出完成中断	1
	外部输入	0	I0.0 上升沿中断	2
		2	I0.1 上升沿中断	3
		4	I0.2 上升沿中断	4
		6	I0.3 上升沿中断	5
		1	I0.0 下升沿中断	6
		3	I0.1 下降沿中断	7
		5	I0.2 下降沿中断	8
		7	I0.3 下降沿中断	9
	高速计数器	12	HSC0 当前值等于预设值中断	10
		27	HSC0 输入方向改变中断	11
		28	HSC0 外部复位中断	12
		13	HSC1 当前值等于预设值中断	13
		14	HSC1 输入方向改变中断	14
		15	HSC1 外部复位中断	15
		16	HSC2 当前值等于预设值中断	16
		17	HSC2 输入方向改变中断	17
		18	HSC2 外部复位中断	18
		32	HSC3 当前值等于预设值中断	19
		29	HSC4 当前值等于预设值中断	20
		30	HSC4 输入方向改变中断	21
		31	HSC4 外部复位中断	22
		33	HSC5 当前值等于预设值中断	23
时基中断	定时	10	定时中断 0	0
		11	定时中断 1	1
	定时器	21	T32 当前值等于预设值中断	2
		22	T96 当前值等于预设值中断	3

中断指令主要有以下几条。

中断允许指令（ENI）：全局性地允许所有被连接的中断事件。

中断禁止指令（DISI）：全局性地禁止处理所有中断事件。

中断程序有条件返回指令（CRETI）：在控制它的逻辑条件满足时，从中断程序返回。编程软件会自动地为各中断程序添加无条件返回。

中断连接指令（ATCH）：用来建立中断事件（EVNT）和处理此事件的中断程序（INT）之间的联系。中断事件由中断事件号指定（见表 10-8），中断程序由中断程序号指定。为某个中断事件指定中断程序后，该中断事件被自动地允许。

中断分离指令（DTCH）：用来断开中断事件（EVNT）和中断程序（INT）之间的联系，从而禁止单个中断事件。

图 10-25 是一个采样模拟输入信号的程序。当 I0.0 为 ON 时，首先给 SMB34 写入定时间隔 100 ms，连接 10 号定时中断执行 10 号中断程序，并允许全局中断。中断程序 10 执行的功能是将 AIW0 中的内容存放在 VW20 中。EN 为使能输入端，ENO 为使能输出端，当 EN 有效时，指令才被执行，当指令执行后 ENO 为 1，“ ->| ”表示一个可使用的能流，既可以使用也可以不用。

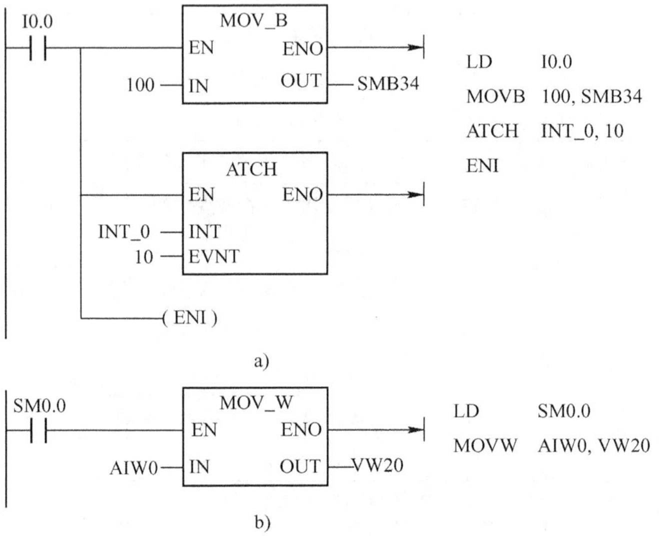

图 10-25　中断指令

a）主程序　b）中断程序

（2）数据处理指令

1）比较指令。

用来比较两个数 IN1 与 IN2 的大小。在梯形图中，满足比较关系式给出的条件时，触点接通。比较关系有等于（=）、大于等于（>=）、小于等于（<=）、大于（>）、小于（<）、不等于（<>）。触点中间的 B、I、D、R、S 分别表示字节比较、整数比较、双整数比较、实数比较和字符串比较。如图 10-26 所示，在整数比较指令中，当 VW0 >= VW2 并且 VW6 <1000 时，Q0.0 为 1；在实数比较指令中，当 VD0 = VD4 或 VD8 <9.6 时，Q0.1 为 1。

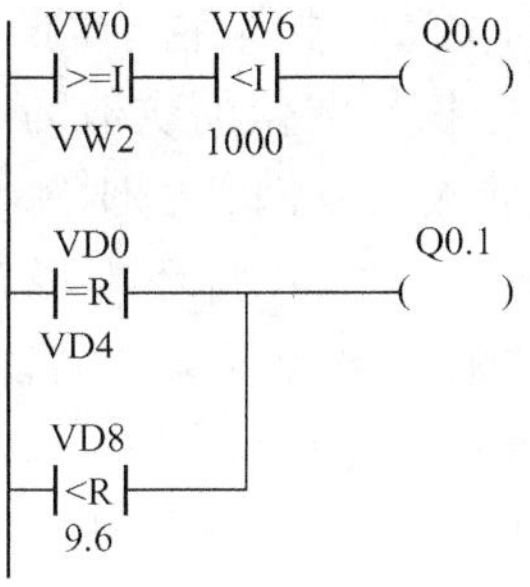


```
LDW>=   VW0, VW2
AW<     VW6, 1000
=       Q0.0
LDR=    VD0, VD4
OR<     VD8, 9.6
=       Q0.1
```

图 10-26　比较指令

2）传送指令

传送指令用于在各个编程元件之间进行数据传送。根据每次传送数据的数量，可分为数据传送指令和数据块传送指令。

数据传送指令每次传送一个数据，MOVB、BIR、BIW、MOVW、MOVD、MOVR 分别表示字节传送、立即读字节、立即写字节、字传送、双字传送和实数传送。数据块传送指令的功能是完成多个数据的传送，BMB、BMW、BMD 分别表示字节块传送、字块传送、双字传送。如图 10-27 所示，当 I0.0 为 ON 时，执行字传送指令，将 VW10 中的数据传送到 VW20 中，同时利用 ENO 使 Q0.0 为 ON；接着执行立即读指令，将 IB1 口的状态读入 VB30 中；当 I0.1 为 ON 时，执行字节块的传送指令，将 VB40 开始的 5 个连续的字节数据传送到 VB50 开始的 5B 存储单元中去，并且使 Q0.1 为 ON。

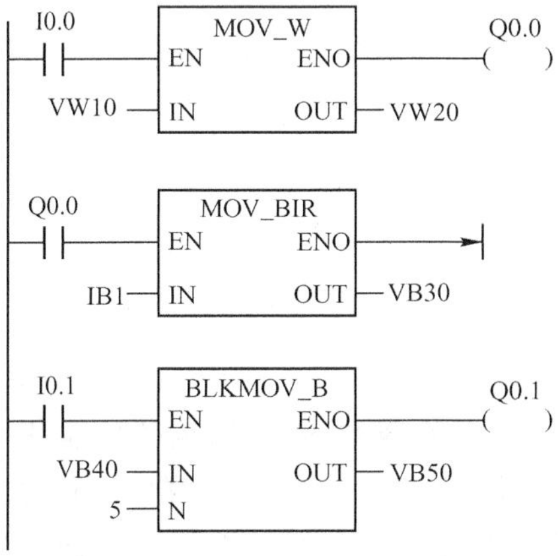


```
LD      I0.0
MOVW    VW10, VW20
AENO
=       Q0.0
LD      Q0.0
BIR     IB1, VB30
LD      I0.1
BMB     VB40, VB50, 5
AENO
=       Q0.1
```

图 10-27　传送指令

3）移位指令与循环指令。

移位指令将输入 IN 中的数的各位向右或向左移动 N 位后送给输出 OUT。移位指令对移出的位自动补 0，如果移动的位数 N 大于允许值（字节操作数为 8，字操作为 16，双字操作为 32），实际移位的位数为最大允许值，N 为字节变量。当移位操作结果为 0 时，SM1.0 被置 1；当移位次数大于 0 时，SM1.1 存放最后一次被移出的位的值。SLB、SLW、SLD 分别表示字节左移、字左移、双字左移；SRB、SRW、SRD 分别表示字节右移、字右移、双字右移。

循环移位指令将输入 IN 中的各位向右或向左移动 N 位后，送给 OUT。循环移位是环形的，即被移出来的位将返回到另一端空出来的位置。如果移动的位数 N 大于允许值（字节操作数为 8，字操作为 16，双字操作为 32），则执行移位的次数为 N 除以实际数据长度的余数，N 为字节变量，SM1.0 被置 1；当移位次数大于 0 时，SM1.1 存放最后一次被移出的位的值。RLB、RLW、RLD 分别表示字节循环左移、字循环左移、双字循环左移；RRB、RRW、RRD 分别表示字节循环右移、字循环右移、双字循环右移。

如图 10-28 所示。当 I0.0 为 ON 时，执行一次左移位指令，如果 VB10 移位前的数据是 1000 1100，则左移 2 位后变为 0011 0000，SM1.1 为 0；当 I0.1 为 ON 时，执行一次循环右移指令，如果 VB50 移位前的数据为 0111 1011，则循环右移 5 位后变为 1101 1011，SM1.1 为 1。

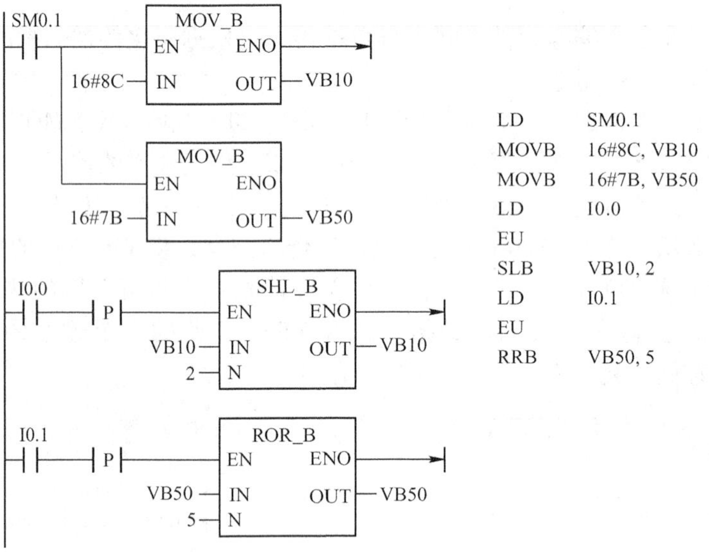

图 10-28 移位指令和循环指令

（3）转换指令

1）数据转换指令。

数据转换指令的功能是当使能端有效时，将数据 IN 端的数据类型按指令要求转换成相应的数据类型存放到 OUT 中。数据转换指令包括字节（B）与整数（I）之间、整数与双整数（DI）之间、BCD 码与整数之间以及双整数与实数（R）之间的转换。当输出数据超出相应的数据类型范围时，错误标志寄存器 SM1.1 置 1。

如图 10-29 所示，当 I0.1 为 ON 时，首先将 16 位模拟量输入（AIW0）的整数数据转化成双整数数据存放在 AC0 中，再将 VW0 中的整数转换成 BCD 码存放在 VW10 中，然后将 AC0 中的双整数转换成实数。

2）ASCII 码转换指令。

ASCII 码转换指令的功能是当使能端有效时，将数据 IN 端的数据类型按指令要求转换成相应的数据类型存放到 OUT 中。ASCII 码转换指令包括 ASCII 码与 16 进制数、整数、双整数和实数之间的转换。可进行转换的 ASCII 码为 30～39 和 41～46，对应的 16 进制数为 0～9和 A～F。ATH、HTA、ITA、DTA、RTA 分别表示将 ASCII 码转换成十六进制数、十六

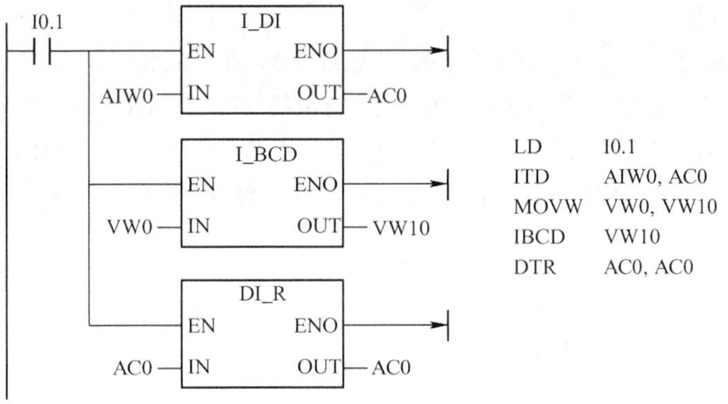

图 10-29　数据转换指令

进制数转换成 ASCII 码、整数转换成 ASCII 码、双整数转换成 ASCII 码、实数转换成 ASCII 码。如图 10-30 所示，当 PLC 通电时，从 VB100 开始的连续 2 个单元的 16 进制数（24，56）被转换成 ASCII 码，依次存放到以 VB200 开始的连续的 4 个单元中。

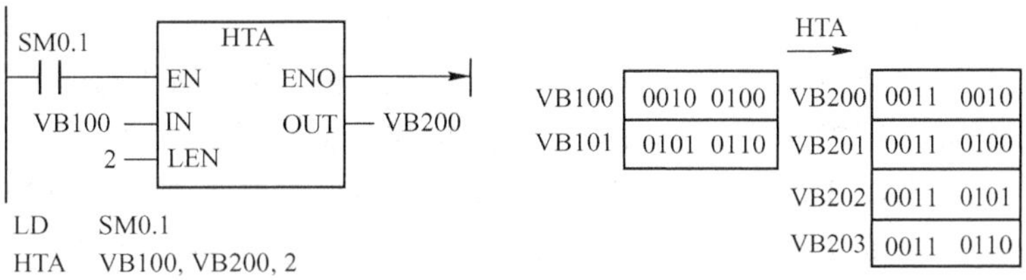

图 10-30　数据转换指令

（4）数学运算指令

1）加、减、乘、除指令。

该指令的功能是对有符号整数或实数进行加、减、乘、除运算。加、减、乘、除运算指令包括整数、双整数和实数运算，运算结果分别是整数、双整数和实数。如图 10-31 所示，当 I0. 0 为 ON 时，进行 VW10 和 VW12 整数相加，结果送入 VW12 中；当 I0. 1 为 ON 时，进行 VD20 和 VD24 双整数相乘，结果送入 VD24 中。

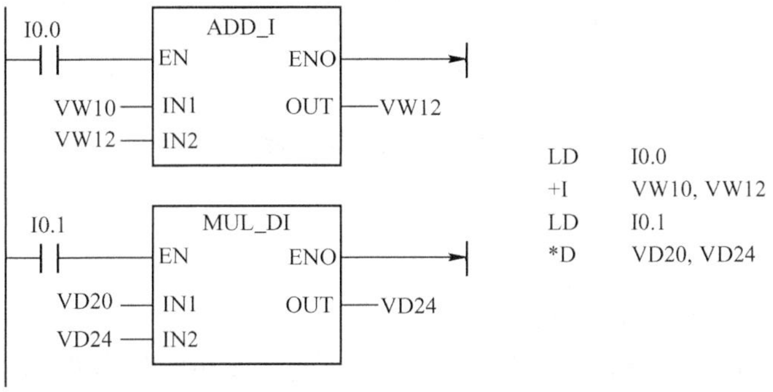

图 10-31　加、减、乘、除指令

2）加 1、减 1 指令。

加 1、减 1 指令就是对有符号数或无符号数加 1 或减 1 的操作。加 1 指令包括字节递增 INCB，字递增 INCW，双字递增 INCD；减 1 指令包括字节递减 DECB，字递减 DECW，双字递减 DECD。如图 10-32 所示，每当 I0.2 的状态从 0 跳变为 1 时，VB10 中的数据就进行自加 1，结果放回 VB10 中；VW0 中的数据进行自减 1，结果放回 VW0 中。

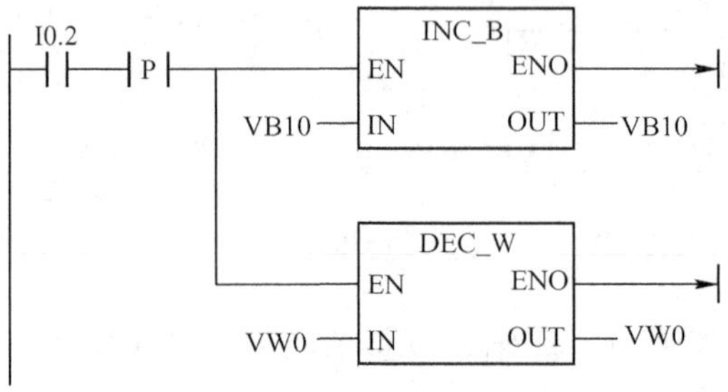


```
LD     I0.2
EU
INCB   VB10
DECW   VW0
```

图 10-32 加 1 减 1 指令

3）逻辑运算指令。

逻辑运算指令操作数包括字节、字和双字，该指令的功能是对无符号数进行处理，指令包括逻辑与、逻辑或、逻辑异或和逻辑取反。逻辑与包括字节的逻辑与（ANDB）、字的逻辑与（ANDW）和双字的逻辑与（ANDD），逻辑或包括字节的逻辑或（ORB）、字的逻辑或（ORW）和双字的逻辑或（ORD），逻辑异或包括字节的逻辑异或（XORB）、字的逻辑异或（XORW）和双字的逻辑异或（XORD），逻辑取反包括字节的逻辑取反（INVB）、字的逻辑取反（INVW）和双字的逻辑取反（INVD）。如图 10-33 所示，当 I0.7 为 ON 时，VB0 中的数据逻辑取反后存放在 VB2 中；当 I0.5 为 ON 时，VW4 和 VW6 中的数据相与结果放在 VW8 中。

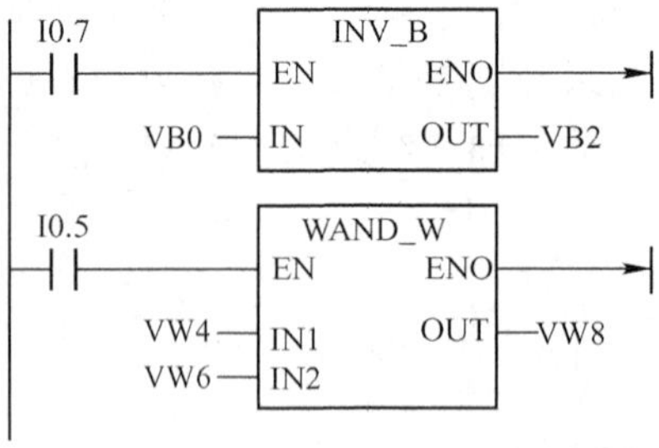


```
LD     I0.7
MOVB   VB0, VB2
INVB   VB2
LD     I0.5
MOVW   VW4, VW8
ANDW   VW6, VW8
```

图 10-33 逻辑运算指令

[研讨与练习]

1. 分析执行图 10-34 所示程序后的运行结果。

分析：VB200 中被赋值 16#03，传送到 VW200 的高 8 位，所以(VW200)=16#0300，如果连接在输入端 I0.2 的开关开合了一次，则通过执行 ROL_W 指令后，（VW200）=16#0C00；如果连接在输入端 I0.2 的开关开合了两次，则(VW200)=16#3000。

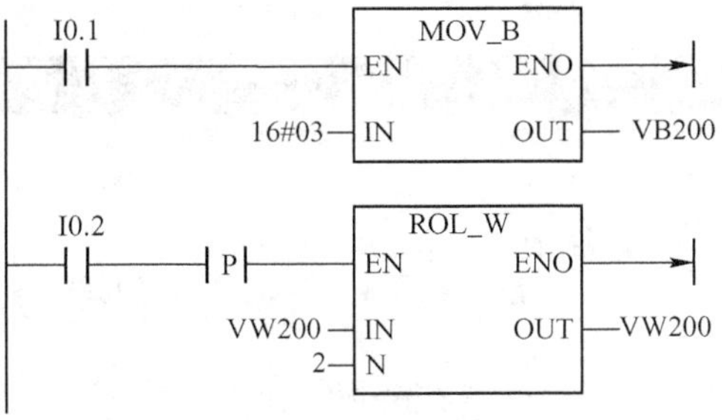

图 10-34　循环移位运行结果

2. 如何在 S7－200 PLC 的变量 VB0 中生成全 0 的状态位 00000000，在变量 VB1 中生成全 1 的状态位 11111111。

分析：若两个字节状态相反，则相“与”后可以得到每一位恒定为“0”的变量字节，相“或”后可以得到每一位恒定为“1”的变量字节，程序如图 10-35 所示。

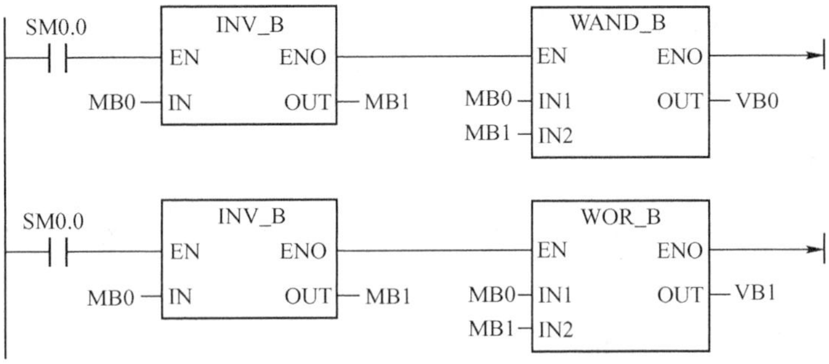

图 10-35　相“与”和相“或”梯形图

程序中，MB0、MB1 为两个标志字节，MB1 为 MB0 的取“反”状态。VB0 为全 0 字节，VB1 为全 1 字节。

10.3　STEP 7－Micro/WIN 编程软件的使用

STEP7－Micro/WIN 是西门子公司专为 SIMATIC S7－200 系列 PLC 研制开发的编程软件，是基于 Windows 操作平台的应用软件，功能强大，既可用于开发用户程序，又可实时监控用户程序的执行状态。

在编程设计前，可以采用 PC/PPI 电缆将计算机的 RS－232 接口与 S7－200 PLC 的 RS－485 端口连接起来。

启动 STEP7－Micro/WIN 编程软件，用鼠标双击桌面上 STEP7－Micro/WIN 编程软件的快捷图标即可。

10.3.1　主界面的认识

如图 10-36 所示为 STEP7－Micro/WIN 主界面（以 V4.0 SP3 版本为例），界面包括菜单栏、工具栏、浏览栏、指令树窗口、程序编辑器窗口和状态栏等部分。

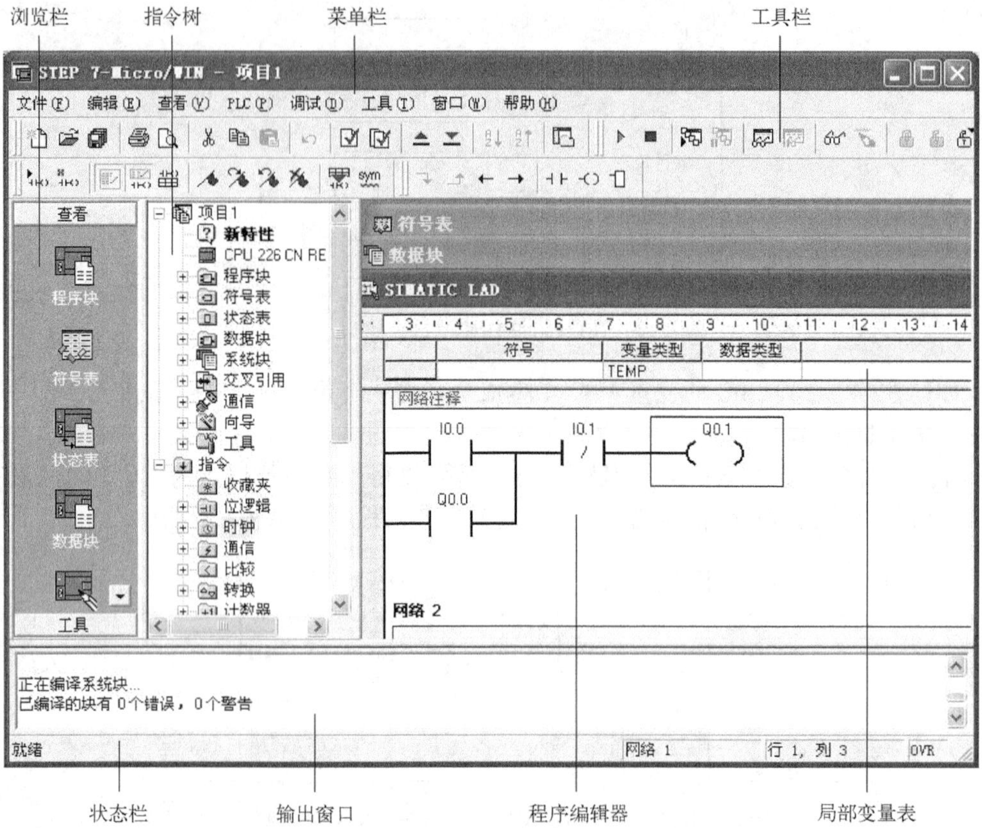

图 10-36　STEP7 - Micro/WIN 主界面

1）“浏览栏”提供快速切换用户窗口的控制按钮，包括“查看”和“工具”两部分，每一部分又包括若干按钮，单击任一按钮，可打开此按钮对应的窗口。

2）“指令树”提供一个树型查看方式，包括项目和指令两部分内容。启动软件自动生成项目 1，默认程序块中包括主程序、子程序和中断程序。通过选择指令部分的内容，可以在程序编辑窗口编辑用户程序。

3）“菜单栏”包括 8 个主菜单项：文件、编辑、查看、PLC、调试、工具、窗口和帮助。菜单栏提供了使用鼠标或键盘进行操作的主要方式。

4）“工具栏”将最常用的操作以按钮形式设定到主窗口，用户可以根据需要和习惯定制工具栏的内容和外观，方法如下：单击“查看”→“工具栏”→选中的工具组将出现在“工具栏”中。

5）“状态栏”用来提供执行 STEP7 - Micro/WIN 的状态信息，显示当前操作的信息。

6）“输出窗口”用来显示程序编译的结果信息。

7）“程序编辑器”可以用梯形图、语句表或功能图程序编辑器编写和修改用户程序，编程工作主要在程序编辑窗口中完成。

8）“局部变量表”如图 10-37 所示　每个程序块都对应一个局部变量表，在带参数的子程序调用中，参数的传递就通过局部变量表进行。

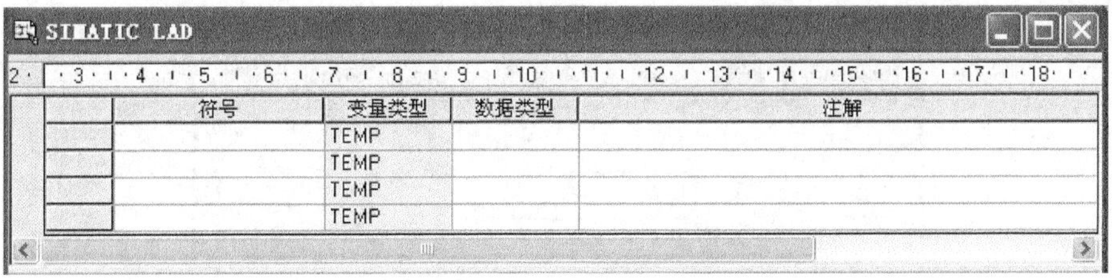

图 10-37　局部变量表

10.3.2　程序编辑

1. 生成程序文件

程序文件的来源有 3 个：打开已有的程序文件、从 PLC 上载程序文件和新建一个程序文件。

打开程序文件：打开磁盘中已有的程序文件。可用“文件”菜单中的“打开”命令，或单击工具栏中的“打开”按钮，选择已编辑好的程序文件。

上载程序文件：在与 PLC 建立通信的情况下，可以将存储在 PLC 中的程序和数据传送给计算机。可用“文件”菜单中的“上载”命令，或单击工具栏中的“上载”按钮，弹出如图 10-38 所示对话框，按下“上载”按钮，PLC 的程序即下载到计算机中。

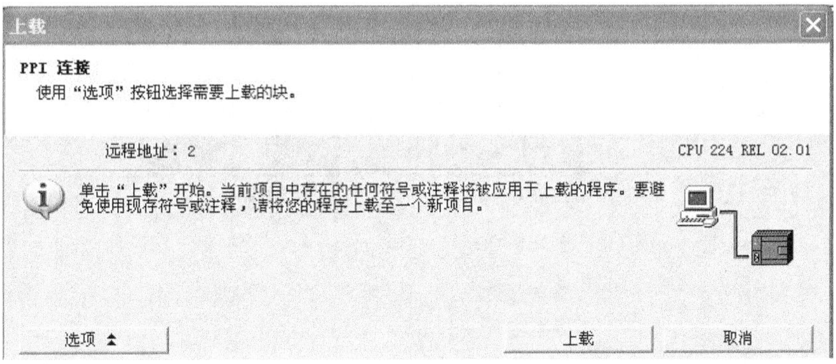

图 10-38　PLC 上载程序

新建程序文件：可以选择“文件”菜单中的“新建”选项或单击工具条中的“”按钮创建一个新程序文件。现以新建程序文件为例，简单介绍程序的生成。

1）确定 PLC 的 CPU 型号：右键单击“Project1→CPU221”图标，在弹出的快捷菜单中单击“类型”命令，弹出如图 10-39 所示的“PLC 类型“对话框，选择实际的 PLC 型号和 CPU 版本，也可用“PLC”菜单中的“类型”选项来选择 PLC 型号。若 PLC 与计算机之间已经成功地建立了通信连接，则单击对话框中的“读取 PLC”按钮，可以通过通信读出 PLC 的类型和 CPU 版本号。

2）选择菜单命令“工具”→“选项”，弹出相应的选项窗口。在窗口的“常规”选项中可以选择语言、默认的编辑器、编程模式等项目。

3）程序更名：如果要更改程序的文件名，可单击“文件”菜单中“另存为”选项，在弹出的对话框中输入新的文件名。程序块中主程序的名称一般用默认名称，任何程序文件都

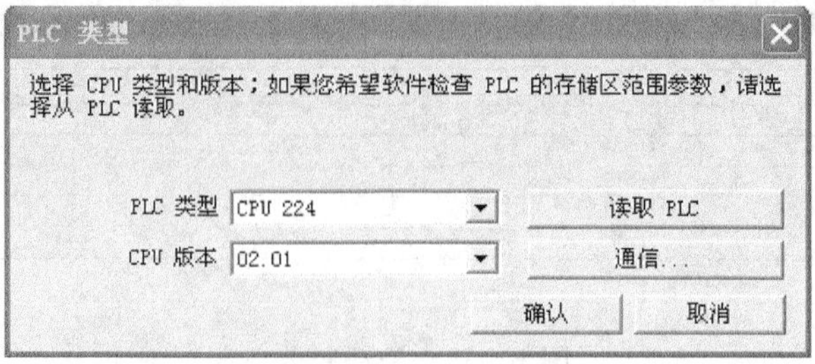

图 10-39 “PLC 类型“对话框

只有一个主程序。对子程序和中断程序的更名可在指令树窗口中右键单击需要更名的子程序或中断程序名，在弹出的快捷菜单中单击“重命名”命令，然后输入新名称。

4）添加子程序或中断程序。

方法 1：在指令树“项目”窗口中右键单击“程序块”图标，在弹出的选择按钮中单击“插入子程序”或“插入中断程序”选项。

方法 2：用“编辑”菜单中“插入”选项下的“子程序”或“中断程序”来实现。

方法 3：右键单击编辑窗口，在弹出的快捷菜单中选择“插入”选项下的“子程序”或“中断程序”命令。新生成的子程序或中断程序会根据已有的子程序或中断程序的数目自动递增编号，用户可将其更名，如图 10-40 所示。

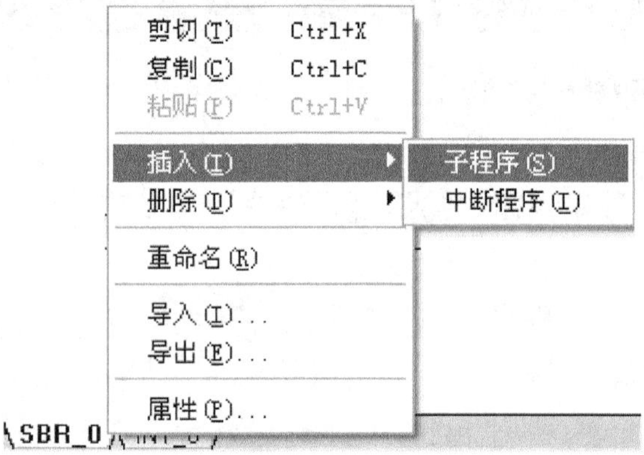

图 10-40 在编辑窗口添加子程序或中断程序文件

2. 编译程序

程序文件编辑完成后，可用“PLC”菜单中的“编译”命令，或工具栏中的“编译”按钮进行离线编译。编译结束后，将在输出窗口中显示编译结果。

3. 下载程序

程序只有在编译正确后才能下载到 PLC 中。下载前，PLC 必须处于“STOP”状态。如果不在“STOP”状态，可单击工具栏中的“停止”按钮，或选择“PLC”菜单中的“停止”命令，也可以将 CPU 模块上的方式选择开关直接扳到“STOP”位置。为了使下载的程序能正确执行，下载前也可以将 PLC 中存储的源程序清除。单击“PLC”菜单中的“清除”命令，在出现的对话框中选择“清除全部”即可。

4. 运行模式下编辑程序

在运行模式下，可以对用户程序做少量修改，而不必转换到停止模式。修改后的程序一旦下载将立即影响系统的运行，操作如下。

1）在运行模式下，选择“调试”菜单中“RUN（运行）模式下程序编辑”命令。如果编程软件当前打开的项目与 PLC 中的程序不同，将提示上载 PLC 中的程序，该功能只能编辑 PLC 中的程序。进入 RUN 模式编辑后，光标会变成带有 PLC 的图标。

2）编辑程序前应该退出程序监控状态。

3）程序编译成功后，可用“文件”菜单中的“下载”命令，或单击工具栏中的“下载”按钮将程序下载到 PLC 中。

4）若要退出运行模式编辑，需要再选择一次“调试”菜单中“在运行状态编辑程序”命令。

10.3.3 程序的调试及监控

STEP7 - Micro/WIN 编程软件允许用户在软件环境下直接调试并监控程序的运行。

（1）用状态图监控程序

STEP7 - Micro/WIN 编程软件可以使用状态图来监视用户程序的执行情况，并可对编程元件进行强制操作。

使用状态图：在“浏览栏”中单击“状态表”图标，或使用“调试”菜单中的“状态表”命令就可打开状态图窗口，如图 10-41 所示。在状态表的“地址”栏中输入要监控的编程元件的直接地址（或用符号表中的符号名称），在“格式”栏中显示编程元件的数据类型，在“当前数值”栏中可读出编程元件的状态和当前值。

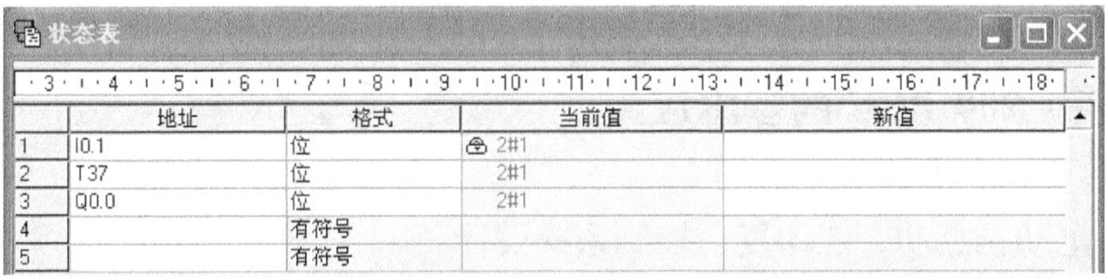

图 10-41 “状态表”窗口

工具栏中状态表的编辑工具有顺序排序、逆序排序、单次读取、全部写、强制、解除强制、解除所有强制以及读所有强制等。

强制操作是指对状态图中的变量进行强制性赋值，只有在 PLC 处于 RUN 模式时才会显示强制状态，如图 10-41 中的 I0.1 为强制状态。

（2）梯形图程序的状态监控

选择执行菜单命令“调试”→“开始程序状态监控”后，进入程序的监控状态。在这种模式下，只有在 PLC 处于 RUN 模式时才刷新程序段中的状态值。在 RUN 模式下启动程序状态后，将用颜色显示出梯形图中各元件的状态。如图 10-42 所示。例如 I0.1 元件工作在“ON”状态，则在监控环境下以蓝色高亮矩形显示；I0.0 工作在“OFF”状态，颜色为灰色；定时器和计数器如果在工作则方框颜色为绿色，表明其中包含有效数据；若方框指令被执行，则方框颜色变为蓝色；若方框变为红色则表示指令执行时发生错误。

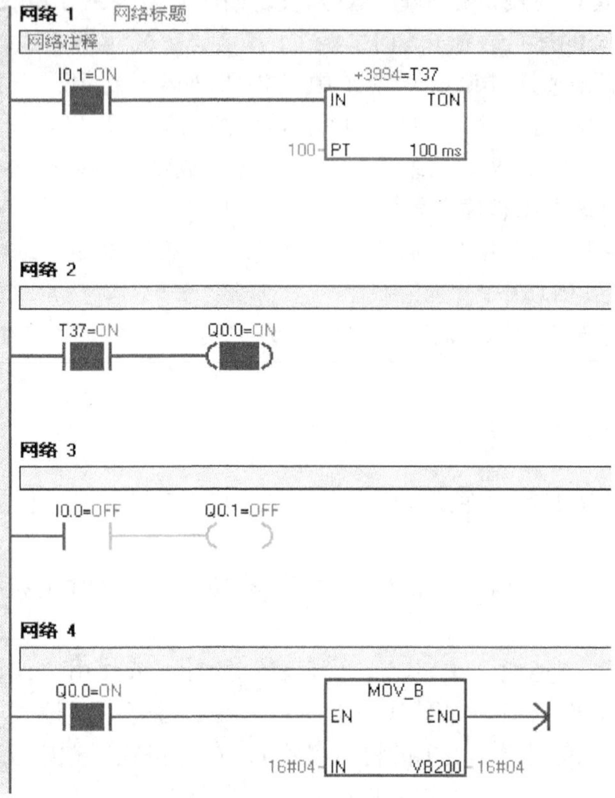

图 10-42　状态监控

10.4　S7 - 200 PLC 的基本应用

10.4.1　电动机点动、连动复合控制系统设计

1. 控制要求

SB1 按钮按下：电动机单向运转。

SB2 按钮按下：电动机点动运转。

SB3 按钮按下：电动机停止。

2. 电气主电路的实现

控制系统主电路如图 10-43 所示。

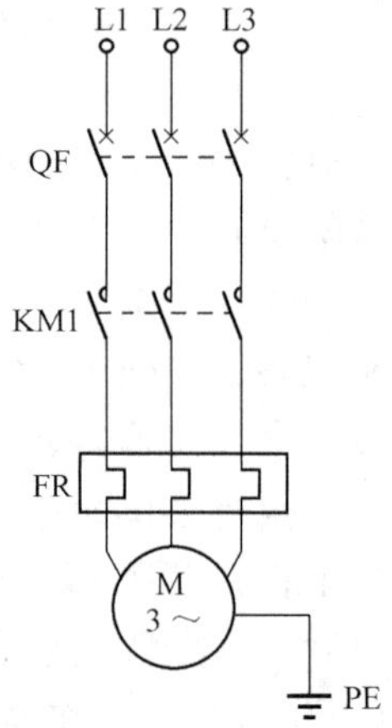

图 10-43　控制系统主电路

3. PLC 的选型和 I/O 点的分配

根据对电动机控制系统的分析，该控制系统的输入有电动机单向运转起动按钮、电动机点动运行按钮、电动机停止按钮 3 个输入点，考虑到系统过载保护，共需占用 4 个输入点；输出有驱动电动机工作的交流接触器线圈 1 个负载。可选择西门子公司的 S7 - 200 系列 CPU221 型号，由于所带负载为交流负载，

所以可以选择继电器输出形式。该模块采用交流 100 ~ 230 V 电源，提供 6 点数字量输入，4 点数字量输出。I/O 采用自动分配方式，模块上的输入端子对应的输入地址是 I0.0 ~ I0.5，输出端子对应的输出地址是 Q0.0 ~ Q0.3，可以满足控制要求且具有一定的裕量。PLC 的 I/O 点的地址分配见表 10-9。

表 10-9　PLC 的 I/O 地址分配表

PLC 的 I/O 地址	连接的外部设备	在控制系统中的作用
I0.0	SB1 按钮	电动机单向运转命令
I0.1	SB2 按钮	电动机点动命令
I0.2	SB3 按钮	电动机停止命令
I0.3	热继电器常闭触点	电动机过载保护
Q0.0	接触器线圈 KM1	控制电动机运行

4. PLC I/O 外部接线图

PLC I/O 外部接线如图 10-44 所示。

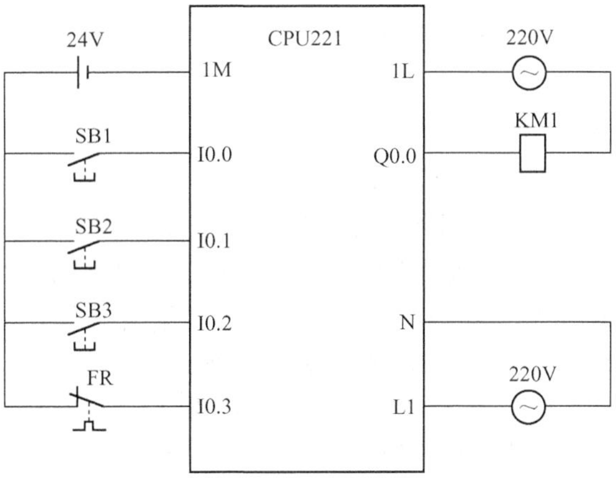

图 10-44　复合控制系统的 PLC I/O 外部接线图

5. 系统程序的实现

根据控制要求，实现的梯形图如图 10-45 所示。

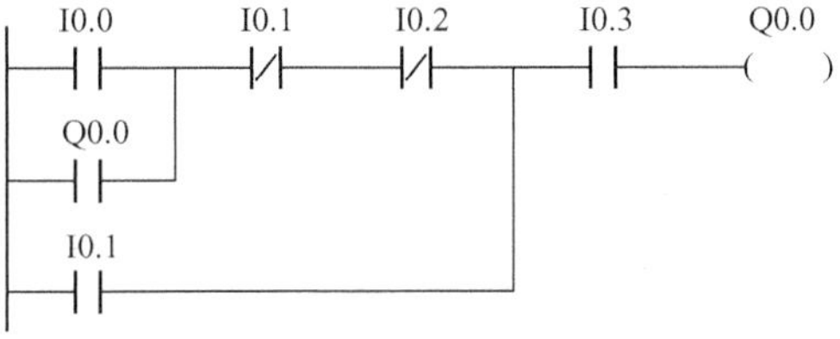

图 10-45　对应的梯形图

热继电器的常闭触点与 PLC 的输入继电器 I0.3 相连接，当热继电器未动作时，I0.3 处在得电状态，它的常开触点闭合，电路正常工作，当电路长时间过载时，经过一定的延时热继电器的常闭触点断开，I0.3 失电，它的常开触点断开，电路切断，Q0.0 失电。电动机停止转动。

10.4.2 液体混合搅拌器控制功能的实现

1. 控制要求

液体混合搅拌器如图 10-46 所示。上液位、下液位和中间液位开关被液体淹没时为 ON，阀 A、阀 B 和阀 C 为电磁阀，线圈通电时打开，线圈断电时关闭。开始时容器是空的，各阀门均关闭，各限位开关均为 OFF。按下起动按钮后，打开阀 A，液体 A 流入容器，中液位开关变为 ON 时，关闭阀 A；再打开阀 B，液体 B 流入容器，当液面到达上液位开关时，关闭阀 B；这时电动机 M 开始运行，带动搅拌器搅动液体，60 s 后混合均匀，电动机停止；打开阀 C，放出混合液，当液面下降至下液位开关之后延时 5 s，容器放空，关闭阀 C；如此循环运行。当按下停止按钮时，在当前工作周期结束后，系统停止工作。

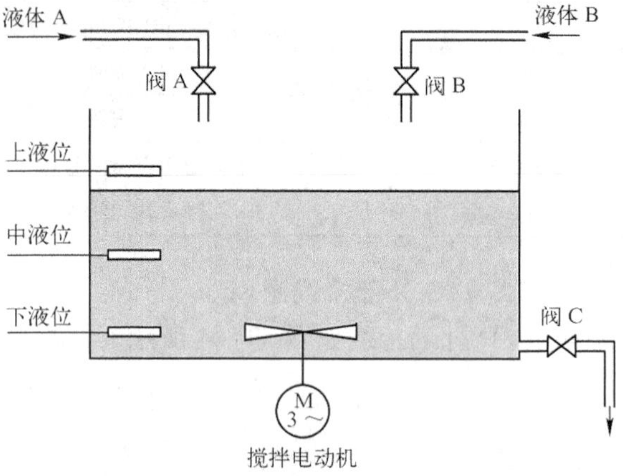

图 10-46 液体混合搅拌器

2. PLC 的选型和 I/O 点的分配

根据对控制要求的分析，这个控制系统的输入有上、中、下 3 个液位传感器、搅拌器起动按钮及搅拌器停止按钮共 5 个输入点；输出有阀 A、阀 B 和阀 C 3 个电磁阀线圈及驱动电动机搅拌的交流接触器线圈共 4 个负载。采用西门子公司的 S7-200 系列 CPU222 型号，并选择继电器输出形式。该模块采用交流 100～230 V 电源，提供 8 点数字量输入，6 点数字量输出。I/O 分配采用自动分配方式，模块上的输入端子对应的输入地址是 I0.0～I0.7，输出端子对应的输出地址是 Q0.0～Q0.5，可以满足控制要求且具有一定的裕量。PLC 的 I/O 点的地址分配见表 10-10。

表 10-10 PLC 的 I/O 地址分配表

PLC 的 I/O 地址	连接的外部设备	在控制系统中的作用
I0.0	SQ1	上液位测量
I0.1	SQ2	中液位测量
I0.2	SQ3	下液位测量
I0.3	SB1	搅拌器起动命令
I0.4	SB2	搅拌器停止命令
Q0.0	YV1	控制阀 A
Q0.1	YV2	控制阀 B
Q0.2	YV3	控制阀 C
Q0.3	KM	控制电动机 M

3. PLC I/O 外部接线图

液体混合搅拌器的 PLC I/O 外部接线如图 10-47 所示。

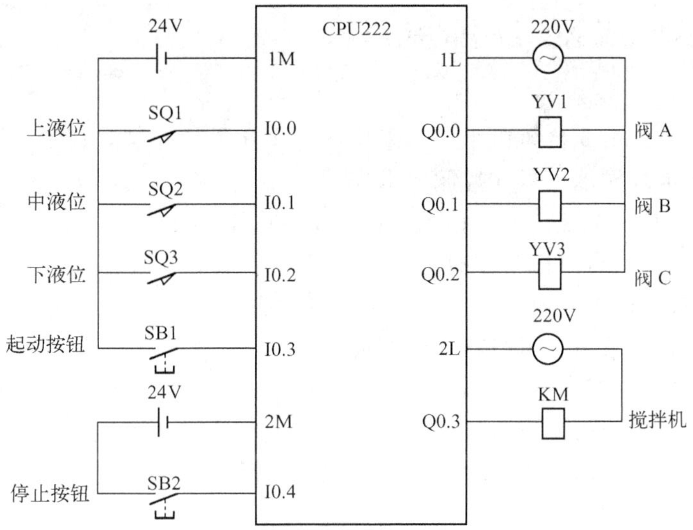

图 10-47　液体混合搅拌器的 PLC I/O 外部接线图

4. 程序的实现

在设计程序时需要注意的是当按下停止按钮 SB2 时，系统要把一个周期的动作完成后停止在初始状态，如何让系统记住曾经按下停止按钮这个信号呢？我们采用的方法是增加一个中间继电器 M0.0，由它来记忆停止按钮按下和停止按钮没有按下这两种状态。梯形图如图 10-48 所示。

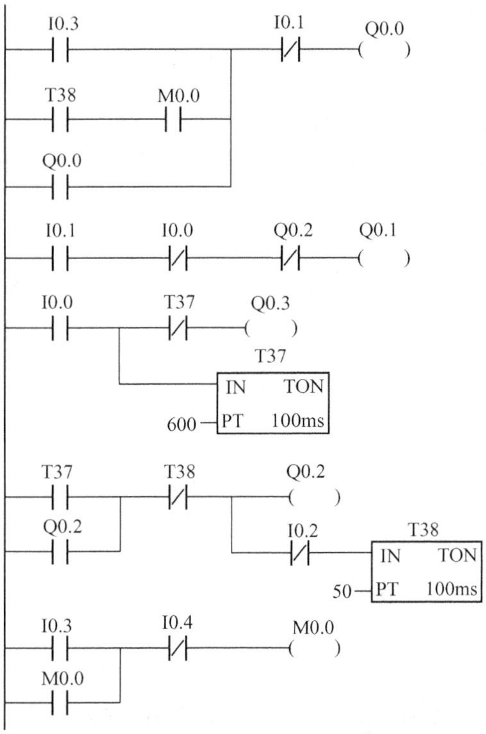

图 10-48　液体混合搅拌系统梯形图

10.4.3 闪烁电路在监控系统中的应用

1. 控制要求

某车间排风系统，由 3 台风机组成，采用 S7 -200 PLC 控制。其中风机工作状态需要进行监控，并通过指示灯显示。具体控制要求如下：

1）当系统中没有风机工作时，指示灯以 2 Hz 频率闪烁；

2）当系统中只有 1 台风机工作时，指示灯以 0.5 Hz 频率闪烁；

3）当系统中有 2 台以上风机工作时，指示灯常亮。

现根据以上控制要求编写风机状态监控程序。

2. PLC I/O 点的分配

通过对控制要求的分析，指示灯监控系统的输入有第一台风机运行信号、第二台风机运行信号、第三台风机运行信号 3 个输入点；输出有指示灯一个负载，占一个输出点。PLC 的 I/O 点的地址分配见表 10-11。

表 10-11 PLC 的 I/O 地址分配表

PLC 的 I/O 地址	连接的外部设备
I0.0	1 号风机运行信号
I0.1	2 号风机运行信号
I0.2	3 号风机运行信号
Q0.0	指示灯显示

3. 程序设计

（1）风机工作状态检测程序的实现

风机工作的监视状态分为没有风机运行、只有一台风机运行和两台以上风机运行 3 种情况，可以通过 3 个辅助继电器分别保存这 3 种状态，实现的程序如图 10-49 所示。

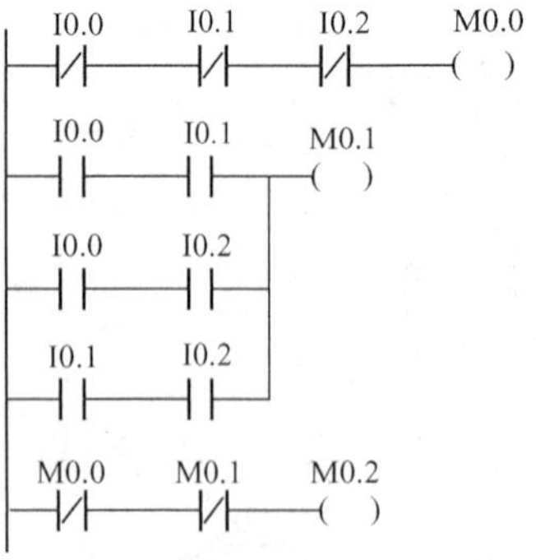


```
LDN  I0.0
AN   I0.1
AN   I0.2
=    M0.0

LD   I0.0
A    I0.1
LD   I0.0
A    I0.2
OLD
LD   I0.1
A    I0.2
OLD
=    M0.1

LDN  M0.0
AN   M0.1
=    M0.2
```

图 10-49 风机工作状态检测程序

（2）闪烁功能的实现

根据控制要求，需要产生 2 Hz 和 0.5 Hz 两种频率的闪烁信号，实现的程序如图 10-50 所示。

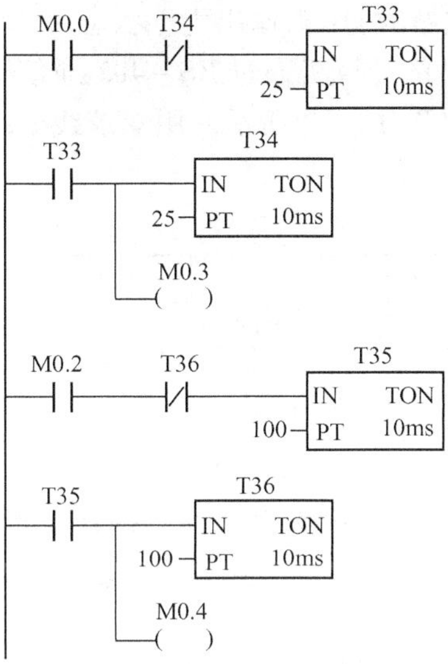


```
LD    M0.0
AN    T34
TON   T33, 25

LD    T33
TON   T34, 25
=     M0.3

LD    M0.2
AN    T36
TON   T35, 100

LD    T35
TON   T36, 100
=     M0.4
```

图 10-50　闪烁功能的实现

（3）指示灯输出程序的实现

指示灯输出程序需要考虑风机运行状态与对应的指示灯状态要求。当没有风机运行时（M0. 0 得电），指示灯按照 2Hz 的频率闪烁（M0. 3 的状态），输出指示灯启动的条件是 M0. 0 的常开触点与 M0. 3 的触点串联。同理，当只有一台风机运行时，输出指示灯启动的条件是 M0. 2 的常开触点与 M0. 4 的触点串联。由于两台以上风机运行时指示灯常亮，所以只需要用其状态显示继电器 M0. 1 的常开触点驱动输出 Q0. 0 就可以了，实现的程序如图 10-51 所示。

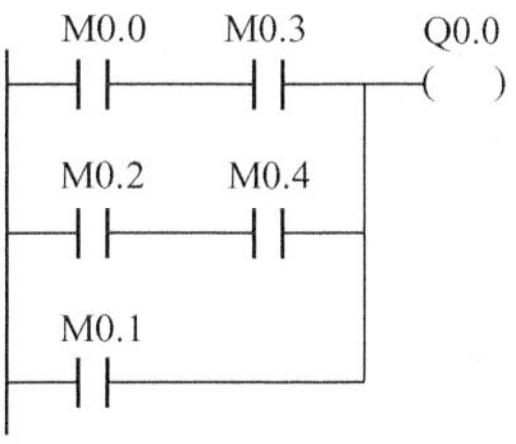


```
LD    M0.0
A     M0.3
LD    M0.2
A     M0.4
OLD
O     M0.1
=     Q0.0
```

图 10-51　指示灯输出程序

为满足整个控制要求，需将以上 3 部分程序合并即可构成整个监控系统的程序。

10. 4. 4　PPI 通信协议的应用

PPI 通信协议是 S7 - 200 PLC 专用的一个协议，是一个主/从协议，S7 - 200 系列 PLC 的 CPU 上集成的编程口也是 PPI 通信联网接口。在使用 PPI 协议时，网络中不论连接多少台 PLC 或计算机，都只能有一个主站，其他的为从站，即只能有一个站能够主动发送数据，其他的站只能被动地接收数据或当主站要求自己发送数据时才能够发送数据，而不能主动发送数据。主站靠 PPI 管理的共享连接来与从站通信，PPI 并不限制与任意一个从站通信的主站数量，但在一个网络中，主站不能超过 32 个。在编程时用网络读/写指令 NETR/NETW 进行数据的传递。如果需要远程的编程或监控，可以利用调制解调器来进行通信。

1. 系统配置与操作要求

用 PPI 协议实现 3 台 S7 - 200 PLC 之间的通信，设主站为 1 号站，2 号站、3 号站为从站，编程用的计算机的站地址为 0。要求用 1 号站的输入点 I0. 0 ~ I0. 7 控制 2 号站的输出点 Q0. 0 ~ Q0. 7，用 2 号站的 I0. 0 ~ I0. 7 控制 1 号站的 Q0. 0 ~ Q0. 7。用 1 号站来指定 3 号站中计数器 C4 的预定值，当计数器动作时使主站的 Q1.1 输出为 1 状态。

3 台 S7－200 系列 PLC 与装有编程软件的计算机通过 RS－485 通信接口和网络连接器组成一个使用 PPI 协议的单主站通信网络，如图 10-52 所示。用双绞线分别将连接器的两个 A 端子连在一起，两个 B 端子连在一起。

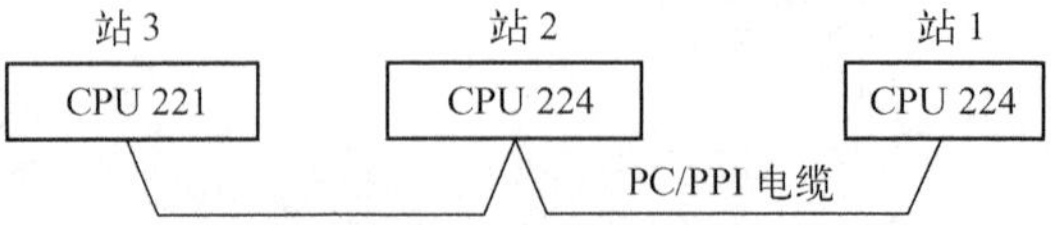

图 10-52　PPI 通信网络

2. 实现 PPI 协议通信的步骤

1）设置 PLC 通信参数。运行个人计算机上的编程软件，打开设置界面，利用 PPI/RS－485 编程电缆单独地指定 3 个站的地址（站号）和波特率。设置完成后把系统块下载到该 PLC 中。

2）利用网络接头和网络线把各台 PLC 中用做 PPI 通信的端口 0 连接，再利用编程软件和 PPI/RS－485 编程电缆搜索出 PPI 网络中的 3 个站。

3）编写网络读写的程序段。在 PPI 网络中，只有主站程序中使用网络读写指令来读写从站信息，而从站是被动的，它们不需要通信程序。在编写主站的网络读写程序前，应首先规划好读写数据的地址。根据要求可确定表 10-12 中的网络读写数据规划。

表 10-12　网络读写数据规划表

1 号站（主站）	2 号站（从站）	3 号站（从站）
发送数据的长度	1 个字节	2 个字节
从主站何处发送	IB0	VB1000
发往从站何处	QB0	VB1000
接收数据的长度	1 个字节	2 个字节
数据来自从站何处	IB0	VB1010

4）利用指令向导实现网络读写功能，过程如下。

执行菜单命令“工具”→“指令向导”，在出现对话框的第 1 页选择“NETR/NETW”（网络读/写指令），如图 10-53 所示。

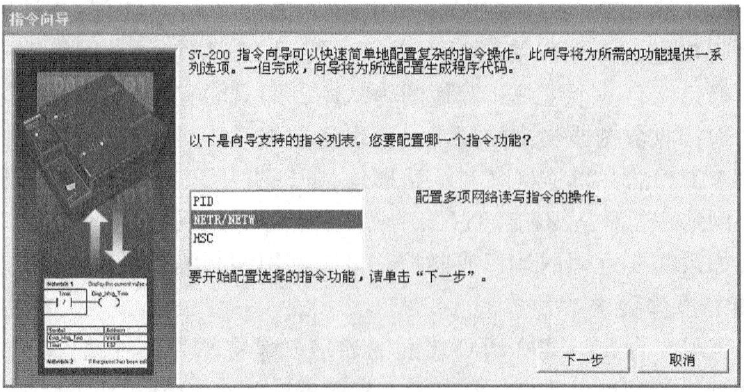

图 10-53　选择“NETR/NETW”指令

在第 2 页设置网络操作的项数为“4”，操作界面如图 10-54 所示。

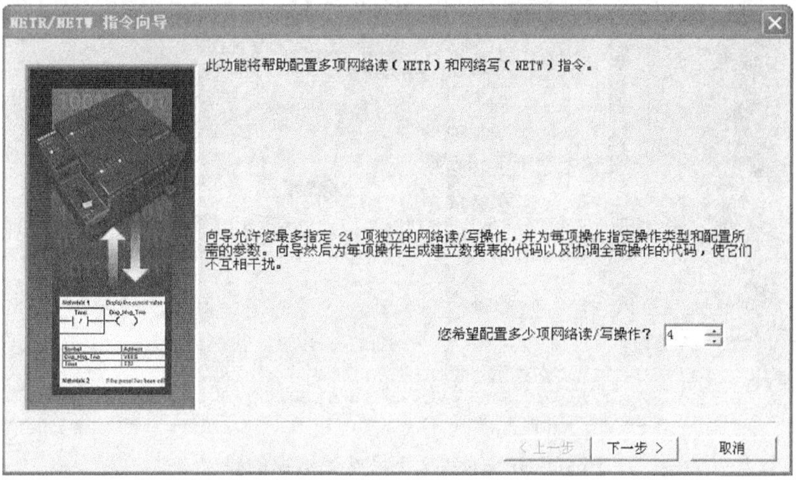

图 10-54　设置网络操作的项数

在第 3 页选择使用 PLC 的通信端口 0 和默认的子程序名称为“NET_EXE”，如图 10-55 所示。

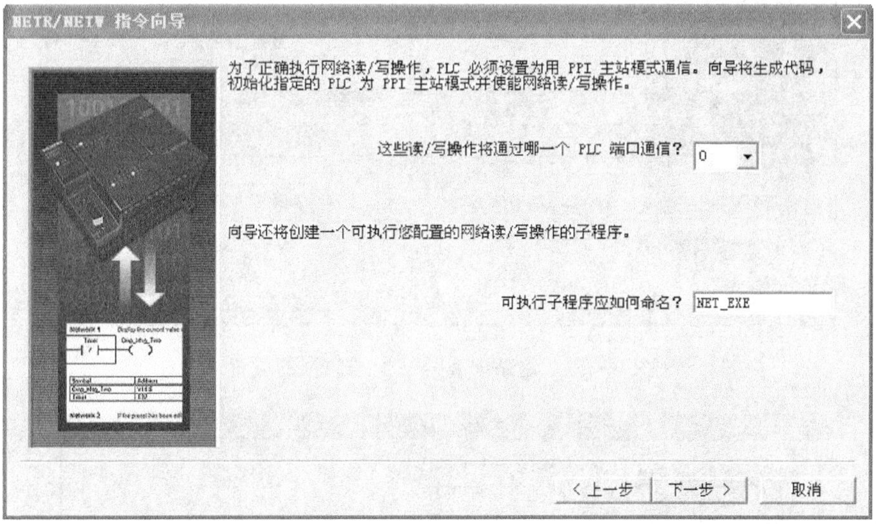

图 10-55　设置通信端口和默认子程序名称

在第 4 页设置操作 1 为“NETR”，要读取的字节数为“1”，从地址为 2 的远程 PLC 读取它的 IB0，并存取在 1 号站本地 PLC 中的 QB0 中，设置界面如图 10-56 所示。

按“下一项操作 >”按钮，设置操作 2 为“NETW”，将 1 号站本地 PLC 的 IB0 写到地址为 2 号的远程 PLC 的 QB0 中，设置界面如图 10-57 所示。

按“下一项操作 >”按钮，设置操作 3 为“NETR”，从 3 号站远程 PLC 中的 VB1010 ~ VB1011 中的数据读到地址为 1 号站的本地 PLC 中的 VB1010 ~ VB1011，设置界面如图 10-58 所示。

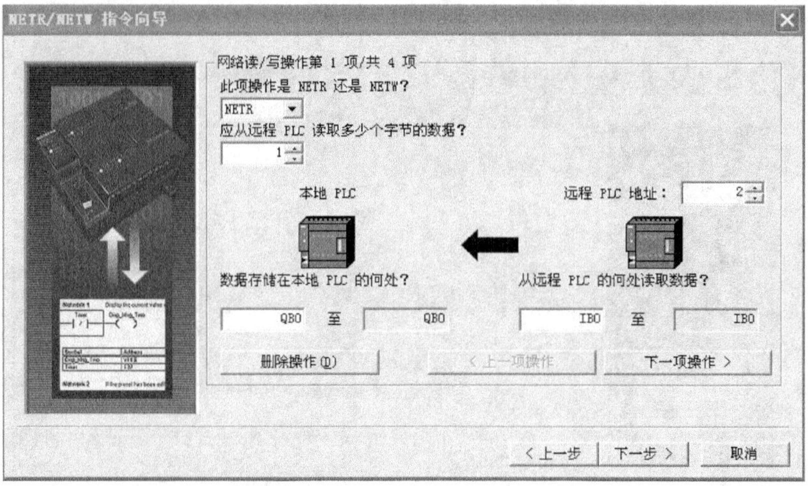

图 10-56　主站从 2 号站读数据的设置

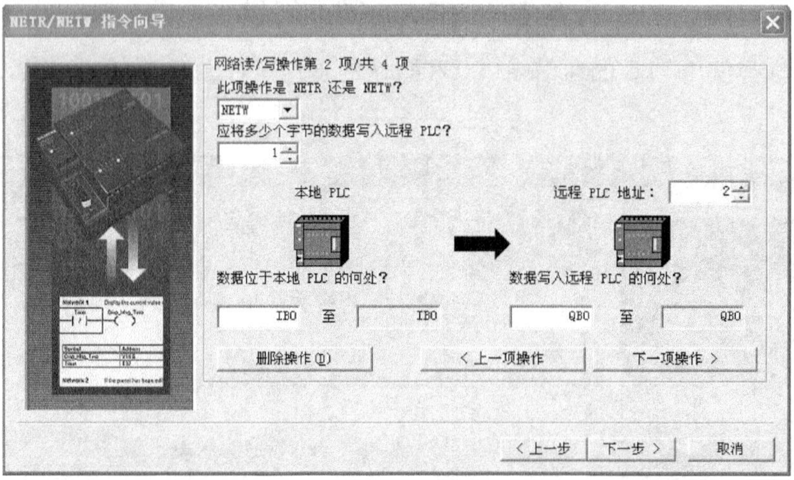

图 10-57　主站向 2 号站发送数据的设置

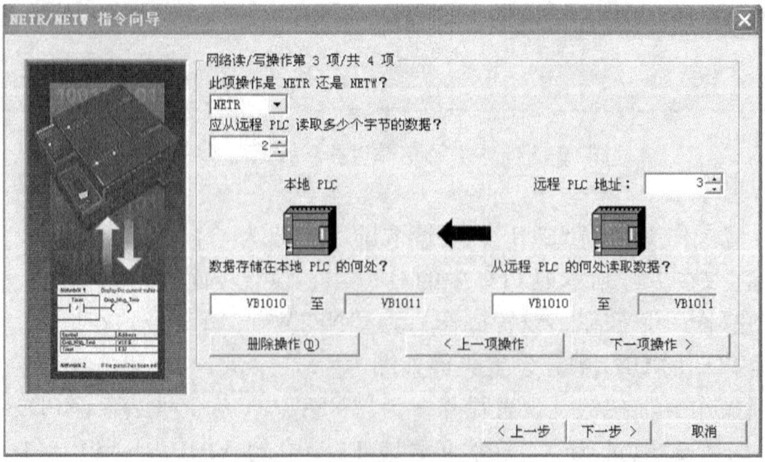

图 10-58　主站从 3 号站读数据的设置

按“下一项操作 >”按钮，设置操作 4 为“NETW”，将 1 号站本地 PLC 中的 VB1000 ~ VB1001 的数据写到地址为 3 号站的远程 PLC 中的 VB1000 ~ VB1001，设置界面如图 10-59 所示。

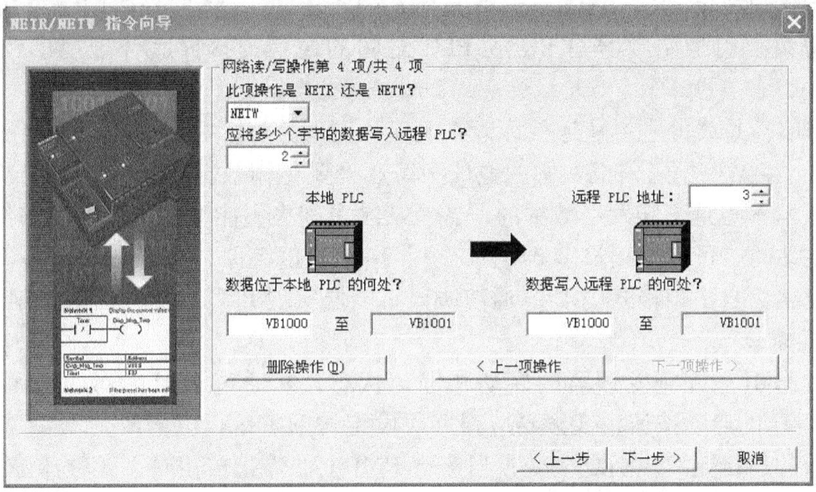

图 10-59　主站向 3 号站发送数据的设置

在第 4 页设置子程序使用的 V 存储器的起始地址。向导中的设置完成后，在编程软件指令树最下面的“调用子程序”文件夹中将会出现子程序 NET_EXE。在指令树的文件夹“\ 符号表 \ 向导”中，自动生成了“NET_SYMS”的符号表，它给出了操作 1 和操作 2 的状态字节的地址，以及超时错误标志的地址。

3. 程序的实现

根据控制要求，实现程序如图 10-60、图 10-61 所示，其中 2 号站不需要程序。NET_EXE 指令根据 NETR/ NETW 向导中设置的输入和输出执行 NETR/ NETW 功能，Timeout 表示设定的通信超时时限为 1 ~ 32767 s，若为 0，则不计时。Cycle 表示输出开关量，所有网络读/写操作每完成一次都会切换“Cycle”状态，Error 表示发生错误时报警输出。

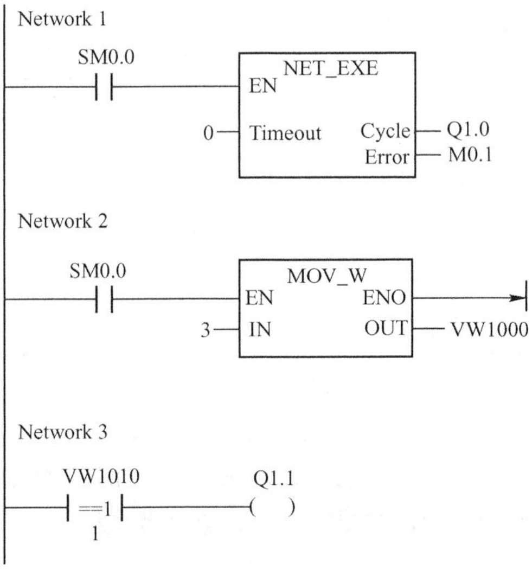

图 10-60　1 号站程序

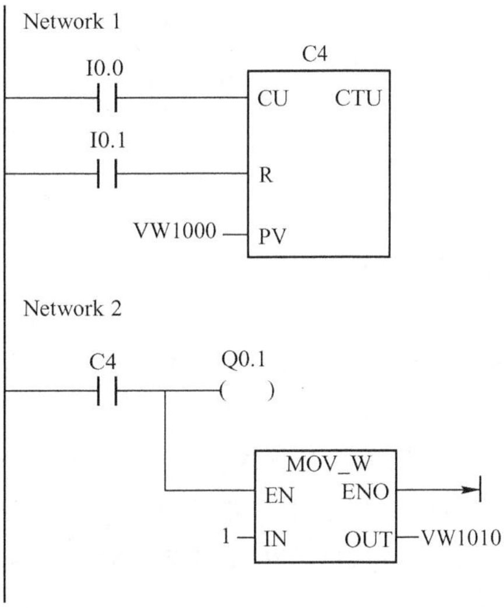

图 10-61　3 号站程序

10.4.5 基于 HMI 的 S7 - 200 PLC 与变频器的 USS 通信

通用串行接口协议（Universal Serial Interface Protocol，USS）是西门子公司为其变频器开发的通信协议，用于变频器与 PC 或 PLC 之间的通信连接，适合于规模较小的自动化系统。

USS 按照串行总线的主 - 从通信原理来确定访问的方法，总线上可以连接一个主站和最多 31 个从站，主站根据通信报文中的地址字符选择要传输数据的从站，在主站没有要求从站通信时，从站本身是不能发送数据的，各个从站之间也不能直接进行信息的传输。

PLC 做主站时，可以连接最多 31 个变频器作为通信链路中的从站。S7 - 200 PLC 可将其通信端口设置为自由口模式的 USS 通信协议，以便实现 PLC 对变频器的控制。

1. 控制要求

系统通过 HMI 来控制变频器的启动和停止状态，并通过 HMI 来改变变频器的运行频率。当按下 HMI 的启动按钮，变频器应根据所设定的频率运行。当改变 HMI 上的频率设定值时，变频器的运行频率应随之改变；当按下 HMI 上的停止按钮时，变频器停止运行。

2. 控制系统硬件配置

根据控制要求，可选择 CPU 226 PLC、MM440 变频器及 TP177A HMI，设备之间采用 RS - 485 屏蔽双绞线通信电缆连接，硬件连接如图 10-62 所示。

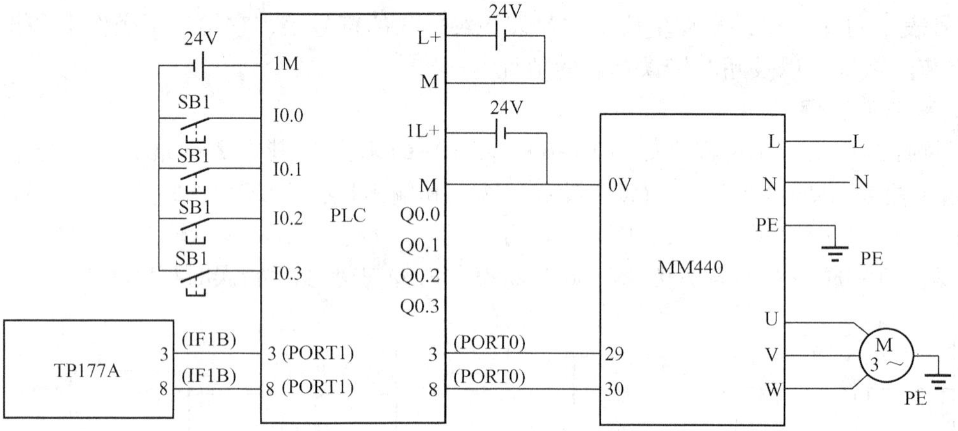

图 10-62 电气原理图

3. 相关知识点

（1）自由口通信模式

S7 - 200 PLC 在自由口通信模式下主要使用发送指令 XMT 和 接收指令 RCV。通过两条指令以及相应的特殊寄存器，在自由口通信模式下可以实现数据的发送和接收。

XMT 指令用于将数据缓冲区的数据从指定的通信端口发送出去，该指令一次可发送 1 ~255 字节数据，指令格式如图 10-63a 所示。当允许输入 EN 有效时，初始化通信操作，通过端口 PORT0 或 PORT1 将首地址为 TBL 的数据（发送数据缓冲区）发送到远程设备。

RCV 指令用于从指定的通信端口启动或者终止接收消息，并将接收到的消息存储在数据缓冲区中，该指令一次可接收 1 ~ 255 个数据，指令格式如图 10-63b 所示。当允许输入 EN 有效时，初始化通信操作，通过端口 PORT0 或 PORT1 接收远程设备数据，并将数据存放在首地址为 TBL 的数据缓冲区。

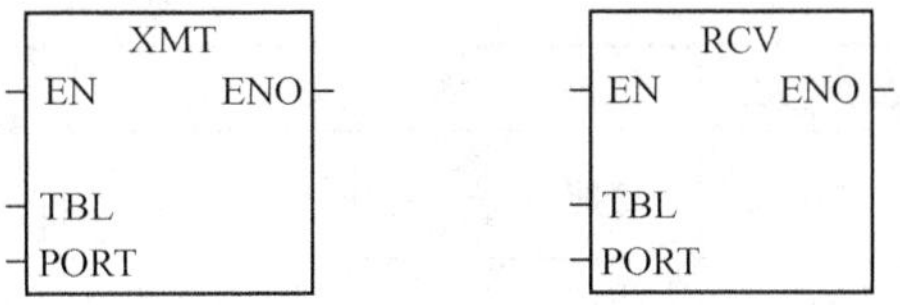

a)　　b)

图 10-63　自由口通信指令

可以采用 XMT、RCV 指令编写 USS 通信程序，实现对变频器的监视和控制。但为简化 S7 - 200 PLC 一些高级功能的使用，西门子为用户编写了多种应用子程序，并以指令库的形式提供给用户。如 USS 协议指令库、Modbus 协议指令库等，其中 USS 协议指令库是使用 USS 协议进行通信编程的方便指令，使用该指令时用户不需要详细了解 USS 协议格式，通过简单的调用就可实现 USS 协议通信。

（2）S7 - 200 PLC 的 USS 指令库

USS 协议包含在 S7 - 200 PLC 的编程软件 STEP7 - Micro/ WIN 指令库（Libraries）中。当 STEP7 - Micro/WIN 安装了指令库以后，通过指令库中的 USS Protocol 可以打开相应的编程指令，如图 10-64 所示。USS 协议指令可将 S7 - 200 PLC 端口 0 或端口 1 设定为 USS 工作模式，并激活相应地址的变频器从站工作。使用指令库编程用户不需要详细了解 USS 协议格式，通过简单的调用即可实现 USS 协议通信，PLC 将用这些指令库指令来控制变频器的运行和参数的读写操作。

指令库中有针对 PLC 端口 0 和端口 1 的指令库 USS Protocol Port0 和 USS Protocol Port1，故可利用指令库实现 S7 - 200 PLC 端口 0 或端口 1 与变频器的 USS 主/从站通信功能。

S7 - 200 PLC 与变频器之间的 USS 通信，可以用到的指令有 8 条，至少需要用到以下两条指令。

1）初始化指令 USS_INIT。

初始化指令 USS_INIT 用于使能或禁止 PLC 和变频器之间的通信，在执行其他 USS 协议之前必须先成功执行一次 USS_INIT 指令，只有当该指令成功执行且其完成位（Done）为 1 后，才能继续执行下面的指令。其符号如图 10-65 所示。

图 10-64　USS Protocol 指令库

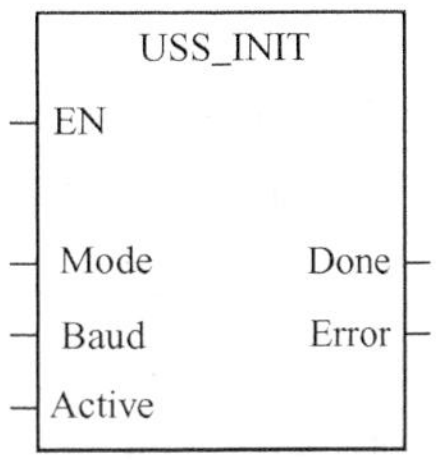

图 10-65　USS_INIT 指令

USS_INIT 指令中各个参数意义见表 10-13。

表 10-13　USS_INIT 参数意义及说明

参　数	意　义	说　明	数据类型
EN	使能	通常采用脉冲指令，该位为 1 时，USS_INIT 指令被执行	BOOL
Mode	协议选择	0 - PPI，1 - USS	BYTE
Baud	传输速率	1200，2400，4800，9600，19200，38400……115200 (kbit/s)	DWORD
Active	激活的从站地址	编程时只激活一次就将所有地址激活。32 位分别对应通信链路上的变频器地址 0 ~ 31。例如，若 Active 的给定值为 16#0000 0000 0000 0100，则表示链路上的通信地址为 2 的变频器被激活	DWORD
Done	完成标志位	若完成输出为 1，否则为 0	BOOL
Error	错误代码	用于存放错误代码：0 - 没有出错；1 - 变频器不能响应；3 - 检测到变频器响应中包含加和校验错误；……20 - 在变频器中响应中的参数或数值有误	BYTE

2）控制指令 USS_CTRL。

控制指令 USS_CTRL 用于控制已经用 USS_INIT 激活的变频器，每台变频器只能使用 1 条这样的指令。该指令将用户命令存放在缓冲区内，如果指令参数 Drive 指定的变频器已经被激活，缓冲区内的命令将被发送到指定的变频器。USS_CTRL 的符号如图 10-66 所示。

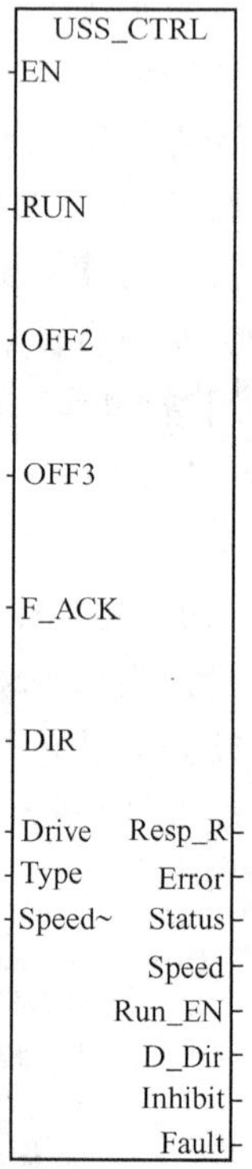

图 10-66　USS_CTRL 指令

指令中各个参数意义见表 10-14。

（3）MM440 变频器参数设置

MM440 系列是德国西门子公司广泛用于工业控制的多功能标准变频器，是用于控制三相交流电动机的速度和转矩的变频器，此系列有多种型号，额定功率为 120 W ~ 250 kW。

变频器的站地址必须正确设置，使它与 USS 主站配置的从站地址相一致。该种变频器的常用操作模式有以下几种。

1）BOP 面板操作。一般先设定 P0010 = 30，P970 = 1，把其他参数复位，然后设定 P0010 = 0，P0700 = 1，P1000 = 1。

2）外部（通过端子排）输入控制。一般先设定 P0010 = 30，P970 = 1，把其他参数复位，然后 P0010 = 0，P0700 = 2，P1000 = 2。

3）USS 总线控制。一般先设定 P0010 = 30，P970 = 1，把其他参数复位，然后设定 P0010 = 0，P0700 = 5，P1000 = 5。

4）Profibus 总线控制。一般先设定 P0010 = 30，P970 = 1，把其他参数复位，然后设定 P0010 = 0，P0700 = 6，P1000 = 6。

其中，参数 P0010 = 0 变频器才能运行，若为 1 则可以修改电动机主要参数，P700 为命令给定源选择，P1000 为频率给定源选择。

本例中将变频器设置为 USS 总线控制状态，且波特率为 9600 bit/s（P2010.0 = 6）、站地址为 0（P2011.0 = 0）。

表 10-14　USS_CTRL 参数意义及其说明

参　数	意　义	说　明	变量类型	数据类型
EN	使能	该位为 1 时 USS_CTRL 指令被执行，通常总是处在接通状态	IN	BOOL
RUN	变频器状态	该位为 1，且 OFF2 = 0、OFF3 = 0 时变频器以规定的速度和方向运行；该位为 0，变频器停止	IN	BOOL
OFF2	变频器停止	若该位为 1，则变频器自由停车	IN	BOOL
OFF3	变频器停止	若该位为 1，则变频器快速制动停车	IN	BOOL
F_ACK	故障确认	用来确认故障。当该位从低到高时，变频器清除故障	IN	BOOL
DIR	变频器运行方向	0 - 逆时针方向；1 - 顺时针方向	IN	BOOL
Drive	变频器地址	用于设定变频器的站地址，有效地址为 0 ~ 31	IN	BYTE
Type	变频器类型	1 - MM4/G110；0 - MM3 或更早产品	IN	BYTE
Speed_SP	速度设定值	该速度为全速度百分值的变频速度（ -200% ~200% ）	IN	REAL
Resp_R	从站应答确认信号	该位确认来自变频器的响应。对所有激活的变频器，轮询最新的变频状态信息；每当 CPU 从变频器收到一个响应，该位就接通一个扫描周期，更新 ERR 中的信息代码	OUT	BOOL
Error	错误代码	用于存放错误代码，包含与变频器通信请求的最新结果	OUT	BYTE
Status	变频器返回值	存放来自变频器的状态字，反映当时的实际运行状态	OUT	WORD
Speed	变频器实际运行速度	该速度为全速度百分值的变频速度（ -200% ~200% ）	OUT	REAL
Run_EN	变频器实际运行状态	1 - 变频器正在运行；0 - 变频器停止	OUT	BOOL
D_Dir	变频器返回的运行方向	0 - 逆时针方向；1 - 顺时针方向	OUT	BOOL
Inhibit	变频器返回的禁止状态信号	0 - 不禁止；1 - 被禁止。要消除禁止位，Fault 位必须断开，RUN、OFF2、OFF3 输入都必须断开	OUT	BOOL
Fault	变频器的故障位状态	0 - 无故障；1 - 故障。若变频器故障，变频器上会显示故障代码	OUT	BOOL

4. 程序设计

（1）PLC 变量地址分配表

PLC 的变量地址分配见表 10-15。

表 10-15　PLC 的变量地址分配表

PLC 的地址	功　能
VB0 ~ VB396	USS 指令库存储区
VD440	变频器频率设定
M0.0	HMI 起动按钮
M0.1	HMI 停止按钮

（2）程序的编写

程序梯形图如图 10-67 所示。

程序编写时一定要注意给 USS 指令分配库存储区，否则编译会出现错误，操作步骤如图 10-68 所示。

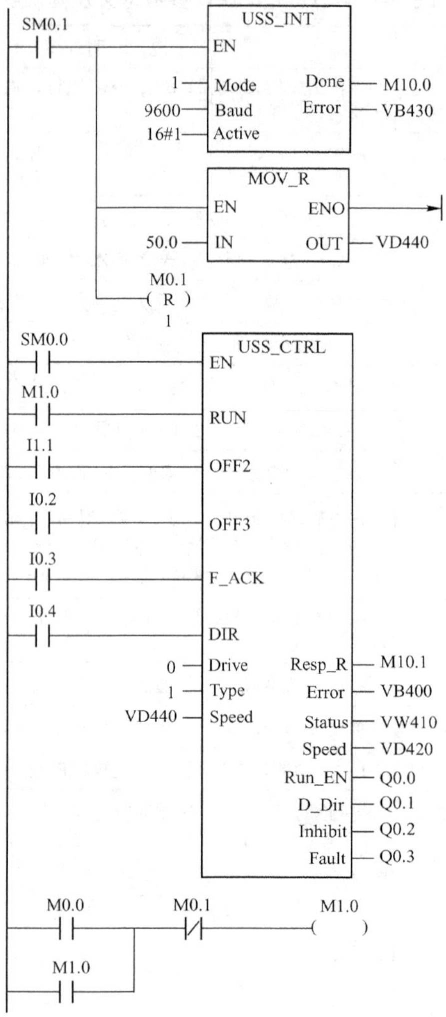

图 10-67　USS 通信程序梯形图

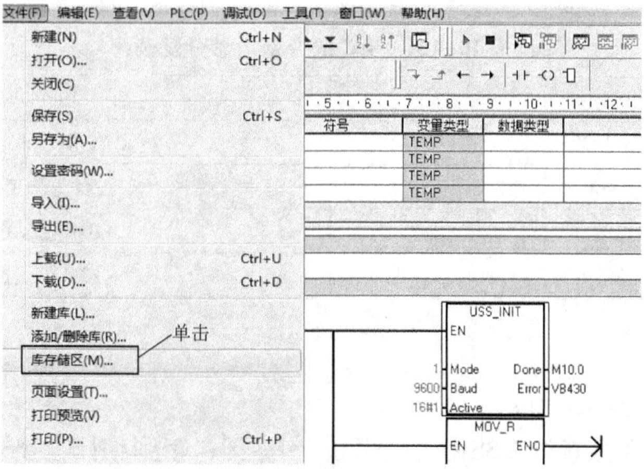

图 10-68　库存储区目录界面

单击“库存储区”命令后，将出现如图 10-69 所示的界面。

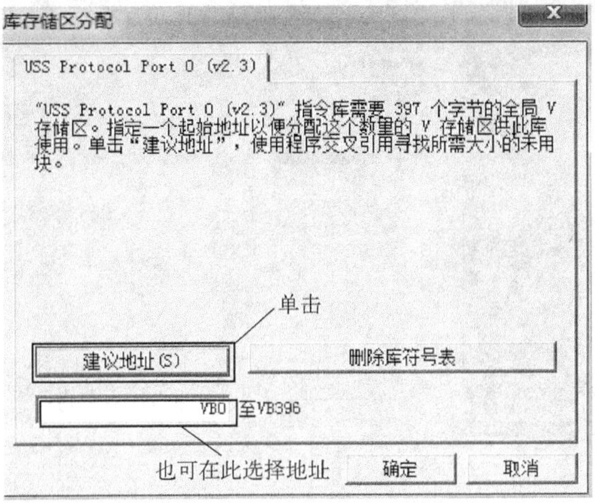

图 10-69　库存储区地址分配

5. 操作界面的实现

SIMATIC TP177A 具有易于使用、灵活性好的特点，组态软件为 WinCC flexible，通信方式有 PPI/MPI/PROFIBUS 等，本例采用 PPI 通信协议。

1）创建工程，界面如图 10-70 所示。

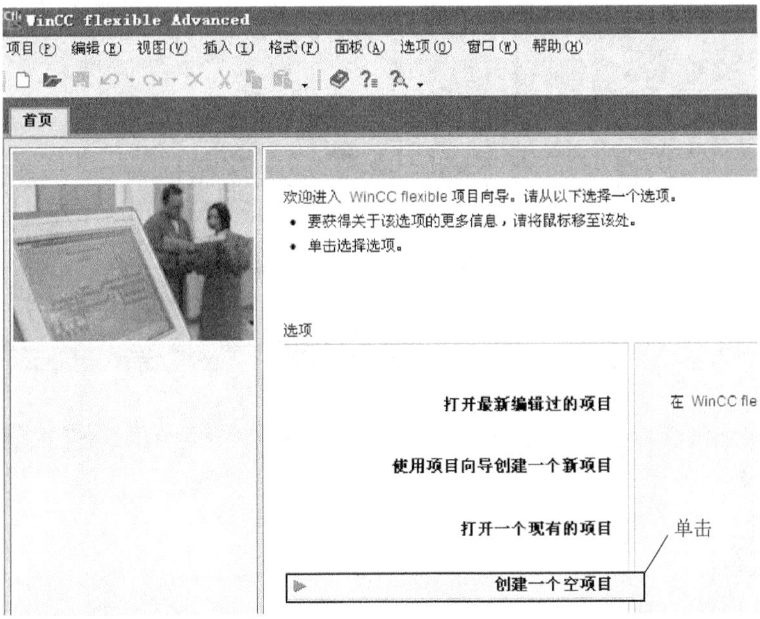

图 10-70　创建工程界面

2）设备选择，界面如图 10-71 所示。

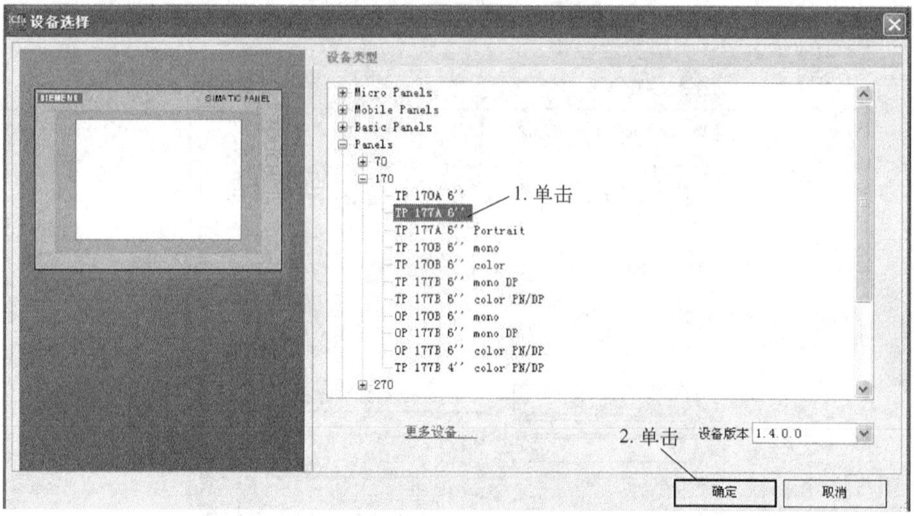

图 10-71　触摸屏型号选择

3）建立连接设备，如图 10-72、图 10-73 所示。

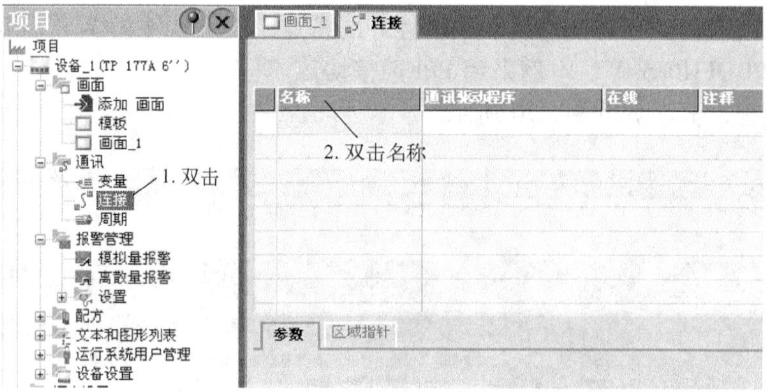

图 10-72　建立连接设备

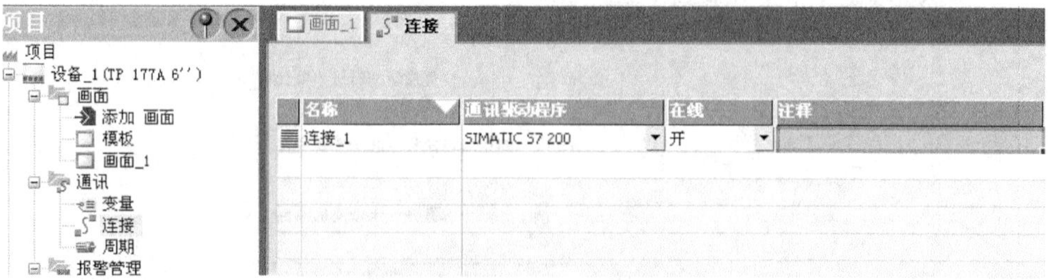

图 10-73　选择通信驱动程序

4）HMI 与 PLC 之间的通信设置，界面如图 10-74 所示。

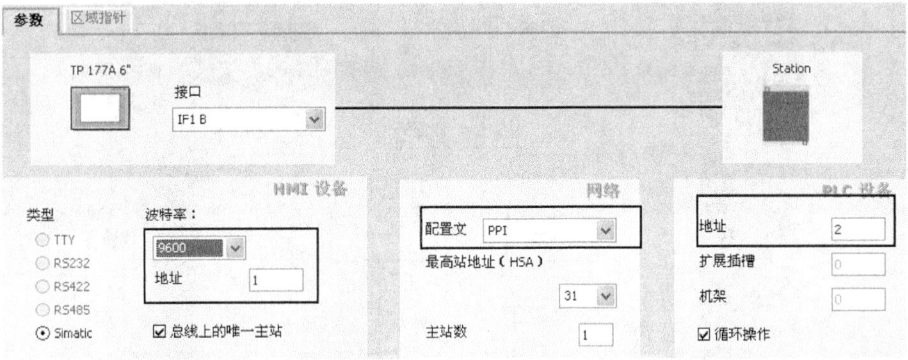

图 10-74　HMI 与 PLC 之间的通信设置界面

5）建立 HMI 控制变量，如图 10-75 所示。

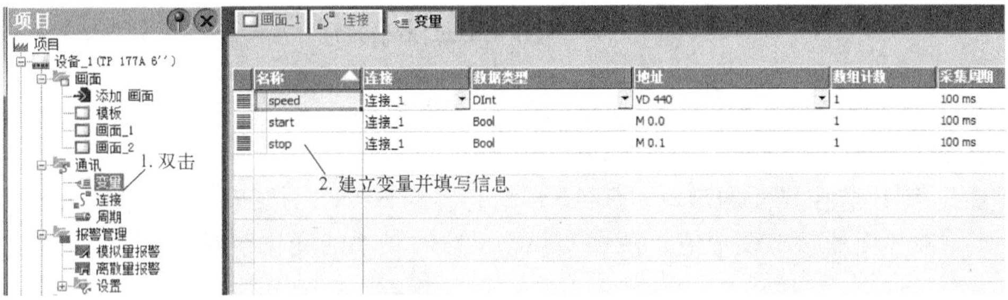

图 10-75　HMI 变量的建立

6）建立主界面，如图 10-76 所示。

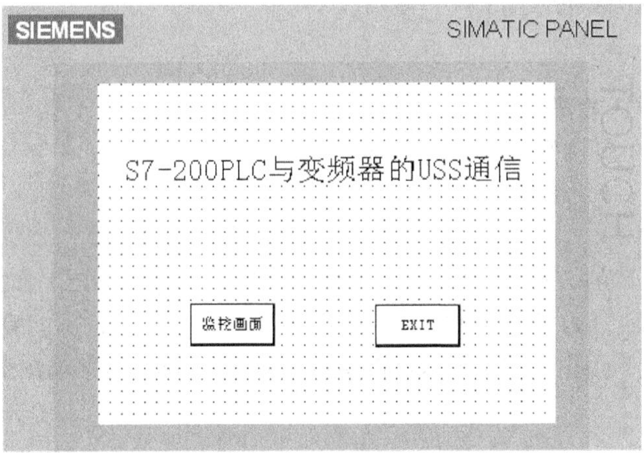

图 10-76　主界面的设计

7）建立监控界面，如图 10-77 所示。

6. 系统联调

1）使用 PC/PPI 电缆将 PLC 程序和 HMI 程序分别下载到 PLC 和 HMI 屏中。

2）分别按照图 10-62 连接方式将 PLC、触摸屏、HMI 连接。

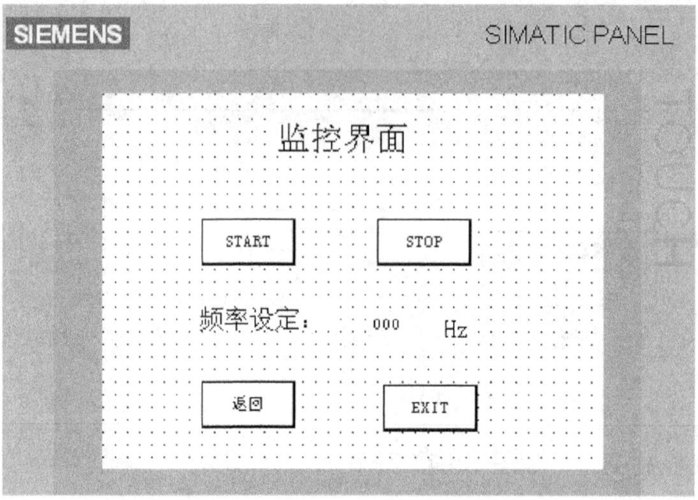

图 10-77　系统监控界面的设计

3）检查并确认变频器进行 USS 通信的参数设置情况。

4）将 PLC 调整为“RUN”运行状态。

5）操作 HMI 监控界面的启动（START）、停止（STOP）按钮，观察变频器运行情况，修改 HMI 监控界面的频率设定值，观察变频器运行时频率的变化情况。

10.5　实训项目

10.5.1　定时器/计数器实训

1. 实训目的

1）掌握定时器/计数器的工作方式与编程方法。

2）熟悉 S7－200 PLC 的基本元件和基本逻辑指令。

2. 实验内容

（1）定时器指令

S7－200 系列 PLC 的 256 个定时器分属 TON（TOF）和 TONR 工作方式，有 3 种时基标准分别为 1 ms、10 ms、100 ms，TOF 与 TON 共享同一组定时器，不能重复使用。

1）输入梯形图，如图 10-78 所示。改变输入导通时间，观察输出变化。

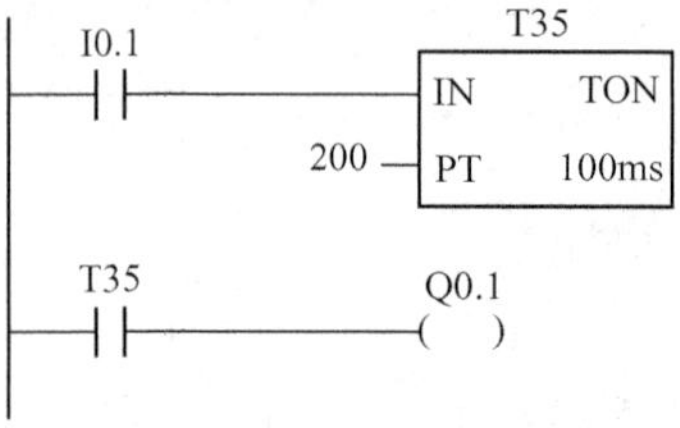

图 10-78　通电延时定时器指令程序

2）将 T35 定时器类型改变为 TOF，如图 10-79 所示。改变输入导通时间，观察输出变化。

3）输入梯形图，如图 10-80 所示。改变输入导通时间，观察输出变化。

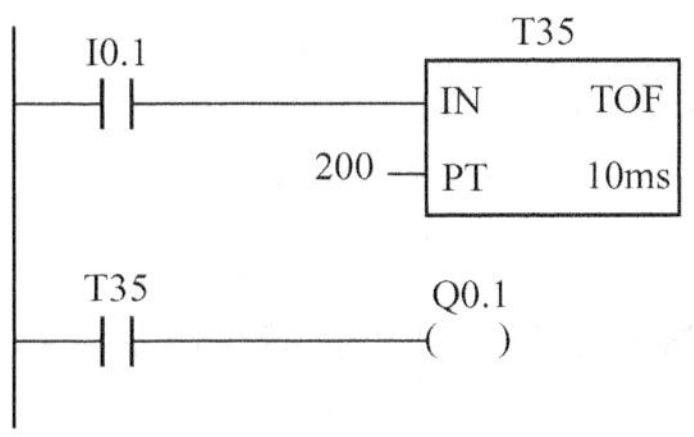

图 10-79　断电延时定时器指令程序

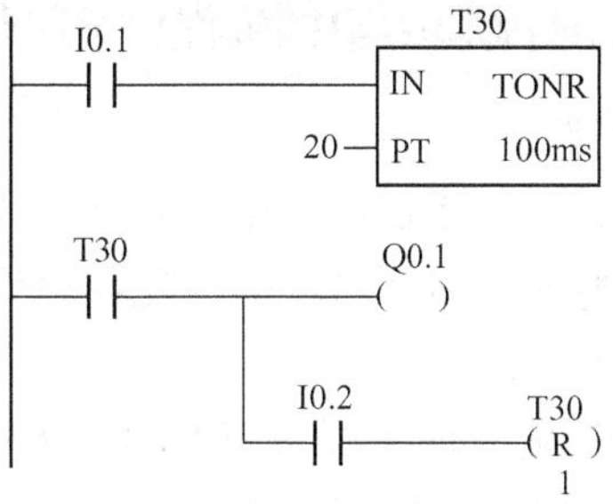

图 10-80　保持型接通延时定时器指令程序

（2）计数器指令

S7-200 系列 PLC 有加计数器（CTU）、加减计数器（CTUD）、减计数器（CTD）3 种计数指令，3 种计数器使用同样的编号，但不要把一个计数器号分配给不同类型的计数器。

1）输入梯形图，如图 10-81 所示，观察输出情况。

2）输入梯形图，如图 10-82 所示，观察输出情况。

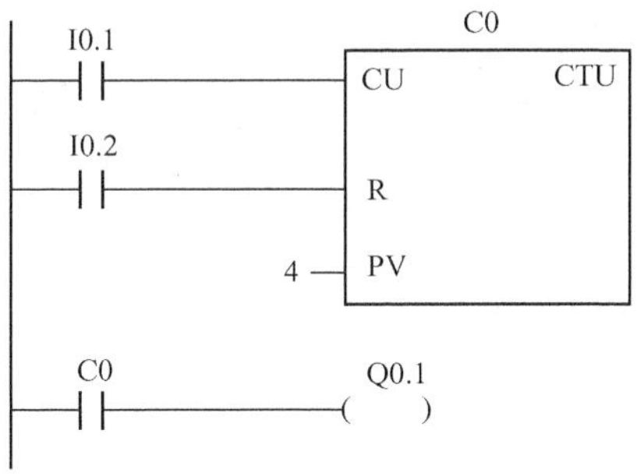

图 10-81　加计数器指令程序

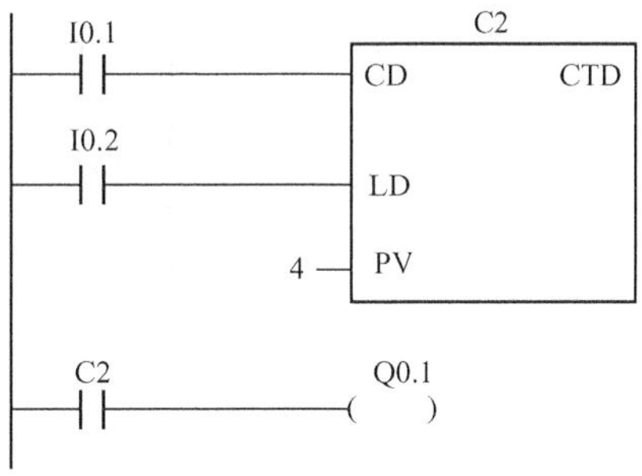

图 10-82　减计数器指令程序

3）输入梯形图，如图 10-83 所示，观察输出情况。

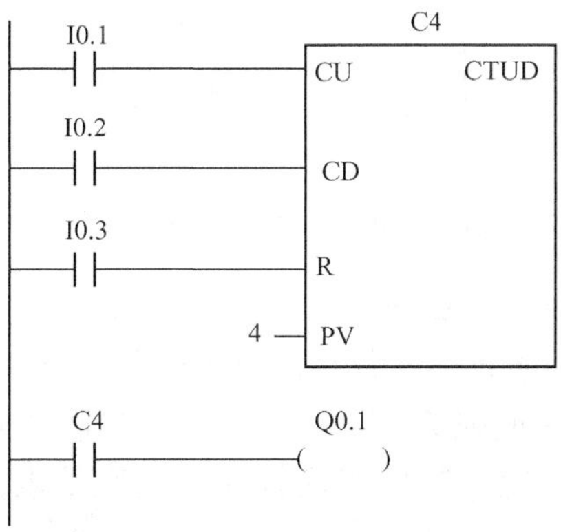

图 10-83　加减计数器指令程序

3. 实训报告要求

1）画出 3 种定时器的动作时序图，比较和总结 TON、TOF、TONR 工作方式。

2）画出 3 种计数器的动作时序图，比较和总结 CTU、CTD、CTUD 工作方式。

10.5.2 条件跳转与中断程序实训

1. 实训目的

1）学会 S7－200 PLC 条件跳转与中断指令的使用方法。

2）熟悉 S7－200 PLC 的应用指令和使用方法。

2. 实训内容

1）条件跳转指令程序如图 10-84 所示，当 I0.0 条件满足时，程序跳转，观察 T33、T37、C10 在程序跳转前后当前值的变化情况。

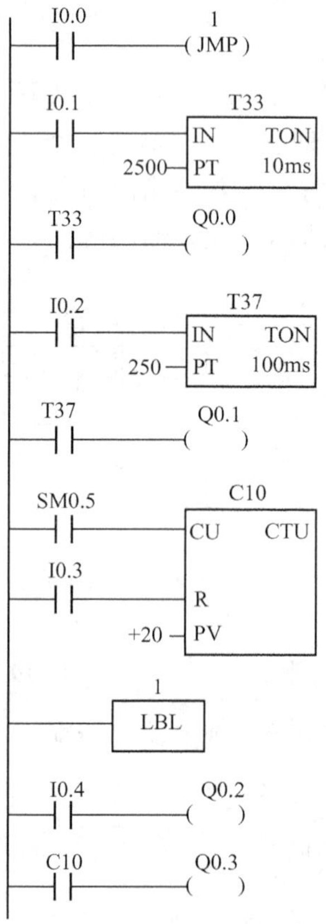

图 10-84　条件跳转指令程序

2）中断指令应用程序如图 10-85 所示。在图 10-85a 中首次扫描时定义中断程序 4，处理 I0.0 上升沿中断事件 0 的中断程序，若发现 I/O 错误（SM5.0）则禁止 I0.0 上升沿中断。图 10-85b 中定时中断 0 的时间间隔为 100 ms，若中断程序 0 开始，则采样 AIW0 的值。观察图 10-85a 中 Q0.0 的工作情况，利用编程软件建立变量表，观察 VW120 中的数值变化情况。

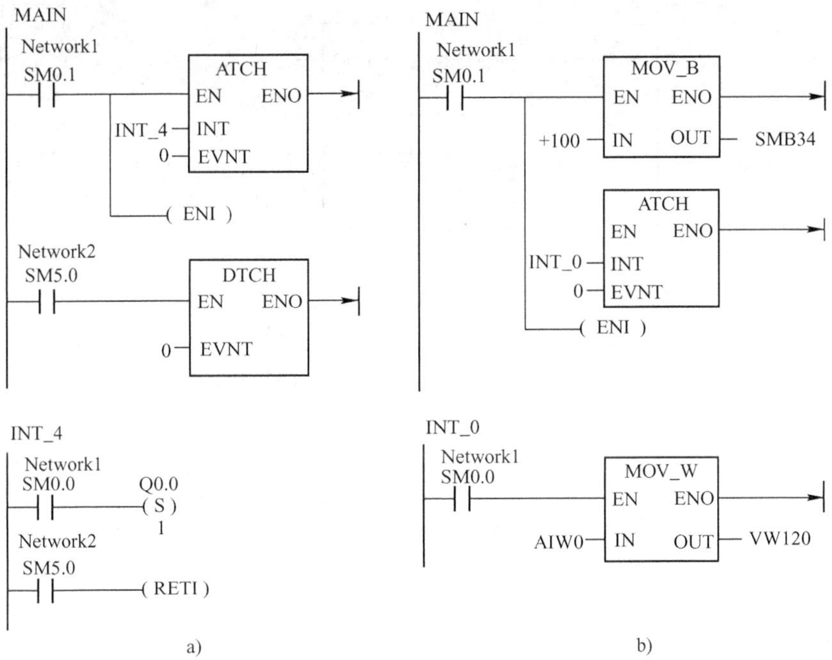

图 10-85　中断指令程序

3. 实训报告要求

1）运行程序，观察程序运行结果。

2）分析并总结调试中观察到的现象。

10.5.3　数学运算指令实训

1. 实训目的

1）了解 S7-200 PLC 常用应用指令的使用方法。

2）熟悉 S7-200 PLC 的地址数据长度表示方法。

3）学会用编程软件对梯形图进行监控和注释。

2. 实训内容

1）计算（3500+5600）、（3500-5600）的值，梯形图如图 10-86 所示。

2）利用编程软件建立变量表，观察 VW120、VW122、VW124、VW126 中的数值变化情况。

3）利用编程软件的注释功能对网络 1 和网络 2 的功能进行注释。

3. 实训报告要求

1）分析总结实验中遇见的问题及解决办法。

2）解释变量表中观察到的数据情况。

3）写出字节构成字的数据存取方式。

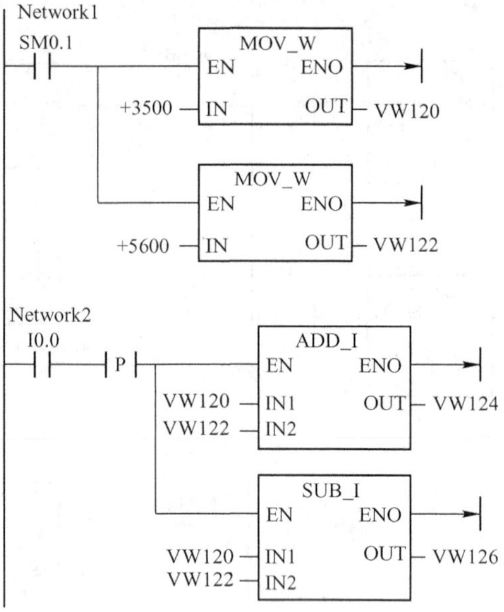

图 10-86　数学运算指令程序

10.5.4　两台 PLC 的 PPI 通信实现

1. 实训目的

1）了解西门子 PLC 之间 PPI 通信的接线规则和方法。

2）掌握 PPI 通信建立的步骤和方法。

3）了解 PPI 网络通信的原理。

2. 实训内容

1）控制要求。

用 PPI 协议实现两台 S7－200 PLC 之间的通信，设主站为 1 号站，从站为 2 号站，要求用 1 号站的输入点 I0.0～I0.3 控制 2 号站的输出点 Q0.3～Q0.6，用 1 号站来指定 2 号站中计数器 C1 的预定值，当计数器动作时使主站的 Q0.2 输出为 1 状态。

2）编写实现控制要求的梯形图。

3）调试并运行程序。

3. 实训报告要求

1）写出调试中观察到的现象及调试步骤。

2）写出实现控制要求的程序。

3）分析调试中遇到的问题和解决的办法。

习题

10.1　S7－200 PLC 有哪几种规格？各采用何种结构？可连接的最大输入、输出点数为多少？

10.2　S7－200 PLC 对外部电源的要求是什么？

10.3　S7－200 系列 PLC 有几种基本编程元件？输入继电器和输出继电器各有什么特点？

10.4　S7－200 PLC 有哪些地址分配方式？各有什么特点？

10.5　功能指令有哪些常用的输入/输出端？各有什么作用？

10.6　根据图 10-87 所示的梯形图写出相应的指令表。

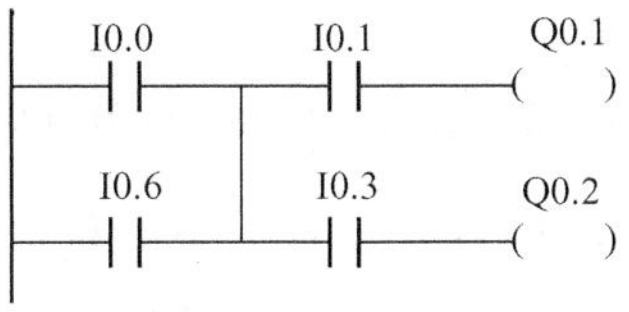

图 10-87　习题 10.6 梯形图

10.7　根据下列语句表画出对应的梯形图。

```
LD     I0.1
LD     I0.2
CTU    C10, 10
LD     C10
LPS
A      M0.0
=      Q0.0
LPP
A      M0.1
=      Q0.1
=      Q0.3
```

10.8　分析图 10-88 所示程序执行后的结果。

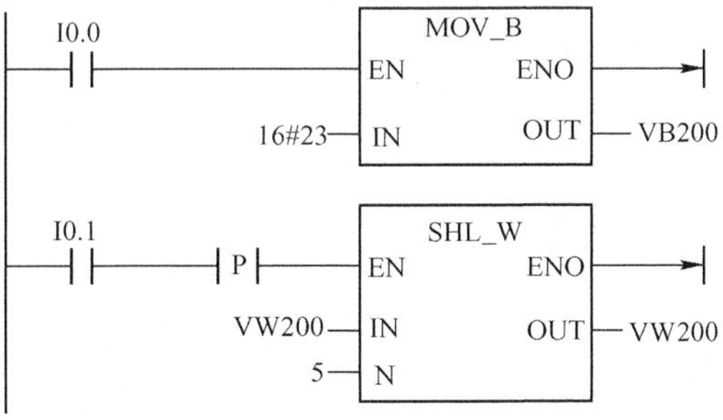

图 10-88　习题 10.8 梯形图

10.9　编写 T37 断电延时 10 s 后，Q0.0 ~ Q0.3 置位的程序。

10.10　设计一个点动计时器，其功能为每次输入 I0.0 接通时，输出 Q0.0 为一个脉宽为定长的脉冲，脉宽由定时器设定值设定。它的时序图如图 10-89 所示，设计满足控制要求的梯形图程序。

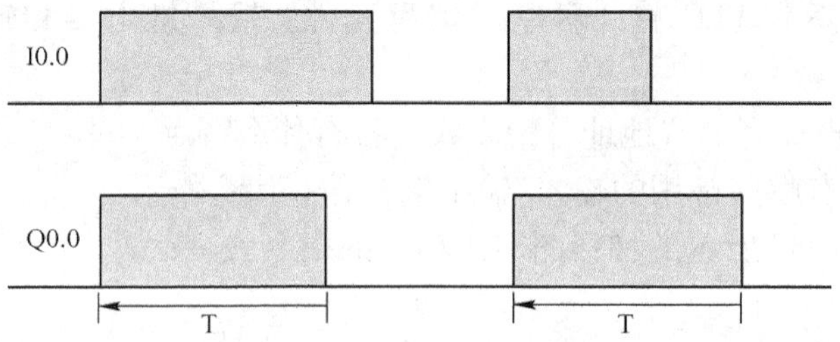

图 10-89　习题 10.10 时序图

10.11　编写一段程序，完成每 300 ms 采集一个数据。

10.12　设计一段程序，满足使用一只按钮控制电动机的起停功能。

10.13　编写一段程序，要求实现定时中断。完成功能如下：当连接在输入端 I0.4 的开关接通时，输出 Q0.0 的闪烁频率为 1 Hz；当连接在输入端 I0.5 的开关接通时，输出 Q0.0 的闪烁频率为 2 Hz。

10.14　用 PPI 协议实现 2 台 S7 - 200 PLC 之间的通信，设主站为 1 号站，从站为 2 号站，编程用的计算机的站地址为 0。要求 1 号站的输入点 I0.0、I0.1 可以控制 2 号站的输出点 Q0.0 的启停，2 号站的 I0.0、I0.1 可以控制 1 号站的 Q0.0 的启停，试编写实现程序。

参 考 文 献

[1] 张万忠，孙晋．可编程序控制器入门与应用实例［M］．北京：中国电力出版社，2007.

[2] 霍彩萍，张伟林．PLC应用技术［M］．北京：人民邮电出版社，2007.

[3] 廖常初．PLC基础及应用［M］．北京：机械工业出版社，2008.

[4] 廖常初．FX系列PLC编程及应用［M］．北京：机械工业出版社，2005.

[5] 宋伯生．PLC编程实用技术［M］．北京：机械工业出版社，2007．

[6] 田效伍．电气控制与PLC应用技术［M］．北京：机械工业出版社，2006．

[7] 史国生．电气控制与可编程序控制器技术［M］．北京：化学工业出版社，2004．

[8] 周国珍．PLC分析与设计应用［M］．北京：电子工业出版社，2004.

[9] 李金利．可编程控制器及其网络系统的综合应用技术［M］．北京：机械工业出版社，2005.

[10] 骆德汉．可编程控制器与现场总线网络控制［M］．北京：科学出版社，2005．

[11] 三菱电机．FX_{2N}系列微型可编程控制器使用手册．1999.

[12] 三菱电机．FX通讯用户手册（RS－232C，RS－485）．2001.

[13] 三菱电机．FX_{2N}－16CCL－M和FX_{2N}－32CCL CCLink主站模块和接口模块用户手册．

[14] 三菱电机．三菱FX系列特殊功能模块用户手册．2000.

[15] 戴仙金．西门子S7－200系列PLC应用与开发［M］．北京：中国水利水电出版社，2007.

[16] 龚仲华．S7－200/300/400 PLC应用技术［M］．北京：人民邮电出版社，2007.

[17] 何献忠，等．可编程序控制器应用技术［M］．北京：清华大学出版社，2007.

[18] 范次猛．可编程序控制器实训指导［M］．哈尔滨：哈尔滨工程大学出版社，2007.

[19] 廖常初．PLC编程及应用（S7－200）［M］．北京：机械工业出版社，2007.

[20] 孙振强．可编程控制器原理及应用教程［M］．北京：清华大学出版社，2005.

[21] 刘洪涛，黄海．PLC应用开发从基础到实践［M］．北京：电子工业出版社，2007.

[22] 殷建国．可编程控制器及其应用［M］．北京：机械工业出版社，2007.

[23] 罗光伟．可编程控制器教程［M］．成都：电子科技大学出版社，2007.

[24] 郭琼．现场总线技术及其应用［M］．北京：机械工业出版社，2011.

精品教材推荐

S7-200 PLC 基础教程（第 2 版）

书号：ISBN 978-7-111-17947-4

作者：廖常初　　定价：25.00 元

推荐简言：本书有别于其他 PLC 教材之处在于，介绍了编程软件和仿真软件的使用方法、模拟量、子程序和中断程序、高速输入高速输出、PID 控制的编程方法等。介绍了只需要输入一些参数，就能自动生成用户程序的编程向导的使用方法。实验指导书中有 16 个紧密结合教学内容的实验。可以为教师提供电子教案。

PLC 基础及应用（第 2 版）

书号：ISBN 978-7-111-12295-1

作者：廖常初　　定价：23.00 元

获奖情况：普通高等教育“十一五”国家级规划教材

推荐简言：本书以三菱 FX 系列 PLC 为讲授对象，介绍了 PLC 控制系统的设计和调试方法，提高系统可靠性和降低硬件费用的方法等内容，提供了编程器与编程软件的使用指南和内容丰富的实验指导书。为教师提供了制作电子教案用图。本书自 2003 年出版以来已 9 次印刷。

PLC 应用技术

书号：ISBN 978-7-111-40703-4

作者：杨育彪　　定价：38.00 元

推荐简言：

本书根据职业岗位技能需求，结合最新的高职院校职业教育课程改革经验，以生产实践中典型的工作任务为项目，以比较有代表性的三菱 FX_{2N} 系列 PLC 为对象，通过“典型项目+相关知识+项目实施”的模式对 PLC 技术及应用进行讲述，并在其中融入了变频器、触摸屏和组态相关的内容。

S7-200 PLC 编程及应用项目教程

书号：ISBN 978-7-111-41759-0

作者：侍寿永　　定价：42.00 元

推荐简言：

本书本着“工学结合、任务驱动、项目引导、教学做”一体化的原则而编写，以模块为单元，以实际应用为主线，以西门子公司的 S7-200 PLC 为例，系统地介绍了 PLC 的组成、工作原理、编程软件、指令及应用、设计方法等。

传感器与检测技术

书号：ISBN 978-7-111-23503-3

作者：董春利　　定价：24.00 元

获奖情况：省级精品课程配套教材

推荐简言：

本书作者董春利教授具有丰富的生产实践和教学经验。本书的特点在于结合工程实践来讲解传感器技术及其应用，内容简练、，实例丰富、图文并茂，每章都配有习题与思考题。

自动化生产线安装与调试

书号：ISBN 978-7-111-34438-4

作者：何用辉　　定价：39.00 元

推荐简言：

本书为校企合作、工学结合的特色改革教材，基于工作过程组织内容，内容充实，书中重点内容均配有实物图片，提高学习效率。配套超值光盘，包含：教学课件、实况视频、动画仿真等多种课程教学配套资源。